执业兽医资格考试指导用书

U0644416

执业兽医资格考试

（兽医全科类）

基础科目

——高效复习考点与精练——

王唯薇 主编

中国农业出版社

北　京

编写人员

主　编　王唯薇（贵州农业职业学院）

副主编　任亚玲（贵州农业职业学院）

　　　　罗　天（贵州农业职业学院）

　　　　李鹏程（贵州农业职业学院）

参　编　（以姓氏笔画为序）

　　　　尹泽东（贵州农业职业学院）

　　　　陈　颖（贵州农业职业学院）

前言

"执业兽医资格考试指导用书"由四本分册组成：科目一，基础科目；科目二，预防科目；科目三，临床科目；科目四，综合应用科目。学生可以根据自己报考的内容选择相应的科目。本套丛书紧扣全国执业兽医资格考试人纲，精心设计，匠心编写。

《执业兽医资格考试（兽医全科类）基础科目高效复习考点与精练》包括兽医法律法规与职业道德，动物解剖学、组织学与胚胎学，动物生理学，动物生物化学，动物病理学和兽医药理学等六门课程。每门课程分别介绍了各学科特点、学习方法、近五年分值分布、考试大纲、各单元重要知识点、例题及解析、考点速记、高频题练习、模拟题练习等内容，可供考生备考使用。

本套丛书属 2021 年度中华农业科教基金资助课程教材建设项目，于 2022 年 11 月获"中华农业科教基金会"批准，由贵州农业职业学院兽医教研室执业兽医师培训教学团队教师编写。本书兽医法律法规与职业道德部分由李鹏程执笔，动物解剖学、组织学与胚胎学部分由罗天执笔，动物生理学部分由陈颖执笔，动物生物化学部分由王唯薇执笔，动物病理学部分由任亚玲执笔，兽医药理学部分由尹泽东执笔。全书内容简洁，科学合理，重点突出，高度凝练，以期为考生带来事半功倍的备考效果。

由于作者水平所限，书中难免有不妥和错误之处，敬请读者谅解。

编 者
2024 年 4 月

目录

第一篇

兽医法律法规与职业道德

■ 备考指南

学科特点

1. 兽医法律法规与职业道德是一门重要的专业基础课程，是从事兽医行业必备的法律基础及依据。

2. 理论性很强，记忆量较大。

3. 各法律条文之间既有联系又各具特点。

学习方法

最核心的方法：输入与输出。输入：寻找规律和逻辑联系，然后重点记忆。输出：注意理论联系实际，记清法律条文的关键点。

近五年分值分布

年份	章 节										
	动物防疫基本法律制度	动物防疫条件审查法律制度	动物检疫管理法律制度	执业兽医及诊疗机构管理制度	病死畜禽和病害畜禽产品无害化处理管理法律制度（2023年新增）	动物防疫其他规范性文件	兽药管理法律制度	病原微生物安全管理法律制度	世界动物卫生组织及其标准	执业兽医职业道德	合计
2019	3	1	0	3	2	4	5	2	0	0	20
2020	4	0	2	3	0	5	4	2	0	0	20

（续）

年份	章节										合计
	动物防疫基本法律制度	动物防疫条件审查法律制度	动物检疫管理法律制度	执业兽医及诊疗机构管理制度	病死畜禽和病害畜禽产品无害化处理管理法律制度（2023年新增）	动物防疫其他规范性文件	兽药管理法律制度	病原微生物安全管理法律制度	世界动物卫生组织及其标准	执业兽医职业道德	
2021	2	1	1	4	0	2	7	2	0	1	20
2022	0	0	0	0	0	2	3	1	0	0	6（部分）
2023	5	2	3	7	0	0	2	1	0	0	20
总计	14	4	6	17	2	13	8		0	1	86

<<< 第一单元　动物防疫基本法律制度 >>>

一、考试大纲

单元	细目	要点
动物防疫基本法律制度	1. 中华人民共和国动物防疫法	(1)《中华人民共和国动物防疫法》概述　(2) 动物疫病的预防　(3) 动物疫情的报告、通报和公布　(4) 动物疫病的控制　(5) 动物和动物产品的检疫　(6) 病死动物和病害动物产品的无害化处理　(7) 动物诊疗　(8) 兽医管理　(9) 监督管理　(10) 保障措施　(11) 法律责任　(12) 附则
	2. 重大动物疫情应急条例	(1)《重大动物疫情应急条例》概述　(2) 应急准备　(3) 监测、报告和公布　(4) 应急处理　(5) 法律责任

二、重要知识点

(一) 中华人民共和国动物防疫法

1.《中华人民共和国动物防疫法》概述

(1) 动物防疫法的适用对象。在中华人民共和国领域内的动物防疫及其监督管理活动适用动物防疫法，但进出境动物、动物产品的检疫，适用《中华人民共和国进出境动植物检疫法》。

(2) 本法所称动物、动物产品、动物疫病以及动物防疫的含义。

①本法所称动物：是指家畜家禽和人工饲养、捕获的其他动物。

②本法所称动物产品：是指动物的肉、生皮、原毛、绒、脏器、脂、血液、精液、卵、胚胎、骨、蹄、头、角、筋，以及可能传播动物疫病的奶、蛋等。

③本法所称动物疫病：是指动物传染病，包括寄生虫病。

④本法所称动物防疫：是指动物疫病的预防、控制、诊疗、净化、消灭，动物、动物产品的检疫，以及病死动物、病害动物产品的无害化处理。

(3) 动物疫病的分类。根据动物疫病对养殖业生产和人体健康的危害程度，本法规定的动物疫病分为下列三类。

①一类疫病：是指口蹄疫、非洲猪瘟、高致病性禽流感等对人、动物构成特别严重危害，可能造成重大经济损失和社会影响，需要采取紧急、严厉的强制预防、控制等措施的。

②二类疫病：是指狂犬病、布鲁氏菌病、草鱼出血病等对人、动物构成严重危害，可能造成较大经济损失和社会影响，需要采取严格预防、控制等措施的。

③三类疫病：是指大肠杆菌病、沙门氏菌病、钩端螺旋体病等常见多发，对人、动物构成危害，可能造成一定程度的经济损失和社会影响，需要及时预防、控制的。

（4）动物防疫工作的方针。动物防疫实行预防为主，预防与控制、净化、消灭相结合的方针。

（5）动物防疫相关责任承担。从事动物饲养、屠宰、经营、隔离、运输以及动物产品生产、经营、加工、贮藏等活动的单位和个人，依照本法和国务院农业农村主管部门的规定，做好免疫、消毒、检测、隔离、净化、消灭、无害化处理等动物防疫工作，承担动物防疫相关责任。

（6）动物防疫工作的行政管理。

①领导机构：县级以上人民政府。

②行政主管部门：国务院农业农村主管部门以及县级以上地方人民政府农业农村主管部门。

③协作机制：县级以上人民政府卫生健康主管部门和本级人民政府农业农村、野生动物保护等主管部门应当建立人畜共患传染病防治的协作机制。国务院农业农村主管部门和海关总署等部门应当建立防止境外动物疫病输入的协作机制。

④检疫机构：县级以上地方人民政府的动物卫生监督机构。

⑤动物疫病预防控制机构：承担动物疫病的监测、检测、诊断、流行病学调查、疫情报告以及其他预防、控制等技术工作；承担动物疫病净化、消灭的技术工作。

2. 动物疫病的预防

（1）疫病风险评估。国务院农业农村主管部门根据国内外动物疫情以及保护养殖业生产和人体健康的需要，及时会同国务院卫生健康等有关部门对动物疫病进行风险评估，并制定、公布动物疫病预防、控制、净化、消灭措施和技术规范。

省、自治区、直辖市人民政府农业农村主管部门会同本级人民政府卫生健康等有关部门开展本行政区域的动物疫病风险评估，并落实动物疫病预防、控制、净化、消灭措施。

（2）强制免疫。①国家对严重危害养殖业生产和人体健康的动物疫病实施强制免疫。②饲养动物的单位和个人应当履行动物疫病强制免疫义务。③县级以上地方人民政府农业农村主管部门负责组织实施动物疫病强制免疫计划，并对饲养动物的单位和个人履行强制免疫义务的情况进行监督检查。

（3）国家实行动物疫病监测和疫情预警制度。①县级以上人民政府建立健全动物疫病监测网络，加强动物疫病监测。②国务院农业农村主管部门会同国务院有关部门制定国家动物疫病监测计划。省、自治区、直辖市人民政府农业农村主管部门，制定本行政区域的动物疫病监测计划。动物疫病预防控制机构对动物疫病的发生、流行等情况进行监测；从事动物饲养、屠宰、经营、隔离、运输以及动物产品生产、经营、加工、贮藏、无害化处理等活动的单位和个人不得拒绝或者阻碍。

（4）国家支持地方建立无规定动物疫病区，鼓励动物饲养场建设无规定动物疫病生物安全隔离区。对符合国务院农业农村主管部门规定标准的无规定动物疫病区和无规定动物疫病生物安全隔离区，国务院农业农村主管部门验收合格予以公布，并对其维持情况进行监督检查。

省、自治区、直辖市人民政府制定并组织实施本行政区域的无规定动物疫病区建设方案。

（5）国务院农业农村主管部门制定并组织实施动物疫病净化、消灭规划。县级以上地方人民政府根据动物疫病净化、消灭规划，制定并组织实施本行政区域的动物疫病净化、消灭计划。动物疫病预防控制机构按照动物疫病净化、消灭规划、计划，开展动物疫病净化技术指导、培训，对动物疫病净化效果进行监测、评估。

（6）动物饲养场和隔离场所、动物屠宰加工场所以及动物和动物产品无害化处理场所，应当符合下列动物防疫条件。①场所的位置与居民生活区、生活饮用水水源地、学校、医院等公共场所的距离符合国务院农业农村主管部门的规定。②生产经营区域封闭隔离，工程设计和有关流程符合动物防疫要求。③有与其规模相适应的污水、污物处理设施，病死动物、病害动物产品无害化处理设施设备或者冷藏冷冻设施设备，以及清洗消毒设施设备。④有与其规模相适应的执业兽医或者动物防疫技术人员。⑤有完善的隔离消毒、购销台账、日常巡查等动物防疫制度。⑥具备国务院农业农村主管部门规定的其他动物防疫条件。

动物和动物产品无害化处理场所除应当符合前款规定的条件外，还应当具有病原检测设备、检测能力和符合动物防疫要求的专用运输车辆。

（7）国家实行动物防疫条件审查制度。开办动物饲养场和隔离场所、动物屠宰加工场所以及动物和动物产品无害化处理场所，应当向县级以上地方人民政府农业农村主管部门提出申请，并附具相关材料。

动物防疫条件合格证应当载明申请人的名称（姓名）、场（厂）址、动物（动物产品）种类等事项。

（8）经营动物、动物产品的集贸市场应当具备国务院农业农村主管部门规定的动物防疫条件，并接受农业农村主管部门的监督检查。具体办法由国务院农业农村主管部门制定。

县级以上地方人民政府应当根据本地情况，决定在城市特定区域禁止家畜家禽活体交易。

（9）动物、动物产品的运载工具、垫料、包装物、容器等应当符合国务院农业农村主管部门规定的动物防疫要求。

染疫动物及其排泄物、染疫动物产品，运载工具中的动物排泄物以及垫料、包装物、容器等被污染的物品，应当按照国家有关规定处理，不得随意处置。

（10）采集、保存、运输动物病料或者病原微生物以及从事病原微生物研究、教学、检测、诊断等活动，应当遵守国家有关病原微生物实验室管理的规定。

（11）禁止屠宰、经营、运输下列动物和生产、经营、加工、贮藏、运输下列动物产品：①封锁疫区内与所发生动物疫病有关的。②疫区内易感染的。③依法应当检疫而未经检疫或者检疫不合格的。④染疫或者疑似染疫的。⑤病死或者死因不明的。⑥其他不符合国务院农业农村主管部门有关动物防疫规定的。因实施集中无害化处理需要暂存、运输动物和动物产品并按照规定采取防疫措施的，不适用前款规定。

（12）单位和个人饲养犬只，应当按照规定定期免疫接种狂犬病疫苗，凭动物诊疗机构出具的免疫证明向所在地养犬登记机关申请登记。携带犬只出户的，应当按照规定佩戴犬牌并采取系犬绳等措施，防止犬只伤人、疫病传播。

3. 动物疫情的报告、通报和公布

（1）动物疫情的报告。

①从事动物疫病监测、检测、检验检疫、研究、诊疗，以及动物饲养、屠宰、经营、隔离、运输等活动的单位和个人，发现动物染疫或者疑似染疫的，应当立即向所在地农业农村

主管部门或者动物疫病预防控制机构报告，并迅速采取隔离等控制措施，防止动物疫情扩散。其他单位和个人发现动物染疫或者疑似染疫的，应当及时报告。

②动物疫情由县级以上人民政府农业农村主管部门认定；其中重大动物疫情由省、自治区、直辖市人民政府农业农村主管部门认定，必要时报国务院农业农村主管部门认定。

本法所称重大动物疫情，是指一、二、三类动物疫病突然发生，迅速传播，给养殖业生产安全造成严重威胁、危害，以及可能对公众身体健康与生命安全造成危害的情形。

在重大动物疫情报告期间，必要时，所在地县级以上地方人民政府可以作出封锁决定并采取扑杀、销毁等措施。

（2）国家实行动物疫情通报制度。

①国务院农业农村主管部门应当及时向国务院卫生健康等有关部门和军队有关部门，以及省、自治区、直辖市人民政府农业农村主管部门通报重大动物疫情的发生和处置情况。

海关发现进出境动物和动物产品染疫或者疑似染疫的，应当及时处置并向农业农村主管部门通报。

县级以上地方人民政府野生动物保护主管部门发现野生动物染疫或者疑似染疫的，应当及时处置并向本级人民政府农业农村主管部门通报。

②发生人畜共患传染病疫情时，县级以上人民政府农业农村主管部门与本级人民政府卫生健康、野生动物保护等主管部门应当及时相互通报。

发生人畜共患传染病时，卫生健康主管部门应当对疫区易感染的人群进行监测，并应当依照《中华人民共和国传染病防治法》的规定及时公布疫情，采取相应的预防、控制措施。

③患有人畜共患传染病的人员不得直接从事动物疫病监测、检测、检验检疫、诊疗，以及易感染动物的饲养、屠宰、经营、隔离、运输等活动。

（3）动物疫情的公布。

①国务院农业农村主管部门向社会及时公布全国动物疫情，也可以根据需要授权省、自治区、直辖市人民政府农业农村主管部门公布本行政区域的动物疫情。其他单位和个人不得发布动物疫情。

②任何单位和个人不得瞒报、谎报、迟报、漏报动物疫情，不得授意他人瞒报、谎报、迟报动物疫情，不得阻碍他人报告动物疫情。

4. 动物疫病的控制

（1）一类动物疫病控制措施。

①所在地县级以上地方人民政府农业农村主管部门应当立即派人到现场，划定疫点、疫区、受威胁区，调查疫源，及时报请本级人民政府对疫区实行封锁。疫区范围涉及两个以上行政区域的，由有关行政区域共同的上一级人民政府对疫区实行封锁，或者由各有关行政区域的上一级人民政府共同对疫区实行封锁。必要时，上级人民政府可以责成下级人民政府对疫区实行封锁。

②县级以上地方人民政府应当立即组织有关部门和单位采取封锁、隔离、扑杀、销毁、消毒、无害化处理、紧急免疫接种等强制性措施。

③在封锁期间，禁止染疫、疑似染疫和易感染的动物、动物产品流出疫区，禁止非疫区的易感染动物进入疫区，并根据需要对出入疫区的人员、运输工具及有关物品采取消毒和其他限制性措施。

（2）二类动物疫病控制措施。

①所在地县级以上地方人民政府农业农村主管部门应当划定疫点、疫区、受威胁区。

②县级以上地方人民政府根据需要组织有关部门和单位采取隔离、扑杀、销毁、消毒、无害化处理、紧急免疫接种、限制易感染的动物和动物产品及有关物品出入等措施。

（3）疫点、疫区、受威胁区的撤销和疫区封锁的解除，按照国务院农业农村主管部门规定的标准和程序评估后，由原决定机关决定并宣布。

（4）发生三类动物疫病时，所在地县级、乡级人民政府应当按照国务院农业农村主管部门的规定组织防治。

（5）二、三类动物疫病呈暴发性流行时，按照一类动物疫病处理。

（6）发生重大动物疫情时，国务院农业农村主管部门负责划定动物疫病风险区，禁止或者限制特定动物、动物产品由高风险区向低风险区调运。

5. 动物和动物产品的检疫

（1）检疫机构。动物卫生监督机构的官方兽医具体实施动物、动物产品检疫。

（2）检疫管理制度。

①屠宰、出售或者运输动物以及出售或者运输动物产品前，货主应当按照国务院农业农村主管部门的规定向所在地动物卫生监督机构申报检疫。

②动物卫生监督机构接到检疫申报后，应当及时指派官方兽医对动物、动物产品实施检疫；检疫合格的，出具检疫证明，加施检疫标志。实施检疫的官方兽医应当在检疫证明、检疫标志上签字或者盖章，并对检疫结论负责。

动物饲养场、屠宰企业的执业兽医或者动物防疫技术人员，应当协助官方兽医实施检疫。

③因科研、药用、展示等特殊情形需要非食用性利用的野生动物，应当按照国家有关规定报动物卫生监督机构检疫，检疫合格的，方可利用。

人工捕获的野生动物，应当按照国家有关规定报捕获地动物卫生监督机构检疫，检疫合格的，方可饲养、经营和运输。

④屠宰、经营、运输的动物，以及用于科研、展示、演出和比赛等非食用性利用的动物，应当附有检疫证明；经营和运输的动物产品，应当附有检疫证明、检疫标志。

⑤经航空、铁路、道路、水路运输动物和动物产品的，托运人托运时应当提供检疫证明；没有检疫证明的，承运人不得承运。

进出口动物和动物产品，承运人凭进口报关单证或者海关签发的检疫单证运递。

从事动物运输的单位、个人以及车辆，应当向所在地县级人民政府农业农村主管部门备案，妥善保存行程路线和托运人提供的动物名称、检疫证明编号、数量等信息。具体办法由国务院农业农村主管部门制定。

运载工具在装载前和卸载后应当及时清洗、消毒。

⑥省、自治区、直辖市人民政府确定并公布道路运输的动物进入本行政区域的指定通道，设置引导标志。跨省、自治区、直辖市通过道路运输动物的，应当经省、自治区、直辖市人民政府设立的指定通道入省境或者过省境。

⑦输入到无规定动物疫病区的动物、动物产品，货主应当按照国务院农业农村主管部门的规定向无规定动物疫病区所在地动物卫生监督机构申报检疫，经检疫合格的，方可进入。

⑧跨省、自治区、直辖市引进的种用、乳用动物到达输入地后，货主应当按照国务院农业农村主管部门的规定对引进的种用、乳用动物进行隔离观察。

⑨经检疫不合格的动物、动物产品，货主应当在农业农村主管部门的监督下按照国家有关规定处理，处理费用由货主承担。

6. 病死动物和病害动物产品的无害化处理

（1）从事动物饲养、屠宰、经营、隔离以及动物产品生产、经营、加工、贮藏等活动的单位和个人，应当按照国家有关规定做好病死动物、病害动物产品的无害化处理，或者委托动物和动物产品无害化处理场所处理。

从事动物、动物产品运输的单位和个人，应当配合做好病死动物和病害动物产品的无害化处理，不得在途中擅自弃置和处理有关动物及动物产品。

任何单位和个人不得买卖、加工、随意弃置病死动物和病害动物产品。

动物和动物产品无害化处理管理办法由国务院农业农村、野生动物保护主管部门按照职责制定。

（2）在江河、湖泊、水库等水域发现的死亡畜禽，由所在地县级人民政府组织收集、处理并溯源。在城市公共场所和乡村发现的死亡畜禽，由所在地街道办事处、乡级人民政府组织收集、处理并溯源。在野外环境发现的死亡野生动物，由所在地野生动物保护主管部门收集、处理。

（3）省、自治区、直辖市人民政府制定动物和动物产品集中无害化处理场所建设规划，建立政府主导、市场运作的无害化处理机制。

（4）各级财政对病死动物无害化处理提供补助。具体补助标准和办法由县级以上人民政府财政部门会同本级人民政府农业农村、野生动物保护等有关部门制定。

7. 动物诊疗

（1）从事动物诊疗活动的机构，应当具备下列条件：①有与动物诊疗活动相适应并符合动物防疫条件的场所；②有与动物诊疗活动相适应的执业兽医；③有与动物诊疗活动相适应的兽医器械和设备；④有完善的管理制度。

动物诊疗机构包括动物医院、动物诊所以及其他提供动物诊疗服务的机构。

（2）从事动物诊疗活动的机构，应当向县级以上地方人民政府农业农村主管部门申请动物诊疗许可证。受理申请的农业农村主管部门应当依照本法和《中华人民共和国行政许可法》的规定进行审查。经审查合格的，发给动物诊疗许可证；不合格的，应当通知申请人并说明理由。

（3）动物诊疗许可证应当载明诊疗机构名称、诊疗活动范围、从业地点和法定代表人（负责人）等事项。动物诊疗许可证载明事项变更的，应当申请变更或者换发动物诊疗许可证。

（4）动物诊疗机构应当按照国务院农业农村主管部门的规定，做好诊疗活动中的卫生安全防护、消毒、隔离和诊疗废弃物处置等工作。

（5）从事动物诊疗活动，应当遵守有关动物诊疗的操作技术规范，使用符合规定的兽药和兽医器械。兽药和兽医器械的管理办法由国务院规定。

8. 兽医管理

（1）官方兽医任命制度　官方兽医应当具备国务院农业农村主管部门规定的条件，由省、自治区、直辖市人民政府农业农村主管部门按照程序确认，由所在地县级以上人民政府农业农村主管部门任命。具体办法由国务院农业农村主管部门制定。

海关的官方兽医应当具备规定的条件，由海关总署任命。具体办法由海关总署会同国务院农业农村主管部门制定。

（2）官方兽医依法履行动物、动物产品检疫职责，任何单位和个人不得拒绝或者阻碍。

（3）县级以上人民政府农业农村主管部门制定官方兽医培训计划，提供培训条件，定期对官方兽医进行培训和考核。

（4）国家实行执业兽医资格考试制度。具有兽医相关专业大学专科以上学历的人员或者符合条件的乡村兽医，通过执业兽医资格考试的，由省、自治区、直辖市人民政府农业农村主管部门颁发执业兽医资格证书；从事动物诊疗等经营活动的，还应当向所在地县级人民政府农业农村主管部门备案。

执业兽医资格考试办法由国务院农业农村主管部门商国务院人力资源主管部门制定。

（5）执业兽医开具兽医处方应当亲自诊断，并对诊断结论负责。国家鼓励执业兽医接受继续教育。执业兽医所在机构应当支持执业兽医参加继续教育。

（6）乡村兽医可以在乡村从事动物诊疗活动。具体管理办法由国务院农业农村主管部门制定。

（7）执业兽医、乡村兽医应当按照所在地人民政府和农业农村主管部门的要求，参加动物疫病预防、控制和动物疫情扑灭等活动。

9. 监督管理

（1）监督管理机构 县级以上地方人民政府农业农村主管部门依照本法规定，对动物饲养、屠宰、经营、隔离、运输以及动物产品生产、经营、加工、贮藏、运输等活动中的动物防疫实施监督管理。

（2）为控制动物疫病，县级人民政府农业农村主管部门应当派人在所在地依法设立的现有检查站执行监督检查任务；必要时，经省、自治区、直辖市人民政府批准，可以设立临时性的动物防疫检查站，执行监督检查任务。

（3）县级以上地方人民政府农业农村主管部门执行监督检查任务，可以采取下列措施，有关单位和个人不得拒绝或者阻碍：①对动物、动物产品按照规定采样、留验、抽检；②对染疫或者疑似染疫的动物、动物产品及相关物品进行隔离、查封、扣押和处理；③对依法应当检疫而未经检疫的动物和动物产品，具备补检条件的实施补检，不具备补检条件的予以收缴销毁；④查验检疫证明、检疫标志和畜禽标识；⑤进入有关场所调查取证，查阅、复制与动物防疫有关的资料。

县级以上地方人民政府农业农村主管部门根据动物疫病预防、控制需要，经所在地县级以上地方人民政府批准，可以在车站、港口、机场等相关场所派驻官方兽医或者工作人员。

（4）执法人员执行动物防疫监督检查任务，应当出示行政执法证件，佩戴统一标志。县级以上人民政府农业农村主管部门及其工作人员不得从事与动物防疫有关的经营性活动，进行监督检查不得收取任何费用。

（5）禁止转让、伪造或者变造检疫证明、检疫标志或者畜禽标识。禁止持有、使用伪造或者变造的检疫证明、检疫标志或者畜禽标识。检疫证明、检疫标志的管理办法由国务院农业农村主管部门制定。

10. 保障措施

（1）县级以上人民政府应当储备动物疫情应急处置所需的防疫物资。

（2）对在动物疫病预防、控制、净化、消灭过程中强制扑杀的动物、销毁的动物产品和相关物品，县级以上人民政府给予补偿。具体补偿标准和办法由国务院财政部门会同有关部门制定。

（3）对从事动物疫病预防、检疫、监督检查、现场处理疫情以及在工作中接触动物疫病病原体的人员，有关单位按照国家规定，采取有效的卫生防护、医疗保健措施，给予畜牧兽医医疗卫生津贴等相关待遇。

11. 法律责任

（1）违反本法规定，有下列行为之一的，由县级以上地方人民政府农业农村主管部门责令限期改正，可以处一千元以下罚款；逾期不改正的，处一千元以上五千元以下罚款，由县级以上地方人民政府农业农村主管部门委托动物诊疗机构、无害化处理场所等代为处理，所需费用由违法行为人承担：①对饲养的动物未按照动物疫病强制免疫计划或者免疫技术规范实施免疫接种的；②对饲养的种用、乳用动物未按照国务院农业农村主管部门的要求定期开展疫病检测，或者经检测不合格而未按照规定处理的；③对饲养的犬只未按照规定定期进行狂犬病免疫接种的；④动物、动物产品的运载工具在装载前和卸载后未按照规定及时清洗、消毒的。

（2）违反本法规定，对经强制免疫的动物未按照规定建立免疫档案，或者未按照规定加施畜禽标识的，依照《中华人民共和国畜牧法》的有关规定处罚。

（3）违反本法规定，动物、动物产品的运载工具、垫料、包装物、容器等不符合国务院农业农村主管部门规定的动物防疫要求的，由县级以上地方人民政府农业农村主管部门责令改正，可以处五千元以下罚款；情节严重的，处五千元以上五万元以下罚款。

（4）违反本法规定，对染疫动物及其排泄物、染疫动物产品或者被染疫动物、动物产品污染的运载工具、垫料、包装物、容器等未按照规定处置的，由县级以上地方人民政府农业农村主管部门责令限期处理；逾期不处理的，由县级以上地方人民政府农业农村主管部门委托有关单位代为处理，所需费用由违法行为人承担，处五千元以上五万元以下罚款。

造成环境污染或者生态破坏的，依照环境保护有关法律法规进行处罚。

（5）违反本法规定，患有人畜共患传染病的人员，直接从事动物疫病监测、检测、检验检疫，动物诊疗以及易感染动物的饲养、屠宰、经营、隔离、运输等活动的，由县级以上地方人民政府农业农村或者野生动物保护主管部门责令改正；拒不改正的，处一千元以上一万元以下罚款；情节严重的，处一万元以上五万元以下罚款。

（6）违反本法第二十九条规定，屠宰、经营、运输动物或者生产、经营、加工、贮藏、运输动物产品的，由县级以上地方人民政府农业农村主管部门责令改正、采取补救措施，没收违法所得、动物和动物产品，并处同类检疫合格动物、动物产品货值金额十五倍以上三十倍以下罚款；同类检疫合格动物、动物产品货值金额不足一万元的，并处五万元以上十五万元以下罚款；其中依法应当检疫而未检疫的，依照本法第一百条的规定处罚。

（7）动物饲养场和隔离场所、动物屠宰加工场所以及动物和动物产品无害化处理场所，生产经营条件发生变化，不再符合本法第二十四条规定的动物防疫条件继续从事相关活动的，由县级以上地方人民政府农业农村主管部门给予警告，责令限期改正；逾期仍达不到规定条件的，吊销动物防疫条件合格证，并通报市场监督管理部门依法处理。

（8）违反本法规定，屠宰、经营、运输的动物未附有检疫证明，经营和运输的动物产品未附有检疫证明、检疫标志的，由县级以上地方人民政府农业农村主管部门责令改正，处同类检疫合格动物、动物产品货值金额一倍以下罚款；对货主以外的承运人处运输费用三倍以上五倍以下罚款，情节严重的，处五倍以上十倍以下罚款。

违反本法规定，用于科研、展示、演出和比赛等非食用性利用的动物未附有检疫证明的，由县级以上地方人民政府农业农村主管部门责令改正，处三千元以上一万元以下罚款。

（9）违反本法规定，将禁止或者限制调运的特定动物、动物产品由动物疫病高风险区调入低风险区的，由县级以上地方人民政府农业农村主管部门没收运输费用、违法运输的动物和动物产品，并处运输费用一倍以上五倍以下罚款。

（10）违反本法规定，通过道路跨省、自治区、直辖市运输动物，未经省、自治区、直辖市人民政府设立的指定通道入省境或者过省境的，由县级以上地方人民政府农业农村主管部门对运输人处五千元以上一万元以下罚款；情节严重的，处一万元以上五万元以下罚款。

（11）违反本法规定，转让、伪造或者变造检疫证明、检疫标志或者畜禽标识的，由县级以上地方人民政府农业农村主管部门没收违法所得和检疫证明、检疫标志、畜禽标识，并处五千元以上五万元以下罚款。

持有、使用伪造或者变造的检疫证明、检疫标志或者畜禽标识的，由县级以上人民政府农业农村主管部门没收检疫证明、检疫标志、畜禽标识和对应的动物、动物产品，并处三千元以上三万元以下罚款。

（12）违反本法规定，未取得动物诊疗许可证从事动物诊疗活动的，由县级以上地方人民政府农业农村主管部门责令停止诊疗活动，没收违法所得，并处违法所得一倍以上三倍以下罚款；违法所得不足三万元的，并处三千元以上三万元以下罚款。

动物诊疗机构违反本法规定，未按照规定实施卫生安全防护、消毒、隔离和处置诊疗废弃物的，由县级以上地方人民政府农业农村主管部门责令改正，处一千元以上一万元以下罚款；造成动物疫病扩散的，处一万元以上五万元以下罚款；情节严重的，吊销动物诊疗许可证。

（13）违反本法规定，未经执业兽医备案从事经营性动物诊疗活动的，由县级以上地方人民政府农业农村主管部门责令停止动物诊疗活动，没收违法所得，并处三千元以上三万元以下罚款；对其所在的动物诊疗机构处一万元以上五万元以下罚款。

执业兽医有下列行为之一的，由县级以上地方人民政府农业农村主管部门给予警告，责令暂停六个月以上一年以下动物诊疗活动；情节严重的，吊销执业兽医资格证书：①违反有关动物诊疗的操作技术规范，造成或者可能造成动物疫病传播、流行的；②使用不符合规定的兽药和兽医器械的；③未按照当地人民政府或者农业农村主管部门要求参加动物疫病预防、控制和动物疫情扑灭活动的。

（14）违反本法规定，从事动物疫病研究、诊疗和动物饲养、屠宰、经营、隔离、运输，以及动物产品生产、经营、加工、贮藏、无害化处理等活动的单位和个人，有下列行为之一的，由县级以上地方人民政府农业农村主管部门责令改正，可以处一万元以下罚款；拒不改正的，处一万元以上五万元以下罚款，并可以责令停业整顿：①发现动物染疫、疑似染疫未报告，或者未采取隔离等控制措施的；②不如实提供与动物防疫有关的资料的；③拒绝或者阻碍农业农村主管部门进行监督检查的；④拒绝或者阻碍动物疫病预防控制机构进行动物疫病监测、检测、评估的；⑤拒绝或者阻碍官方兽医依法履行职责的。

(二)重大动物疫情应急条例

1.《重大动物疫情应急条例》概述

(1) 2005 年 11 月 18 日国务院令第 450 号公布，根据 2017 年 10 月 7 日国务院令第 687 号《国务院关于修改部分行政法规的决定》修订。

(2) 立法目的　为了迅速控制、扑灭重大动物疫情，保障养殖业生产安全，保护公众身体健康与生命安全，维护正常的社会秩序。

(3) 重大动物疫情的定义　高致病性禽流感等发病率或者死亡率高的动物疫病突然发生，迅速传播，给养殖业生产安全造成严重威胁、危害，以及可能对公众身体健康与生命安全造成危害的情形，包括特别重大动物疫情。

(4) 指导方针　重大动物疫情应急工作应当坚持"加强领导、密切配合、依靠科学、依法防治、群防群控、果断处置"的 24 字方针。

(5) 工作原则　重大动物疫情应急工作应当遵循"及时发现，快速反应，严格处理，减少损失"的 16 字原则。

(6) 责任制度　重大动物疫情应急工作按照属地管理的原则，实行政府统一领导、部门分工负责，逐级建立责任制。

县级以上人民政府兽医主管部门具体负责组织重大动物疫情的监测、调查、控制、扑灭等应急工作。县级以上人民政府林业主管部门、兽医主管部门按照职责分工，加强对陆生野生动物疫源疫病的监测。县级以上人民政府其他有关部门在各自的职责范围内，做好重大动物疫情的应急工作。

出入境检验检疫机关应当及时收集境外重大动物疫情信息，加强进出境动物及其产品的检验检疫工作，防止动物疫病传入和传出。兽医主管部门要及时向出入境检验检疫机关通报国内重大动物疫情。

2. 应急准备

(1) 国务院兽医主管部门应当制定全国重大动物疫情应急预案，报国务院批准，并按照不同动物疫病病种及其流行特点和危害程度，分别制定实施方案，报国务院备案。县级以上地方人民政府根据本地区的实际情况，制定本行政区域的重大动物疫情应急预案，报上一级人民政府兽医主管部门备案。县级以上地方人民政府兽医主管部门，应当按照不同动物疫病病种及其流行特点和危害程度，分别制定实施方案。重大动物疫情应急预案及其实施方案应当根据疫情的发展变化和实施情况，及时修改、完善。

(2) 重大动物疫情应急预案主要包括：①应急指挥部的职责、组成以及成员单位的分工；②重大动物疫情的监测、信息收集、报告和通报；③动物疫病的确认、重大动物疫情的分级和相应的应急处理工作方案；④重大动物疫情疫源的追踪和流行病学调查分析；⑤预防、控制、扑灭重大动物疫情所需资金的来源、物资和技术的储备与调度；⑥重大动物疫情应急处理设施和专业队伍建设。

(3) 国务院有关部门和县级以上地方人民政府及其有关部门，应当根据重大动物疫情应急预案的要求，确保应急处理所需的疫苗、药品、设施设备和防护用品等物资的储备。县级以上人民政府应当建立和完善重大动物疫情监测网络和预防控制体系，加强动物防疫基础设施和乡镇动物防疫组织建设，并保证其正常运行，提高对重大动物疫情的应急处理能力。

3. 监测、报告和公布

（1）监测机构：动物防疫监督机构负责重大动物疫情的监测。饲养、经营动物和生产、经营动物产品的单位和个人应当配合，不得拒绝和阻碍。

（2）报告：①从事动物隔离、疫情监测、疫病研究与诊疗、检验检疫以及动物饲养、屠宰加工、运输、经营等活动的有关单位和个人，发现动物出现群体发病或者死亡的，应当立即向所在地的县（市）动物防疫监督机构报告。②县（市）动物防疫监督机构接到报告后，应当立即赶赴现场调查核实。初步认为属于重大动物疫情的，应当在2h内将情况逐级报省、自治区、直辖市动物防疫监督机构，并同时报所在地人民政府兽医主管部门；兽医主管部门应当及时通报同级卫生主管部门。

省、自治区、直辖市动物防疫监督机构应当在接到报告后1h内，向省、自治区、直辖市人民政府兽医主管部门和国务院兽医主管部门所属的动物防疫监督机构报告。

省、自治区、直辖市人民政府兽医主管部门应当在接到报告后1h内报本级人民政府和国务院兽医主管部门。

重大动物疫情发生后，省、自治区、直辖市人民政府和国务院兽医主管部门应当在4h内向国务院报告。

（3）重大动物疫情报告包括下列内容：①疫情发生的时间、地点；②染疫、疑似染疫动物种类和数量、同群动物数量、免疫情况、死亡数量、临床症状、病理变化、诊断情况；③流行病学和疫源追踪情况；④已采取的控制措施；⑤疫情报告的单位、负责人、报告人及联系方式。

（4）认定：重大动物疫情由省、自治区、直辖市人民政府兽医主管部门认定；必要时，由国务院兽医主管部门认定。

（5）公布：重大动物疫情由国务院兽医主管部门按照国家规定的程序，及时准确公布；其他任何单位和个人不得公布重大动物疫情。

（6）重大动物疫病应当由动物防疫监督机构采集病料。其他单位和个人采集病料的，应当具备以下条件：①重大动物疫病病料采集目的、病原微生物的用途应当符合国务院兽医主管部门的规定；②具有与采集病料相适应的动物病原微生物实验室条件；③具有与采集病料所需要的生物安全防护水平相适应的设备，以及防止病原感染和扩散的有效措施。

从事重大动物疫病病原分离的，应当遵守国家有关生物安全管理规定，防止病原扩散。

（7）通报：国务院兽医主管部门应当及时向国务院有关部门和军队有关部门以及各省、自治区、直辖市人民政府兽医主管部门通报重大动物疫情的发生和处理情况。发生重大动物疫情可能感染人群时，卫生主管部门应当对疫区内易受感染的人群进行监测，并采取相应的预防、控制措施。卫生主管部门和兽医主管部门应当及时相互通报情况。有关单位和个人对重大动物疫情不得瞒报、谎报、迟报，不得授意他人瞒报、谎报、迟报，不得阻碍他人报告。

（8）措施：在重大动物疫情报告期间，有关动物防疫监督机构应当立即采取临时隔离控制措施；必要时，当地县级以上地方人民政府可以作出封锁决定并采取扑杀、销毁等措施。有关单位和个人应当执行。

4. 应急处理

（1）重大动物疫情发生后，国务院和有关地方人民政府设立的重大动物疫情应急指挥部统一领导、指挥重大动物疫情应急工作。县级以上地方人民政府兽医主管部门应当立即划定疫点、疫区和受威胁区，调查疫源，向本级人民政府提出启动重大动物疫情应急指挥系统、应急预案和对疫区实行封锁的建议，有关人民政府应当立即作出决定。疫点、疫区和受威胁区的范围应当按照不同动物疫病病种及其流行特点和危害程度划定，具体划定标准由国务院兽医主管部门制定。

（2）国家对重大动物疫情应急处理实行分级管理，按照应急预案确定的疫情等级，由有关人民政府采取相应的应急控制措施。

① 对疫点应当采取下列措施：扑杀并销毁染疫动物和易感染的动物及其产品；对病死的动物、动物排泄物、被污染饲料、垫料、污水进行无害化处理；对被污染的物品、用具、动物圈舍、场地进行严格消毒。

②对疫区应当采取下列措施：在疫区周围设置警示标志，在出入疫区的交通路口设置临时动物检疫消毒站，对出入的人员和车辆进行消毒；扑杀并销毁染疫和疑似染疫动物及其同群动物，销毁染疫和疑似染疫的动物产品，对其他易感染的动物实行圈养或者在指定地点放养，役用动物限制在疫区内使役；对易感染的动物进行监测，并按照国务院兽医主管部门的规定实施紧急免疫接种，必要时对易感染的动物进行扑杀；关闭动物及动物产品交易市场，禁止动物进出疫区和动物产品运出疫区；对动物圈舍、动物排泄物、垫料、污水和其他可能受污染的物品、场地，进行消毒或者无害化处理。

③对受威胁区应当采取下列措施：对易感染的动物进行监测；对易感染的动物根据需要实施紧急免疫接种。

（3）重大动物疫情应急处理中设置临时动物检疫消毒站以及采取隔离、扑杀、销毁、消毒、紧急免疫接种等控制、扑灭措施的，由有关重大动物疫情应急指挥部决定，有关单位和个人必须服从；拒不服从的，由公安机关协助执行；国家对疫区、受威胁区内易感染的动物免费实施紧急免疫接种；对因采取扑杀、销毁等措施给当事人造成的已经证实的损失，给予合理补偿。紧急免疫接种和补偿所需费用，由中央财政和地方财政分担；重大动物疫情应急指挥部根据应急处理需要，有权紧急调集人员、物资、运输工具以及相关设施、设备；单位和个人的物资、运输工具以及相关设施、设备被征集使用的，有关人民政府应当及时归还并给予合理补偿。

（4）重大动物疫情发生后，县级以上人民政府兽医主管部门应当及时提出疫点、疫区、受威胁区的处理方案，加强疫情监测、流行病学调查、疫源追踪工作，对染疫和疑似染疫动物及其同群动物和其他易感染动物的扑杀、销毁进行技术指导，并组织实施检验检疫、消毒、无害化处理和紧急免疫接种。

（5）重大动物疫情应急处理中，县级以上人民政府有关部门应当在各自的职责范围内，做好重大动物疫情应急所需的物资紧急调度和运输、应急经费安排、疫区群众救济、人的疫病防治、肉食品供应、动物及其产品市场监管、出入境检验检疫和社会治安维护等工作；中国人民解放军、中国人民武装警察部队应当支持配合驻地人民政府做好重大动物疫情的应急工作。

（6）重大动物疫情应急处理中，乡镇人民政府、村民委员会、居民委员会应当组织力量，向村民、居民宣传动物疫病防治的相关知识，协助做好疫情信息的收集、报告和各项应急处理措施的落实工作；重大动物疫情发生地的人民政府和毗邻地区的人民政府应当通力合作，相互配合，做好重大动物疫情的控制、扑灭工作；有关人民政府及其有关部门对参加重大动物疫情应急处理的人员，应当采取必要的卫生防护和技术指导等措施。

（7）自疫区内最后一头（只）发病动物及其同群动物处理完毕起，经过一个潜伏期以上的监测，未出现新的病例的，彻底消毒后，经上一级动物防疫监督机构验收合格，由原发布封锁令的人民政府宣布解除封锁，撤销疫区；由原批准机关撤销在该疫区设立的临时动物检疫消毒站；县级以上人民政府应当将重大动物疫情确认、疫区封锁、扑杀及其补偿、消毒、无害化处理、疫源追踪、疫情监测以及应急物资储备等应急经费列入本级财政预算。

三、例题及解析

1.《中华人民共和国动物防疫法》将动物疫病分（　　　　）。

　　A. 一类　　　　　　　　B. 二类　　　　　　　　C. 三类

　　D. 四类　　　　　　　　E. 五类

【解析】C。《中华人民共和国动物防疫法》根据动物疫病对养殖业生产和人体健康的危害程度分为三类疫病。

2. 根据《中华人民共和国动物防疫法》，必须取得动物防疫条件合格证的场所不包括（　　　　）。

　　A. 动物饲养场　　　　　　　　B. 动物屠宰加工场所

　　C. 动物隔离场所　　　　　　　　D. 经营动物、动物产品的集贸市场

　　E. 动物和动物产品无害化处理场所

【解析】D。根据《中华人民共和国动物防疫法》规定，集贸市场不需要取得《动物防疫条件合格证》，但要符合相应的动物防疫条件。

3. 根据《中华人民共和国动物防疫法》，下列关于动物疫病控制和扑灭的表述不正确的是（　　　　）。

　　A. 二、三类动物疫病呈暴发流行时，按照一类动物疫病处理

　　B. 发生人畜共患传染病时，兽医主管部门应当组织对疫区易感染的人群进行监测

　　C. 疫点、疫区和受威胁区的撤销和疫区封锁的解除，由原决定机关决定并宣布

　　D. 发生三类动物疫病时，当地县级、乡级人民政府应当按照国务院兽医主管部门的规定组织防治和净化

　　E. 为控制和扑灭动物疫病，动物卫生监督机构应当派人在当地依法设立的现有检查站执行监督检查任务

【解析】B。在发生人畜共患病时，卫生主管部门应当组织对疫区易感染的人群进行监测，并采取相应的预防、控制措施。

4. 根据《中华人民共和国动物防疫法》，下列关于动物和动物产品检疫的表述不正确的是（　　　　）。

　　A. 经铁路运输动物和动物产品的，托运人托运时应当提供检疫证明

　　B. 屠宰、经营、运输的动物，应当附有检疫证明

C. 经营的动物产品,应当附有检疫证明、检疫标志

D. 经检疫不合格的动物、动物产品,货主应当在动物卫生监督机构监督下处理,处理费用由国家承担

E. 动物卫生监督机构接到检疫申报后,应当及时指派官方兽医对动物、动物产品实施现场检疫

【解析】D。经检疫不合格的动物,货主应当在动物卫生监督机构监督下按照国家有关规定处理,费用由货主承担。

5. 根据《中华人民共和国动物防疫法》,动物卫生监督机构执行监督检查任务时,无权采取的措施是(   )。

A. 对动物、动物产品按照规定采样、留验和抽检

B. 对染疫的动物进行隔离、查封、扣押和处理

C. 对依法应当检疫而未经检疫的动物实施补检

D. 查验检疫证明、检疫标志和畜禽标识

E. 对阻碍监督检查的个人实施拘留等行政处罚措施

【解析】E。按照动物检疫管理规定,对动物、动物产品按照规定采样、留验、抽检,对染疫或者疑似染疫的动物、动物产品及相关物品进行隔离、查封、扣押和处理,对运输依法应当检疫而未检疫的动物、动物产品,动物卫生监督机构应当对动物实施补检,对具备补检条件的动物产品实施补检,对不具备补检条件的动物产品予以没收销毁,同时对货主及承运人依法给予行政处罚,以及查验检疫证明、检疫标志和畜禽标识。

6.《重大动物疫情应急条例》规定,有权公布重大动物疫情的主体是(   )。

A. 国务院兽医主管部门

B. 省、自治区、直辖市人民政府

C. 省、自治区、直辖市人民政府兽医主管部门

D. 县级人民政府兽医主管部门

E. 县级动物疫病预防控制机构

【解析】A。重大动物疫情由国务院兽医主管部门按照国家规定的程序,及时准确公布;其他任何单位和个人不得公布重大动物疫情。

7. 根据《重大动物疫情应急条例》,下列对疫点采取的措施表述不正确的是(   )。

A. 扑杀并销毁染疫动物

B. 对易感动物紧急免疫接种

C. 对病死动物、动物排泄物等进行无害化处理

D. 对被污染的物品用具等进行严格消毒

E. 销毁染疫的动物产品

【解析】B。根据《重大动物疫情应急条例》,发生重大疫情时对疫点应当采取下列措施:①扑杀并销毁染疫动物和易感染的动物及其产品;②对病死的动物、动物排泄物、被污染饲料、垫料、污水进行无害化处理;③对被污染的物品、用具、动物圈舍、场地进行严格消毒。其中,对于易感动物也是实行扑杀。

<<< 　第二单元　动物防疫条件审查法律制度　>>>

一、考试大纲

单元	细目	要点
动物防疫条件审查法律制度	动物防疫条件审查办法	（1）《动物防疫条件审查办法》总则　（2）动物防疫条件　（3）审查发证　（4）监督管理　（5）法律责任　（6）附则

二、重要知识点

1. 《动物防疫条件审查办法》总则

（1）审查范围　动物饲养场、动物隔离场所、动物屠宰加工场所以及动物和动物产品无害化处理场所，经营动物和动物产品的集贸市场。

（2）审查原则　动物防疫条件审查应当遵循公开、公平、公正、便民的原则。

2. 动物防疫条件

（1）动物饲养场、动物隔离场所、动物屠宰加工场所、动物和动物产品无害化处理场所均应当符合下列共同条件：①各场所之间，各场所与动物诊疗场所、居民生活区、生活饮用水水源地、学校、医院等公共场所之间保持必要的距离。②场区周围建有围墙等隔离设施；场区出入口处设置运输车辆消毒通道或者消毒池，并单独设置人员消毒通道；生产经营区与生活办公区分开，并有隔离设施；生产经营区入口处设置人员更衣消毒室。③配备与其生产经营规模相适应的执业兽医或者动物防疫技术人员。④配备与其生产经营规模相适应的污水、污物处理设施，清洗消毒设施设备，以及必要的防鼠、防鸟、防虫设施设备。⑤建立隔离消毒、购销台账、日常巡查等动物防疫制度。

（2）动物饲养场除了符合上述共同条件外，还应符合以下条件：①设置配备疫苗冷藏冷冻设备、消毒和诊疗等防疫设备的兽医室。②生产区清洁道、污染道分设；具有相对独立的动物隔离舍。③配备符合国家规定的病死动物和病害动物产品无害化处理设施设备或者冷藏冷冻等暂存设施设备。④建立免疫、用药、检疫申报、疫情报告、无害化处理、畜禽标识及养殖档案管理等动物防疫制度。

禽类饲养场内的孵化间与养殖区之间应当设置隔离设施，并配备种蛋熏蒸消毒设施，孵化间的流程应当单向，不得交叉或者回流。

种畜禽场除符合本条上述规定①和②外，还应当有国家规定的动物疫病的净化制度；有动物精液、卵、胚胎采集等生产需要的，应当设置独立的区域。

（3）动物隔离场所。除符合（1）中规定外，还应当符合下列条件：①饲养区内设置配备疫苗冷藏冷冻设备、消毒和诊疗等防疫设备的兽医室；②饲养区内清洁道、污染道分设；③配备符合国家规定的病死动物和病害动物产品无害化处理设施设备或者冷藏冷冻等暂存设施设备；④建立动物进出登记、免疫、用药、疫情报告、无害化处理等动物防疫制度。

(4) 动物屠宰加工场所除 (1) 中规定外，还应当符合下列条件：①建立隔离消毒、购销台账、日常巡查等动物防疫制度。②入场动物卸载区域有固定的车辆消毒场地，并配备车辆清洗消毒设备。③有与其屠宰规模相适应的独立检疫室和休息室；有待宰圈、急宰间，加工原毛、生皮、绒、骨、角的，还应当设置封闭式熏蒸消毒间。④屠宰间配备检疫操作台；⑤有符合国家规定的病死动物和病害动物产品无害化处理设施设备或者冷藏冷冻等暂存设施设备。⑥建立动物进场查验登记、动物产品出场登记、检疫申报、疫情报告、无害化处理等动物防疫制度。

(5) 动物和动物产品无害化处理场所除符合 (1) 中规定外，还应当符合下列条件：①无害化处理区内设置无害化处理间、冷库；②配备与其处理规模相适应的病死动物和病害动物产品的无害化处理设施设备，符合农业农村部规定条件的专用运输车辆，以及相关病原检测设备，或者委托有资质的单位开展检测；③建立病死动物和病害动物产品入场登记、无害化处理记录、病原检测、处理产物流向登记、人员防护等动物防疫制度。

(6) 经营动物和动物产品的集贸市场应当符合下列条件：①场内设管理区、交易区和废弃物处理区，且各区相对独立；②动物交易区与动物产品交易区相对隔离，动物交易区内不同种类动物交易场所相对独立；③配备与其经营规模相适应的污水、污物处理设施和清洗消毒设施设备；④建立定期休市、清洗消毒等动物防疫制度；⑤经营动物的集贸市场，周围应当建有隔离设施，运输动物车辆出入口处设置消毒通道或者消毒池。

(7) 活禽交易市场除符合 (6) 中规定，还应当符合下列条件：①活禽销售应单独分区，有独立出入口；市场内水禽与其他家禽应相对隔离；活禽宰杀间应相对封闭，宰杀间、销售区域、消费者之间应实施物理隔离；②配备通风、无害化处理等设施设备，设置排污通道；③建立日常监测、从业人员卫生防护、突发事件应急处置等动物防疫制度。

3. 审查发证 开办动物饲养场、动物屠宰加工场所、动物隔离场所、动物和动物产品无害化处理场所，应当向县级人民政府农业农村主管部门提交选址要求。

(1) 申请 场所建设竣工后，应当向所在地县级地方人民政府农业农村主管部门提出申请，并提交以下材料：①《动物防疫条件审查申请表》；②场所地理位置图、各功能区布局平面图；③设施设备清单；④管理制度文本；⑤人员情况。

(2) 审查 县级人民政府农业农村主管部门应当自受理申请之日起十五个工作日内完成材料审核，并结合选址综合评估结果完成现场核查。审查合格的，颁发动物防疫条件合格证；审查不合格的，应当书面通知申请人，并说明理由。

4. 监督管理

(1) 变更：取得动物防疫条件合格证后，变更场址或者经营范围的，应当重新申请办理，同时交回原动物防疫条件合格证，由原发证机关予以注销；变更布局、设施设备和制度，可能引起动物防疫条件发生变化的，应当提前30d向原发证机关报告。发证机关应当在15d内完成审查，并将审查结果通知申请人；变更单位名称或者法定代表人（负责人）的，应当在变更后15d内持有效证明申请变更动物防疫条件合格证。

（2）禁止转让、伪造或者变造《动物防疫条件合格证》。《动物防疫条件合格证》丢失或者损毁的，应当在 15d 内向发证机关申请补发。

（3）动物饲养场、动物隔离场所、动物屠宰加工场所以及动物和动物产品无害化处理场所、经营动物和动物产品的集贸市场，应当在每年 3 月底前将上一年的动物防疫条件情况和防疫制度执行情况向发证机关报告。

（4）补发：动物防疫条件合格证丢失或者损毁的，应当在 15d 内向原发证机关申请补发。

5. 法律责任

（1）违反本办法规定，有下列行为之一的，依照《中华人民共和国动物防疫法》第九十八条的规定予以处罚：动物饲养场、动物隔离场所、动物屠宰加工场所以及动物和动物产品无害化处理场所变更场所地址或者经营范围，未按规定重新办理动物防疫条件合格证的；经营动物和动物产品的集贸市场不符合本办法第十一条、第十二条动物防疫条件的。

（2）违反本办法规定，动物饲养场、动物隔离场所、动物屠宰加工场所以及动物和动物产品无害化处理场所未经审查变更布局、设施设备和制度，不再符合规定的动物防疫条件继续从事相关活动的，依照《中华人民共和国动物防疫法》第九十九条的规定予以处罚。

（3）违反本办法规定，动物饲养场、动物隔离场所、动物屠宰加工场所以及动物和动物产品无害化处理场所变更单位名称或者法定代表人（负责人）未办理变更手续的，由县级以上地方人民政府农业农村主管部门责令限期改正；逾期不改正的，处一千元以上五千元以下罚款。

（4）违反本办法规定，动物饲养场、动物隔离场所、动物屠宰加工场所以及动物和动物产品无害化处理场所未按规定报告动物防疫条件情况和防疫制度执行情况的，依照《中华人民共和国动物防疫法》第一百零八条的规定予以处罚。

（5）违反本办法规定，涉嫌犯罪的，依法移送司法机关追究刑事责任。

6. 附则

（1）动物饲养场是指《中华人民共和国畜牧法》规定的畜禽养殖场。

（2）经营动物和动物产品的集贸市场，是指经营畜禽或者专门经营畜禽产品，并取得营业执照的集贸市场。

动物饲养场内自用的隔离舍，参照本办法第八条规定执行，不再另行办理动物防疫条件合格证。

动物饲养场、隔离场所、屠宰加工场所内的无害化处理区域，参照本办法第十条规定执行，不再另行办理动物防疫条件合格证。

（3）本办法自 2022 年 12 月 1 日起施行。农业部 2010 年 1 月 21 日公布的《动物防疫条件审查办法》同时废止。

（4）本办法施行前已取得动物防疫条件合格证的各类场所，应当自本办法实施之日起一年内达到本办法规定的条件。

三、例题及解析

1.《动物防疫条件审查办法》规定，动物饲养场距离动物诊疗场所应当不少于（　　　）。

A. 100m B. 200m C. 500m

D. 1 000m E. 2 000m

【解析】B。饲养场和养殖小区的防疫条件：①距饮用水水源地、屠宰加工场所、动物集贸市场500m以上；②距种畜禽场1 000m以上；③距动物诊疗场所200m以上；④动物饲养场的间距不少于500m；⑤距离动物隔离场所、无害化处理场所3 000m以上；⑥距人口密集区及主要交通干线500m以上；⑦应有围墙；⑧出入口设置长4m深0.3m以上消毒池；⑨各养殖栋舍间距5m以上；⑩有符合规定的无害化处理及污水处理设施；⑪生产与生活区分开。

2.《动物防疫条件审查办法》规定，动物饲养场距离动物屠宰加工场所应当不少于( )。

A. 200m B. 500m C. 1 000m

D. 2 000m E. 3 000m

【解析】B。同第1题。

3.《动物防疫条件审查办法》规定，动物饲养场距动物和动物产品集贸市场的距离至少为( )。

A. 200m B. 500m C. 1 000m

D. 2 000m E. 3 000m

【解析】B。饲养场、养殖小区选址应当符合以下条件：①距离生活饮用水源地、动物屠宰加工场所、动物和动物产品集贸市场500m以上；距离种畜禽场1 000m以上；距离动物诊疗场所200m以上；动物饲养场、养殖小区之间距离不少于500m。②距离动物隔离场所、无害化处理场所3 000m以上。③距离城镇居民区、文化教育科研等人口集中区域及公路、铁路等主要交通干线500m以上。

4.《动物防疫条件审查办法》规定，动物养殖小区距动物、动物产品无害化处理场所的距离至少( )。

A. 500m B. 1 000m C. 2 000m

D. 3 000m E. 5 000m

【解析】D。根据《动物防疫条件审查办法》的规定，动物和动物产品无害化处理场所选址符合的条件包括：①距离动物养殖场、养殖小区、种畜禽场、动物屠宰加工场所、动物隔离场所、动物诊疗场所、动物和动物产品集贸市场、生活饮用水源地3 000m以上；②距离城镇居民区、文化教育科研等人口集中区域及公路、铁路等主要交通干线500m以上。

备注：以上1~4题在2022年新修订的《动物防疫条件审查办法》中已经将具体距离数值改为各场所之间，各场所与动物诊疗场所、居民生活区、生活饮用水水源地、学校、医院等公共场所之间保持必要的距离。

5. 必须重新申请办理《动物防疫条件合格证》的情形是( )。

A. 变更单位名称 B. 变更场址 C. 变更负责人

D. 变更聘用的执业兽医 E. 增高场区周围围墙

【解析】B。根据《动物防疫条件审查办法》，动物饲养场、养殖小区变更场址或经营范围的，必须重新办理《动物防疫条件合格证》；变更布局、设施设备和制度，可能引起动物防疫条件变化的，应当提前30d向原发证机关报告，发证机关应当在15d内完成审查，并将审查结果通知申请人；变更单位名称或负责人的，应在变更后 15d 内持有效证明申请变更《动物防疫条件合格证》。因此，取得《动物防疫条件合格证》的饲养场，必须重新申请办理《动物防疫条件合格证》的是变更地址。

<<< 第三单元　动物检疫管理法律制度　>>>

一、考试大纲

单元	细目	要点
动物检疫管理法律制度	动物检疫管理办法	（1）《动物检疫管理办法》总则　（2）检疫申报　（3）产地检疫　（4）屠宰检疫　（5）进入无规定动物疫病区动物检疫　（6）官方兽医　（7）动物检疫证章标志管理　（8）监督管理　（9）法律责任　（10）附则

二、重要知识点

1.《动物检疫管理办法》总则

（1）为加强动物检疫活动管理，预防、控制、净化、消灭动物疫病，防控人畜共患传染病，保障公共卫生安全和人体健康，制定本办法。本办法适用于中华人民共和国领域内的动物、动物产品的检疫及其监督管理活动。

（2）农业农村部主管全国动物检疫工作。县级以上地方人民政府兽医主管部门主管本行政区域内的动物检疫工作。县级以上地方人民政府设立的动物卫生监督机构负责本行政区域内动物、动物产品的检疫及其监督管理工作。县级人民政府农业农村主管部门可以根据动物检疫工作需要，向乡、镇或者特定区域派驻动物卫生监督机构或者官方兽医；县级以上人民政府建立的动物疫病预防控制机构应当为动物检疫及其监督管理工作提供技术支撑。

2. 检疫申报

（1）国家实行动物检疫申报制度。动物卫生监督机构应当根据检疫工作需要，合理设置动物检疫申报点，并向社会公布动物检疫申报点、检疫范围和检疫对象。

（2）申报种类及时限。出售或者运输动物、动物产品的，货主应当提前 3d 向所在地动物卫生监督机构申报检疫。

屠宰动物的，应当提前 6h 向所在地动物卫生监督机构申报检疫；急宰动物的，可以随时申报。

向无规定动物疫病区输入相关易感动物、易感动物产品的，货主除按提前 3d 向输出地动物卫生监督机构申报检疫外，还应当在启运 3d 前向输入地动物卫生监督机构申报检疫。

输入易感动物的,向输入地隔离场所在地动物卫生监督机构申报;输入易感动物产品的,在输入地省级动物卫生监督机构指定的地点申报。

动物卫生监督机构接到申报后,应当及时对申报材料进行审查。申报材料齐全的,予以受理;有下列情形之一的,不予受理,并说明理由:①申报材料不齐全的,动物卫生监督机构当场或在 3d 内已经一次性告知申报人需要补正的内容,但申报人拒不补正的;②申报的动物、动物产品不属于本行政区域的;③申报的动物、动物产品不属于动物检疫范围的;④农业农村部规定不应当检疫的动物、动物产品;⑤法律法规规定的其他不予受理的情形。

3. 产地检疫　出售或者运输的动物,经检疫符合下列条件的,出具动物检疫证明:①来自非封锁区及未发生相关动物疫情的饲养场(户);②来自符合风险分级管理有关规定的饲养场(户);③申报材料符合检疫规程规定;④畜禽标识符合规定;⑤按照规定进行了强制免疫,并在有效保护期内;⑥临床检查健康;⑦需要进行实验室疫病检测的,检测结果合格。

跨省、自治区、直辖市引进的乳用、种用动物到达输入地后,应当在隔离场或者饲养场内的隔离舍进行隔离观察,隔离期为 30d。经隔离观察合格的,方可混群饲养;不合格的,按照有关规定进行处理。隔离观察合格后需要继续运输的,货主应当申报检疫,并取得动物检疫证明。

4. 屠宰检疫　进入屠宰加工场所的待宰动物应当附有动物检疫证明并加施有符合规定的畜禽标识,屠宰加工场所应当严格执行动物入场查验登记、待宰巡查等制度,查验进场待宰动物的动物检疫证明和畜禽标识,发现动物染疫或者疑似染疫的,应当立即向所在地农业农村主管部门或者动物疫病预防控制机构报告,经检疫符合下列条件的,对动物的胴体及生皮、原毛、绒、脏器、血液、蹄、头、角出具动物检疫证明,加盖检疫验讫印章或者加施其他检疫标志:①申报材料符合检疫规程规定;②待宰动物临床检查健康;③同步检疫合格;④需要进行实验室疫病检测的,检测结果合格。

5. 进入无规定动物疫病区动物检疫　输入到无规定动物疫病区的相关易感动物,应当在输入地省级动物卫生监督机构指定的隔离场所进行隔离,隔离检疫期为 30d。隔离检疫合格的,由隔离场所在地县级动物卫生监督机构的官方兽医出具动物检疫证明;输入到无规定动物疫病区的相关易感动物产品,应当在输入地省级动物卫生监督机构指定的地点,按照无规定动物疫病区有关检疫要求进行检疫。检疫合格的,由当地县级动物卫生监督机构的官方兽医出具动物检疫证明。

6. 官方兽医　国家实行官方兽医任命制度。官方兽医应当符合以下条件:①动物卫生监督机构的在编人员,或者接受动物卫生监督机构业务指导的其他机构在编人员;②从事动物检疫工作;③具有畜牧兽医水产初级以上职称或者相关专业大专以上学历或者从事动物防疫等相关工作满 3 年以上;④接受岗前培训,并经考核合格;⑤符合农业农村部规定的其他条件。

县级以上动物卫生监督机构提出官方兽医任命建议,报同级农业农村主管部门审核。审核通过的,由省级农业农村主管部门按程序确认、统一编号,并报农业农村部备案。

经省级农业农村主管部门确认的官方兽医,由其所在的农业农村主管部门任命,颁发官方兽医证,公布人员名单。

官方兽医证的格式由农业农村部统一规定。

官方兽医实施动物检疫工作时，应当持有官方兽医证。禁止伪造、变造、转借或者以其他方式违法使用官方兽医证。

农业农村部制定全国官方兽医培训计划。

县级以上地方人民政府农业农村主管部门制定本行政区域官方兽医培训计划，提供必要的培训条件，设立考核指标，定期对官方兽医进行培训和考核。

官方兽医实施动物检疫的，可以由协检人员进行协助。协检人员不得出具动物检疫证明。

协检人员的条件和管理要求由省级农业农村主管部门规定。

动物饲养场、屠宰加工场所的执业兽医或者动物防疫技术人员，应当协助官方兽医实施动物检疫。

对从事动物检疫工作的人员，有关单位按照国家规定，采取有效的卫生防护、医疗保健措施，全面落实畜牧兽医医疗卫生津贴等相关待遇。

对在动物检疫工作中做出贡献的动物卫生监督机构、官方兽医，按照国家有关规定给予表彰、奖励。

7. 动物检疫证章标志管理　动物检疫证章标志包括：①动物检疫证明；②动物检疫印章、动物检疫标志；③农业农村部规定的其他动物检疫证章标志。

动物检疫证章标志的内容、格式、规格、编码和制作等要求，由农业农村部统一规定。

县级以上动物卫生监督机构负责本行政区域内动物检疫证章标志的管理工作，建立动物检疫证章标志管理制度，严格按照程序订购、保管、发放。

任何单位和个人不得伪造、变造、转让动物检疫证章标志，不得持有或者使用伪造、变造、转让的动物检疫证章标志。

8. 监督管理　禁止屠宰、经营、运输依法应当检疫而未经检疫或者检疫不合格的动物。

禁止生产、经营、加工、贮藏、运输依法应当检疫而未经检疫或者检疫不合格的动物产品。

有下列情形之一的，出具动物检疫证明的动物卫生监督机构或者其上级动物卫生监督机构，根据利害关系人的请求或者依据职权，撤销动物检疫证明，并及时通告有关单位和个人：①官方兽医滥用职权、玩忽职守出具动物检疫证明的；②以欺骗、贿赂等不正当手段取得动物检疫证明的；③超出动物检疫范围实施检疫，出具动物检疫证明的；④对不符合检疫申报条件或者不符合检疫合格标准的动物、动物产品，出具动物检疫证明的；⑤其他未按照《中华人民共和国动物防疫法》、本办法和检疫规程的规定实施检疫，出具动物检疫证明的。

有下列情形之一的，按照依法应当检疫而未经检疫处理处罚：①动物种类、动物产品名称、畜禽标识号与动物检疫证明不符的；②动物、动物产品数量超出动物检疫证明载明部分的；③使用转让的动物检疫证明的。

依法应当检疫而未经检疫的动物、动物产品，由县级以上地方人民政府农业农村主管部门依照《中华人民共和国动物防疫法》处理处罚，不具备补检条件的，予以收缴销毁；具备补检条件的，由动物卫生监督机构补检。

依法应当检疫而未经检疫的胴体、肉、脏器、脂、血液、精液、卵、胚胎、骨、蹄、头、筋、种蛋等动物产品，不予补检，予以收缴销毁。

补检的动物具备下列条件的，补检合格，出具动物检疫证明：①畜禽标识符合规定；②检疫申报需要提供的材料齐全、符合要求；③临床检查健康；④不符合第一项或者第二项规定条件，货主于7d内提供检疫规程规定的实验室疫病检测报告，检测结果合格。

补检的生皮、原毛、绒、角等动物产品具备下列条件的，补检合格，出具动物检疫证明：①经外观检查无腐烂变质；②按照规定进行消毒；③货主于7d内提供检疫规程规定的实验室疫病检测报告，检测结果合格。

经检疫合格的动物应当按照动物检疫证明载明的目的地运输，并在规定时间内到达，运输途中发生疫情的应当按有关规定报告并处置。

跨省、自治区、直辖市通过道路运输动物的，应当经省级人民政府设立的指定通道入省境或者过省境。

饲养场（户）或者屠宰加工场所不得接收未附有有效动物检疫证明的动物。

运输用于继续饲养或屠宰的畜禽到达目的地后，货主或者承运人应当在3d内向启运地县级动物卫生监督机构报告；目的地饲养场（户）或者屠宰加工场所应当在接收畜禽后3d内向所在地县级动物卫生监督机构报告。

9. 法律责任 申报动物检疫隐瞒有关情况或者提供虚假材料的，或者以欺骗、贿赂等不正当手段取得动物检疫证明的，依照《中华人民共和国行政许可法》有关规定予以处罚。

违反本办法规定运输畜禽，有下列行为之一的，由县级以上地方人民政府农业农村主管部门处一千元以上三千元以下罚款；情节严重的，处三千元以上三万元以下罚款：①运输用于继续饲养或者屠宰的畜禽到达目的地后，未向启运地动物卫生监督机构报告的；②未按照动物检疫证明载明的目的地运输的；③未按照动物检疫证明规定时间运达且无正当理由的；④实际运输的数量少于动物检疫证明载明数量且无正当理由的。

其他违反本办法规定的行为，依照《中华人民共和国动物防疫法》有关规定予以处罚。

10. 附则 水产苗种产地检疫，由从事水生动物检疫的县级以上动物卫生监督机构实施。

实验室疫病检测报告应当由动物疫病预防控制机构、取得相关资质认定、国家认可机构认可或者符合省级农业农村主管部门规定条件的实验室出具。

本办法自2022年12月1日起施行。农业农村部2010年1月21日公布、2019年4月25日修订的《动物检疫管理办法》同时废止。

三、例题及解析

1. 某牛场拟出售供屠宰的育肥牛，其申报检疫的期限是动物离开牛场前提前（　　）。

    A. 1d   B. 3d   C. 5d

    D. 7d   E. 15d

【解析】B。出售、运输动物产品和供屠宰、继续饲养的动物，应当提前3d申报检疫。

2. 对运输依法应当检疫而未经检疫的动物、动物产品，动物卫生监督机构采取的措施不正确的是（　　）。

    A. 对动物实施补检

    B. 对不具备补检条件的动物产品予以没收销毁

C. 对具备补检条件的动物产品补检

D. 责令货主将该批动物、动物产品运回输出地

E. 对货主及承运人依法给予行政处罚

【解析】D。依法应当检疫而未经检疫的动物、动物产品，由县级以上地方人民政府农业农村主管部门依照《中华人民共和国动物防疫法》处理处罚。不具备补检条件的，予以收缴销毁；具备补检条件的，由动物卫生监督机构补检。

3. 下列不符合屠宰检疫规定的表述是（　　）。

A. 屠宰企业应当提供与屠宰规模相适应的官方兽医驻场检疫室

B. 屠宰未附有《动物检疫合格证明》的动物

C. 拒绝未佩戴农业农村部规定禽兽标识的动物入场

D. 屠宰场出场的动物产品附有《动物检疫合格证明》

E. 对检疫不合格的动物产品，在官方兽医的监督下按规定处理

【解析】B。屠宰、经营、运输以及参加展览、演出和比赛的动物，应当附有《动物检疫合格证明》。

4. 《动物检疫管理办法》规定，出售水产苗种的提前申报检疫时限是（　　）。

A. 7d　　　　　　　　　　B. 10d　　　　　　　　　　C. 15d

D. 20d　　　　　　　　　　E. 30d

【解析】D。根据《动物检疫管理办法》的规定，出售或者运输水生动物的亲本、稚体、幼体、受精卵、发眼卵及其他遗传育种材料等水产苗种的，货主应当提前20d向所在地县级动物卫生监督机构申报检疫；经检疫合格，并取得《动物检疫合格证明》后，方可离开产地。

> 备注：2022年9月公布的《动物检疫管理办法》规定出售或者运输动物、动物产品的，货主应当提前3d向所在地动物卫生监督机构申报检疫，对于水产苗种申报时间并无另行规定。

5. 种兔跨省引进到输入地后隔离期为（　　）。

A. 5d　　　　　　　　　　B. 10d　　　　　　　　　　C. 15d

D. 30d　　　　　　　　　　E. 45d

【解析】D。跨省、自治区、直辖市引进的乳用、种用动物到达输入地后，在所在地动物卫生监督机构的监督下，应当在隔离场或饲养场（养殖小区）内的隔离舍进行隔离观察，大中型动物隔离期为45d，小型动物隔离期为30d。种兔属于小型动物，因此隔离期为30d。

> 备注：2022年9月公布的《动物检疫管理办法》仅规定输入到无规定动物疫病区的相关易感动物，应当在输入地省级动物卫生监督机构指定的隔离场所进行隔离，隔离检疫期为30d，并无大型小型动物之分。

<<< 第四单元　执业兽医及诊疗机构管理法律制度 >>>

一、考试大纲

单元	细目	要点
执业兽医及诊疗机构管理法律制度	1. 执业兽医和乡村兽医管理办法	(1)《执业兽医和乡村兽医管理办法》总则　(2) 执业兽医资格考试　(3) 执业备案　(4) 执业活动管理　(5) 法律责任　(6) 附则
	2. 动物诊疗机构管理办法	(1)《动物诊疗机构管理办法》总则　(2) 诊疗许可　(3) 诊疗活动管理　(4) 法律责任　(5) 附则
	3. 兽医处方格式及应用规范	(1) 基本要求　(2) 处方笺格式　(3) 处方笺内容　(4) 处方书写要求　(5) 处方保存

二、重要知识点

（一）执业兽医和乡村兽医管理办法

1.《执业兽医和乡村兽医管理办法》总则

（1）2022 年 9 月 7 日农业农村部令 2022 年第 6 号公布，自 2022 年 10 月 1 日起施行。

（2）《执业兽医和乡村兽医管理办法》适用于在中华人民共和国境内从事动物诊疗和动物保健活动的兽医人员。

（3）《执业兽医和乡村兽医管理办法》中所称执业兽医，包括执业兽医师和执业助理兽医师；乡村兽医，是指尚未取得执业兽医资格，经备案在乡村从事动物诊疗活动的人员。

（4）农业农村部主管全国执业兽医和乡村兽医管理工作。

2. 执业兽医资格考试

（1）国家实行执业兽医资格考试制度。执业兽医资格考试由农业农村部组织，全国统一大纲、统一命题、统一考试。考试类别分为兽医全科类和水生动物类，包含基础、预防、临床和综合应用四门科目。

（2）具有大学专科以上学历的人员或全日制高校在校生；2009 年 1 月 1 日前已取得兽医师以上专业技术职称；依法备案或登记，且从事动物诊疗活动 10 年以上的乡村兽医，可以参加执业兽医资格考试。

（3）执业兽医资格考试成绩符合执业兽医师标准的，取得执业兽医师资格证书。执业兽医师资格证书和执业助理兽医师资格证书由省、自治区、直辖市人民政府兽医主管部门颁发。

3. 职业备案

（1）取得执业兽医师资格证书，从事动物诊疗活动的，应当向注册机关申请兽医执业注册；取得执业助理兽医师资格证书，从事动物诊疗辅助活动的，应当向注册机关备案。

（2）注册机关：是指县（市辖区）级人民政府农业农村主管部门；市辖区未设立农业农村主管部门的，注册机关为上一级农业农村主管部门。

（3）乡村兽医备案条件：①取得中等以上兽医、畜牧（畜牧兽医）、中兽医（民族兽医）、水产养殖等相关专业学历；②取得中级以上动物疫病防治员、水生物病害防治员职业技能鉴定证书或职业技能等级证书；③从事村级动物防疫员工作满5年。

（4）申请兽医执业注册或者备案的，应当向注册机关提交下列材料：①备案信息表。②身份证明。③动物诊疗机构聘用证明及其复印件；乡村兽医备案还应当提交学历证明、职业技能鉴定证书或职业技能等级证书等材料。

4. 执业活动管理

前提：患有人畜共患传染病的执业兽医和乡村兽医不得直接从事动物诊疗活动。

执业范围：经备案专门从事水生动物疫病诊疗的执业兽医，不得从事其他动物疫病诊疗。

（1）执业场所：执业兽医应当在备案的动物诊疗机构执业，但动物诊疗机构间的会诊、支援、应邀出诊、急救等除外。

（2）执业权限：①执业兽医师可以从事动物疾病的预防、诊断、治疗和开具处方、填写诊断书、出具有关证明文件等活动；②执业助理兽医师在执业兽医师指导下协助开展兽医执业活动，但不得开具处方、填写诊断书、出具有关证明文件；③动物饲养场（养殖小区）、实验动物饲育单位、兽药生产企业、动物园等单位聘用的取得执业兽医师资格证书和执业助理兽医师资格证书的兽医人员，可以凭聘用合同申请兽医执业注册或者备案，但不得对外开展兽医执业活动。

（3）参加动物诊疗教学实践的兽医相关专业学生和尚未取得执业兽医资格证书、在动物诊疗机构中参加工作实践的兽医相关专业毕业生可以在执业兽医师指导下进行专业实习。

（4）经注册和备案专门从事水生动物疫病诊疗的执业兽医师和执业助理兽医师，不得从事其他动物疫病诊疗。

（5）执业兽医师应当使用规范的处方笺、病历册，并在处方笺、病历册上签名。未经亲自诊断、治疗，不得开具处方药、填写诊断书、出具有关证明文件。执业兽医师不得伪造诊断结果，出具虚假证明文件。

（6）执业兽医应当按照国家有关规定合理用药，不得使用假劣兽药和农业农村部规定禁止使用的药品及其他化合物。执业兽医师发现可能与兽药使用有关的严重不良反应的，应当立即向所在地人民政府兽医主管部门报告。

（7）执业义务：①遵守法律、法规、规章和有关管理规定；②按照技术操作规范从事动物诊疗和动物诊疗辅助活动；③遵守职业道德，履行兽医职责；④爱护动物，宣传动物保健知识和动物福利。

（8）疫情报告义务：执业兽医和乡村兽医在动物诊疗活动中发现动物染疫或者疑似染疫的，应当按照国家规定立即向当地兽医主管部门、动物卫生监督机构或者动物疫病预防控制机构报告，并采取隔离等控制措施，防止动物疫情扩散。在动物诊疗活动中发现动物患有或者疑似患有国家规定应当扑杀的疫病时，不得擅自进行治疗。

（9）动物疫病防控义务：执业兽医和乡村兽医应当按照当地人民政府或者兽医主管部门

的要求,参加预防、控制和扑灭动物疫病活动,其所在单位不得阻碍、拒绝。

(10)执业兽医应当于每年 3 月底前将上年度兽医执业活动情况向注册机关报告。

5. 法律责任

(1)收回、注销兽医师执业证书或者助理兽医师执业证书的情形:①死亡或者被宣告失踪的;②中止兽医执业活动满 2 年的;③被吊销兽医师执业证书或者助理兽医师执业证书的;④连续两年没有将兽医执业活动情况向注册机关报告,且拒不改正的;⑤出让、出租、出借兽医师执业证书或者助理兽医师执业证书的;⑥超出注册机关核定的执业范围从事动物诊疗活动,情节严重的;⑦变更受聘的动物诊疗机构未重新办理注册或者备案,情节严重的。

(2)执业兽医在动物诊疗活动中,违法使用兽药的,依照有关法律、行政法规的规定予以处罚。

(3)执业兽医师在动物诊疗活动中有下列情形之一的,由动物卫生监督机构给予警告,责令限期改正;拒不改正或者再次出现同类违法行为的,处 1 000 元以下罚款:①不使用病历,或者应当开具处方未开具处方的;②使用不规范的处方笺、病历册,或者未在处方笺、病历册上签名的;③未经亲自诊断、治疗,开具处方药、填写诊断书、出具有关证明文件的;④伪造诊断结果,出具虚假证明文件的。

6. 附则 动物饲养场、实验动物饲育单位、兽药生产企业、动物园等单位聘用的取得执业兽医资格证书的人员,可以凭聘用合同办理执业兽医备案,但不得对外开展动物诊疗活动。

省、自治区、直辖市人民政府农业农村主管部门根据本地区实际,可以决定执业助理兽医师在乡村独立从事动物诊疗活动,并按执业兽医师进行执业活动管理。

本办法所称备案机关,是指县(市辖区)级人民政府农业农村主管部门;市辖区未设立农业农村主管部门的,备案机关为上一级农业农村主管部门。

本办法自 2022 年 10 月 1 日起施行。农业部 2008 年 11 月 26 日公布,2013 年 9 月 28 日、2013 年 12 月 31 日修订的《执业兽医管理办法》和 2008 年 11 月 26 日公布、2019 年 4 月 25 日修订的《乡村兽医管理办法》同时废止。

(二)动物诊疗机构管理办法

1.《动物诊疗机构管理办法》总则

(1)《动物诊疗机构管理办法》所称动物诊疗,是指动物疾病的预防、诊断、治疗和动物绝育手术等经营性活动,包括动物的健康检查、采样、剖检、配药、给药、针灸、手术、填写诊断书和出具动物诊疗有关证明文件等,适用于在中华人民共和国境内从事动物诊疗活动的机构。《动物诊疗机构管理办法》所称动物诊疗机构,包括动物医院、动物诊所以及其他提供动物诊疗服务的机构。

(2)管理机构:农业农村部负责全国动物诊疗机构的监督管理。县级以上地方人民政府农业农村主管部门负责本行政区域内动物诊疗机构的管理。县级以上地方人民政府设立的动物卫生监督机构负责本行政区域内动物诊疗机构的监督执法工作。

2. 诊疗许可 国家实行动物诊疗许可制度。从事动物诊疗活动的机构,应当取得动物诊疗许可证,并在规定的诊疗活动范围内开展动物诊疗活动。

(1)申请设立动物诊疗机构的,应当具备下列条件:①有固定的动物诊疗场所,且使用面积符合省、自治区、直辖市人民政府兽医主管部门的规定；②距离畜禽养殖场、屠宰加工厂、动物交易场所不少于 200m 以上；③有独立的出入口，出入口不得设在居民住宅楼内或者院内，不得与同一建筑物的其他用户共用通道；④具有布局合理的诊疗室、手术室、药房等设施；⑤具有诊断、手术、消毒、冷藏、常规化验、污水处理等器械设备；⑥具有 1 名以上执业兽医师；⑦具有完善的诊疗服务、疫情报告、卫生消毒、兽药处方、药物和无害化处理等管理制度。

动物诊疗机构从事动物颅腔、胸腔和腹腔手术的，除具备本办法第五条规定的条件外，还应当具备以下条件：①具有手术台、X 光机或者 B 超等器械设备；②具有 3 名以上执业兽医师。

（2）设立动物诊疗机构，应当向动物诊疗场所所在地的发证机关提出申请，提交下列材料：①动物诊疗许可证申请表；②地理方位图，室内平面图，各功能区布局图；③场所使用权证明；④法定代表人身份证；⑤执业兽医师资格证书及复印件；⑥设施设备清单；⑦管理制度文本；⑧执业兽医和服务人员的健康证明材料。

（3）动物诊疗机构应当使用规范的名称。不具备从事动物颅腔、胸腔和腹腔手术能力的，不得使用"动物医院"的名称。动物诊疗机构名称应当经工商行政管理机关预先核准。

（4）发证机关受理申请后，应当在 20 个工作日内完成对申请材料的审核和对动物诊疗场所的实地考察。符合规定条件的，发证机关应当向申请人颁发动物诊疗许可证；不符合条件的，书面通知申请人，并说明理由。

（5）动物诊疗机构的变更：动物诊疗机构变更名称或者法定代表人（负责人）的，应当在办理工商变更登记手续后 15 个工作日内，向原发证机关申请办理变更手续。动物诊疗机构变更从业地点、诊疗活动范围的，应当按照本办法规定重新办理动物诊疗许可手续，申请换发动物诊疗许可证，并依法办理工商变更登记手续。

3. 诊疗活动管理

（1）动物诊疗机构应当依法从事动物诊疗活动，建立健全内部管理制度，在诊疗场所的显著位置悬挂动物诊疗许可证和公示从业人员基本情况。

（2）动物诊疗机构应当按照国家兽药管理的规定使用兽药，不得使用假劣兽药和农业农村部规定禁止使用的药品及其他化合物。

（3）动物诊疗机构应当使用规范的病历、处方笺，病历、处方笺应当印有动物诊疗机构名称。病历档案应当保存 3 年以上。

（4）动物诊疗机构兼营宠物用品、宠物食品、宠物美容等项目的，兼营区域与动物诊疗区域应当分别独立设置。

（5）动物诊疗机构安装、使用具有放射性的诊疗设备的，应当依法经环境保护部门批准。

（6）动物诊疗机构发现动物染疫或者疑似染疫的，应当按照国家规定立即向当地兽医主管部门、动物卫生监督机构或者动物疫病预防控制机构报告，并采取隔离等控制措施，防止动物疫情扩散。发现动物患有或者疑似患有国家规定应当扑杀的疫病时，不得擅自进行治疗。

（7）动物诊疗机构应当按照农业农村部规定处理病死动物和动物病理组织。应当参照《医疗废弃物管理条例》的有关规定处理医疗废弃物。不得随意抛弃病死动物、动物病理组织和医疗废弃物,不得排放未经无害化处理或者处理不达标的诊疗废水。

(8)动物诊疗机构的执业兽医应当按照当地人民政府或者兽医主管部门的要求,参加预防、控制和扑灭动物疫病活动。应当配合兽医主管部门、动物卫生监督机构、动物疫病预防控制机构进行有关法律法规宣传、流行病学调查和监测工作。

(9)动物诊疗机构应当于每年3月底前将上年度动物诊疗活动情况向发证机关报告。

(10)动物卫生监督机构应当建立健全日常监管制度,对辖区内动物诊疗机构和人员执行法律、法规、规章的情况进行监督检查。兽医主管部门应当设立动物诊疗违法行为举报电话,并向社会公示。

4. 法律责任

(1)收回、注销其动物诊疗许可证的情况(同时按照《中华人民共和国动物防疫法》相关规定予以处罚):①使用伪造、变造、受让、租用、借用的动物诊疗许可证;除收缴许可证外,违法所得在三万元以上的,并处违法所得一倍以上三倍以下罚款;没收违法所得,不足三万元的并处三千元以上三万元以下罚款。②出让、出租、出借动物诊疗许可证。③动物诊疗机构连续停业2年以上的,或者连续2年未向发证机关报告动物诊疗活动情况,拒不改正的。④超出动物诊疗许可证核定的诊疗活动范围从事动物诊疗活动,情节严重的。⑤变更从业地点、诊疗活动范围未重新办理动物诊疗许可证,情节严重的。⑥不具有诊断、手术、消毒、冷藏、常规化验、污水处理等器械设备;或不具有1名以上取得执业兽医师资格证书的人员,由动物卫生监督机构给予警告,责令限期改正;逾期仍达不到规定条件的。

(2)动物诊疗机构有下列情形之一的,由动物卫生监督机构给予警告,责令限期改正;拒不改正或者再次出现同类违法行为的,处以一千元以下罚款:①变更机构名称或者法定代表人未办理变更手续的;②未在诊疗场所悬挂动物诊疗许可证或者公示从业人员基本情况的;③不使用病历,或者应当开具处方未开具处方的;④使用不规范的病历、处方笺的。

(3)动物诊疗机构在动物诊疗活动中,违法使用兽药的,或者违法处理医疗废弃物、病死动物及动物病理组织的,依照有关规定予以处罚。

5. 附则 乡村兽医在乡村从事动物诊疗活动的,应当有固定的从业场所。

《动物诊疗机构管理办法》所称发证机关,是指县(市辖区)级人民政府农业农村主管部门;市辖区未设立农业农村主管部门的,发证机关为上一级农业农村主管部门。

《动物诊疗机构管理办法》自2022年10月7日起施行。农业部2008年11月26日公布,2016年5月30日、2017年11月30日修订的《动物诊疗机构管理办法》同时废止。

本办法施行前已取得动物诊疗许可证的动物诊疗机构,应当自本办法实施之日起一年内达到本办法规定的条件。

(三)兽医处方格式及应用规范

1. 基本要求

(1)本规范所称兽医处方,是指执业兽医师在动物诊疗活动中开具的,作为动物用药凭证的文书。凡与本规范不符的处方笺自2017年1月1日起不得使用。

(2)执业兽医师根据动物诊疗活动的需要,按照兽药使用规范,遵循安全、有效、经济的原则开具兽医处方。

（3）执业兽医师在注册单位签名留样或者专用签章备案后，方可开具处方。兽医处方经执业兽医师签名或者盖章后有效。

（4）执业兽医师利用计算机开具、传递兽医处方时，应当同时打印出纸质处方，其格式与手写处方一致；打印的纸质处方经执业兽医师签名或盖章后有效。

（5）兽医处方限于当次诊疗结果用药，开具当日有效。特殊情况下需延长有效期的，由开具兽医处方的执业兽医师注明有效期限，但有效期最长不得超过3d。

（6）除兽用麻醉药品、精神药品、毒性药品和放射性药品外，动物诊疗机构和执业兽医师不得限制动物主人持处方到兽药经营企业购药。

2. 处方笺格式　兽医处方笺规格和样式由农业农村部规定，见图1-4-1。从事动物诊疗活动的单位应当按照规定的规格和样式印制兽医处方笺或者设计电子处方笺，规格如下：

兽医处方笺样式1（个体动物）

XXXXXXX 处方笺

动物主人/饲养单位＿＿＿＿＿＿＿＿ 病历号＿＿＿＿＿＿

动物种类＿＿＿＿＿＿ 动物性别＿＿＿＿＿＿ 动物毛色＿＿＿＿＿＿

体重＿＿＿＿＿＿ 年（日）龄＿＿＿＿＿＿ 开具日期＿＿＿＿＿＿

诊断：　Rp:

执业兽医师＿＿＿＿＿＿ 发药人＿＿＿＿＿＿

第一联　从事动物诊疗活动的单位留存

注：“xxxxxxx 处方笺”中，“xxxxxxx”为从事动物诊疗活动的单位名称。

兽医处方笺样式2（群体动物）

XXXXXXX 处方笺

动物主人/饲养单位＿＿＿＿＿＿＿＿ 病历号＿＿＿＿＿＿

动物种类＿＿＿＿＿＿ 患病动物数量＿＿＿＿＿＿ 同群动物数量＿＿＿＿＿＿

年（日）龄＿＿＿＿＿＿ 开具日期＿＿＿＿＿＿

诊断：　Rp:

执业兽医师＿＿＿＿＿＿ 发药人＿＿＿＿＿＿

第一联　从事动物诊疗活动的单位留存

注：“xxxxxxx 处方笺”中，“xxxxxxx”为从事动物诊疗活动的单位名称。

图1-4-1　处方笺格式

（1）兽医处方笺一式三联，可以使用同一种颜色纸张，也可以使用三种不同颜色纸张。

（2）兽医处方笺分为两种规格，小规格为长 210 mm、宽 148 mm；大规格为长296mm、宽 210mm。

3. 处方笺内容　兽医处方笺内容包括前记、正文、后记三部分，要符合以下标准：

（1）前记　对个体动物进行诊疗的，至少包括动物主人姓名或者动物饲养单位名称、档案号、开具日期，以及动物的种类、性别、体重、年（日）龄。对群体动物进行诊疗的，至少包括饲养单位名称、档案号、开具日期，以及动物的种类、数量、年（日）龄。

（2）正文　包括初步诊断情况和 Rp（拉丁文 Recipe "请取" 的缩写）。Rp 应当分列兽药名称、规格、数量、用法、用量等内容，对于食品动物还应当注明休药期。

（3）后记　至少包括执业兽医师签名或盖章和注册号、发药人签名或盖章。

4. 处方书写要求　兽医处方书写应当符合下列要求：

（1）动物基本信息、临床诊断情况应当填写清晰、完整，并与病历记载一致。

（2）字迹清楚，原则上不得涂改；如需修改，应当在修改处签名或盖章，并注明修改日期。

（3）兽药名称应当以兽药国家标准载明的名称为准。兽药名称简写或者缩写应当符合国内通用写法，不得自行编制兽药缩写名或者使用代号。

（4）书写兽药规格、数量、用法、用量及休药期要准确规范。

（5）兽医处方中包含兽用化学药品、生物制品、中成药的，每种兽药应当另起一行。

（6）兽药剂量与数量用阿拉伯数字书写。剂量应当使用法定计量单位：质量以千克（kg）、克（g）、毫克（mg）、微克（μg）、纳克（ng）为单位；容量以升（L）、毫升（mL）为单位；有效量单位以国际单位（IU）、单位（U）为单位。

（7）片剂、丸剂、胶囊剂以及单剂量包装的散剂、颗粒剂分别以片、丸、粒、袋为单位；多剂量包装的散剂、颗粒剂以克（g）或千克（kg）为单位；单剂量包装的溶液剂以支、瓶为单位，多剂量包装的溶液剂以毫升（mL）或升（L）为单位；软膏及乳膏剂以支、盒为单位；单剂量包装的注射剂以支、瓶为单位，多剂量包装的注射剂以毫升（mL）或升（L）、克（g）或千克（kg）为单位，应当注明含量；兽用中药自拟方应当以剂为单位。

（8）开具纸质处方后的空白处应当划一斜线，以示处方完毕。电子处方最后一行应当标注 "以下为空白"。

（9）兽用麻醉药品应当单独开具处方，每张处方用量不能超过一日量。兽用精神药品、毒性药品应当单独开具处方。

5. 处方保存

（1）兽医处方开具后，第一联由从事动物诊疗活动的单位留存，第二联由药房或者兽药经营企业留存，第三联由动物主人或者饲养单位留存。

（2）兽医处方由处方开具、兽药核发单位妥善保存 3 年以上，兽用麻醉药品、精神药品、毒性药品处方保存 5 年以上。保存期满后，经所在单位主要负责人批准、登记备案，方可销毁。

三、例题及解析

1. 根据《执业兽医和乡村兽医管理办法》，在动物饲养场注册的执业兽医不符合规定的行为是（　　）。

A. 拒绝使用劣兽药　　　　　　　B. 将患有一类疫病动物的同群动物转移

C. 指导兽医专业学生实习　　　　D. 制定本场动物驱虫方案

E. 对动物疫病进行定期检测

【解析】B。根据《重大动物疫情应急条例》，发生重大疫情时应扑杀并销毁染疫和疑似染疫动物及其同群动物，销毁染疫和疑似染疫的动物产品。故 B 选项为错误。

2. 根据《动物诊疗机构管理办法》，不符合动物诊疗机构设立条件的是(　　)。

A. 有完善的卫生消毒管理制度　　B. 出入口与同一建筑的其他用户共用通道

C. 有消毒设备　　　　　　　　　D. 有完善的疫情报告制度

E. 有 3 名以上取得执业兽医师资格证书的人员

【解析】B。根据《动物诊疗机构管理办法》规定，动物诊疗机构设立应具备以下条件：①有固定的动物诊疗场所，且动物诊疗场所使用面积符合省、自治区、直辖市人民政府兽医主管部门的规定；②动物诊疗场所选址距离畜禽养殖场、屠宰加工厂、动物交易场所不少于 200m；③动物诊疗场所设有独立的出入口，出入口不得设在居民住宅楼内或者院内，不得与同一建筑物的其他用户共用通道；④具有布局合理的诊疗室、手术室、药房等设施；⑤具有诊断、手术、消毒、冷藏、常规化验、污水处理等器械设备；⑥具有 1 名以上取得执业兽医师资格证书的人员。其中特殊提出不得与同一建筑物的其他用户共用通道。

3. 根据《动物诊疗机构管理办法》，动物诊疗机构下列不符合诊疗活动规定的行为是(　　)。

A. 在显著位置公示从业人员基本情况

B. 按当地人民政府兽医主管部门的要求派执业兽医参加动物疫病扑灭活动

C. 按规定处理医疗废弃物

D. 对患有非洲猪瘟的动物进行治疗

E. 宠物用品经营区域与诊疗区域分别独立设置

【解析】D。根据《动物诊疗机构管理办法》规定，当发现动物染疫或者疑似染疫的，应当按照国家规定立即向当地兽医主管部门、动物卫生监督机构或者动物疫病预防控制机构报告，并采取隔离等控制措施，防止动物疫情扩散。在动物诊疗活动中发现动物患有或者疑似患有国家规定应当扑杀的疫病时，不得擅自进行治疗。

4. 根据《兽医处方格式及应用规范》，下列表述不正确的是(　　)。

A. 执业兽医师应当遵循安全、有效和经济的原则开具兽医处方

B. 兽医处方经执业兽医师签名或者签章后有效

C. 动物主人必须在就诊的动物诊疗机构购买兽药

D. 利用计算机开具处方的，应同时打印出纸质处方，并签名或盖章

E. 兽医处方的有效期最长不得超过 3d

【解析】C。根据《兽医处方格式及应用规范》，无明确规定动物主人必须在就诊的动物诊疗机构购买兽药，动物主人可凭借处方在兽药经营企业进行购买。

5. 根据《兽医处方格式及应用规范》，下列关于兽医处方笺内容的表述不正确的是(　　)。

A. 前记部分包括兽医处方笺的开具日期

B. 前记部分包括兽医处方笺的档案号

    C. 前记部分包括执业兽医师的注册号

    D. 正文部分包括初步诊断情况

    E. Rp 包括兽药名称、用量等内容

【解析】C。根据《兽医处方格式及应用规范》,处方笺应记载:①畜主姓名/动物饲养场名称;②动物种类,年(日)龄、体重及数量;③诊断结果;④兽药通用名称、规格、数量、用法、用量及休药期;⑤开具处方日期及开具处方执业兽医注册号和签章。其中,执业兽医师的注册号应为后记部分内容。

<<< **第五单元　病死畜禽和病害畜禽产品** >>>
无害化处理管理法律制度

一、考试大纲

单元	细目	要点
病死畜禽和病害畜禽产品无害化处理管理法律制度	1. 病死畜禽和病害畜禽产品无害化处理管理办法	(1)《病死畜禽和病害畜禽产品无害化处理管理办法》总则　(2) 收集　(3) 无害化处理　(4) 监督管理　(5) 法律责任　(6) 附则
	2. 病死及病害动物无害化处理技术规范	(1) 适用范围　(2) 术语和定义　(3) 病死及病害动物和相关动物产品的处理　(4) 收集转运要求　(5) 其他要求

二、重要知识点

(一)病死畜禽和病害畜禽产品无害化处理管理办法

1.《病死畜禽和病害畜禽产品无害化处理管理办法》总则　为了加强病死畜禽和病害畜禽产品无害化处理管理,防控动物疫病,促进畜牧业高质量发展,保障公共卫生安全和人体健康,适用于畜禽饲养、屠宰、经营、隔离、运输等过程中病死畜禽和病害畜禽产品的收集、无害化处理及其监督管理活动。

发生重大动物疫情时,应当根据动物疫病防控要求开展病死畜禽和病害畜禽产品无害化处理。

下列畜禽和畜禽产品应当进行无害化处理:①染疫或者疑似染疫死亡、因病死亡或者死因不明的;②经检疫、检验可能危害人体或者动物健康的;③因自然灾害、应激反应、物理挤压等因素死亡的;④屠宰过程中经肉品品质检验确认为不可食用的;⑤死胎、木乃伊胎等;⑥因动物疫病防控需要被扑杀或销毁的;⑦其他应当进行无害化处理的。

病死畜禽和病害畜禽产品无害化处理坚持统筹规划与属地负责相结合、政府监管与市场运作相结合、财政补助与保险联动相结合、集中处理与自行处理相结合的原则。

从事畜禽饲养、屠宰、经营、隔离等活动的单位和个人，应当承担主体责任，按照本办法对病死畜禽和病害畜禽产品进行无害化处理，或者委托病死畜禽无害化处理场处理。

运输过程中发生畜禽死亡或者因检疫不合格需要进行无害化处理的，承运人应当立即通知货主，配合做好无害化处理，不得擅自弃置和处理。在江河、湖泊、水库等水域发现的死亡畜禽，依法由所在地县级人民政府组织收集、处理并溯源。在城市公共场所和乡村发现的死亡畜禽，依法由所在地街道办事处、乡级人民政府组织收集、处理并溯源。

病死畜禽和病害畜禽产品收集、无害化处理、资源化利用应当符合农业农村部相关技术规范，并采取必要的防疫措施，防止传播动物疫病。

农业农村部主管全国病死畜禽和病害畜禽产品无害化处理工作，县级以上地方人民政府农业农村主管部门负责本行政区域病死畜禽和病害畜禽产品无害化处理的监督管理工作。省级人民政府农业农村主管部门结合本行政区域畜牧业发展规划和畜禽养殖、疫病发生、畜禽死亡等情况，编制病死畜禽和病害畜禽产品集中无害化处理场所建设规划，合理布局病死畜禽无害化处理场，经本级人民政府批准后实施，并报农业农村部备案。鼓励跨县级以上行政区域建设病死畜禽无害化处理场。

县级以上人民政府农业农村主管部门应当落实病死畜禽无害化处理财政补助政策和农机购置补贴与应用政策，协调有关部门优先保障病死畜禽无害化处理场用地、落实税收优惠政策，推动建立病死畜禽无害化处理和保险联动机制，将病死畜禽无害化处理作为保险理赔的前提条件。

2. 收集 畜禽养殖场、养殖户、屠宰厂（场）、隔离场应当及时对病死畜禽和病害畜禽产品进行贮存和清运。

畜禽养殖场、屠宰厂（场）、隔离场委托病死畜禽无害化处理场处理的，应当符合以下要求：①采取必要的冷藏冷冻、清洗消毒等措施；②具有病死畜禽和病害畜禽产品专用输出通道；③及时通知病死畜禽无害化处理场进行收集，或自行送至指定地点。

病死畜禽和病害畜禽产品集中暂存点应当具备下列条件：①有独立封闭的贮存区域，并且防渗、防漏、防鼠、防盗，易于清洗消毒；②有冷藏冷冻、清洗消毒等设施设备；③设置显著警示标识；④有符合动物防疫需要的其他设施设备。

专业从事病死畜禽和病害畜禽产品收集的单位和个人，应当配备专用运输车辆，并向承运人所在地县级人民政府农业农村主管部门备案。备案时应当通过农业农村部指定的信息系统提交车辆所有权人的营业执照、运输车辆行驶证、运输车辆照片。

县级人民政府农业农村主管部门应当核实相关材料信息，备案材料符合要求的，及时予以备案；不符合要求的，应当一次性告知备案人补充相关材料。

病死畜禽和病害畜禽产品专用运输车辆应当符合以下要求：①不得运输病死畜禽和病害畜禽产品以外的其他物品；②车厢密闭、防水、防渗、耐腐蚀，易于清洗和消毒；③配备能够接入国家监管监控平台的车辆定位跟踪系统、车载终端；④配备人员防护、清洗消毒等应急防疫用品；⑤有符合动物防疫需要的其他设施设备。

运输病死畜禽和病害畜禽产品的单位和个人，应当遵守下列规定：①及时对车辆、相关工具及作业环境进行消毒；②作业过程中如发生渗漏，应当妥善处理后再继续运输；③做好人员防护和消毒。

跨县级以上行政区域运输病死畜禽和病害畜禽产品的，相关区域县级以上地方人民政府农业农村主管部门应当加强协作配合，及时通报紧急情况，落实监管责任。

3. 无害化处理 病死畜禽和病害畜禽产品无害化处理以集中处理为主，自行处理为补充。

病死畜禽无害化处理场的设计处理能力应当高于日常病死畜禽和病害畜禽产品处理量，专用运输车辆数量和运载能力应当与区域内畜禽养殖情况相适应。

病死畜禽无害化处理场应当符合省级人民政府病死畜禽和病害畜禽产品集中无害化处理场所建设规划并依法取得动物防疫条件合格证。

畜禽养殖场、屠宰厂（场）、隔离场在本场（厂）内自行处理病死畜禽和病害畜禽产品的，应当符合无害化处理场所的动物防疫条件，不得处理本场（厂）外的病死畜禽和病害畜禽产品。

畜禽养殖场、屠宰厂（场）、隔离场在本场（厂）外自行处理的，应当建设病死畜禽无害化处理场。

畜禽养殖场、养殖户、屠宰厂（场）、隔离场委托病死畜禽无害化处理场进行无害化处理的，应当签订委托合同，明确双方的权利、义务。

无害化处理费用由财政进行补助或者由委托方承担。

对于边远和交通不便地区以及畜禽养殖户自行处理零星病死畜禽的，省级人民政府农业农村主管部门可以结合实际情况和风险评估结果，组织制定相关技术规范。

病死畜禽和病害畜禽产品集中暂存点、病死畜禽无害化处理场应当配备专门人员负责管理。

从事病死畜禽和病害畜禽产品无害化处理的人员，应当具备相关专业技能，掌握必要的安全防护知识。

鼓励在符合国家有关法律法规规定的情况下，对病死畜禽和病害畜禽产品无害化处理产物进行资源化利用。

病死畜禽和病害畜禽产品无害化处理场所销售无害化处理产物的，应当严控无害化处理产物流向，查验购买方资质并留存相关材料，签订销售合同。

病死畜禽和病害畜禽产品无害化处理应当符合安全生产、环境保护等相关法律法规和标准规范要求，接受有关主管部门监管。

病死畜禽无害化处理场处理本办法第三条之外的病死动物和病害动物产品的，应当要求委托方提供无特殊风险物质的证明。

4. 监督管理 农业农村部建立病死畜禽无害化处理监管监控平台，加强全程追溯管理。

从事畜禽饲养、屠宰、经营、隔离及病死畜禽收集、无害化处理的单位和个人，应当按要求填报信息。

县级以上地方人民政府农业农村主管部门应当做好信息审核，加强数据运用和安全管理。

农业农村部负责组织制定全国病死畜禽和病害畜禽产品无害化处理生物安全风险调查评估方案，对病死畜禽和病害畜禽产品收集、无害化处理生物安全风险因素进行调查评估。

省级人民政府农业农村主管部门应当制定本行政区域病死畜禽和病害畜禽产品无害化处理生物安全风险调查评估方案并组织实施。

根据病死畜禽无害化处理场规模、设施装备状况、管理水平等因素，推行分级管理制度。

病死畜禽和病害畜禽产品无害化处理场所应当建立并严格执行以下制度：①设施设备运行管理制度；②清洗消毒制度；③人员防护制度；④生物安全制度；⑤安全生产和应急处理制度。

从事畜禽饲养、屠宰、经营、隔离以及病死畜禽和病害畜禽产品收集、无害化处理的单位和个人，应当建立台账，详细记录病死畜禽和病害畜禽产品的种类、数量（重量）、来源、运输车辆、交接人员和交接时间、处理产物销售情况等信息。

病死畜禽和病害畜禽产品处理场所应当安装视频监控设备，对病死畜禽和病害畜禽产品进（出）场、交接、处理和处理产物存放等进行全程监控。

相关台账记录保存期不少于 2 年，相关监控影像资料保存期不少于 30d。

病死畜禽无害化处理场所应当于每年 1 月底前向所在地县级人民政府农业农村主管部门报告上一年度病死畜禽和病害畜禽产品无害化处理、运输车辆和环境清洗消毒等情况。

县级以上地方人民政府农业农村主管部门执行监督检查任务时，从事病死畜禽和病害畜禽产品收集、无害化处理的单位和个人应当予以配合，不得拒绝或者阻碍。

任何单位和个人对违反本办法规定的行为，有权向县级以上地方人民政府农业农村主管部门举报。接到举报的部门应当及时调查处理。

5. 法律责任　未按照本办法第十一条、第十二条、第十五条、第十九条、第二十二条规定处理病死畜禽和病害畜禽产品的，按照《动物防疫法》第九十八条规定予以处罚。

畜禽养殖场、屠宰厂（场）、隔离场、病死畜禽无害化处理场未取得动物防疫条件合格证或生产经营条件发生变化，不再符合动物防疫条件继续从事无害化处理活动的，分别按照《动物防疫法》第九十八条、第九十九条处罚。

专业从事病死畜禽和病害畜禽产品运输的车辆，未经备案或者不符合本办法第十四条规定的，分别按照《动物防疫法》第九十八条、第九十四条处罚。

违反本办法第二十八条、第二十九条规定，未建立管理制度、台账或者进行视频监控的，由县级以上地方人民政府农业农村主管部门责令改正；拒不改正或者情节严重的，处二千元以上二万元以下罚款。

6. 附则

（1）畜禽　是指《国家畜禽遗传资源目录》范围内的畜禽，不包括用于科学研究、教学、检定以及其他科学实验的畜禽。

（2）隔离场所　是指对跨省、自治区、直辖市引进的乳用种用动物或输入到无规定动物疫病区的相关畜禽进行隔离观察的场所，不包括进出境隔离观察场所。

（3）病死畜禽和病害畜禽产品无害化处理场所　是指病死畜禽无害化处理场以及畜禽养殖场、屠宰厂（场）、隔离场内的无害化处理区域。

病死水产养殖动物和病害水产养殖动物产品的无害化处理，参照本办法执行。

《病死畜禽和病害畜禽产品无害化处理管理办法》自 2022 年 7 月 1 日起施行。

（二）病死及病害动物无害化处理技术规范

1. 适用范围　适用于国家规定的染疫动物及其产品、病死或者死因不明的动物尸体、屠宰前确认的病害动物、屠宰过程中经检疫或肉品品质检验确认为不可食用的动物产品，以及其他应当进行无害化处理的动物及动物产品。

2. 术语和定义

（1）无害化处理　是指用物理、化学等方法处理病死及病害动物和相关动物产品，消灭其所携带的病原体，消除危害的过程。

（2）焚烧法　是指在焚烧容器内，使病死及病害动物和相关动物产品在富氧或无氧条件下进行氧化反应或热解反应的方法。

（3）化制法　是指在密闭的高压容器内，通过向容器夹层或容器内通入高温饱和蒸汽，在干热、压力或蒸汽、压力的作用下，处理病死及病害动物和相关动物产品的方法。

（4）高温法　是指常压状态下，在封闭系统内利用高温处理病死及病害动物和相关动物产品的方法。

（5）深埋法　是指按照相关规定，将病死及病害动物和相关动物产品投入深埋坑中并覆盖、消毒，处理病死及病害动物和相关动物产品的方法。

（6）硫酸分解法　是指在密闭的容器内，将病死及病害动物和相关动物产品用硫酸在一定条件下进行分解的方法。

3. 病死及病害动物和相关动物产品的处理

（1）焚烧法　适用于国家规定的染疫动物及其产品、病死或者死因不明的动物尸体，屠宰前确认的病害动物、屠宰过程中经检疫或肉品品质检验确认为不可食用的动物产品，以及其他应当进行无害化处理的动物及动物产品。

①直接焚烧法：可视情况对病死及病害动物和相关动物产品进行破碎等预处理。将病死及病害动物和相关动物产品或破碎产物，投至焚烧炉本体燃烧室，经充分氧化、热解，产生的高温烟气进入二次燃烧室继续燃烧，产生的炉渣经出渣机排出。燃烧室温度应≥850℃。燃烧所产生的烟气从最后的助燃空气喷射口或燃烧器出口到换热面或烟道冷风引射口之间的停留时间应≥2s。焚烧炉出口烟气中氧含量应为6%～10%（干气）。烟气达标后排放。焚烧炉渣与除尘设备收集的焚烧飞灰应分别收集、贮存和运输。

②炭化焚烧法：病死及病害动物和相关动物产品投至热解炭化室，在无氧情况下经充分热解，产生的热解烟气进入二次燃烧室继续燃烧，产生的固体炭化物残渣经热解炭化室排出。热解温度应≥600℃，二次燃烧室温度≥850℃，焚烧后烟气在850℃以上停留时间≥2s。烟气达标后排放。

（2）化制法　适用于国家规定的染疫动物及其产品、病死或者死因不明的动物尸体，屠宰前确认的病害动物、屠宰过程中经检疫或肉品品质检验确认为不可食用的动物产品，以及其他应当进行无害化处理的动物及动物产品，但不得用于患有炭疽等芽孢杆菌类疫病，以及牛海绵状脑病、痒病的染疫动物及产品、组织的处理。

①干化法：可视情况对病死及病害动物和相关动物产品进行破碎等预处理。病死及病害动物和相关动物产品或破碎产物输送入高温高压灭菌容器。处理物中心温度≥140℃，压力≥0.5MPa（绝对压力），时间≥4h（具体处理时间随处理物种类和体积大小而设定）。

②湿化法：可视情况对病死及病害动物和相关动物产品进行破碎预处理。将病死及病害动物和相关动物产品或破碎产物送入高温高压容器，总质量不得超过容器总承受力的4/5。处理物中心温度≥135℃，压力≥0.3MPa（绝对压力），处理时间≥30min（具体处理时间随处理物种类和体积大小而设定）。

（3）高温法　适用于国家规定的染疫动物及其产品、病死或者死因不明的动物尸体，屠宰前确认的病害动物、屠宰过程中经检疫或肉品品质检验确认为不可食用的动物产品，以及其他应当进行无害化处理的动物及动物产品；但不得用于患有炭疽等芽孢杆菌类疫病，以及牛海绵状脑病、痒病的染疫动物及产品、组织的处理。

可视情况对病死及病害动物和相关动物产品进行破碎等预处理。处理物或破碎产物体积（长×宽×高）≤125cm³（5cm×5cm×5cm）。将病死及病害动物和相关动物产品或破碎产物输送入容器内，与油脂混合。常压状态下，维持容器内部温度≥180℃，持续时间≥2.5h（具体处理时间随处理物种类和体积大小而设定）。

（4）深埋法　适用于发生动物疫情或自然灾害等突发事件时病死及病害动物的应急处理，以及边远和交通不便地区零星病死畜禽的处理。不得用于患有炭疽等芽孢杆菌类疫病，以及牛海绵状脑病、痒病的染疫动物及产品、组织的处理。

①应选择地势高燥，处于下风向的地点。应远离学校、公共场所、居民住宅区、村庄、动物饲养和屠宰场所、饮用水水源地、河流等地区。

②深埋坑体容积以实际处理动物尸体及相关动物产品数量确定。深埋坑底应高出地下水位1.5m以上，要防渗、防漏。坑底洒一层厚度为2～5cm的生石灰或漂白粉等消毒药。将动物尸体及相关动物产品投入坑内，最上层距离地表1.5m以上。生石灰或漂白粉等消毒药消毒，覆盖距地表20～30cm，厚度不少于1m的覆土。

（5）化学处理法

①硫酸分解法：适用于国家规定的染疫动物及其产品、病死或者死因不明的动物尸体、屠宰前确认的病害动物、屠宰过程中经检疫或肉品品质检验确认为不可食用的动物产品，以及其他应当进行无害化处理的动物及动物产品；但不得用于患有炭疽等芽孢杆菌类疫病，以及牛海绵状脑病、痒病的染疫动物及产品、组织的处理。

视情况对病死及病害动物和相关动物产品进行破碎等预处理。将病死及病害动物和相关动物产品或破碎产物，投至耐酸的水解罐中，按每吨处理物加入水150～300kg，后加入98%的浓硫酸300～400 kg（具体加入水和浓硫酸量随处理物的含水量而设定）。密闭水解罐，加热使水解罐内升至100～108℃，维持压力≥0.15MPa，反应时间≥4h，至罐体内的病死及病害动物和相关动物产品完全分解为液态。

②化学消毒法：适用于被病原微生物污染或可疑被污染的动物皮毛消毒。

盐酸食盐溶液消毒法：用2.5%盐酸溶液和15%食盐水溶液等量混合，将皮张浸泡在此溶液中，并使溶液温度保持在30℃左右，浸泡40h，1m²的皮张用10L消毒液（或按100mL25%食盐水溶液中加入盐酸1mL配制消毒液，在室温15℃条件下浸泡48h，皮张与消毒液之比为1∶4）。浸泡后捞出沥干，放入2%（或1%）氢氧化钠溶液中，以中和皮张上的酸，再用水冲洗后晾干。

过氧乙酸消毒法：将皮毛放入新鲜配制的2%过氧乙酸溶液中浸泡30min。将皮毛捞出，用水冲洗后晾干。

碱盐液浸泡消毒法：将皮毛浸入5%碱盐液（饱和盐水内加5%氢氧化钠）中，室温（18～25℃）浸泡24h，并随时加以搅拌。取出皮毛挂起，待碱盐液流净，放入5%盐酸液内浸泡，使皮上的酸碱中和。将皮毛捞出，用水冲洗后晾干。

4. 收集转运要求

（1）包装　包装材料应符合密闭、防水、防渗、防破损、耐腐蚀等要求，容积、尺寸和数量应与需处理病死及病害动物和相关动物产品的体积、数量相匹配。包装后应进行密封。

（2）暂存　采用冷冻或冷藏方式进行暂存，防止无害化处理前病死及病害动物和相关动物产品腐败。暂存场所应能防水、防渗、防鼠、防盗，易于清洗和消毒。暂存场所应设置明显警示标识。应定期对暂存场所及周边环境进行清洗消毒。

（3）转运　选择符合国标的车辆或专用封闭厢式运载车辆。车厢四壁及底部应使用耐腐蚀材料，并采取防渗措施。专用转运车辆应加施明显标识，并加装车载定位系统，记录转运时间和路径等信息。车辆驶离暂存、养殖等场所前，应对车轮及车厢外部进行消毒。转运车辆应尽量避免进入人口密集区。若转运途中发生渗漏，应重新包装、消毒后运输。卸载后，应对转运车辆及相关工具等进行彻底清洗、消毒。

5. 其他要求

（1）人员防护　动物尸体的收集、暂存、装运、无害化处理操作的工作人员应经过专门培训，掌握相应的动物防疫知识；工作人员在操作过程中应穿戴防护服、口罩、护目镜、胶鞋及手套等防护用具；工作人员应使用专用的收集工具、包装用品、运载工具、清洗工具、消毒器材等；工作完毕后，应对一次性防护用品作销毁处理，对循环使用的防护用品消毒处理。

（2）记录要求　病死动物的收集、暂存、装运、无害化处理等环节应建有台账和记录。有条件的地方应保存运输车辆行车信息和相关环节视频记录。

①暂存环节：接收台账和记录应包括病死动物及相关动物产品来源场（户）、种类、数量、动物标识号、死亡原因、消毒方法、收集时间、经手人员等；运出台账和记录应包括运输人员、联系方式、运输时间、车牌号、病死动物及产品种类、数量、动物标识号、消毒方法、运输目的地及经手人员等。

②处理环节：接收台账和记录应包括病死动物及相关动物产品来源、种类、数量、动物标识号、运输人员、联系方式、车牌号、接收时间及经手人员等；处理台账和记录应包括处理时间、处理方式、处理数量及操作人员等。

（3）涉及病死动物无害化处理的台账和记录至少要保存2年。

三、例题及解析

1.《病死及病害动物无害化处理技术规范》规定，采用高温法处理时，处理物或破碎产物的 体积（长×宽×高）应小于或等于(　　　)。

  A. 125cm³（5cm×5cm×5cm）   B. 216cm³（6cm×6cm×6cm）

  C. 120cm³（4cm×5cm×6cm）   D. 64cm³（4cm×4cm×4cm）

  E. 60cm³（3cm×4cm×5cm）

【解析】A。《病死及病害动物无害化处理技术规范》规定，采用高温法处理时，可视情况对病死及病害动物和相关动物产品进行破碎等预处理。处理物或破碎产物体积（长×宽×高）≤125cm³（5cm×5cm×5cm）。

2.《病死及病害动物无害化处理技术规范》规定，采用湿化法处理时，送入高温高压容器的病死及病害动物的总质量不得超过容器总承受力的(　　　)。

A. 1/2　　　　　　　B. 2/3　　　　　　　C. 3/4

D. 4/5　　　　　　　E. 5/6

【解析】D。《病死及病害动物无害化处理技术规范》规定，采用湿化法处理时将病死及病害动物和相关动物产品或破碎产物送入高温高压容器，总质量不得超过容器总承受力的4/5。

3. 患病动物的粪便与新鲜生石灰混合后掩埋的深度至少为（　　）。

A. 1 m　　　　　　　B. 0.5 m　　　　　　C. 4 m

D. 2 m　　　　　　　E. 3 m

【解析】D。《病死及病害动物无害化处理技术规范》规定，采用深埋法处理时深埋坑底应高出地下水位1.5m以上，要防渗、防漏。坑底洒一层厚度为2～5cm的生石灰或漂白粉等消毒药。将动物尸体及相关动物产品投入坑内，最上层距离地表1.5m以上。生石灰或漂白粉等消毒药消毒，覆盖距地表20～30cm，厚度不少于1m的覆土。

<<< 第六单元　动物防疫其他规范性文件 >>>

一、考试大纲

单元	细目	要点
动物防疫其他规范性文件	1. 国家突发重大动物疫情应急预案	（1）动物疫情分级　（2）工作原则　（3）应急组织体系（4）疫情的监测、预警与报告
	2. 一、二、三类动物疫病病种名录	（1）一类动物疫病　（2）二类动物疫病　（3）三类动物疫病
	3. 人畜共患传染病名录	

二、重要知识点

（一）国家突发重大动物疫情应急预案

1. 一类动物疫病（11种）　口蹄疫、猪水疱病、非洲猪瘟、尼帕病毒性脑炎、非洲马瘟、牛海绵状脑病、牛瘟、牛传染性胸膜肺炎、痒病、小反刍兽疫、高致病性禽流感。

2. 二类动物疫病（37种）

多种动物共患病（7种）：狂犬病、布鲁氏菌病、炭疽、蓝舌病、日本脑炎、棘球蚴病、日本血吸虫病。

牛病（3种）：牛结节性皮肤病、牛传染性鼻气管炎（传染性脓疱外阴阴道炎）、牛结核病。

绵羊和山羊病（2种）：绵羊痘和山羊痘、山羊传染性胸膜肺炎。

马病（2种）：马传染性贫血、马鼻疽。

猪病（3种）：猪瘟、猪繁殖与呼吸综合征、猪流行性腹泻。

禽病（3种）：新城疫、鸭瘟、小鹅瘟。

兔病（1种）：兔出血症。

蜜蜂病（2种）：美洲蜜蜂幼虫腐臭病、欧洲蜜蜂幼虫腐臭病。

鱼类病（11种）：鲤春病毒血症、草鱼出血病、传染性脾肾坏死病、锦鲤疱疹病毒病、刺激隐核虫病、淡水鱼细菌性败血症、病毒性神经坏死病、传染性造血器官坏死病、流行性溃疡综合征、鲫造血器官坏死病、鲤浮肿病。

甲壳类病（3种）：白斑综合征、十足目虹彩病毒病、虾肝肠胞虫病。

3. 三类动物疫病（126种）

多种动物共患病（25种）：伪狂犬病、轮状病毒感染、产气荚膜梭菌病、大肠杆菌病、巴氏杆菌病、沙门氏菌病、李氏杆菌病、链球菌病、溶血性曼氏杆菌病、副结核病、类鼻疽、支原体病、衣原体病、附红细胞体病、Q热、钩端螺旋体病、东毕吸虫病、华支睾吸虫病、囊尾蚴病、片形吸虫病、旋毛虫病、血矛线虫病、弓形虫病、伊氏锥虫病、隐孢子虫病。

牛病（10种）：牛病毒性腹泻、牛恶性卡他热、地方流行性牛白血病、牛流行热、牛冠状病毒感染、牛赤羽病、牛生殖道弯曲杆菌病、毛滴虫病、牛梨形虫病、牛无浆体病。

绵羊和山羊病（7种）：山羊关节炎/脑炎、梅迪-维斯纳病、绵羊肺腺瘤病、羊传染性脓疱皮炎、干酪性淋巴结炎、羊梨形虫病、羊无浆体病。

马病（8种）：马流行性淋巴管炎、马流感、马腺疫、马鼻肺炎、马病毒性动脉炎、马传染性子宫炎、马媾疫、马梨形虫病。

猪病（13种）：猪细小病毒感染、猪丹毒、猪传染性胸膜肺炎、猪波氏菌病、猪圆环病毒病、格拉瑟病、猪传染性胃肠炎、猪流感、猪丁型冠状病毒感染、猪塞内卡病毒感染、仔猪红痢、猪痢疾、猪增生性肠病。

禽病（21种）：禽传染性喉气管炎、禽传染性支气管炎、禽白血病、传染性法氏囊病、马立克病、禽痘、鸭病毒性肝炎、鸭浆膜炎、鸡球虫病、低致病性禽流感、禽网状内皮组织增殖病、鸡病毒性关节炎、禽传染性脑脊髓炎、鸡传染性鼻炎、禽坦布苏病毒感染、禽腺病毒感染、鸡传染性贫血、禽偏肺病毒感染、鸡红螨病、鸡坏死性肠炎、鸭呼肠孤病毒感染。

兔病（2种）：兔波氏菌病、兔球虫病。

蚕、蜂病（8种）：蚕多角体病、蚕白僵病、蚕微粒子病、蜂螨病、瓦螨病、亮热厉螨病、蜜蜂孢子虫病、白垩病。

犬猫等动物病（10种）：水貂阿留申病、水貂病毒性肠炎、犬瘟热、犬细小病毒病、犬传染性肝炎、猫泛白细胞减少症、猫嵌杯病毒感染、猫传染性腹膜炎、犬巴贝斯虫病、利什曼原虫病。

鱼类病（11种）：真鲷虹彩病毒病、传染性胰脏坏死病、牙鲆弹状病毒病、鱼爱德华氏菌病、链球菌病、细菌性肾病、杀鲑气单胞菌病、小瓜虫病、粘孢子虫病、三代虫病、指环虫病。

甲壳类病（5种）：黄头病、桃拉综合征、传染性皮下和造血组织坏死病、急性肝胰腺坏死病、河蟹螺原体病。

贝类病（3种）：鲍疱疹病毒病、奥尔森派琴虫病、牡蛎疱疹病毒病。

两栖与爬行类病（3种）：两栖类蛙虹彩病毒病、鳖腮腺炎病、蛙脑膜炎败血症。

（三）人畜共患传染病名录（24种）

牛传染性胸膜肺炎、高致病性禽流感、狂犬病、炭疽、布鲁氏菌病、弓形虫病、棘球蚴病、钩端螺旋体病、沙门氏菌病、牛结核病、日本血吸虫病、日本脑炎（流行性乙性脑炎）、猪链球菌Ⅱ型感染、旋毛虫病、囊尾蚴病、马鼻疽、李氏杆菌病、类鼻疽、片形吸虫病、鹦鹉热、Q热、利什曼原虫病、尼帕病毒性脑炎、华支睾吸虫病。

三、例题及解析

1. 属于一类动物疫病的是（　　）。
　　A. 弓形虫病　　　　　　B. 羊肠毒血症　　　　　　C. 梅迪-维斯纳病
　　D. 小反刍兽疫　　　　　E. 布鲁氏菌病

【解析】D。一类动物疫病共11种，包括口蹄疫、猪水疱病、非洲猪瘟、尼帕病毒性脑炎、非洲马瘟、牛海绵状脑病、牛瘟、牛传染性脆胸膜肺炎、痒病、小反刍兽疫、高致病性禽流感。

2. 属于二类动物疫病的是（　　）。
　　A. 口蹄疫　　　　　　　B. 丝虫病　　　　　　　　C. 非洲猪瘟
　　D. 炭疽　　　　　　　　E. 球虫病

【解析】D。二类动物疫病中多种动物共患病包括狂犬病、布鲁氏菌病、炭疽、蓝舌病、日本脑炎、棘球蚴病、日本血吸虫病。

备注：2022版《一、二、三类动物疫病病种名录》已更新，炭疽、新城疫均为二类疫病。

3. 属于人畜共患传染病的是（　　）。
　　A. 布鲁氏菌病　　　　　B. 新城疫　　　　　　　　C. 禽霍乱
　　D. 绵羊疥癣　　　　　　E. 小鹅瘟

【解析】A。依据农业农村部发布的《人畜共患传染病名录》，人畜共患病包括牛海绵状脑病、高致病性禽流感、狂犬病、炭疽、布鲁氏菌病、弓形虫病、棘球蚴病、钩端螺旋体病、沙门氏菌病、牛结核病、日本血吸虫病、日本脑炎（流行性乙型脑炎）、猪链球菌Ⅱ型感染、旋毛虫病、囊尾蚴病、马鼻疽、李氏杆菌病、类鼻疽、片形吸虫病、鹦鹉热、Q热、利什曼原虫病、尼帕病毒性脑炎、华支睾吸虫病。

<<< 第七单元　兽药管理法律制度 >>>

一、考试大纲

单元	细目	要点
兽药管理法律制度	1.《兽药管理条例》	（1）《兽药管理条例》概述　（2）兽药生产管理制度　（3）兽药经营　（4）兽药使用　（5）兽药监督管理　（6）法律责任

(续)

单元	细目	要点
兽药管理法律制度	2. 兽药经营质量管理规范	(1) 场所与设施　(2) 机构与人员　(3) 规章制度　(4) 采购与入库　(5) 陈列与储存　(6) 销售与运输
	3. 兽用处方药和非处方药管理办法	(1) 兽药分类管理制度　(2) 兽用处方药和非处方药标识制度 (3) 兽用处方药经营制度　(4) 兽医处方权制度　(5) 兽医处方笺基本要求　(6) 兽用处方药和非处方药监督管理制度　(7) 法律责任
	4. 兽用处方药品种目录	(1) 兽用处方药品种目录(第一批)　(2) 兽用处方药品种目录(第二批)(3) 兽用处方药品种目录(第三批)
	5. 兽用生物制品经营管理办法	(1)《兽用生物制品管理办法》概述　(2) 兽用生物制品的经营制度　(3) 兽用生物制品的监督管理
	6. 兽药标签和说明书管理办法	(1) 兽药标签的基本要求　(2) 兽药说明书的基本要求　(3)《兽药标签和说明书管理办法》中相关用语的含义
	7. 特殊兽药的使用	(1) 麻醉剂和精神药物使用规定　(2) 食品动物中禁止使用的药品及其化合物　(3) 禁止在饲料和动物饮水中使用的药物品种目录 (4) 禁止在饲料和动物饮水中使用的物质

二、重要知识点

(一)《兽药管理条例》

1.《兽药管理条例》概述

(1) 立法目的　加强兽药管理,保证兽药质量,防治动物疾病,促进养殖业的发展,维护人体健康。

(2) 相关名词术语定义

①兽药:主要包括血清制品、疫苗、诊断制剂、微生态制品、中药材、中成药、化学药品、抗生素、生化药物、放射性药物及外用杀虫剂、消毒剂等。

②兽用处方药:凭兽医处方笺。

③兽用非处方药:不需要凭兽医处方笺。

④新兽药:是指未曾在中国境内上市销售的兽用药品。

2. 兽药生产管理制度

(1) 从事兽药生产的企业,应当符合国家兽药行业发展规划和产业政策,并具备下列条件:①有与所生产的兽药相适应的兽医学、药学或者相关专业的技术人员;②有与所生产的兽药相适应的厂房、设施;③有与所生产的兽药相适应的兽药质量管理和质量检验的机构、人员、仪器设备;④有符合安全、卫生要求的生产环境。

(2) 兽药生产许可制度　兽药生产许可证应当载明生产范围、生产地点、有效期和法定代表人姓名、住址等事项。

兽药生产许可证有效期为 5 年。有效期届满，需要继续生产兽药的，应当在许可证有效期届满前 6 个月到发证机关申请换发兽药生产许可证。

兽药生产企业变更生产范围、生产地点的，应当依照本条例第十一条的规定申请换发兽药生产许可证，申请人凭换发的兽药生产许可证办理工商变更登记手续；变更企业名称、法定代表人的，应当在办理工商变更登记手续后 15 个工作日内，到原发证机关申请换发兽药生产许可证。

3. 兽药经营

（1）经营兽药的企业应具备的条件及审批程序

①经营兽药的企业必须具备的条件：有兽药技术人员；有营业场所、设备、仓库设施；有质量管理机构或者人员；其他经营条件。

②审批程序：符合经营兽药条件的企业，可以向市、县人民政府兽医行政管理部门提出申请，并提供符合经营兽药应具备条件的证明材料。但经营兽用生物制品的企业，必须向省、自治区、直辖市人民政府兽医行政管理部门提出申请，并提供符合经营兽药应具备条件的证明材料。县级以上地方人民政府兽医行政管理部门在收到申请之日起 30 个工作日内完成审查。审查合格的，发给兽药经营许可证；不合格的，书面通知申请人。

（2）兽药经营许可证管理制度

①兽药经营许可证应当载明经营范围、经营地点、有效期和法定代表人姓名、住址等事项。兽药经营许可证的有效期为 5 年。有效期届满，需要继续经营兽药的，必须在许可证有效期满前 6 个月到原发证机关申请换发兽药经营许可证。

②兽药经营企业变更经营范围、经营地点的，必须按照开办兽药经营企业的条件和程序向发证机关申请换发兽药经营许可证。兽药经营企业变更企业名称、法定代表人事项时，应当在办理工商变更登记手续后 15 个工作日内，到原发证机关申请换发兽药经营许可证。

③兽药经营许可证的收回：兽药经营企业停止经营超过 6 个月或者关闭的，兽药经营企业应当将兽药经营许可证交回原发证机关，并到当地工商行政管理部门办理变更或者注销手续。

4. 兽药使用　兽药使用单位，应当遵守国务院兽医行政管理部门制定的兽药安全使用规定，并建立用药记录。禁止使用假、劣兽药以及国务院兽医行政管理部门规定禁止使用的药品和其他化合物。①禁止在饲料和动物饮用水中添加激素类药品和国务院兽医行政管理部门规定的其他禁用药品。②经批准可以在饲料中添加的兽药，应当由兽药生产企业制成药物饲料添加剂后方可添加。③禁止将原料药直接添加到饲料及动物饮用水中或者直接饲喂动物。④禁止将人用药品用于动物。

5. 兽药监督管理

（1）兽药监督管理主体

①执法机构：县级以上人民政府兽医行政管理部门行使兽药监督管理权。

②检验机构：兽药检验工作由国务院兽医行政管理部门和省、自治区、直辖市人民政府兽医行政管理部门设立的兽药检验机构承担。国务院兽医行政管理部门，可以根据需要认定其他检验机构承担兽药检验工作。当事人对兽药检验结果有异议的，可以自收到检验结果之日起 7 个工作日内向实施检验的机构或者上级兽医行政管理部门设立的检验机构申请复检。

（2）假兽药、劣兽药判定标准　见表 1-7-1。

表 1-7-1　假兽药、劣兽药判定标准

假兽药	劣兽药
①冒充的：非兽药、他种兽药	①含量不符/未标注有效成分的
②兽药成分的种类、名称不符的	
③禁用的	②有效期：不标准、更改、过期的
④未批准、未抽查就生产、进口、销售的	③产品批号：不标注、更改的
⑤变质的	
⑥被污染的	④不符合规定，同时还不是假兽药的
⑦适应证/功能主治超范围的	

（3）兽药不良反应报告　兽药生产企业、经营企业、兽药使用单位和开具处方的兽医人员发现可能与兽药使用有关的严重不良反应，应立即向所在地人民政府兽医行政管理部门报告。

6. 法律责任

（1）经营假、劣兽药，或无证经营兽药，或者经营人用药品的法律责任　处违法生产、经营的兽药货值金额 2 倍以上 5 倍以下罚款，货值金额无法查证核实的，处 10 万元以上 20 万元以下罚款。

（2）未按兽药安全使用规定使用兽药违法行为的法律责任　未按规定使用兽药的、未建立用药记录或者记录不完整真实的，或者使用禁止使用的药物和其他化合物的，或者将人用药品用于动物的，处 1 万元以上 5 万元以下罚款。

（3）违法销售尚在用药期、休药期，或者销售含有违禁药物和兽药残留超标的动物产品的法律责任　处 3 万元以上 10 万元以下罚款。

（4）擅自转移、使用、销毁、销售被查封或者扣押的兽药及有关材料违法行为的法律责任　处 5 万元以上 10 万元以下罚款。

（5）不按规定报告与兽药使用有关的严重不良反应违法行为的法律责任　处 5 000 元以上 1 万元以下罚款。

（6）不按规定销售、购买、使用兽用处方药违法行为的法律责任　处 5 万元以下罚款。

（7）违反规定销售原料药，或者拆零销售原料药违法行为的法律责任　处 2 万元以上 5 万元以下罚款。

（8）不按规定添加药品违法行为的法律责任　处 1 万元以上 3 万元以下罚款。

（二）兽药经营质量管理规范

《兽药经营质量管理规范》是在兽药流通过程中，针对计划采购、购进验收、储存养护、销售及售后服务等环节制订的防止质量事故发生、保证兽药符合质量标准的一整套管理标准和规程，其核心是通过严格的管理制度来约束兽药经营企业的行为，对兽药经营全过程进行质量控制，防止质量事故发生，对售出兽药实施有效追踪，保证向用户提供合格的兽药。

1. 场所与设施

（1）对营业场所及仓库的要求　应具有固定的经营场所和仓库，经营场所的面积、设施和设备应当与经营的兽药品种、经营规模相适应，与生活区域、动物诊疗区域分别独立设置。

（2）对经营地点的要求 地点要与《兽药经营许可证》一致，变更经营地点，应申请换发。

（3）对设施设备的要求 货架、柜台等应注意避光，通风，照明，控制温度、湿度，应具备卫生清洁、防尘、防潮、防霉、防污染和防虫等设施设备。

2. 机构与人员

（1）兽药经营企业应当配备与经营兽药相适应的质量管理人员。有条件的，可以建立质量管理机构。

（2）兽药经营企业直接负责的主管人员应当熟悉兽药管理法律、法规及政策规定，具备相应兽药专业知识。兽药经营企业主管质量的负责人和质量管理机构的负责人应当具备相应兽药专业知识，且其专业学历或技术职称应当符合省、自治区、直辖市人民政府兽医行政管理部门的规定。兽药质量管理人员应当具有兽药、兽医等相关专业中专以上学历，或者具有兽药、兽医等相关专业初级以上专业技术职称。经营兽用生物制品的，兽药质量管理人员应当具有兽药、兽医等相关专业大专以上学历，或者具有兽药、兽医等相关专业中级以上专业技术职称，并具备兽用生物制品专业知识。

（3）兽药质量管理人员不得在本企业以外的其他单位兼职。

3. 规章制度

（1）兽药经营企业应当建立质量管理体系，制定管理制度、操作程序等质量管理文件。

（2）质量管理档案应当包括：①人员档案、培训档案、设备设施档案、供应商质量评估档案、产品质量档案；②开具的处方、进货及销售凭证；③购销记录及本规范规定的其他记录。

质量管理档案不得涂改，保存期限不得少于2年；购销等记录和凭证应当保存至产品有效期后1年。

4. 采购与入库

（1）兽药经营企业购进兽药时，应当依照国家兽药管理规定、兽药标准和合同约定，对每批兽药的包装、标签、说明书、质量合格证等内容进行检查，符合要求的方可购进。必要时，应当对购进兽药进行检验或者委托兽药检验机构进行检验，检验报告应当与产品质量档案一起保存。

（2）兽药经营企业应当保存采购兽药的有效凭证，建立真实、完整的采购记录，做到有效凭证、账、货相符。采购记录应当载明兽药的通用名称、商品名称、批准文号、批号、剂型、规格、有效期、生产单位、供货单位、购入数量、购入日期、经手人或者负责人等内容。

（3）有以下情形的兽药不得入库：①与进货单不符的；②内、外包装破损可能影响产品质量的；③没有标识或者标识模糊的；④质量异常的；⑤其他不符合规定的。兽用生物制品入库，应由2人以上进行检查验收。

5. 陈列与储存

（1）陈列、储存兽药应当符合：①按照品种、类别、用途以及温度、湿度等储存要求，分类、分区或者专库存放；②按照兽药外包装图示标志的要求搬运和存放；③与仓库地面、墙、顶等之间保持一定间距；④内用兽药与外用兽药分开存放，兽用处方药与非处方药分开存放；易串味兽药、危险药品等特殊兽药与其他兽药分库存放；⑤待验兽药、合格兽药、不合格兽药、退货兽药分区存放；⑥同一企业的同一批号的产品集中存放。

（2）不同区域、不同类型的兽药应当具有明显的识别标识。标识应当放置准确、字迹清楚。不合格兽药以红色字体标识；待验和退货兽药以黄色字体标识；合格兽药以绿色字体标识。

（3）兽药经营企业应当定期对兽药及其陈列、储存的条件和设施、设备的运行状态进行检查，并做好记录。

（4）兽药经营企业应当及时清查兽医行政管理部门公布的假劣兽药，并做好记录。

6. 销售与运输

（1）兽药经营企业销售兽药，应当遵循先产先出和按批号出库的原则。兽药出库时，应当进行检查、核对，建立出库记录。兽药出库记录应当包括兽药通用名称、商品名称、批号、剂型、规格、生产厂商、数量、日期、经手人或者负责人等内容。有以下情形之一的兽药，不得出库销售：①标志模糊不清或者脱落的；②外包装出现破损、封口不牢、封条严重损坏的；③超出有效期限的；④其他不符规定的。

（2）兽药经营企业应当按照兽药外包装图示标志的要求运输兽药。有温度控制要求的兽药，在运输时应当采取必要的温度控制措施，并建立详细记录。

（三）兽用处方药和非处方药管理办法

1. 兽药分类管理制度

（1）国家对兽药实行分类管理，根据兽药的安全性和使用风险程度，将兽药分为兽用处方药和非处方药。兽用处方药是指凭兽医处方笺方可购买和使用的兽药。兽用非处方药是指不需要兽医处方笺即可自行购买并按照说明书使用的兽药。兽用处方药目录由农业农村部制定并公布。兽用处方药目录以外的兽药为兽用非处方药。

（2）农业农村部主管全国兽用处方药和非处方药管理工作。县级以上地方人民政府兽医行政管理部门负责本行政区域内兽用处方药和非处方药的监督管理，具体工作可以委托所属执法机构承担。

2. 兽用处方药和非处方药标识制度

（1）兽用处方药　标签和说明书应当标注"兽用处方药"字样，不再标注"兽用"；外用药的，还应当按照规定标注"外用药"。对附加在包装盒内的说明书，"兽用处方药"标识的颜色可与说明书文字颜色一致。不得通过粘贴或盖章方式对产品的标签和说明书增加"兽用处方药"标识。最小包装为安瓿、西林瓶等产品的，如受包装尺寸限制，瓶身标签可以不标注"兽用处方药"标识。

（2）兽用非处方药　标签和说明书应当标注"兽用非处方药"字样。但是，鉴于目前兽用处方药目录仍在完善过程中，兽用处方药品种目录外的兽药品种目前可以不标注"兽用非处方药"标识。标注"兽用非处方药"的，不再标注"兽用"。

（3）进口兽药　标签和说明书应当按照农业农村部公告批准内容印制，属于兽用处方药的品种，应当增加"兽用处方药"标识。

（4）兽用原料药　不属于制剂，标签只需标注"兽用"标识。

3. 兽用处方药经营制度　兽用处方药不得采用开架自选方式销售。兽用处方药凭兽医处方笺方可买卖，但下列情形除外：①进出口兽用处方药的；②向动物诊疗机构、科研单位、动物疫病预防控制机构和其他兽药生产企业、经营者销售兽用处方药的；③向聘有依照《执业兽医和乡村兽医管理办法》规定注册的专职执业兽医的动物饲养场（养殖小区）、动物园、实验动物饲育场等销售兽用处方药的。

4. 兽医处方权制度　兽医处方笺由依法注册的执业兽医按照其注册的执业范围开具。

5. 兽医处方笺基本要求

（1）兽医处方笺应当记载下列事项：①畜主姓名或动物饲养场名称；②动物种类、年（日）龄、体重及数量；③诊断结果；④兽药通用名称、规格、数量、用法、用量及休药期；⑤开具处方日期及开具处方执业兽医注册号和签章。

（2）处方笺一式三联，第一联由开具处方药的动物诊疗机构或执业兽医保存，第二联由兽药经营者保存，第三联由畜主或动物饲养场保存。动物饲养场（养殖小区）、动物园、实验动物饲育场等单位专职执业兽医开具的处方签由专职执业兽医所在单位保存。处方笺应当保存2年以上。

6. 兽用处方药和非处方药监督管理制度　兽药经营者应当对兽医处方笺进行查验，单独建立兽用处方药的购销记录，并保存2年以上。

7. 法律责任　未经注册执业兽医开具处方销售、购买、使用兽用处方药的处5万元以下罚款。其他违法行为的法律责任，处5万元以下罚款：①兽药经营者未在经营场所明显位置悬挂或者张贴提示语的，②兽用处方药与兽用非处方药未分区或分柜摆放的；③兽用处方药采用开架自选方式销售的；④兽医处方笺和兽用处方药购销记录未按规定保存的。

（四）兽用处方药品种目录

1. 兽用处方药品种目录（第一批）

（1）抗微生物药

①抗生素类：

β-内酰胺类：注射用青霉素钠、注射用青霉素钾、氨苄西林混悬注射液、氨苄西林可溶性粉、注射用氨苄西林钠、注射用氯唑西林钠、阿莫西林注射液、注射用阿莫西林钠、阿莫西林片、阿莫西林可溶性粉、阿莫西林克拉维酸钾注射液、阿莫西林硫酸黏菌素注射液、注射用苯唑西林钠、注射用普鲁卡因青霉素、普鲁卡因青霉素注射液、注射用苄星青霉素。

头孢菌素类：注射用头孢噻呋、盐酸头孢噻呋注射液、注射用头孢噻呋钠、头孢氨苄注射液、硫酸头孢喹肟注射液。

氨基糖苷类：注射用硫酸链霉素、注射用硫酸双氢链霉素、硫酸双氢链霉素注射液、硫酸卡那霉素注射液、注射用硫酸卡那霉素、硫酸庆大霉素注射液、硫酸安普霉素注射液、硫酸安普霉素可溶性粉、硫酸安普霉素预混剂、硫酸新霉素溶液、硫酸新霉素粉（水产用）、硫酸新霉素预混剂、硫酸新霉素可溶性粉、盐酸大观霉素可溶性粉、盐酸大观霉素盐酸林可霉素可溶性粉。

四环素类：土霉素注射液、长效土霉素注射液、盐酸土霉素注射液、注射用盐酸土霉素、长效盐酸土霉素注射液、四环素片、注射用盐酸四环素、盐酸多西环素粉（水产用）、盐酸多西环素可溶性粉、盐酸多西环素片、盐酸多西环素注射液。

大环内酯类：红霉素片、注射用乳糖酸红霉素、硫氰酸红霉素可溶性粉、泰乐菌素注射液、注射用酒石酸泰乐菌素、酒石酸泰乐菌素可溶性粉、酒石酸泰乐菌素磺胺二甲嘧啶可溶性粉、磷酸泰乐菌素磺胺二甲嘧啶预混剂、替米考星注射液、替米考星可溶性粉、替米考星预混剂、替米考星溶液、磷酸替米考星预混剂、酒石酸吉他霉素可溶性粉。

酰胺醇类：氟苯尼考粉、氟苯尼考粉（水产用）、氟苯尼考注射液、氟苯尼考可溶性粉、氟苯尼考预混剂、氟苯尼考预混剂（50%）、甲砜霉素注射液、甲砜霉素粉、甲砜霉素粉（水产用）、甲砜霉素可溶性粉、甲砜霉素片、甲砜霉素颗粒。

林可胺类：盐酸林可霉素注射液、盐酸林可霉素片、盐酸林可霉素可溶性粉、盐酸林可霉素预混剂、盐酸林可霉素硫酸大观霉素预混剂。

其他：延胡索酸泰妙菌素可溶性粉。

②合成抗菌药：

磺胺类药：复方磺胺嘧啶预混剂、复方磺胺嘧啶粉（水产用）、磺胺对甲氧嘧啶二甲氧苄啶预混剂、复方磺胺对甲氧嘧啶粉、磺胺间甲氧嘧啶粉、磺胺间甲氧嘧啶预混剂、复方磺胺间甲氧嘧啶可溶性粉、复方磺胺间甲氧嘧啶预混剂、磺胺间甲氧嘧啶钠粉（水产用）、磺胺间甲氧嘧啶钠可溶性粉、复方磺胺间甲氧嘧啶钠粉、复方磺胺间甲氧嘧啶钠可溶性粉、复方磺胺二甲嘧啶粉（水产用）、复方磺胺二甲嘧啶可溶性粉、复方磺胺甲噁唑粉、复方磺胺甲噁唑（水产用）、复方磺胺氯达嗪钠粉、磺胺氯吡嗪钠可溶性粉、复方磺胺氯吡嗪钠预混剂、磺胺喹噁啉二甲氧苄啶预混剂、磺胺喹噁啉钠可溶性粉。

喹诺酮类药：恩诺沙星注射液、恩诺沙星粉（水产用）、恩诺沙星片、恩诺沙星溶液、恩诺沙星可溶性粉、恩诺沙星混悬液、盐酸恩诺沙星可溶性粉、乳酸环丙沙星可溶性粉、乳酸环丙沙星注射液、盐酸环丙沙星注射液、盐酸环丙沙星可溶性粉、盐酸环丙沙星盐酸小檗碱预混剂、维生素C磷酸酯镁盐酸环丙沙星预混剂、盐酸沙拉沙星注射液、盐酸沙拉沙星片、盐酸沙拉沙星可溶性粉、盐酸沙拉沙星溶液、甲磺酸达氟沙星注射液、甲磺酸达氟沙星溶液、甲磺酸达氟沙星粉、甲磺酸培氟沙星可溶性粉、甲磺酸培氟沙星注射液、甲磺酸培氟沙星颗粒、盐酸二氟沙星片、盐酸二氟沙星注射液、盐酸二氟沙星粉、盐酸二氟沙星溶液、诺氟沙星粉（水产用）、诺氟沙星盐酸小檗碱预混剂（水产用）、乳酸诺氟沙星可溶性粉（水产用）、乳酸诺氟沙星注射液、烟酸诺氟沙星注射液、烟酸诺氟沙星可溶性粉、烟酸诺氟沙星溶液、烟酸诺氟沙星预混剂（水产用）、噁喹酸散、噁喹酸混悬液、噁喹酸溶液、氟甲喹可溶性粉、氟甲喹粉、盐酸洛美沙星片、盐酸洛美沙星可溶性粉、盐酸洛美沙星注射液、氧氟沙星片、氧氟沙星可溶性粉、氧氟沙星注射液、氧氟沙星溶液（酸性）、氧氟沙星溶液（碱性）。

其他：乙酰甲喹片、乙酰甲喹注射液。

（2）抗寄生虫药

①抗螨虫药：阿苯达唑硝氯酚片、甲苯咪唑溶液（水产用）、硝氯酚伊维菌素片、阿维菌素注射液、碘硝酚注射液、精制敌百虫片、精制敌百虫粉（水产用）。

②抗原虫药：注射用三氮脒、注射用喹嘧胺、盐酸吖啶黄注射液、甲硝唑片、地美硝唑预混剂。

③杀虫药：辛硫磷溶液（水产用）、氯氰菊酯溶液（水产用）、溴氰菊酯溶液（水产用）。

（3）中枢神经系统药物

①中枢兴奋药：安钠咖注射液、尼可刹米注射液、樟脑磺酸钠注射液、硝酸士的宁注射

液、盐酸苯噁唑注射液。

②镇静药与抗惊厥药：盐酸氯丙嗪片、盐酸氯丙嗪注射液、地西泮片、地西泮注射液、苯巴比妥片、注射用苯巴比妥钠。

③麻醉性镇痛药：盐酸吗啡注射液、盐酸哌替啶注射液。

④全身麻醉药与化学保定药：注射用硫喷妥钠、注射用异戊巴比妥钠、盐酸氯胺酮注射液、复方氯胺酮注射液、盐酸赛拉嗪注射液、盐酸赛拉唑注射液、氯化琥珀胆碱注射液。

（4）外周神经系统药物

①拟胆碱药：氯化氨甲酰甲胆碱注射液、甲硫酸新斯的明注射液。

②抗胆碱药：硫酸阿托品片、硫酸阿托品注射液、氢溴酸东莨菪碱注射液。

③拟肾上腺素药：重酒石酸去甲肾上腺素注射液、盐酸肾上腺素注射液。

④局部麻醉药：盐酸普鲁卡因注射液、盐酸利多卡因注射液。

（5）抗炎药　氢化可的松注射液、醋酸可的松注射液、醋酸氢化可的松注射液、醋酸泼尼松片、地塞米松磷酸钠注射液、醋酸地塞米松片、倍他米松片。

（6）泌尿生殖系统药物　丙酸睾酮注射液、苯丙酸诺龙注射液、苯甲酸雌二醇注射液、黄体酮注射液、注射用促黄体素释放激素 A2、注射用促黄体素释放激素 A3、注射用复方鲑鱼促性腺激素释放激素类似物、注射用复方绒促性素 A 型、注射用复方绒促性素 B 型。

（7）抗过敏药　盐酸苯海拉明注射液、盐酸异丙嗪注射液、马来酸氯苯那敏注射液。

（8）局部用药物　注射用氯唑西林钠、头孢氨苄乳剂、苄星氯唑西林注射液、氯唑西林钠氨苄西林钠乳剂（泌乳期）、氨苄西林钠氯唑西林钠乳房注入剂（泌乳期）、盐酸林可霉素硫酸新霉素乳房注入剂（泌乳期）、盐酸林可霉素乳房注入剂（泌乳期）、盐酸吡利霉素乳房注入剂（泌乳期）。

（9）解毒药

①金属络合剂：二巯丙醇注射液、二巯丙磺钠注射液。

②胆碱酯酶复活剂：碘解磷定注射液。

③高铁血红蛋白还原剂：亚甲蓝注射液。

④氰化物解毒剂：亚硝酸钠注射液。

⑤其他解毒剂：乙酰胺注射液。

2. 兽用处方药品种目录（第二批）　见表 1-7-2。

表 1-7-2　兽用处方药品种目录（第二批）

序号	通用名称	分类	备注
1	硫酸黏菌素预混剂	抗生素类	
2	硫酸黏菌素预混剂（发酵）	抗生素类	
3	硫酸黏菌素可溶性粉	抗生素类	
4	三合激素注射液	泌尿生殖系统药物	
5	复方水杨酸钠注射液	中枢神经系统药物	含巴比妥

（续）

序号	通用名称	分类	备注
6	复方阿莫西林粉	抗生素类	
7	盐酸氨丙啉磺胺喹噁啉钠可溶性粉	磺胺类药	
8	复方氨苄西林粉	抗生素类	
9	氨苄西林钠可溶性粉	抗生素类	
10	高效氯氰菊酯溶液	杀虫药	
11	硫酸庆大-小诺霉素注射液	抗生素类	
12	复方磺胺二甲嘧啶钠可溶性粉	磺胺类药	
13	联磺甲氧苄啶预混剂	磺胺类药	
14	复方磺胺喹噁啉钠可溶性粉	磺胺类药	
15	精制敌百虫粉	杀虫药	
16	敌百虫溶液（水产用）	杀虫药	
17	磺胺氯达嗪钠乳酸甲氧苄啶可溶性粉	磺胺类药	
18	注射用硫酸头孢喹肟	抗生素类	
19	乙酰氨基阿维菌素注射液	抗生素类	

3. 兽用处方药品种目录（第三批）　见表 1-7-3。

表 1-7-3　兽用处方药品种目录（第三批）

序号	通用名称	分类	备注
1	吉他霉素预混剂	抗生素类	
2	金霉素预混剂	抗生素类	
3	磷酸替米考星可溶性粉	抗生素类	
4	亚甲基水杨酸杆菌肽可溶性粉	抗生素类	
5	头孢氨苄片	抗生素类	
6	头孢噻呋注射液	抗生素类	
7	阿莫西林克拉维酸钾片	抗生素类	
8	阿莫西林硫酸黏菌素可溶性粉	抗生素类	
9	阿莫西林硫酸黏菌素注射液	抗生素类	
10	盐酸沃尼妙林预混剂	抗生素类	

（续）

序号	通用名称	分类	备注
11	阿维拉霉素预混剂	抗生素类	
12	马波沙星片	合成抗菌药	
13	马波沙星注射液	合成抗菌药	
14	注射用马波沙星	合成抗菌药	
15	恩诺沙星混悬液	合成抗菌药	
16	美洛昔康注射液	抗炎药	
17	戈那瑞林注射液	泌尿生殖系统药物	
18	注射用戈那瑞林	泌尿生殖系统药物	
19	土霉素子宫注入剂	局部用药物	
20	复方阿莫西林乳房注入剂	局部用药物	
21	硫酸头孢喹肟乳房注入剂（泌乳期）	局部用药物	
22	硫酸头孢喹肟子宫注入剂	局部用药物	

（五）兽用生物制品经营管理办法

1. 《兽用生物制品管理办法》概述

（1）兽用生物制品，是指以天然或者人工改造的微生物、寄生虫、生物毒素或者生物组织及代谢产物等为材料，采用生物学、分子生物学或者生物化学、生物工程等相应技术制成的，用于预防、治疗、诊断动物疫病或者有目的地调节动物生理机能的兽药，主要包括血清制品、疫苗、诊断制品和微生态制品等。

（2）农业农村部负责全国兽用生物制品的监督管理工作。县级以上地方人民政府畜牧兽医主管部门负责本行政区域内兽用生物制品的监督管理工作。

2. 兽用生物制品的经营制度

（1）兽用生物制品生产企业可以将本企业生产的兽用生物制品销售给各级人民政府畜牧兽医主管部门或养殖场（户）、动物诊疗机构等使用者，也可以委托经销商销售。发生重大动物疫情、灾情或者其他突发事件时，根据工作需要，国家强制免疫用生物制品由农业农村部统一调用，生产企业不得自行销售。

（2）从事兽用生物制品经营的企业，应当依法取得《兽药经营许可证》。

（3）兽用生物制品生产企业可自主确定、调整经销商，并与经销商签订销售代理合同，明确代理范围等事项。

（4）省级人民政府畜牧兽医主管部门对国家强制免疫用生物制品可以依法组织实行政府采购、分发。承担国家强制免疫用生物制品政府采购、分发任务的单位，应当建立国家强制免疫用生物制品贮存、运输、分发等管理制度，建立真实、完整的分发和冷链运输记录，记录应当保存至制品有效期满2年后。

（5）养殖场（户）应当建立真实、完整的采购、贮存、使用记录，并保存至制品有效期满2年后。

3. 兽用生物制品的监督管理 县级以上地方人民政府畜牧兽医主管部门应当依法加强

对兽用生物制品生产、经营企业和使用者监督检查，发现有违反《兽药管理条例》和本办法规定情形的，应当依法做出处理决定或者报告上级畜牧兽医主管部门。

（六）兽药标签和说明书管理办法

1. 兽药标签的基本要求

（1）兽药产品（原料药除外）必须同时使用内包装标签和外包装标签。

（2）兽药内包装标签必须注明兽用标识、兽药名称、适应证（或功能与主治）、含量/包装规格、批准文号或《进口兽药登记许可证》证号、生产日期、生产批号、有效期、生产企业信息等内容。安瓿、西林瓶等注射或内服产品由于包装尺寸的限制而无法注明上述全部内容的，可适当减少项目，但至少须标明兽药名称、含量规格、生产批号。

（3）外包装标签必须注明兽用标识、兽药名称、主要成分、适应证（或功能与主治）、用法与用量、含量/包装规格、批准文号或《进口兽药登记许可证》证号、生产日期、生产批号、有效期、停药期、贮藏、包装数量、生产企业信息等内容。

（4）兽用原料药的标签必须注明兽药名称、包装规格、生产批号、生产日期、有效期、贮藏、批准文号、运输注意事项或其他标记、生产企业信息等内容。

2. 兽药说明书的基本要求

（1）兽用化学药品、抗生素产品的单方、复方及中西复方制剂的说明书必须注明以下内容：兽用标识、兽药名称、主要成分、性状、药理作用、适应证（或功能与主治）、用法与用量、不良反应、注意事项、含量/包装规格、批准文号、有效期、停药期、外用杀虫药及其他对人体或环境有毒有害的废弃包装的处理措施、贮藏、生产企业信息等。

（2）中兽药说明书必须注明以下内容：兽用标识、兽药名称、主要成分、性状、功能与主治、用法与用量、不良反应、注意事项、有效期、规格、贮藏、批准文号、生产企业信息等。

3. 《兽药标签和说明书管理办法》中相关用语的含义

（1）兽药通用名　国家标准、农业部行业标准、地方标准及进口兽药注册的正式品名。

（2）兽药商品名　系指某一兽药产品的专有商品名称。

（3）内包装标签　系指直接接触兽药的包装上的标签。

（4）外包装标签　系指直接接触内包装的外包装上的标签。

（5）兽药最小销售单元　系指直接供上市销售的兽药最小包装。

（6）兽药说明书　系指包含兽药有效成分、疗效、使用以及注意事项等基本信息的技术资料。

（7）生产企业信息　包括企业名称、邮编、地址、电话、传真、电子邮址、网址等。

（七）特殊兽药的使用

1. 麻醉剂和精神药物使用规定

（1）兽药安钠咖的临诊使用规定　安钠咖属于国家严格控制管理的精神药品，同时也是治疗动物疫病的兽药产品，必需加强管理，防止滥用。

①各省、自治区、直辖市畜牧（农牧、农业）厅（局）负责本辖区兽用安钠咖（中枢兴奋）的监督管理工作。

②经销管理制度：严禁跨省、跨区域供应，凭当年销售记录9月底前向省畜牧厅（局）申报下年度需求计划。

③临床使用管理制度：兽用安钠咖注射液仅限量供应乡以上畜牧兽医站（个体兽医医疗站除外）、家畜饲养场兽医室以及农业科研教学单位所属的兽医院等兽医医疗单位临诊使用。严禁将兽用安钠咖注射液供人使用。

（2）兽用复方氯胺酮的使用规定　氯胺酮属于精神药物，其生产、销售、使用和库存都必须执行严格的管理制度，防止滥用。

①省级兽医行政管理部门职责：指定专人对兽用复方氯胺酮注射液定点生产企业实施监督，定期核查企业生产、检验、仓储和销售情况，核对出入库记录；配置制剂当天，派员对投料实施监控，核对原料药投放记录；定期核查批生产记录、批检验记录及销售记录、台账；发现问题，责令停止生产销售，并将问题及时上报农业农村部；确定一家省级经销单位，分别报农业农村部、中亚公司备案；收集汇总使用情况。

②市县级兽医行政管理部门职责：负责兽用复方氯氨酮使用监督工作；指定专人定期对使用单位的采购，使用记录进行核查；发现问题，提出整改意见。违反兽药管理法规的，依法严肃处理，并将处理结果上报农业农村厅及省级兽医行政管理部门。

③省级定点批发单位（企业）职责：向辖区内动物诊疗机构统一供应；负责汇总辖区内动物诊疗机构年度需求计划，报省级畜牧兽医行政管理部门审核，负责建立管理制度，做好产品出入库和销售记录；主动接受畜牧兽医行政管理部门监督；严禁向其他兽药经营企业和非动物诊疗机构供应产品。

④使用单位的职责：必须从指定经销单位采购产品，产品仅限自用，不得转手倒买倒卖；凭兽医处方使用产品；保存兽医处方，建立使用记录和不良反应记录，定期向县级以上兽医行政管理部门上报使用情况总结，并接受监督管理。

2. 食品动物中禁止使用的药品及其化合物　见表1-7-4。

表1-7-4　食品动物禁用的兽药及化合物清单

序号	药品及其他化合物名称
1	酒石酸锑钾
2	β-兴奋剂类及其盐、酯
3	汞制剂：氯化亚汞（甘汞）、醋酸汞、硝酸亚汞、吡啶基醋酸汞
4	毒杀芬（氯化烯）
5	卡巴氧及其盐、酯
6	呋喃丹（克百威）
7	氯霉素及其盐、酯
8	杀虫脒（克死螨）
9	氨苯砜
10	硝基呋喃类：呋喃西林、呋喃妥因、呋喃它酮、呋喃唑酮、呋喃苯烯酸钠
11	林丹

（续）

序号	药品及其他化合物名称
12	孔雀石绿
13	类固醇激素：醋酸美仑孕酮、甲基睾丸酮、群勃龙、玉米赤霉醇
14	安眠酮
15	硝呋烯腙
16	五氯酚酸钠
17	硝基咪唑类：洛硝达唑、替硝唑
18	硝基酚钠
19	己二烯雌酚、己烯雌酚、己烷雌酚及其盐、酯
20	锥虫砷胺
21	万古霉素及其盐、酯

3. 禁止在饲料和动物饮水中使用的药物品种目录 见表 1-7-5。

表 1-7-5 禁止在饲料和动物饮水中使用的药物品种目录

序号	类别	药物
1	肾上腺素受体激动剂	盐酸克仑特罗、沙丁胺醇、硫酸沙丁胺醇、莱克多巴胺、盐酸多巴胺、西巴特罗、硫酸特布他林
2	性激素	己烯雌酚、雌二醇、戊酸雌二醇、苯甲酸雌二醇、氯烯雌醚、炔诺醇、炔诺醚、醋酸氯地孕酮、左炔诺孕酮、炔诺酮、绒毛膜促性腺激素、促卵泡生长激素
3	蛋白同化激素	碘化酪蛋白、苯丙酸诺龙及苯丙酸诺龙注射液
4	精神药品	（盐酸）氯丙嗪、盐酸异丙嗪、安定（地西泮）、苯巴比妥、苯巴比妥钠、巴比妥、异戊巴比妥、异戊巴比妥钠、利血平、艾司唑仑、甲丙氨脂、咪达唑仑、硝西泮、奥沙西泮、匹莫林、三唑仑、唑吡旦、其他国家管制的精神药品
5	各种抗生素滤渣	该类物质是抗生素类产品生产过程中产生的工业三废

4. 禁止在饲料和动物饮水中使用的物质 ①苯乙醇胺 A；②班布特罗；③盐酸齐帕特罗；④盐酸氯丙那林；⑤马步特罗；⑥西布特罗；⑦溴布特罗；⑧酒石酸阿福特罗；⑨富马酸福莫特罗；⑩盐酸可乐定；⑪盐酸赛庚啶。

三、例题及解析

1.《兽药管理条例》规定，兽药经营企业变更企业名称的，到发证机关申请换发兽药经营许可证的时限是办理工商登记变更手续后（　　）。

A. 5 个工作日　　　　　B. 7 个工作日　　　　　C. 10 个工作日

D. 15 个工作日　　　　　E. 20 个工作日

【解析】D。《兽药管理条例》规定，变更企业名称、法人，应在办理工商变更后 15 个工作日内，申请变更。

2.《兽药管理条例》规定，下列情形应当按照假兽药处理的是（　　）。

A. 成分含量不符合兽药国家标准的　　　B. 不标明有效成分的

C. 超过有效期的　　　　　　　　　　　D. 所标明的适应证超过规定范围的

E. 更改产品批号的

【解析】D。《兽药管理条例》规定有下列情形之一的，为假兽药：以非兽药冒充兽药或者以他种兽 药冒充此种兽药的；兽药所含成分的种类、名称与兽药国家标准不符合的；国务院兽医行政管理部门规定禁止使用的；未经审查即生产或进口的；变质的；被污染的；所标明的适应证或功能主治超过规定范围的。D 项，"超过规定范围的"按假兽药处理。

3. 根据《兽用处方药和非处方药管理办法》，执业兽医发现不适合按兽用非处方药管理的兽药应当报告，接受报告的法定主体是（　　）。

A. 该兽药的生产企业　　　　　B. 该兽药的经营企业

C. 执业兽医师所在的动物诊疗机构　　　D. 当地兽医行业协会

E. 当地兽医行政管理部门

【解析】E。兽药生产企业、经营企业、兽药使用单位和开具处方的兽医人员发现可能与兽药使用有关的严重不良反应，应当立即向当地人民政府兽医行政管理部门报告。

4. 兽药经营企业发现与兽药使用有关的严重不良反应，应当报告给（　　）。

A. 食品药品监督管理机构　　B. 兽医行政管理部门　　C. 动物卫生监督机构

D. 动物疫病预防控制机构　　E. 兽药检验机构

【解析】B。兽药生产企业、经营企业、兽药使用单位和开具处方的兽医人员发现可能与兽药使用有关的严重不良反应，应当立即向当地人民政府兽医行政管理部门报告。

5.《兽药经营质量管理规范》规定，待验、合格、不合格以及退货兽药应当区分存放且有明显识别标识，其中退货兽药的识别标识字体颜色为（　　）。

A. 红色　　　　　B. 绿色　　　　　C. 蓝色

D. 黄色　　　　　E. 黑色

【解析】D。标识：不合格（红色）；待验和退货（黄色）；合格（绿色）。

6. 不属于中兽药说明书必须注明的内容是（　　）。

A. 兽用标识　　　　　B. 主要成分　　　　　C. 药理作用

D. 不良反应　　　　　E. 注意事项

【解析】C。中兽药说明书：必须注明兽用标识、兽药名称、主要成分、性状、功能与主治、用法与用量、注意事项、有效期、规格、贮藏、废弃包装处理措施、批准文号、生产企业信息。

<<< 第八单元　病原微生物安全管理法律制度 >>>

一、考试大纲

单元	细目	要点
病原微生物安全管理法律制度	1. 病原微生物实验室生物安全管理条例	（1）动物病原微生物分类　（2）动物病原微生物实验室设立和管理　（3）动物病原微生物实验活动管理　（4）实验室感染控制
	2. 动物病原微生物菌（毒）种或者样本运输包装规范和动物病原微生物菌（毒）种保藏管理办法	（1）动物病原微生物菌（毒）种或者样本运输包装规范　（2）民用航空运输动物病原微生物菌（毒）种及动物病料要求　（3）动物病原微生物菌（毒）种收集、保藏、供应、销毁管理

二、重要知识点

（一）病原微生物实验室生物安全管理条例

1. 动物病原微生物分类　国家根据病原微生物的传染性、感染后对个体或者群体的危害程度，将病原微生物分为四类，第一类、第二类病原微生物统称为高致病性病原微生物。

（1）第一类动物病原微生物（10 种）　口蹄疫病毒、高致病性禽流感病毒、猪水泡病病毒、非洲猪瘟病毒、非洲马瘟病毒、牛瘟病毒、小反刍兽疫病毒、牛传染性胸膜肺炎丝状支原体、牛海绵状脑病病原、痒病病原。

（2）第二类动物病原微生物（8 种）　猪瘟病毒、鸡新城疫病毒、狂犬病病毒、绵羊痘/山羊痘病毒、蓝舌病病毒、兔病毒性出血症病毒、炭疽芽孢杆菌、布鲁氏菌。

2. 动物病原微生物实验室设立和管理

（1）动物病原微生物实验室的分级　将实验室分为一级、二级、三级、四级。

（2）动物病原微生物实验室的设立条件

①一级、二级实验室的设立条件：新建、改建或者扩建一级、二级实验室，应当向设区的市级人民政府兽医主管部门备案。

②三级、四级实验室的设立条件：新建、改建、扩建或生产进口移动式三、四级实验室。A. 符合国家生物安全实验室体系规划并依法履行有关审批手续；B. 经国务院科技主管部门审查同意；C. 符合国家生物安全实验室建筑技术规范；D. 依照《中华人民共和国环境影响评价法》的规定进行环境影响评价并经环境保护主管部门审查批准；E. 生物安全防护级别与其拟从事的实验活动相适应。

③三级、四级实验室需通过实验室国家认可并取得相应级别的生物安全实验室证书。

④从事高致病性病原微生物相关实验活动应当有 2 名以上的工作人员共同进行。实验室从事高致病性病原微生物相关实验活动的实验档案保存期，不得少于 20 年。

3. 动物病原微生物实验活动管理

（1）国务院卫生主管部门和兽医主管部门应当定期汇总并互相通报实验室数量和实验室设立、分布情况，以及取得从事高致病性病原微生物实验活动资格证书的三级、四级实验室及其从事相关实验活动的情况。

（2）对我国尚未发现或者已经宣布消灭的病原微生物，任何单位和个人未经批准不得从事相关实验活动。

（3）实验室负责人为实验室生物安全的第一责任人。

（4）在同一个实验室的同一个独立安全区域内，只能同时从事一种高致病性病原微生物的相关实验。

4. 实验室感染控制

（1）实验室的设立单位应当指定专门的机构或者人员承担实验室感染控制工作，定期检查实验室的生物安全防护、病原微生物菌（毒）种和样本保存与使用、安全操作、实验室排放的废水和废气以及其他废物处置等规章制度的实施情况。

（2）负责实验室感染控制工作的机构或者人员应当具有与该实验室中的病原微生物有关的传染病防治知识，并定期调查、了解实验室工作人员的健康状况。

（3）实验室感染控制措施。卫生主管部门或者兽医主管部门接到关于实验室发生工作人员感染事故或者病原微生物泄漏事件的报告，或者发现实验室从事病原微生物相关实验活动造成实验室感染事故的，应当立即组织疾病预防控制机构、动物防疫监督机构和医疗机构以及其他有关机构依法采取下列预防、控制措施。

（二）动物病原微生物菌（毒）种或者样本运输包装规范和动物病原微生物菌（毒）种保藏管理办法

1. 动物病原微生物菌（毒）种或者样本运输包装规范

（1）内包装　①必须是不透水、防泄漏的主容器，保证完全密封。②必须是结实、不透水和防泄漏的辅助包装。③必须在主容器和辅助包装之间填充吸附材料。吸附材料必须充足，能够吸收所有的内装物。多个主容器装入一个辅助包装时，必须将它们分别包装。④主容器的表面贴上标签，表明菌（毒）种或样本类别、编号、名称、数量等信息。⑤相关文件，例如菌（毒）种或样本数量表格、危险性声明、信件、菌（毒）种或样本鉴定资料、发送者和接收者的信息等应当放入一个防水的袋中，并贴在辅助包装的外面。

（2）外包装必须符合以下要求　①外包装的强度应当充分满足对于其容器、重量及预期使用方式的要求。②外包装应当印上生物危险标识，并标注"高致病性动物病原微生物（非专业人员严禁拆开）"的警告语。

2. 民用航空运输动物病原微生物菌（毒）种及动物病料要求　通过民用航空运输的，应当符合《中国民用航空危险品运输管理规定》（CCAR276）和国际民航组织文件 Doc9284号文件《危险物品航空安全运输技术细则》中的有关包装要求。

3. 动物病原微生物菌（毒）种收集、保藏、供应、销毁管理　保藏机构销毁一、二类菌（毒）种和样本的，应当经农业农村部批准；销毁三、四类菌（毒）种和样本的，应当经保藏机构负责人批准，并报农业农村部备案。保藏机构应当在实施销毁30d前书面告知原提供者。

三、例题及解析

1. 不属于高致病性病原微生物的是(　　)。
　　A. 牛瘟病毒　　　　　　　B. 牛海绵状脑病病原　　　　C. 牛恶性卡他热病毒
　　D. 布鲁氏菌　　　　　　　E. 炭疽芽孢杆菌

【解析】C。根据病原微生物的传染性、感染后对个体或者群体的危害程度，将病原微生物分为四类，其中第一类、第二类病原微生物统称为高致病性病原微生物。A、B两项，属于第一类病原微生物；D、E两项，属于第二类病原微生物；C项，牛恶性卡他热病毒属于第三类病原微生物。

2. 关于航空运输动物病原微生物菌（毒）种或者样本及动物病料的表述，正确的是(　　)。
　　A. 必须作为货物进行运输　　　　　　B. 必须作为托运行李运输
　　C. 可以作为托运行李运输　　　　　　D. 可以随身携带运输
　　E. 可以作为邮件运输

【解析】A。动物病原微生物菌（毒）种或者样本及动物病料必须作为货物进行航空运输，禁止随身携带或作为托运行李或邮件进行运输。

3. 实验室高致病性病原微生物实验活动的实验档案保存期不得少于(　　)。
　　A. 5 年　　　　　　　　　B. 10 年　　　　　　　　　C. 15 年
　　D. 20 年　　　　　　　　E. 30 年

【解析】D。根据《病原微生物实验室生物安全管理条例》的相关规定，实验室应当建立实验档案，记录实验室使用情况和安全监督情况。实验室从事高致病性病原微生物相关实验活动的实验档案保存期，不得少于20年。

4. 为新建、改建或扩建一级、二级动物病原微生物实验室备案的主体是(　　)。
　　A. 国务院兽医主管部门　　　　　　　B. 省级人民政府兽医主管部门
　　C. 该区的市级人民政府兽医主管部门　　D. 县级人民政府兽医主管部门
　　E. 镇级人民政府兽医主管部门

【解析】C。新建、改建或者扩建一级、二级实验室，应当向该区的市级人民政府兽医主管部门备案。

5. 不属于第三类病原微生物的特性是(　　)。
　　A. 传播风险有限
　　B. 能够引起人类或者动物疾病
　　C. 能够引起人类或者动物严重疾病
　　D. 一般情况下，对人、动物或环境不构成严重危害
　　E. 实验室感染后很少引起严重疾病，并且具备有效治疗和预防措施

【解析】C。第三类病原微生物是指能够引起人类或者动物疾病，但一般情况下对人、动物或环境不构成危害，传播风险有限，实验室感染后很少引起严重疾病，并且具备有效治疗和预防措施的微生物。

<<< 第九单元　世界动物卫生组织及其标准　>>>

一、考试大纲

单元	细目	要点
世界动物卫生组织（WOAH）及其标准	世界动物卫生组织（WOAH）及其标准	（1）简介　（2）主要任务　（3）WOAH法定报告疫病名录

二、重要知识点

（一）简介

1. 世界动物卫生组织（WOAH），也称"国际兽疫局"。在全球动物卫生和食品安全领域发挥着重要作用，其制定的动物卫生标准是世界贸易组织《实施动植物卫生检疫措施协议》唯一认可的动物卫生标准，是各国开展动物及其产品贸易需遵循的国际准则。

2. WOAH总部设在法国巴黎，共有182个成员，设立了5个区域委员会和12个区域或次区域代表处。

（二）主要任务

WOAH工作内容涵盖兽医管理体制、动物疫病防控、兽医公共卫生、动物产品安全和动物福利等多个领域。WOAH的主要职能：一是通报和管理全球动物疫情和人畜共患病疫情，促进各国疫情透明化；二是收集、整理和通报最新兽医科技进展和信息；三是统一协调各国动物疫病防控活动并提供专家支持；四是在世界贸易组织（WTO）和《实施卫生与植物卫生措施协定》（简称《WTO/SPS协定》）框架下制定国际畜产品贸易中的动物卫生标准和规则，促进贸易发展；五是提高各国兽医立法和兽医体系服务水平并提供有关能力建设技术援助；六是以科学为依据提高动物产品安全和动物福利水平。

（三）WOAII法定报告疫病名录

该内容涉及考点较少，详细内容请参考：www. woah. org。

三、例题及解析

1. 世界动物卫生组织的英文缩写是(　　　)。
   A. OIE
   B. WOAH
   C. EIO
   D. WSZZ
   E. SJDW

【解析】B。世界动物卫生组织于2022年5月将英文缩写从原来的OIE更改为WOAH。

<<< **第十单元 执业兽医职业道德** >>>

一、考试大纲

单元	细目	要点
执业兽医职业道德	执业兽医职业道德	(1) 执业兽医职业道德的概念和特征 (2) 建设执业兽医职业道德的作用 (3) 执业兽医的行为规范 (4) 执业兽医的职业责任

二、重要知识点

(一) 执业兽医职业道德的概念和特征

1. 执业兽医职业道德的概念

(1) 执业兽医职业道德规范是执业兽医的从业行为职业道德标准和执业操守。不仅适用于执业兽医师,同时适用于执业助理兽医师和执业兽医辅助人员。

(2) 执业兽医职业道德的内容包括奉献社会、爱岗敬业、诚实守信、服务群众和爱护动物等,其中奉献社会是执业兽医职业道德的最高境界,爱岗敬业、诚实守信是执业兽医执业行为的基础要素。

2. 执业兽医职业道德的特征

(1) 主题特定性 执业兽医是高度专业化的职业,应当模范遵守有关动物诊疗、动物防疫、兽药管理等法律规范和技术规程的规定,依法从事兽医执业活动。

(2) 职业的特殊性 执业兽医职业的条件:①取得执业证书;②接受动物诊疗机构管理。

(二) 执业兽医的行为规范

(1) 执业兽医应当模范遵守有关动物诊疗、动物防疫、兽药管理等法律规范和技术规程的规定,依法从事兽医执业活动。

(2) 执业兽医不对患有国家规定应当扑杀的患病动物擅自进行治疗;当发现动物染疫或者疑似染疫时,应当立即向农业农村主管部门或者动物疫病预防控制机构报告。

(3) 执业兽医未经亲自诊断或治疗,不开具处方药、填写诊断书或出具有关证明文件。

(4) 发现违法从事兽医执业行为或其他违法行为的,执业兽医应当向有关主管部门进行举报。

(5) 执业兽医应当使用规范的处方笺、病历,并照章签名保存。发现兽药有不良反应的,应当向农业农村主管部门报告。

(6) 执业兽医应当热情接待动物主人和患病动物,耐心解答动物主人提出的问题,尽量满足动物主人的正当要求。

(7) 执业兽医应当如实告知动物主人患病动物的病情,制定合理的诊疗方案。遇有难以诊治的患病动物时，应当及时告知动物主人，并及时提出转诊意见。

（8）执业兽医应当如实表述自己的执业情况和技术水平，不做虚假广告，不在诊治活动中弄虚作假。

（9）执业兽医应当对动物诊疗的相关信息或资料保守秘密，未经动物主人同意不得用于商业用途。

（10）执业兽医在从业过程中应当注重仪表，着装整洁，举止端庄，语言文明。

（11）执业兽医应当为患病动物提供医疗服务，解除其病痛，同时尽量减少动物的痛苦和恐惧。

（12）执业兽医应当劝阻虐待动物的行为，宣传动物保健和动物福利知识。

（13）执业兽医应当积极参加兽医专业知识和相关政策法规的培训教育，提高业务素质。

（14）执业兽医应当积极参加有关兽医新技术和新知识的培训、研讨和交流，更新知识结构。

（15）执业兽医在从业活动中，应当明码标价，合理收费。

（16）执业兽医不得接受医疗设备、器械、药品等生产、经营者的回扣、提成或其他不当得利。

此外，《执业兽医职业道德行为规范》还规定了执业兽医的十种不道德的行为，具体内容包括：

（1）随意贬低兽医职业和兽医行业的；

（2）故意贬低同行或通过诋毁他人等方式招揽业务的；

（3）未取得专家称号，对外称"专家"谋取利益的；

（4）通过给其他兽医介绍患病动物，收取回扣或提成的；

（5）冒充其他执业兽医从业获利的；

（6）擅自篡改或删除处方、病历及相关诊疗数据，伪造诊断结果、违规出具证明文件或在诊疗活动中弄虚作假的；

（7）未经动物主人同意，将动物诊疗的相关信息或资料用于商业用途的；

（8）教唆、帮助或参与他人实施违法的兽医执业活动的；

（9）随意夸大动物病情或夸大治疗效果的；

（10）执业兽医在人才流动过程中损害原工作单位权益的。

（三）执业兽医的职业责任

（1）执业兽医不对患有国家规定应当扑杀的疫病的患病动物擅自进行治疗；当发现患有国家规定应当扑杀的疫病的动物时，应当及时向兽医行政主管部门报告。

（2）执业兽医未经亲自诊断或治疗，不开具处方药、填写诊断书或出具有关证明文件。

（3）发现违法从事兽医执业行为或其他违法行为的，执业兽医应当向有关主管部门举报。

（4）执业兽医应当使用规范的处方笺、病历，并照章签名保存。发现兽药有不良反应的，应当向兽医行政主管部门报告。

（5）执业兽医不得接受医疗设备、器械、药品等生产、经营者的回扣、提成或其他不当得利。

三、例题及解析

关于执业兽医，下列错误的是(　　　)。

A. 热情接待动物主人和患病动物　　　　B. 应当合理收费

C. 可以根据自己的习惯开具处方　　　　D. 如实表述自己的执业情况和技术水平

E. 应当劝阻虐待动物的行为

【解析】C。执业兽医的职业责任中有明确规定。

考点速记

1. **动物防疫**是指动物疫病的预防、控制、诊疗、净化、消灭，动物、动物产品的**检疫**，以及病死动物、病害动物产品的**无害化处理**。

2. 动物疫病预防控制机构承担动物疫病的监测、检测、诊断、流行病学调查、疫情报告以及其他预防、控制等技术工作；承担动物疫病净化、消灭的技术工作。

3. 动物疫情的认定主体是县级以上人民政府农业农村主管部门。

4. 制定并组织实施动物疫病防治规划的主体是县级以上人民政府。

5. 确定全国**强制免疫**的动物疫病病种和区域的主体是国务院农业农村主管部门。

6. 批准设立临时性动物卫生监督检查站的主体是省级人民政府。

7. 运载动物的车辆进行清洗、消毒的情形是装载前和卸载后。

8. 发布疫区封锁令的主体是**县级以上地方人民政府**。

9. 参加展览、演出和比赛的动物，应当附有检疫证明。

10. 动物卫生监督机构及其工作人员进行监督检查不得收取任何费用。

11. 对在动物疫病扑灭过程中销毁的动物产品，应当给予补偿，补偿主体是县级以上人民政府。

12. 无规定动物疫病区的公布机关是国务院农业农村主管部门。

13. 有权认定除重大动物疫情外的动物疫情的主体是县级以上人民政府农业农村主管部门。

14. 实施**现场检疫**的人员是官方兽医。

15. 对**染疫**动物及其排泄物、染疫动物产品，应当按照国家有关规定处理。

16. **执业兽医**从事动物诊疗活动法定条件是向所在地县级人民政府农业农村主管部门备案。

17. 国家对动物疫病实行预防为主的方针。

18. **国务院农业农村主管部门**主管全国的动物防疫工作。

19. **县级以上地方人民政府农业农村主管部门**主管本行政区域内的动物防疫工作。

20. 对检疫不合格的动物、动物产品进行处理的义务主体是货主。

21. 颁发《动物防疫条件合格证》的主体是县级以上地方人民政府农业农村主管部门。

22. 变更场址或经营范围的，必须重新办理《动物防疫条件合格证》。

23. 输入到无规定动物疫病区的相关易感动物，应当在输入地省级动物卫生监督机构指定的隔离场所进行隔离，隔离检疫期为30d。

24. 屠宰动物的提前申报检疫的时限是 6d。

25. **出售或者运输动物、动物产品的**，货主应当提前申报时限是 3d。

26. 动物诊疗机构向发证机关报告其上年度动物诊疗活动情况的时限是每年的**3 月底前**。

27. 执业助理兽医师的执业权限为**在执业兽医师指导下协助开展兽医活动**。

28. 动物诊疗机构连续停业 **2 年**并拒不改正的，发证机关有权**收回、注销动物诊疗许可证**。

29. 《执业兽医和乡村兽医管理办法》调整的对象是**执业兽医和乡村兽医**。

30. 负责执业兽医监督执法工作的是**动物卫生监督机构**。

31. 负责执业兽医注册的机关是**县级人民政府农业农村主管部门**。

32. 发放《动物诊疗许可证》的机关是**县级以上地方人民政府农业农村主管部门**。

33. 接收执业兽医年度执业活动情况报告的主体是**县级人民政府兽医主管部门**。

34. 从事颅腔、胸腔、腹腔手术的动物诊疗机构，其执业兽医师的法定最低数量是**3 名**。

35. 变更受聘动物诊疗机构的执业兽医应当**重新办理注册或者备案手续**。

36. 动物诊疗机构的病历档案保存期限不得少于**3 年**。

37. 具有从事动物**颅腔、胸腔和腹腔手术**能力的动物诊疗机构才能使用**"动物医院"**的名称。

38. **县级以上地方人民政府**设立的**动物卫生监督机构**负责本行政区域内动物诊疗机构的监督执法工作。

39. 有权批准动物机构安装、使用具有**放射性诊疗设备**的部门是**环境保护部门**。

40. 我国将突发重大动物疫情划分为**四级**。

41. 《重大动物疫情应急条例》规定，**重大动物疫情**的认定权限为**省、自治区、直辖市人民政府兽医主管部门**。

42. 《重大动物疫情应急条例》规定，有权采集重大动物疫病病料的是**动物防疫监督机构**。

43. 重大动物疫情的公布主体为**国务院农业农村主管部门**。

44. **非洲马瘟**是在我国尚未发现的动物疫病。

45. 负责核准兽用安钠咖注射液定点经销单位的机关是**省级兽医管理部门**。

46. 发生重大动物疫情、灾情或者其他突发事件时，根据工作需要，国家强制免疫用生物制品由农业农村部统一调用，生产企业**不得自行销售**。

47. 兽药经营企业发现与兽药使用有关的**严重不良反应**，应当报告给**县级以上兽医行政管理部门**。

48. 退货兽药的识别标识字体颜色为**黄色**。

49. 我国根据病原微生物的传染性、感染后对个体或群体的危害程度，将病原微生物分**四类**。

50. **高致病性病原微生物**是指第一类和第二类病原微生物。

51. 实验室高致病性病原微生物实验活动的实验档案保存期不得少于**20 年**。

高频题练习

1. 属于一类动物疫病的是(　　)。
   A. 弓形虫病 　　　　 B. 羊肠毒血症 　　　　 C. 梅迪-维斯纳病
   D. 小反刍兽疫 　　　 E. 布鲁氏菌病

2. 根据《中华人民共和国动物防疫法》,有权认定重大动物疫情的主体是(　　)。
   A. 设区的市级人民政府兽医主管部门 　 B. 县级人民政府兽医主管部门
   C. 省级人民政府兽医主管部门 　　　 D. 省动物卫生监督机构
   E. 省动物疫病预防控制机构

3. 下列解毒药不属于兽用处方药的是(　　)。
   A. 乙酰胺注射液 　　 B. 硫代硫酸钠注射液 　　 C. 碘解磷定注射液
   D. 亚甲蓝注射液 　　 E. 二巯丙磺钠注射液

4. 动物诊疗机构的病历档案保存期限不得少于(　　)。
   A. 1 年 　　　　 B. 2 年 　　　　 C. 3 年
   D. 5 年 　　　　 E. 10 年

5. 根据《中华人民共和国动物防疫法》,动物疫病预防控制机构的服务不包括(　　)。
   A. 动物疫病的诊断 　　　　 B. 动物疫病的监测
   C. 动物防疫监督管理执法 　　 D. 动物疫病的检测
   E. 动物疫病流行病学调查

6. 禁止在饲料和动物饮用水中使用的药物品种不包括(　　)。
   A. 盐酸克伦特罗 　　 B. 苯巴比妥 　　 C. 莱克多巴胺
   D. 盐酸氨丙啉 　　　 E. 喹诺酮

7. 根据《兽药管理条例》,为劣兽药的是(　　)。
   A. 以非兽药冒充兽药的
   B. 以他种兽药冒充此种兽药的
   C. 不标明有效成分的
   D. 兽药所含成分的名称与兽药国家标准不符合的
   E. 兽药所含成分的种类与兽药国家标准不符合的

8. 必须重新申请办理《动物防疫条件合格证》的情形是(　　)。
   A. 变更单位名称 　　 B. 变更场址 　　 C. 变更负责人
   D. 变更聘用的执业兽医 　 E. 增高场区周围围墙

9. 重大动物疫情的公布主体为(　　)。
   A. 国务院兽医主管部门 　　　 B. 省级人民政府
   C. 省级人民政府兽医主管部门 　 D. 省动物卫生监督机构
   E. 省动物疫病预防控制机构

10. 根据《重大动物疫情应急条例》,下列对疫点采取的措施表述不正确的是(　　)。
    A. 扑杀并销毁染疫动物
    B. 对易感动物紧急免疫接种

C. 对病死动物、动物排泄物等进行无害化处理

D. 对被污染的物品用具等进行严格消毒

E. 销毁染疫的动物产品

11. 动物饲养场的执业兽医不符合规定的是(　　)。

A. 实施动物疫病强制免疫　　　　　　B. 增加消毒频次

C. 按规定报告动物疫情　　　　　　　D. 邀请动物诊所的执业兽医来场会诊

E. 治疗口蹄疫患畜

12. 《兽药管理条例》规定，下列情形应当按照假兽药处理的是(　　)。

A. 成分含量不符合兽药国家标准的　　B. 不标明有效成分的

C. 超过有效期的　　　　　　　　　　D. 所标明的适应证超过规定范围的

E. 更改产品批号的

13. 负责执业兽医注册的机关是(　　)。

A. 动物卫生监督机构　　　　　　　　B. 国务院兽医主管部门

C. 动物疫病预防控制机构　　　　　　D. 县级人民政府农业农村主管部门

E. 县级人民政府兽医主管部门

14. 兽药经营企业发现与兽药使用有关的严重不良反应，应当报告给(　　)。

A. 食品药品监督管理机构　　B. 兽医行政管理部门　　　C. 动物卫生监督机构

D. 动物疫病预防控制机构　　E. 兽药检验机构

15. 属于人畜共患病的是(　　)。

A. 猪瘟　　　　　　　　　　B. 牛瘟　　　　　　　　　C. 布鲁氏菌病

D. 肺腺瘤病　　　　　　　　E. 白斑综合征

16. 负责兽用安钠咖监督管理工作的主体是(　　)。

A. 省级人民政府卫生行政管理部门　　B. 省级人民政府畜牧兽医行政管理部门

C. 省动物卫生监督机构　　　　　　　D. 省动物疫病预防控制机构

E. 省兽药检验机构

17. 不属于兽用原料药标签必须注明的内容是(　　)。

A. 兽药名称　　　　　　　　B. 兽用标识　　　　　　　C. 生产批号

D. 有效期　　　　　　　　　E. 生产企业信息

18. 国务院兽医主管部门确定实施强制免疫的动物疫病病种不包括(　　)。

A. 口蹄疫　　　　　　　　　B. 猪瘟　　　　　　　　　C. 奶牛结核病

D. 高致病性猪蓝耳病　　　　E. 高致病性禽流感

19. 接受执业兽医上年度执业活动情况报告的主体是(　　)。

A. 省级人民政府兽医主管部门　　　　B. 省动物疫病预防控制机构

C. 省动物卫生监督机构　　　　　　　D. 县级人民政府兽医主管部门

E. 县动物卫生监督机构

高频题参考答案

序号	1	2	3	4	5	6	7	8	9	10	11	12	13	14	15	16	17	18	19	20
答案	D	C	B	C	C	D	C	B	A	B	E	D	D	B	C	B	B	C	D	

模拟题练习

1. 《中华人民共和国动物防疫法》所指动物防疫不包括(　　)。
    A. 动物的检疫　　　　　　　　B. 动物疫病的控制　　　　　C. 动物疫病的研究
    D. 动物疫病的预防　　　　　　E. 动物产品的检疫

2. 承担动物疫病监测的官方机构为(　　)。
    A. 卫生主管部门　　　　　　　B. 兽医主管部门　　　　　　C. 动物卫生监督机构
    D. 动物疫病预防控制机构　　　F. 畜产品质量安全检测机构

3. 属于《一、二、三类动物疫病病种名录》中规定的一类动物疫病是(　　)。
    A. 野兔热　　　　　　　　　　B. 弓形虫病　　　　　　　　C. 小反刍兽疫
    D. 猪链球菌病　　　　　　　　E. 马传染性贫血

4. 发生一类动物疫病时,应当采取的措施不包括(　　)。
    A. 对疫点进行严格消毒　　　　　　　　B. 扑杀疫区内所有动物
    C. 销毁被扑杀的染疫动物　　　　　　　D. 划定疫点、疫区、受威胁区
    E. 对受威胁区易感染动物实施紧急免疫接种

5. 《中华人民共和国动物防疫法》调整的动物疫病不包括(　　)。
    A. 禽霍乱　　　　　　　　　　B. 白肌病　　　　　　　　　C. 鸡白痢
    D. 禽结核病　　　　　　　　　E. 鸡新城疫

6. 《中华人民共和国动物防疫法》所称的动物产品不包括(　　)。
    A. 脂　　　　　　　　　　　　B. 胚胎　　　　　　　　　　C. 血液
    D. 皮革　　　　　　　　　　　E. 脏器

7. 《中华人民共和国动物防疫法》规定,实施现场检疫的人员是(　　)。
    A. 官方兽医　　　　　　　　　B. 执业兽医　　　　　　　　C. 乡村兽医
    D. 执业助理兽医师　　　　　　E. 动科院教授

8. 《中华人民共和国动物防疫法》规定,确定全国强制免疫的动物疫病病种和区域的主体是(　　)。
    A. 国务院农业农村主管部门　　　　　　B. 国务院卫生主管部门
    C. 国务院商务主管部门　　　　　　　　D. 国务院质检主管部门
    E. 中国动物疫病预防控制中心

9. 目前我国农业农村部确定实施强制免疫的动物疫病不包括(　　)。
    A. 包虫病　　　　　　　　　　B. 口蹄疫　　　　　　　　　C. 奶牛结核病
    D. 高致病性禽流感　　　　　　E. 小反刍兽疫

10. 承担动物疫病监测、检测预防控制技术工作的是(　　)。
    A. 动物疫病预防控制机构　　　B. 动物卫生监督机构　　　　C. 兽医行政主管部门

　　　　D. 政府机构　　　　　　　　E. 诊疗机构

11. 根据《国家突发重大动物疫情应急预案》规定，将动物疫情的预案级别划分为（　　）。

　　　　A. Ⅰ级　　　　　　　　　　B. Ⅱ级　　　　　　　　　C. Ⅲ级

　　　　D. Ⅳ级　　　　　　　　　　E. Ⅴ级

12. 无规定动物疫病区的公布机关是（　　）。

　　　　A. 国务院农业农村主管部门　　　　　B. 省级农业农村主管部门

　　　　C. 市级农业农村主管部门　　　　　　D. 县级农业农村主管部门

　　　　E. 国务院兽医主管部门和卫生主管部门

13. 动物疫情的认定主体是（　　）。

　　　　A. 人民政府　　　　　　B. 农业农村主管部门　　　　C. 动物诊疗机构

　　　　D. 动物卫生监督机构　　　E. 动物疫病预防控制机构

14. 有权认定重大动物疫情外的动物疫病的主体（　　）。

　　　　A. 县级人民政府　　　　　　　　　　B. 县级人民政府卫生主管部门

　　　　C. 县级人民政府农业农村主管部门　　D. 县级动物卫生监督机构

　　　　E. 县级动物疫病预防控制机构

15. 《中华人民共和国动物防疫法》规定的动物疫情报告法律制度的内容不包括（　　）。

　　　　A. 报告时机　　　　　　B. 报告的义务主体　　　　　C. 接受报告的主体

　　　　D. 报告时采取的控制措施　　E. 农业农村主管部门与同级卫生主管部门的相互通报

16. 发布疫区封锁令的主体是（　　）。

　　　　A. 县级以上地方人民政府　　B. 县兽医主管部门　　　　C. 镇卫生主管部门

　　　　D. 县动物疫病预防控制机构　E. 镇动物卫生监督机构

17. 官方兽医是（　　）。

　　　　A. 具备规定的资格条件并经农业农村主管部门任命的，负责出具检疫等证明的国家兽医工作人员

　　　　B. 具备兽医师资格条件，负责出具相关证明的国家兽医工作人员

　　　　C. 具备规定的资格条件，负责出具证明的兽医工作人员

　　　　D. 经县人民政府任命的，负责出具检验证明的兽医工作人员

　　　　E. 具备执业兽医师资格，负责出具检疫等证明的兽医工作人员

18. 经检疫不合格的动物、动物产品，货主应当在动物卫生监督机构监督下按照国务院兽医主管部门的规定处理，处理费用由（　　）承担。

　　　　A. 货主　　　　　　　　　B. 托运人　　　　　　　　　C. 买方

　　　　D. 国家　　　　　　　　　E. 官方兽医

19. 有5名官方兽医，他们在执行动物防疫监督检查任务，出示的证件如下，请问正确的是（　　）。

　　　　A. 行政执法证件，佩戴统一标志　　　B. 兽医监督证件，穿标志制服

　　　　C. 官方兽医证件，佩戴兽医标志　　　D. 行政司法证件，佩戴职业标志

　　　　E. 司法鉴定证件，佩戴鉴定标志

20. 动物诊疗过程中的防疫要求不包括（　　）。

A. 做好卫生安全防护　　　　B. 做好消毒　　　　　C. 做好隔离

D. 做好诊疗废弃物的处置　　E. 做好动物福利

21. 对在动物疫病扑灭过程中销毁的动物产品,应当给予补偿,补偿的主体是( )。

A. 县级以上食品与药品监督管理部门　　B. 县级以上动物卫生监督机构

C. 县级以上动物疫病预防控制机构　　　D. 县级以上人民政府农业农村主管部门

E. 县级以上人民政府

22. 《中华人民共和国动物防疫法》规定,批准设立临时性动物卫生监督检查站的主体是( )。

A. 省级人民政府　　　　　　　　　　B. 省级动物卫生监督机构

C. 省级人民政府公安部门　　　　　　D. 省级人民政府兽医主管部门

E. 省级动物疫病预防控制机构

23. 动物卫生监督机构执行监督检查任务,不得实施的行为是( )。

A. 对动物产品按规定抽检　　B. 对染疫动物进行抽检　　C. 收取监督检查费

D. 查验畜禽标识　　　　　　E. 查验检疫证明

24. 根据《中华人民共和国动物防疫法》,给予执业兽医暂停六个月以上一年以下动物诊疗活动行政处罚的违法行为不包括( )。

A. 不履行动物疫情报告义务的

B. 使用不符合国家规定的兽药的

C. 使用不符合国家规定的兽医器械的

D. 不按要求参加动物疫病预防、控制和扑灭活动的

E. 违反有关动物诊疗的操作技术规范,可能造成动物疫病传播的

25. 我国禁止进境的与动物防疫相关之物是( )。

A. 种猪　　　　　　　　　B. 山羊胚胎　　　　　　　C. 祖代种鸡

D. 正在流行疯牛病国家的奶牛　　E. 山羊精液

26. 急宰动物的,可以提前申报时限是( )。

A. 3h　　　　　　　　　　B. 5h　　　　　　　　　　C. 7h

D. 随时　　　　　　　　　E. 3d

27. 下列属于人畜共患病的是( )。

A. 狂犬病　　　　　　　　B. 新城疫　　　　　　　　C. 非洲猪瘟

D. 小反刍兽疫　　　　　　E. 小鹅瘟

28. 根据《动物防疫条件审查办法》,不符合饲养场动物防疫条件的是( )。

A. 厂区入口处设置消毒池　　　　B. 生产区内养殖栋舍间距为3m

C. 配备动物无害化处理设施设备　　D. 生产区内分设清洁道和污染道

E. 设置相对独立的引入动物隔离舍

29. 不需要申请取得《动物防疫条件合格证》的场所是( )。

A. 动物饲养场　　　　　　B. 动物隔离场所　　　　　C. 动物交易场所

D. 动物屠宰加工场所　　　E. 动物无害化处理场所

30. 颁发《动物防疫条件合格证》的主体是( )。

A. 工商行政管理部门　　　B. 环境保护主管部门　　　C. 农业农村主管部门

D. 动物卫生监督机构　　　E. 动物疫病预防控制机构

31. 取得《动物防疫条件合格证》的饲养场，必须重新申请办理《动物防疫条件合格证》的是(　　)。
　　A. 变更地址　　　　　　　B. 变更布局　　　　　　　C. 变更单位名称
　　D. 变更单位负责人　　　　E. 变更设备和制度

32.《动物检疫管理办法》规定，屠宰动物的，提前申报检疫的时限是(　　)。
　　A. 3h　　　　　　　　　　B. 6h　　　　　　　　　　C. 12h
　　D. 24h　　　　　　　　　E. 48h

33.《动物检疫管理办法》规定，出售或者运输动物、动物产品的，提前申报检疫的时间是(　　)。
　　A. 3d　　　　　　　　　　B. 10d　　　　　　　　　C. 15d
　　D. 20d　　　　　　　　　E. 30d

34.《动物检疫管理办法》规定，急宰动物的，申报的时限是(　　)。
　　A. 3d　　　　　　　　　　B. 5d　　　　　　　　　　C. 7d
　　D. 10d　　　　　　　　　E. 随时

35. 输入到无规定动物疫病区的相关易感动物，应当在输入地省级动物卫生监督机构指定的隔离场所进行隔离，隔离检疫期为(　　)。
　　A. 14d　　　　　　　　　B. 21d　　　　　　　　　C. 28d
　　D. 30d　　　　　　　　　E. 35d

36. 跨省引进的种兔到达输入地后，隔离期为(　　)。
　　A. 5d　　　　　　　　　　B. 10d　　　　　　　　　C. 15d
　　D. 30d　　　　　　　　　E. 45d

37. 李某拟从甲省 A 县引进 20 头种猪到乙省 B 县饲养，负责审批的机构是(　　)。
　　A. 国务院兽医主管部门　　　　　　B. 甲省动物卫生监督机构
　　C. 乙省动物卫生监督机构　　　　　D. 甲省 A 县动物卫生监督机构
　　E. 乙省 B 县动物卫生监督机构

38. 根据《中华人民共和国动物防疫法》，运载动物的车辆进行清洗、消毒的情形是(　　)。
　　A. 运输途中　　　　　　　B. 装载前　　　　　　　　C. 起运前
　　D. 卸载前　　　　　　　　E. 进入屠宰场时

39.《执业兽医和乡村兽医管理办法》调整的对象是(　　)。
　　A. 执业兽医　　　　　　　B. 兽医技术员　　　　　　C. 初级职称兽医
　　D. 中级职称兽医　　　　　E. 高级职称兽医

40 负责执业兽医监督执法工作的是(　　)。
　　A. 兽医协会　　　　　　　B. 农业农村主管部门　　　C. 人事行政部门
　　D. 动物卫生监督机构　　　E. 动物疫病预防控制机构

41. 根据《执业兽医和乡村兽医管理办法》，可以参加执业兽医资格考试的人员不包括(　　)。
　　A. 具有兽医专业大学专科以上学历的

B. 具有畜牧兽医专业大学专科以上学历的

C. 具有中兽医(民族兽医)专业大学专科以上学历的

D. 具有水产养殖专业大学专科及以上学历的

E. 具有临床医学专业大学专科以上学历

42. 负责执业兽医注册的机关是( )。

    A. 动物卫生监督机构   B. 国务院兽医主管部门

    C. 动物疫病预防控制机构   D. 省级人民政府兽医主管部门

    E. 县级人民政府农业农村主管部门

43. 可以发放兽医师执业证书的情形是( )。

    A. 患有布鲁氏菌病的   B. 间歇性精神病人   C. 受过刑事处罚的

    D. 患有狂犬病的   E. 被吊销兽医师执业证书不满 2 年的

44. 执业兽医应当重新办理注册或者备案手续是因( )。

    A. 变更受聘的动物诊疗机构   B. 执业满 1 年   C. 执业满 2 年

    D. 执业满 3 年   E. 执业满 4 年

45. 执业兽医可以同时在 2 个动物诊疗机构间执业的情形不包括( )。

    A. 急救   B. 会诊   C. 支援

    D. 应邀出诊   E. 同时受聘于 2 个动物诊疗机构

46. 动物饲养场聘用经注册的执业兽医师不得从事的执业活动是( )。

    A. 对本场动物疾病的预防   B. 对本场动物疾病的诊断

    C. 对本场动物疾病的治疗   D. 对本场动物疾病开具处方

    E. 对本场外动物疾病进行诊断

47. 执业兽医师的职业权限不包括( )。

    A. 从事动物疫病的诊断、治疗   B. 在动物诊疗活动中开具处方

    C. 在动物诊疗活动中填写诊断书   D. 在动物诊疗活动中出具检疫证明

    E. 出具与动物诊疗活动有关的证明文件

48. 以下哪种疾病不属于人畜共患病( )。

    A. 狂犬病   B. 布鲁氏菌病

    C. 沙门氏菌病   D. 非洲猪瘟

    E. 弓形虫病

    A. 从事动物疫病的诊断、治疗   B. 在动物诊疗活动中开具处方

    C. 在动物诊疗活动中填写诊断书   D. 在动物诊疗活动中出具检疫证明

    E. 出具与动物诊疗活动有关的证明文件

49. 执业助理兽医师不得从事的执业活动是( )。

    A. 对动物疾病开具处方

    B. 对诊疗器械进行消毒

    C. 在执业兽医师的指导下协助开展动物疾病的预防

    D. 在执业兽医师的指导下协助开展动物疾病的诊断

    E. 在执业兽医师的指导下协助开展动物疾病的治疗

50. 执业兽医在执业活动中应当履行的义务不包括( )。

　　A. 对染疫动物采取扑杀措施

　　B. 遵守职业道德，履行兽医职责

　　C. 遵守法律、法规、规章和有关管理规定

　　D. 爱护动物，宣传动物保健知识和动物福利

　　E. 按照技术操作规程规范从事动物诊疗辅助活动

51. 接受执业兽医上年度执业活动情况报告的主体是（　　）。

　　A. 省级人民政府农业农村主管部门　　　　B. 省动物疫病预防控制机构

　　C. 省动物卫生监督机构　　　　　　　　　D. 县级人民政府农业农村主管部门

　　E. 县动物卫生监督机构

52. 《动物诊疗机构管理办法》所称的动物诊疗活动不包括（　　）。

　　A. 动物人工授精　　　　　　B. 动物绝育手术　　　　　　C. 动物疾病的预防

　　D. 动物疾病的诊断　　　　　　E. 动物疾病的治疗

53. 属于《动物诊疗机构管理办法》调整的动物诊疗活动是（　　）。

　　A. 经营性的动物绝育手术　　　　　　　B. 经营性的动物人工授精

　　C. 非经营性的动物疾病预防　　　　　　D. 非经营性的动物疾病诊断

　　E. 非经营性的动物病症治疗

54. 不符合动物医院法定条件的是（　　）。

　　A. 有手术台　　　　　　　　　　　　　B. 具有污水处理设备

　　C. 距离畜禽饲养场 300m　　　　　　　D. 出入口设在居民住宅楼道内

　　E. 有完善的疫情报告管理制度

55. 根据《动物诊疗机构管理办法》，不符合动物医院法定条件的是（　　）。

　　A. 有 X 光机　　　　　　　B. 有手术台　　　　　　　　C. 有污水处理设备

　　D. 距离畜禽养殖场 150m　　　E. 有 3 名取得执业兽医师资格证书的人员

56. 申请《动物诊疗许可证》的条件不包括（　　）。

　　A. 有完善的管理制度

　　B. 有与动物诊疗活动相适应的资金

　　C. 有与动物诊疗活动相适应的执业兽医

　　D. 有与动物诊疗活动相适应的器械和设备

　　E. 有与动物诊疗活动相适应并符合动物防疫条件的场所

57. 从事颅腔、胸腔、腹腔手术的动物诊疗机构，其执业兽医师的法定最低数量是（　　）。

　　A. 1 名　　　　　　　　　B. 2 名　　　　　　　　　C. 3 名

　　D. 5 名　　　　　　　　　E. 7 名

58. 申请设立动物诊疗机构应当提交的材料不包括（　　）。

　　A. 动物诊疗许可证申请表　　　　　　B. 动物诊疗场所地理方位图

　　C. 动物诊疗场所使用权证明　　　　　　D. 执业助理兽医师资格证书原件及复印件

　　E. 执业兽医和服务人员的健康证明材料

59. 发放《动物诊疗许可证》的机关是（　　）。

　　A. 省级动物卫生监督机构　　　　　　B. 县级动物卫生监督机构

C. 县级人民政府   D. 县级人民政府兽医主管部门

    E. 地市级动物卫生监督机构

60. 不符合动物诊疗活动行为规范的是(　　)。

    A. 在诊疗场所显著位置悬挂动物诊疗许可证

    B. 在诊疗场所显著位置公示从业人员基本情况

    C. 使用空白纸张做处方笺

    D. 按规定使用兽药

    E. 按规定处理动物病理组织

61. 动物诊疗机构向发证机关报告其上年度动物诊疗活动情况的时限是每年的(　　)。

    A. 1 月底前   B. 3 月底前   C. 6 月底前

    D. 9 月底前   E. 12 月底前

62. 动物诊疗机构的病历档案保存期限不得少于(　　)。

    A. 3 个月   B. 6 个月   C. 1 年

    D. 2 年   E. 3 年

63. 动物诊疗机构发生哪项行为并拒不改正的,发证机关有权收回、注销动物诊疗许可证(　　)。

    A. 连续停业 1 个月   B. 连续停业 3 个月   C. 连续停业半年

    D. 连续停业 1 年   E. 连续停业 2 年

64. 《重大动物疫情应急条例》规定的重大动物疫情应急工作应当坚持的方针不包括(　　)。

    A. 群防群控   B. 强制免疫   C. 果断处置

    D. 加强领导、密切配合   E. 依靠科学、依法防治

65. 重大动物疫情的报告义务人不包括(　　)。

    A. 动物饲养者   B. 饲养场所在地的村民委员会

    C. 从事动物运输的人员   D. 从事动物疫病检测人员

    E. 从事动物疫病研究的人员

66. 《重大动物疫情应急条例》规定,重大动物疫情的认定权限为(　　)。

    A. 国家参考实验室   B. 动物疫病研究机构

    C. 省级动物卫生监督机构   D. 省级动物疫病预防控制机构

    E. 省级人民政府兽医主管部门

67. 重大动物疫情的公布主体为(　　)。

    A. 国务院兽医主管部门   B. 省级人民政府

    C. 省级人民政府兽医主管部门   D. 省动物卫生监督机构

    E. 省动物疫病预防控制机构

68. 《重大动物疫情应急条例》规定,有权采集重大动物疫病病料的是(　　)。

    A. 动物诊疗机构   B. 动物防疫监督机构   C. 动物疫苗生产企业

    D. 动物疫病研究机构   E. 发生重大动物疫情的饲养场

69. 发生重大动物疫情的疫区应采取的措施不包括(　　)。

    A. 禁止动物进出疫区   B. 销毁染疫的动物产品

　C. 扑杀并销毁染疫动物　　　　　　D. 关闭动物及动物产品交易市场

　E. 对染疫动物的同群动物实施紧急免疫接种

70. 不符合《动物疫情应急条例》规定的控制、扑灭重大动物疫病应急措施的是(　　)。

　A. 扑杀染疫的动物　　　　　　　　B. 销毁疫区内疑似染疫的动物产品

　C. 将疫点易感动物转移至安全地带　D. 对疫点内被污染的动物圈舍进行消毒

　E. 对受威胁区的易感动物实施紧急免疫接种

71. 根据《国家突发重大动物疫情应急预案》，在特别重大突发动物疫情的应急响应中，不属于兽医行政管理部门的职责是(　　)。

　A. 划定疫点、疫区、受威胁区

　B. 发布封锁令，对疫区实施封锁

　C. 根据需要组织开展紧急免疫和预防用药

　D. 对新发现的动物疫情，及时开展有关技术标准和规范的培训工作

　E. 组织专家对突发重大动物疫情的处理情况进行综合评估

72. 突发重大动物疫情应急组织体系不包括(　　)。

　A. 应急指挥部　　　　　B. 专家委员会　　　　　C. 动物诊疗机构

　D. 各级兽医主管部门　　E. 动物卫生监督机构

73. 我国尚未发现的动物疫病是(　　)。

　A. 马传染性贫血　　　　B. 马鼻疽　　　　　　　C. 马腺疫

　D. 非洲马瘟　　　　　　E. 马媾疫

74. 属于一类动物疫病的是(　　)。

　A. 炭疽　　　　　　　　B. 牛白血病　　　　　　C. 牛结核病

　D. 牛海绵状脑病　　　　E. 牛出血性败血症

75. 猪病中属于农业农村部发布的《一、二、三类动物疫病病种名录》规定的一类动物疫病的为(　　)。

　A. 非洲猪瘟　　　　　　B. 猪丹毒　　　　　　　C. 伪狂犬病

　D. 猪链球菌病　　　　　E. 猪圆环病毒病

76. 属于《一、二、三类动物疫病病种名录》规定的一类动物疫病是(　　)。

　A. 车轮虫病　　　　　　B. 非洲猪瘟　　　　　　C. 刺激隐核虫

　D. 鲫爱德华菌病　　　　E. 淡水鱼类细菌性败血症

77. 不属于《兽药管理条例》立法目的是(　　)。

　A. 加强兽药管理　　　　B. 保证兽药质量　　　　C. 保护动物福利

　D. 防治动物疾病　　　　E. 促进养殖业的发展

78. 根据《兽药经营质量管理规范》，应当申请换发《兽药经营许可证》的是(　　)。

　A. 变更经营场所面积　　B. 增加仓库面积　　　　C. 增加仓库数量

　D. 变更仓库位置　　　　E. 变更经营地点

79. 下列行为中违反兽药使用规定的是(　　)。

　A. 不使用禁用的药品　　　　　　　B. 建立完整的用药记录

　C. 将原料药直接用于动物　　　　　D. 按停药期的规定使用兽药

E. 将饲喂了禁用药物的动物进行无害化处理

80.《兽药经营质量管理规范》规定，兽药经营企业经营的特殊兽药不包括(　　)。

    A. 麻醉药品   B. 精神药品   C. 毒性药品

    D. 放射性药品   E. 助消化药品

81. 不属于假兽药的是(　　)。

    A. 以非兽药冒充兽药的

    B. 不标明有效期的

    C. 以他种兽药冒充此种兽药的

    D. 兽药所含成分的种类与兽药国家标准不符合的

    E. 兽药所含成分的名称与兽药国家标准不符合的

82. 属于劣兽药的是(　　)。

    A. 以非兽药冒充兽药的

    B. 以他种兽药冒充此种兽药的

    C. 所含成分名称与兽药国家标准不符合的

    D. 所含成分种类与兽药国家标准不符合的

    E. 所含成分含量与兽药国家标准不符合的

83. 不属于劣兽药的是(　　)。

    A. 被污染的   B. 更改有效期的   C. 不标明有效期的

    D. 不标明有效成分的   E. 兽药所含成分含量不符合兽药国家标准的

84. 发现与兽药使用有关的严重不良反应的法定报告义务主体不包括(　　)。

    A. 兽药生产企业   B. 兽药经营企业   C. 兽药使用单位

    D. 兽药使用个人   E. 开具处方的兽医人员

85. 不符合兽药经营企业规定条件的是(　　)。

    A. 有与所经营的兽药相适应的设备

    B. 有与所经营的兽药相适应的仓库设备

    C. 有与所经营的兽药相适应的营业场所

    D. 有与所经营的兽药相适应的质量管理机构或者人员

    E. 有与所经营的兽药相适应且经过资格认定的兽药技术人员

86.《兽药经营质量管理规范》规定的兽药质量管理档案不包括(　　)。

    A. 人员档案   B. 设备设施档案   C. 进货及销售凭证

    D. 动物诊疗病历档案   E. 供应商质量评估档案

87. 兽药经营质量管理规范规定的采购记录不包括(　　)。

    A. 兽药通用名称和商品名称   B. 兽药的有效期和批准文号

    C. 兽药的采购价格   D. 兽药生产单位和供货单位

    E. 兽药购入数量和购入日期

88. 兽药经营质量管理规范规定兽药不得入库的情形不包括(　　)。

    A. 与进货单不符的   B. 质量异常的

    C. 没有标识或者标识模糊不清的   D. 兽药价格不妥，引起争议的

    E. 内外包装破损可能影响产品质量的

89. 根据《兽药经营质量管理规范)，出库销售的兽药不包括(　　)。
    A. 标识模糊不清　　　　　　　　　B. 外包装出现破损
    C. 外包装封条严重损坏　　　　　　D. 外包装标识销售企业信息
    E. 超出有效期限

90. 兽药经营质量管理规范规定兽药的陈列和储存要求不包括(　　)。
    A. 待检兽药、合格兽药、不合格兽药、退货兽药分区存放
    B. 兽用处方药和非处方药分开储存
    C. 同一企业的同一批号的产品集中存放
    D. 内用兽药与外用兽药分开存放
    E. 价格相等或相似的兽药集中存放

91. 兽药经营质量管理规范规定需要退货的兽药的标识字体颜色为(　　)。
    A. 红色　　　　　　　　B. 橙色　　　　　　　　C. 绿色
    D. 黄色　　　　　　　　E. 黑色

92. 违反兽用处方药管理规定的是(　　)。
    A. 西林瓶上未标注"兽用处方药"标识
    B. 未凭兽医处方笺，向聘有注册的专职执业兽医的动物饲养场销售兽用处方药
    C. 未凭兽医处方笺向动物诊疗机构销售兽用处方药
    D. 未经执业兽医再次开具处方笺，动物饲养场将剩余的兽用处方药用于动物
    E. 在经营场所设专柜摆放兽用处方药

93. 下列解毒药不属于兽用处方药的是(　　)。
    A. 乙酰胺注射液　　　　　B. 硫代硫酸钠注射液　　　　C. 碘解磷定注射液
    D. 亚甲蓝注射液　　　　　E. 二巯丙磺注射液

94. 兽用生物制品不包括(　　)。
    A. 抗生素　　　　　　　　B. 灭活疫苗　　　　　　　C. 弱毒疫苗
    D. 高免血清　　　　　　　E. 高免卵黄

95. 可以向农业农村部指定的生产企业采购自用的国家强制免疫用生物制品的养殖场，应当具备的条件不包括(　　)。
    A. 必须是种畜禽养殖场　　　　　　B. 具有相应的兽医技术人员
    C. 具有相应的储藏条件　　　　　　D. 具有完善的使用核对管理制度
    E. 具有完善的储藏保管制度

96. 具备条件的养殖场采购自用的国家强制免疫用生物制品必须进行备案，实施备案的是养殖场所在地的(　　)。
    A. 省动物疫病预防控制机构　　　　B. 县级人民政府兽医行政管理部门
    C. 县动物疫病预防控制机构　　　　D. 县动物卫生监督机构
    E. 乡镇畜牧兽医站

97. 农业农村部指定的国家强制免疫用生物制品生产企业，只能将该生物制品销售给(　　)。
    A. 县动物疫病预防控制机构　　　　B. 地市动物疫病预防控制机构
    C. 省动物疫情预防控制机构　　　　D. 地市级人民政府兽医行政管理部门

E. 省级人民政府兽医行政管理部门和符合规定条件的养殖场

98. 可以销售非国家强制免疫用生物制品的单位为（　　）。

A. 养殖场 　　　　　　　B. 兽药检验机构 　　　　　C. 兽医行政管理部门

D. 动物卫生监督机构 　　E. 兽用生物制品生产企业

99. 兽药外包装标签必须注明的内容可以不包括（　　）。

A. 适应证 　　　　　　　B. 主要成分 　　　　　　　C. 生产批号

D. 兽药名称 　　　　　　E. 销售企业信息

100. 兽药原料药标签必须注明的事项不包括（　　）。

A. 兽药名称 　　　　　　B. 标准文号 　　　　　　　C. 功能与主治

D. 有效期 　　　　　　　E. 生产日期

模拟题参考答案

题号	1	2	3	4	5	6	7	8	9	10	11	12	13	14	15	16	17	18	19	20
答案	C	D	C	B	B	D	A	A	C	A	D	A	B	C	E	A	A	A	A	E
题号	21	22	23	24	25	26	27	28	29	30	31	32	33	34	35	36	37	38	39	40
答案	E	A	C	A	D	D	A	B	C	C	A	B	A	E	D	D	C	B	A	D
题号	41	42	43	44	45	46	47	48	49	50	51	52	53	54	55	56	57	58	59	60
答案	E	E	C	A	E	E	D	D	A	A	D	A	A	D	D	B	C	D	D	C
题号	61	62	63	64	65	66	67	68	69	70	71	72	73	74	75	76	77	78	79	80
答案	B	E	E	B	B	E	A	B	E	C	B	C	D	D	A	B	C	E	C	E
题号	81	82	83	84	85	86	87	88	89	90	91	92	93	94	95	96	97	98	99	100
答案	B	E	A	D	E	D	C	D	D	E	D	D	B	A	A	B	E	E	E	C

第二篇

动物解剖学、组织学与胚胎学

■ 备考指南

学科特点

1. 基础学科，为兽医所有专业课打下基础。
2. 理论性强，知识点多，涉及器官的形态、结构、位置等繁多而琐碎的知识点。
3. 知识面广，覆盖家畜、家禽的解剖学、组织学和胚胎学。

学习方法

以系统为单位记忆，整合系统构成整体相互联系，采用意象、具象多种方法结合记忆，构建知识树。

近五年分值分布

年份	细胞、组织、系统、方位概述	骨骼	关节	肌肉	被皮	内脏	消化系统	呼吸系统	泌尿系统	生殖系统	心血管系统	淋巴系统	神经系统	内分泌系统	家禽解剖学特点	胚胎学	感觉器官	合计
																章节		
2019	1	1	2	1	1	0	0	1	1	2	1	0	1	1	1	1	1	16
2020	0	1	2	0	1	0	1	3	3	3	1	3	1	3	0	0	23
2021	1	1	1	1	0	2	1	1	1	1	0	0	2	0	1	15

（续）

年份	细胞、组织、系统、方位概述	骨骼	关节	肌肉	被皮	内脏	消化系统	呼吸系统	泌尿系统	生殖系统	心血管系统	淋巴系统	神经系统	内分泌系统	家禽解剖学特点	胚胎学	感觉器官	合计
										章节								
2022	2	1	1	1	1	0	4	1	1	3	1	1	2	0	1	0	1	21
2023	1	0	1	1	1	0	0	2	1	2	2	1	1	1	2	0	0	16
总计	5	4	7	4	5	0	7	6	7	11	8	4	7	3	9	1	3	91

<<< 第一单元 细胞、组织、系统、方位概述 >>>

一、考试大纲

单元	细目	要点
概述	1. 细胞	（1）细胞的构造：细胞膜、细胞质、细胞核 （2）细胞的主要生命活动：分裂、分化、衰老、凋亡，细胞周期
	2. 畜体各部位的名称	（1）头部 （2）躯干 （3）四肢
	3. 解剖学常用的方位术语	（1）矢状面、水平面、横断面 （2）用于四肢的术语：掌侧、跖侧

二、重要知识点

（一）细胞

细胞的概念和构造

1. 概念 细胞是动物体的最基本结构和功能单位，是机体进行新陈代谢、生长发育和繁殖分化的形态学基础。

2. 细胞的构造 细胞包含细胞膜（细胞质膜）、细胞质（内含细胞器、基质、内含物）、细胞核（内含核膜、核基质、核仁、染色质等）。

（1）细胞膜（细胞外膜、细胞器膜） 结构电镜下：单位膜；化学结构："液态镶嵌模型学说"；磷脂双分子层。功能：支撑并保护细胞、物质转运、信号转导等。

（2）细胞质

①细胞器：线粒体为细胞的"能量工厂"，细胞有氧呼吸的主要场所；核糖体又称核蛋白体，主要功能为合成蛋白质；内质网分为粗面内质网（表面附有核糖体，合成和运输蛋白质）及滑面内质网（表面光滑，合成脂类）；溶酶体为细胞内的"消化器"；过氧化物酶体又称微体，参与细胞内氧化作用；高尔基复合体参与细胞分泌活动，与溶酶体的形成及糖类合成相关；中心体参与细胞有丝分裂，参与纤毛和鞭毛的形成；微丝和微管参与形成细胞骨架。

②基质：呈胶状，细胞新陈代谢的场所。

③内含物：主要有脂滴、糖原、吞噬体、吞饮小泡等。

（3）细胞核 核质（核基质、染色质）、核膜、核仁。功能：贮存遗传信息、控制细胞分裂和代谢。

①核膜：由两层单位膜组成；保证核内的内环境稳定；核孔是核内的细胞质之间物质交换的通道，能够介导细胞核与细胞质间的物质交换。

②核仁：化学成分为 RNA、DNA、蛋白质；功能为合成核糖体的场所。

③核基质：细胞核内有形成分以外的物质。

④染色体与染色质：是遗传物质的载体。

染色体：在细胞进行有丝分裂时，染色质细丝螺旋盘绕成为具有特定形态结构的染色体。

染色质：与染色体是同一物质的不同功能状态。

数目：猪38条、兔44条、绵羊54条、牛和山羊60条、驴62条、马64条，犬/鸡78条、鸭80条。

（二）细胞的生命活动

1. 新陈代谢　包括合成代谢和分解代谢，是细胞生命活动的标志。

2. 感应性　细胞对外界刺激产生反应的特性。

3. 运动　不同环境下，运动形式不同。

4. 细胞的生长和繁殖　生长即个体体积增大，繁殖时细胞数量增多。细胞分裂有有丝分裂和无丝分裂。

（三）细胞的分化、衰老和死亡

1. 细胞分化　指未分化细胞或者胚胎细胞转变为形态各异、功能不同细胞的过程。

2. 细胞衰老　属于正常发育过程。

3. 细胞死亡　是细胞发育必然的结果，是不可逆的；又称为细胞凋亡和细胞编程性死亡。

（四）组织、器官、系统

1. 组织　是由来源相同，结构、功能相似的细胞群和细胞间质构成。种类有上皮组织、结缔组织、肌肉组织、神经组织。

2. 器官　是由不同组织构成，具有特定形态、结构，执行特定的功能。分类：实质性器官、中空性器官。

3. 系统　是由功能密切相关的器官构成，担负机体某一方面的功能。分为10个系统，分别是被皮、运动、呼吸、泌尿、消化、生殖、心血管、免疫、神经、内分泌系统。

（五）解剖学常用方位术语及各部位名称

1. 动物体表各个部位的名称是基于该部位的骨骼来命名的。轴分为纵轴、横轴；切面分为矢状面、横断面和额面（水平面）。

2. 方位术语

躯干术语：头侧、尾侧、背侧、腹侧、内侧、外侧、深、浅；前/后：靠近畜体头端/尾端。背/腹：靠近脊柱/远离脊柱；内侧和外侧：靠近/远离正中矢状面；内/外：管状器官的内外侧；浅/深：靠近/远离皮肤表面。

四肢术语：远端、近端、背侧、掌侧、跖侧、桡侧、尺侧、胫侧、腓侧；近端/远端：在四肢上靠近/远离躯干的一端；背侧：前肢和后肢的前面都称为背侧；掌侧：前肢的后面；跖侧：后肢的后面；桡侧/尺侧：前肢的内侧/前肢的后外侧；胫侧/腓侧：后肢的内侧/后肢的后外侧。

三、例题及解析

1. 正中矢状面将畜体分为( )。

    A. 上下相等的两半   B. 左右相等的两半   C. 前后相等的两半

    D. 水平相等的两半   E. 周长相等的两半

【解析】B。矢状面是与动物长轴平行而与地面垂直的切面，将动物体分成左、右两等份。

2. 粗面内质网和滑面内质网在电镜下的主要区别是根据其表面是否附有( )。

    A. 中心体   B. 核糖体   C. 溶酶体

    D. 微体   E. 高尔基复合体

【解析】B。内质网根据其表面是否附着有核糖体分为粗面内质网和滑面内质网。

3. 控制细胞遗传的主要场所是( )。

    A. 溶酶体   B. 细胞质   C. 细胞核

    D. 内质网   E. 高尔基复合体

【解析】C。细胞核是真核细胞遗传与代谢的调控中心。

4. 动物细胞的遗传信息主要储存于( )。

    A. 内质网   B. 高尔基复合体   C. 溶酶体

    D. 细胞核   E. 过氧化物酶体

【解析】D。细胞核是真核细胞遗传与代谢的调控中心，遗传信息主要储存于细胞核中。

5. 细胞质内属于膜性结构的细胞器是( )。

    A. 中心粒   B. 核糖   C. 微丝

    D. 中间丝   E. 线粒体

【解析】E。膜结构细胞器是指由膜（磷脂双分子层）构成或包裹的细胞器，常见细胞器如高尔基体、线粒体等为模型结构细胞器。

<<< 第二单元 骨 骼 >>>

一、考试大纲

单元	细目	要点
骨骼	1. 基本概念	（1）骨的构造、化学成分和物理特性　　（2）畜体全身骨骼划分
	2. 头骨	（1）组成：颅骨、面骨　　（2）鼻旁窦的位置和形态特征　　（3）牛、马、猪、犬头骨的特点
	3. 躯干骨	（1）颈椎、胸椎、腰椎、荐椎、尾椎的特点　　（2）肋骨的特点　　（3）胸骨的特点（4）胸廓
	4. 四肢骨	（1）前肢骨的组成和牛、马、猪、犬前肢骨的特点　　（2）后肢骨的组成和牛、马、猪、犬后肢骨的特点　　（3）骨盆

二、重要知识点

(一) 概念

骨是一种器官,坚硬而有弹性,具有丰富的血管、淋巴管和神经。具有新陈代谢和生长发育的特点;有改建和再生的能力;骨与骨连接一起形成机体骨骼。

(二) 骨的构造

骨分为骨膜、骨质、骨髓、血管与神经。

1. 骨膜 分布于骨表面(关节面除外),有血管和神经,呈粉红色。有骨外膜、骨内膜。纤维层:浅层,富有胶原纤维和血管、神经,起营养和保护的作用。成骨层:深层,富有细胞(成骨细胞)成分,具有修补和再生骨质的功能。

2. 骨质 骨密质分布于骨表面和长骨的骨干,光滑、坚硬、致密;骨松质位于骨内部,疏松多孔,呈海绵状。

3. 骨髓

(1) 红骨髓 骨松质间隙内和幼体长骨的骨髓腔内,有丰富的血液,眼观呈红色。

(2) 黄骨髓 随着年龄的增长,骨髓腔内的骨髓逐渐被脂肪组织代替,变为黄红色且失去了造血功能,但遇到大失血时可转变成红骨髓,恢复造血机能。

骨松质的网眼内的骨髓终生为红骨髓,有造血功能。在胚胎和幼龄时期,所有骨髓均有造血功能。

(三) 骨的理化性质

有机质(骨胶原,占 1/3,骨弹性和韧性来源)和无机质(磷酸钙、碳酸钙,占 2/3,骨硬性和脆性的来源)比例随年龄增长而逐渐变化,幼龄时有机质较多,柔韧性和弹性大,易变形,老龄时有机质减少,胶原纤维老化,无机质增多,因而骨质变脆,易发生骨折。

(四) 动物全身骨骼分布

骨分为中轴骨(头骨、躯干骨)、四肢骨(前肢骨、后肢骨)和内脏骨。

(五) 头骨及其连接

主要由扁骨和不规则骨构成,借纤维和软骨组织直接连结,多为成对骨,有些骨还形成含气腔体(副鼻窦)、沟、孔、管、裂等供血管神经通过。

1. 头骨 可划分为颅骨和面骨两大部分。

(1) 颅骨 包括枕骨、顶间骨、顶骨、额骨、筛骨、颞骨、蝶骨,围成颅腔,容纳保护脑,并可维持脑部的温度稳定。

(2) 面骨 包括上颌骨、切齿骨、犁骨、鼻甲骨(2 对)、下颌骨、舌骨,猪除以上几种外还有吻骨,面骨构成整个面部的骨质基础。

2. 副鼻窦 (鼻旁窦) 在一些头骨的内部,形成直接或间接与鼻腔相通的腔称为副鼻窦或鼻旁窦。腔内容纳空气,内壁黏膜与鼻腔黏膜相延续,鼻黏膜的炎症常蔓延到鼻旁窦,引起鼻旁窦炎。

对兽医临床较重要的副鼻窦有额窦、上颌窦。

副鼻窦的功能：减轻头骨的重量，保持颅腔的温度稳定等。

（六）躯干骨

1. 椎骨、颈椎、胸椎、腰椎、荐椎和尾椎

（1）椎骨　包括"一体、一弓、七突"。椎体：短柱状，前端隆凸为椎头，后端凹陷为椎窝；椎弓：位于椎体背侧的弓形骨板，与椎体围成椎孔管；突起：发自椎弓，有 3 种，分别为棘突（1 个）、横突（1 对）、关节突（2 对）。

（2）颈椎　家畜均为 7 块，其中第 3～6 颈椎形态基本相同，第 1、2、7 颈椎形态不同。

第 1 颈椎：寰椎，由背侧弓和腹侧弓构成。横突发达呈板状：寰椎翼。

第 2 颈椎：枢椎，棘突纵长呈嵴状，椎体前端发达，形成齿突。

第 3～6 颈椎：椎体发达，椎头和椎窝都很明显。

第 7 颈椎：椎窝两侧有 1 对后肋凹，与第 1 对肋成关节。

（3）胸椎（牛 13 块，羊 13 块，马 18 块，猪 13～16 块）　棘突发达，前 5～6 个胸椎棘突最高，构成鬐甲部的基础，横突短。

（4）腰椎（牛 6 块，羊 6 -7 块，马 5～7 块，猪 6～7 块）　棘突高度与最后胸椎相似，横突发达，呈上下压扁，有利于扩大腹腔顶壁。

（5）荐椎（牛 5 块，羊 4 块，马 5 块，猪 4 块）　荐椎愈合成一个整体称为荐骨，构成骨盆腔顶壁的基础，有荐骨翼、荐骨岬、荐背侧孔、荐盆侧孔。

2. 肋骨　由肋骨和肋软骨组成。肋骨：椎骨端、肋骨体、胸骨端；肋软骨：真肋、假肋、浮肋。

3. 胸骨　位于胸廓底部正中，从前向后依次由胸骨柄、胸骨体、剑状软骨构成，胸骨柄与第 1 肋呈关节，胸骨体与第 2～8 真肋呈关节。

4. 胸廓　胸椎、两侧的肋、胸骨构成的骨性支架。

（七）四肢骨

1. 前肢骨

（1）肩胛骨　扁骨，三角形，斜位于胸腔侧壁。下有肩臼与肱骨头成关节，外侧肩胛岗，牛有肩峰。上有肩胛软骨，呈半圆形，供菱形肌附着。

（2）肱骨（臂骨）　长骨，近端有球形的肱骨头，远端是滑车状关节面（与桡骨成关节），滑车状关节面后方为鹰嘴窝（可容纳尺骨近端的鹰嘴）。

（3）前臂骨　长骨，包括位于前方较粗的桡骨和位于后外侧较细的尺骨，近端与肱骨成关节，远端与近列腕骨成关节。

（4）腕骨　6 块短骨组成，排成上下两列。分为近列腕骨和远列腕骨，近列：4 块，桡腕骨、中间腕骨、尺腕骨和副腕骨。远列：第 2、3、4 腕骨。

2. 后肢骨

（1）髋骨　由髂骨、坐骨和耻骨结合而成，3 块骨在外侧中部结合处形成髋臼，与股骨头成关节。髂骨：位于前上方，分髂骨体和髂骨翼，髂骨翼外侧角称为髋结节。背侧与荐结节阔韧带间构成坐骨大孔，坐骨神经自坐骨大孔骨进入盆腔。坐骨：位于后下方，构成骨盆底的后部。耻骨：位于前下方，构成骨盆底的前半部。

骨盆：由两侧髋骨、背侧的荐骨和前4枚尾椎以及两侧的荐结节阔韧带共同围成的结构。雌性动物骨盆的底壁平而宽，雄性动物则较窄。

（2）股骨　长骨，近端内侧是球状的股骨头，头的外侧粗大的突起是大转子。股骨远端前部是滑车关节面，与膝盖骨成关节。后部为股骨内、外侧髁，与胫骨成关节，髁的上方有上髁。

（3）膝盖骨　髌骨，呈顶端向下的圆锥形，后面为与股骨滑车形成关节的关节面。

（4）小腿骨　包括胫骨和腓骨。

胫骨位于前方，较大，呈三棱柱状，近端有胫骨内、外侧髁。前方呈嵴状隆起，为胫骨嵴，供膝直韧带附着；远端有螺旋状滑车。

腓骨细小，位于胫骨近端后外侧；牛、羊腓骨退化，只剩近端的腓骨头，腓骨远端退化成一小骨块，称踝骨。

（5）跗骨　由近列跗骨、中央跗骨、远列跗骨组成。近列跗骨内侧是距骨，外侧是跟骨。跟骨近端粗大，称跟结节。

（6）跖骨　与前肢掌骨相似，但较细长。

（7）趾骨　分系骨、冠骨和蹄骨，与前肢指骨相似。

（8）籽骨　近籽骨2枚，远籽骨1枚，位置、形态与前肢籽骨相似。

三、例题及解析

1. 牛的肋骨数目是（　　）。

A. 18 对　　　　　　　　B. 15 对　　　　　　　　C. 14 对

D. 13 对　　　　　　　　E. 12 对

【解析】D。牛、羊具有13对肋骨；马15对肋骨；猪14对或15对肋骨；犬猫13对肋骨。

2. 牛胸椎的椎弓和椎体围成（　　）。

A. 椎管　　　　　　　　B. 椎孔　　　　　　　　C. 椎间孔

D. 横突孔　　　　　　　E. 椎骨切迹

【解析】B。椎体的背侧即椎弓，为弓形骨板，与椎体共同围成椎孔。

3. 组成骨盆的骨骼是（　　）。

A. 髋骨、荐骨和前3（4）个尾椎　　　B. 肋骨、腰椎和荐骨

C. 髋骨、股骨和前3（4）个尾椎　　　D. 髂骨、坐骨和耻骨

E. 髂骨、耻骨和荐骨

【解析】A。由两侧髋骨、背侧荐骨、尾椎前端（通常为前4尾椎）、两侧荐结节阔韧组成的前宽后窄的圆锥形腔称为骨盆。

4. 马胸骨的形态特点是（　　）。

A. 胸骨体上压下扁，有胸骨嵴

B. 胸骨体上压下扁，无胸骨嵴

C. 胸骨体前部左右压扁，后部上下压扁，有胸骨崎

D. 胸骨体前部上下压扁，后部左右压扁

E. 胸骨体左右压扁，无胸骨崎

【解析】C。马胸骨为前部左右压扁、后部上下压扁、具有发达的胸骨崎的扁舟形。

5. 关于牛髋骨的描述，错误的是（　　）。

A. 由髂骨、坐骨和耻骨组成 　　　　B. 耻骨和坐骨共同组成闭孔

C. 坐骨后外侧角粗大称坐骨结节 　　D. 髂骨内侧角称荐结节

E. 髂骨翼外侧角称髂骨结节

【解析】E。髋结节为髂骨翼的外侧角粗大部。

6. 骨质内含量最多的无机盐是（　　）。

A. 碳酸钙 　　　　　　　　B. 磷酸钙 　　　　　　　　C. 磷酸

D. 碳酸镁 　　　　　　　　E. 磷酸钠

【解析】B。磷酸钙为骨质中含量最多的无机物。

<<< 第三单元　关　　节 >>>

一、考试大纲

单元	细目	要点
关节	1. 基本概念	（1）骨连结的分类　　（2）关节的结构
	2. 四肢关节	（1）前肢关节的组成与结构特点　　（2）后肢关节的组成与结构特点
	3. 躯干关节	脊柱连结的结构与特点

二、重要知识点

骨与骨之间借纤维结缔组织、软骨或骨组织相连，形成骨连结。骨连结分为直接连结和间接连结。

1. 直接连结

纤维连结：指骨与骨之间借助于纤维结缔组织连接在一起，如头骨骨缝之间，牢固。

软骨连结：指骨与骨之间借软骨组织相连，如骨盆联合及椎骨和椎骨之间的椎间盘。

骨性连结：由以上两种骨连接转化而来，随年龄的增长而骨化，转变为骨性结合，不能运动。

2. 间接连结 　即关节或滑膜关节，骨与骨相对面分离有腔隙，腔隙充以滑液，周围借结缔组织相连，有较大活动性。

（1）关节

基本结构：关节面和关节软骨。

关节囊：纤维层和滑膜层。关节腔：血管和神经。

（2）关节的辅助结构

关节唇：关节周围的纤维软骨环。

关节盘：关节面之间的纤维软骨板。

韧带：纤维带（致密结缔组织）。囊内韧带位于关节囊内。囊外韧带位于关节囊两层之间。内外侧副韧带位于关节两侧。骨间韧带位于骨与骨之间。四肢各骨骼之间的关节。

（3）前肢骨的连结

肩关节：由肱骨头与肩臼形成，属多轴单关节，主要进行屈伸运动。

肘关节：由肱骨远端和前臂骨近端构成的单轴复关节，只能进行屈伸运动。

腕关节：由桡骨远端、近列和远列腕骨以及掌骨近端构成，为单轴复关节，只能进行屈伸运动。

指关节：包括系关节、冠关节和蹄关节。

（4）后肢备骨的连结

荐髂关节：由荐骨翼和髂骨翼构成，运动范围很小。

髋关节：由髋臼和股骨头构成的多轴关节，运动形式多样化，关节囊宽松。在髋臼与股骨头之间有一短而强的圆韧带。

膝关节：包括股胫关节和股膝关节。膝关节角在后方，属单轴复关节，可做伸屈动作。

跗关节：又称飞节，由小腿骨远端、跗骨和距骨近端构成的单轴复关节。

趾关节：分为系关节、冠关节和蹄关节，其构造与前肢指关节相同。

三、例题及解析

1. 髋关节具有副韧带的家畜是（　　）。

    A. 猪　　　　　　　　　B. 马　　　　　　　　　C. 犬

    D. 羊　　　　　　　　　E. 牛

【解析】B。马属动物除股骨头韧带外还具有一条副韧带。

2. 构成哺乳动物肩关节的骨骼是（　　）。

    A. 肱骨和前臂骨　　　　B. 前臂骨和腕骨　　　　C. 腕骨和掌骨

    D. 掌骨和指骨　　　　　E. 肩胛骨和肱骨

【解析】E。哺乳动物肩关节由肩胛骨的肩臼和肱骨头构成。

3. 牛肩关节的特点是（　　）。

    A. 有十字韧带　　　　　B. 有悬韧带　　　　　　C. 有侧（副）韧带

    D. 无侧（副）韧带　　　E. 无关节囊

【解析】D。牛肩关节没有侧韧带，关节角在后方，且具有松大的关节囊，故肩关节的活动性大。

4. 寰枕关节的类型属于（　　）。

    A. 单轴单关节　　　　　B. 单轴复关节　　　　　C. 双轴关节

    D. 多轴单关节　　　　　E. 多轴复关节

【解析】C。寰枕关节为双轴关节，主要由寰枕的前关节窝与枕骨构成。

<<< 第四单元 肌 肉 >>>

一、考试大纲

单元	细目	要点
肌肉	1. 基本概念	（1）肌肉的构造 （2）肌肉的辅助结构：筋膜、腱鞘、黏液囊（滑膜囊）
	2. 头部肌	咬肌的位置与结构特点
	3. 躯干肌	（1）脊柱肌、颈腹侧肌、胸廓肌、膈、腹壁肌的位置与结构特点 （2）腹股沟管的位置与结构特点 （3）颈静脉沟和髂肋肌沟的位置
	4. 四肢肌	（1）前肢肌的组成与结构特点 （2）后肢肌的组成与结构特点 （3）跟（总）腱

二、重要知识点

（一）肌肉的构造

每块肌肉就是一个肌器官，可分为能收缩的肌腹和不能收缩的肌腱两部分。

肌腹由许多肌纤维（肌细胞）借结缔组织结合而成。整块肌肉外面包裹肌外膜，肌外膜深入肌肉内将若干肌纤维包裹成肌束，包在肌束外面形成肌束膜；每一条肌纤维外面包有肌膜，称肌内膜。肌纤维的主要功能是收缩，产生动力。肌肉的结缔组织形成肌膜，是肌肉的支持组织，血管和神经沿肌膜伸入肌肉内。

肌腱 肌腹一端或两端的直接延续，牢固地附着于骨上。肌腱由腱纤维等构成；肌腱没有收缩能力，有很强的坚韧性和抗张力，故不易疲劳。肌腱传导肌腹的收缩力，以提高肌腹的工作效率。

（二）肌肉的辅助结构

1. 筋膜 分浅筋膜和深筋膜。

2. 浅筋膜 位于皮下，由疏松结缔组织构成，覆盖在全身肌肉的表面，浅筋膜发达的部位，皮肤具有较大的移动性。

3. 深筋膜 由致密结缔组织构成，位于浅筋膜下。主要起保护、固定肌肉位置的作用。

4. 黏液囊 封闭的结缔组织囊。壁内衬有滑膜，腔内有滑液。多位于骨的突起与肌肉、腱和皮肤之间，起到减少摩擦的作用。位于关节附近的黏液囊多与关节腔相通。

5. 腱鞘 由黏液囊卷折形成的双层筒形结构。包在腱的外面，以减少肌腱活动时的摩擦。腱鞘常因发炎而肿大。

(三) 全身肌肉分布

1. 皮肌 分布于浅筋膜中的薄层骨骼肌，大部分与皮肤深面紧密相连。不覆盖全身，可分为面皮肌、颈皮肌、肩臂皮肌及躯干皮肌。皮肌的作用是颤动皮肤，驱赶蚊蝇、抖落灰尘和水滴等。

2. 头部肌肉

(1) 面部肌 位于口和鼻腔周围，包括张肌（鼻唇提肌、上唇固有提肌、鼻翼开肌、下唇降肌）和环形肌（口轮匝肌、颊肌和眼轮匝肌）。

(2) 咀嚼肌 包括闭口肌（咬肌、颞肌和翼肌）和开口肌（枕颌肌和二腹肌）。以闭口肌较发达（因闭口肌是咀嚼食物的动力来源）。

3. 躯干肌肉

①脊柱肌：背腰最长肌，全身最长的肌肉；髂肋肌；背腰最长肌和髂肋肌组成的肌沟为髂肋肌沟。

②夹肌：位于颈侧部，呈三角形。起自棘横筋膜和项韧带索状部，止于枕骨及前2个（牛）或4、5（马）颈椎。两侧同时收缩可抬头，单侧收缩可偏头。

③头半棘肌：位于夹肌和项韧带板状部之间。起自棘横筋膜，止于8、9枚（牛）或前6、7枚（马）胸椎横突和第3～7颈椎关节突，以强腱附着于枕骨。作用同夹肌。

④颈多裂肌：起于第一胸椎横突和后4～5颈椎关节突，止于后6个颈椎的棘突和关节突。

⑤颈腹侧肌：胸头肌位于颈下部的外侧，长带状，与臂头肌之间的肌间隙称颈静脉沟；胸骨甲状舌骨肌位于气管的腹侧，扁平带状，起自胸骨柄，向前分为两支；肩胛舌位于颈侧，骨肌薄，呈长带状，臂头肌的深面，在颈总动脉和颈静脉之间穿过。

⑥胸壁肌肉：位于胸侧壁和胸腔后壁，可分为吸气肌（肋间外肌、前背侧锯肌、膈肌）和呼气肌（后背侧锯肌、肋间内肌）。

⑦腹壁肌肉：马、牛等草食动物腹壁肌外表面包有呈黄色的深筋膜，即腹黄膜，由浅至深分别是腹外斜肌、腹内斜肌、腹直肌和腹横肌。腹外斜肌为腹壁肌最外层，起于肋骨的外侧面，肌纤维由前上方斜向后下方，在肋弓下约一掌处变为腱膜，止于腹底壁正中纵向的腹白线。腹内斜肌位于腹外斜肌深面，起自髋结节，呈扇形向前下方扩展，逐渐变为腱膜，主要止于腹白线。

4. 前肢主要肌肉

肩带肌：连接前肢与躯干的肌肉，共有7块，分为背侧肌群和腹侧肌群。背侧肌群包括斜方肌、菱形肌、背阔肌、臂头肌、肩胛横突肌。

肩部肌：冈上肌、冈下肌、三角肌、肩胛下肌、大圆肌。

臂部肌：臂三头肌、前臂筋膜张肌、臂二头肌、臂肌。

前臂及前脚部：腕桡侧伸肌、腕斜伸肌、指总伸肌、指外侧伸肌、指内侧伸肌、腕外侧屈肌、腕尺侧屈肌、腕桡侧屈肌、指浅屈肌、指深屈肌。

5. 后肢主要肌肉

臀部肌：臀浅肌、臀中肌、臀深肌、髂肌。

股部肌：阔筋膜张肌、股四头肌、股二头肌、半腱肌、半膜肌、股薄肌、耻骨肌、内收肌、缝匠肌。

6. 小腿和后脚部肌　趾长伸肌、趾外侧伸肌、第 3 腓骨肌、胫骨前肌、腓骨长肌、腓肠肌、趾浅屈肌、趾深屈肌、腘肌。

三、例题及解析

1. 牛腹腔侧壁肌由内向外依次为（　　）。
   A. 膈肌、腹横肌、腹外斜肌
   B. 腹直肌、腹横肌、腹外斜肌
   C. 腹直肌、腹内斜肌、腹横肌
   D. 腹外斜肌、腹内斜肌、腹横肌
   E. 腹横肌、腹内斜肌、腹外斜肌

【解析】E。腹壁肌由内向外（由深至浅）分别为腹横肌、腹直肌、腹内斜肌和腹外斜肌。而腹侧壁由内向外依次为腹横肌、腹内斜肌、腹外斜肌。

2. 草食家畜腹壁肌外面被覆的深筋膜含有大量的弹性纤维，称为（　　）。
   A. 腹白膜　　　　　　　B. 腹黄膜　　　　　　　C. 腹横筋膜
   D. 腹膜壁层　　　　　　E. 腹膜脏层

【解析】B。在牛和马等草食动物中，腹壁肌外包的深筋膜含有大量的弹性纤维，呈黄色，称为腹黄膜。

3. 组成牛跟总腱的肌肉是（　　）。
   A. 腓肠肌、趾浅屈肌、臀股二头肌
   B. 腓肠肌、趾深屈肌、臀股二头肌
   C. 腓肠肌、趾浅屈肌、股四头肌
   D. 腓肠肌、趾深屈肌、股四头肌
   E. 腓肠肌、趾浅屈肌、趾深屈肌

【解析】A。腓肠肌腱以及附着于跟结节的趾浅屈肌腱、股二头肌腱和半腱肌腱合成一粗而坚硬的腱索，称为跟总腱。

4. 羊股四头肌有 4 个肌头，除了股内侧肌、股外侧肌和股中间肌外，还有（　　）。
   A. 半腱肌　　　　　　　B. 股方肌　　　　　　　C. 股直肌
   D. 半膜肌　　　　　　　E. 股二头肌

【解析】C。股四头肌有 4 个肌头，包括股直肌、股内侧肌、股外侧肌和股中间肌。

5. 组成髂肋肌沟的肌肉是（　　）。
   A. 头半棘肌与髂肋肌　　　B. 头寰最长肌与髂肋肌　　　C. 髂肋肌与夹肌
   D. 背腰最长肌与髂肋肌　　E. 髂肋肌与颈多裂肌

【解析】D。髂肋肌与背腰最长肌之间形成髂肋肌沟，沟内有针灸穴位。

6. 与臂头肌共同组成家畜颈静脉沟的肌肉是（　　）。
   A. 肩胛横突肌　　　　　　B. 肩胛舌骨肌　　　　　　C. 胸骨甲状肌
   D. 胸骨舌骨肌　　　　　　E. 胸头肌

【解析】E。胸头肌位于颈下部的外侧，起自胸骨柄，止于下颌骨后缘，呈长带状，与臂头肌之间形成颈静脉沟，沟内有颈静脉。

<<< 第五单元　被　皮 >>>

一、考试大纲

单元	细目	要点
	1. 皮肤	表皮、真皮和皮下组织的结构特点
被皮	2. 乳房	(1) 位置、形态结构　(2) 牛、羊、马、猪、犬乳房的结构特点
	3. 蹄	(1) 形态结构　(2) 牛、羊、马、猪的蹄及犬爪的结构特点

二、重要知识点

(一) 皮肤

1. 位置　被覆于动物体表，直接与外界接触，在天然孔处与黏膜相延续，是一天然屏障。

2. 作用　保护、感觉、调节体温、排泄、贮存营养物质、吸收。

3. 构成　表皮、真皮和皮下组织。

(1) 表皮　皮肤最表面。主要由复层扁平上皮构成，内有丰富的神经末梢，无血管和淋巴管，含黑素细胞 (与皮肤颜色有关、吸收紫外线)。角质层：表皮最表层的细胞角化。

(2) 真皮　位于表皮深层，是皮肤最厚也是最主要的一层，由致密结缔组织构成，由浅入深可分成乳头层和网状层。

(3) 皮下组织　又称浅筋膜，位于皮肤的最深层，由疏松结缔组织和脂肪组织构成。皮下组织发达的皮肤具有较大的移动性 (牛颈垂皮、膝褶)。临床上皮下注射就是将药物注射在该层内。

(二) 皮肤的主要机能

①保护深层组织；②感觉；③分泌；④排泄废物；⑤调节体温；⑥吸收；⑦贮存营养物质。

(三) 皮肤衍生物

1. 毛　角化的表皮结构，分为毛干、毛根 (外有毛囊) 和毛球。

2. 皮肤腺　由表皮陷入真皮内形成，有分泌功能 (汗腺、皮脂腺、乳腺)。

各种家畜乳房的特点：牛、马和羊的乳房特点：位于耻骨下腹壁；牛：左右两半，每半各有 2 个乳头，每个乳头有 1 个乳头管；马：左右两半，每半各有 1 个乳头，每个乳头有 2~3 个乳头管；羊：左右两半，每半各有 1 个乳头，每个乳头有 1 个乳头管；猪：成对排列于腹白线两侧，每个乳房 1 个乳头，每个乳头有 2~3 个乳头管；犬：成对排列于腹白线两侧，每个乳房 1 个乳头。

3. 蹄 指（趾）短的皮肤衍生物，表皮→蹄匣；真皮→肉蹄；皮下组织（少量）。偶蹄动物：牛、羊、猪的蹄包括主蹄和悬蹄，主蹄着地，为 3、4 指（趾）的末端。

4. 角 动物的额骨角突表面覆盖的皮肤衍生物，防卫武器。雄性粗而长，雌性细而短。形态为锥形，略弯曲。角根：额部皮肤相连续，此处角质柔软，出现环状角轮；角体：自角根向角尖延续部分，角质逐渐增厚；角尖：角质层最厚，其至成为实体。主要构成为角表皮（形成角鞘）和角真皮（与角突表面的骨膜相连，内含血管神经，因此角保持一定温度）。

三、例题及解析

1. 肉蹄是指（　　）。
    A. 悬蹄　　　　　　　　B. 蹄表皮　　　　　　　　C. 蹄真皮
    D. 蹄白线　　　　　　　E. 蹄皮下组织

【解析】C。肉蹄是由真皮演化而成的蹄真皮，由蹄壁真皮、蹄底真皮和蹄球真皮 3 部分组成。

2. 具有蹄叉的动物是（　　）。
    A. 羊　　　　　　　　　B. 牛　　　　　　　　　　C. 马
    D. 猪　　　　　　　　　E. 犬

【解析】C。马蹄由蹄匣（蹄壁、蹄底和蹄叉）和肉蹄构成，马是奇蹄动物。

3. 皮肤的结构包括（　　）。
    A. 表皮、真皮和基底层　　　　　　B. 表皮、真皮和网状层
    C. 表皮、网状层和皮下组织　　　　D. 表皮、真皮和皮下组织
    E. 真皮、网状层和皮下组织

【解析】D。皮肤一般可分为表皮、真皮和皮下组织 3 层。

4. 属于奇蹄的动物是（　　）。
    A. 马　　　　　　　　　B. 牛　　　　　　　　　　C. 羊
    D. 猪　　　　　　　　　E. 驼

【解析】A。牛、羊、猪为偶蹄动物，马为奇蹄动物。

<<< 第六单元　内　　脏 >>>

一、考试大纲

单元	细目	要点
内脏	基本概念	（1）内脏器官的结构特点　　（2）胸膜与胸膜腔　　（3）腹膜与腹膜腔

二、重要知识点

(一) 内脏

管状器官一般分为 4 层,自内向外依次为黏膜、黏膜下层、肌层、外膜。

1. 黏膜　上皮;固有层;黏膜肌层。

2. 黏膜下层　由疏松结缔组织组成,富含较大的血管及淋巴管,还可见腺体及神经丛。

3. 肌层　口腔、咽、食管上部、肛门处的肌层为骨骼肌,其余部分的肌层为平滑肌。肌层一般为内环形、外纵形 2 层,胃部为内斜、中环、外纵 3 层。肌间神经丛位于肌层之间,与黏膜下神经丛结构基本相同,可调节肌肉的收缩。

4. 外膜　部分为结缔组织形成的纤维膜,大部分为结缔组织及表面的间皮形成的浆膜。

(二) 体腔

1. 体腔　是指容纳大部分内脏器官的腔隙。包括胸腔、腹腔、骨盆腔。

胸腔是由胸廓的骨骼、肌肉和皮肤围成的腔,呈顶圆锥状,内有心、肺、气管、食管和血管。

2. 腹腔　是动物体内最大的体腔,位于胸腔的后方,其前壁为膈,后通骨盆腔,两侧与底壁为腹肌和腱膜,顶壁主要为腰椎和腰肌。绝大多数内脏器官都位于腹腔内。

3. 骨盆腔　最小的体腔。骨盆腔内有直肠、输尿管和膀胱,公畜有输精管、尿生殖道骨盆部和副性腺,母畜有子宫(后部)和阴道。

(三) 浆膜

体腔内壁衬有一层光滑的薄膜,并折转覆盖于内脏器官表面,称为浆膜。衬在体腔内表面的部分,叫浆膜壁层。覆盖内脏器官表面的,称为浆膜脏层。浆膜腔为浆膜的壁层和脏层之间的腔隙。

腹膜从腹腔和骨盆腔壁移行到脏器,或从一个脏器移行到另一个脏器,移行部分形成各种腹膜褶,分别称为系膜、网膜、韧带和皱褶。

1. 系膜　为连于腹腔顶壁与肠管之间宽而长的腹膜褶,如空肠系膜、降结肠系膜。

2. 网膜　为连于胃与其他脏器之间的腹膜褶,如小网膜、大网膜。

3. 韧带和皱褶　连于腹腔、骨盆腔壁与脏器之间,或脏器与脏器之间短而窄的腹膜褶,如冠状韧带、回盲韧带。

三、例题及解析

不属于骨骼肌的是(　　　)。

　　A. 口腔肌层　　　　　　　　B. 咽部肌层　　　　　　　　C. 食管肌层

　　D. 骨盆肌层　　　　　　　　E. 肛门处肌层

【解析】 D。口腔、咽、食管上部、肛门处的肌层为骨骼肌,其余部分的肌层为平滑肌。

<<< 第七单元　消化系统 >>>

一、考试大纲

单元	细目	要点
消化系统	1. 口腔	（1）组成：唇、颊、硬腭、软腭、舌、齿、唾液腺　（2）牛、羊、马、猪、犬口腔的结构特点
	2. 咽	位置、结构
	3. 食管	位置、结构
	4. 胃	（1）反刍动物胃（瘤胃、网胃、瓣胃和皱胃）的位置、形态和组织结构，大网膜和小网膜　（2）单室胃（马、猪、犬）的位置、形态和组织结构
	5. 肠	（1）小肠（十二指肠、空肠和回肠）的位置、形态和组织结构　（2）大肠（盲肠、结肠和直肠）的位置、形态和组织结构　（3）牛、羊、马、猪、犬小肠和大肠的特点
	6. 肝和胰	（1）肝和胰的位置、形态和组织结构　（2）牛、羊、马、猪、犬肝和胰的特点

二、重要知识点

（一）消化系统的组成

消化系统分为消化管和消化腺，消化管依次为口腔、咽、食管、胃、小肠（十二指肠、空肠、回肠）、大肠（盲肠、结肠、直肠）；消化腺有壁外腺（唾液腺、肝脏、胰脏）和壁内腺（食管腺、肠腺、胃腺）。

1. 口腔　是消化器官的起始部，具有采食、咀嚼、吸吮、味觉、吞咽等功能。其前壁为唇，两侧壁为颊顶壁为硬腭，底壁为下颌骨和舌，后壁为软腭。

（1）唇　分上唇和下唇。

（2）颊　构成了口腔侧壁。颊以颊肌为基础，内衬黏膜，外被皮肤。牛、羊的颊黏膜上有许多尖端向后的锥状乳头，并有颊腺和腮腺管的开口。

（3）硬腭　构成固有口腔的顶壁，向后与软腭相延续。

（4）软腭　由硬腭延续而来，构成口腔的后壁。马软腭发达，直达会厌基部，将口腔和鼻咽分开，故马不能用口呼吸。

（5）口腔底和舌　口腔底大部分被舌占据。口腔底的前部，舌尖下面有1对突出物称为舌下肉阜，为下颌腺管的开口处。猪无舌下肉阜。

舌由舌骨、舌肌和舌黏膜构成。舌肌属横纹肌，肌纤维走向不一，所以舌的运动灵活。舌黏膜表面有多种乳头，丝状乳头和锥状乳头（牛）起机械作用，轮廓乳头、菌状乳头和叶状乳头为味觉乳头，乳头内有味觉感受器——味蕾，以辨别食物的味道。

（6）齿　位于切齿骨、上颌骨和下颌骨的齿槽内，由于齿排列成弓状，故分别称为上齿弓和下齿弓。具有切断、撕裂和磨碎食物的作用。

2. 咽　咽为消化管和呼吸道的公共通道，位于口腔和鼻腔后方，喉和食管的上方，可分为鼻咽部、口咽部和喉咽部。

3. 食管　连于咽和胃之间的肌质管。起自咽的后部、喉口背侧。主要功能是运送食物入胃。牛、马的食管在颈部起始段，位于喉和气管的背侧，向后方延伸，逐渐转到气管的左侧，形成食管襻，到胸前口处又重新转到气管背侧进入胸腔。食管入胸腔后，在纵隔内后行，经膈的食管裂孔进入腹腔，沿肝的背缘与胃的贲门相接。

4. 胃　是消化管道中的膨大部分，具有收纳食物、混合食物及分泌胃液等功能。胃壁肌肉发达。胃位于腹腔内，膈和肝的后方，前端以贲门接食管，后端经幽门与十二指肠相通。

5. 牛、羊胃　牛、羊的胃为复胃或多室胃，由瘤胃（第1胃）、网胃（第2胃）、瓣胃（第3胃）和皱胃（第4胃）组成。前3个胃又称为前胃，黏膜面无腺体。仅皱胃为有腺胃，也称真胃。

（1）瘤胃　占据腹腔左半部，其下部有小部分伸到腹腔右半部，前端与第7、8肋间隙相对，后端达骨盆腔前口。最大，占胃容积的80%。瘤胃向左、右稍压扁，前后伸长。左侧面贴腹壁称为壁面，右面与其他内脏相邻称为脏面。

（2）网胃　为一椭圆形囊，位于瘤胃的前下方，向前后稍压扁，与第6～8肋骨相对。前方紧贴膈，膈的胸腔面相邻心包和肺。

（3）瓣胃　位于腹腔右肋部的下部，瘤胃房和网胃的右侧，与第7～11肋骨（牛）或第9～10肋骨（羊）相对。牛的瓣胃外形为圆形，向左、右稍压扁。羊的则为卵圆形。瓣胃黏膜上有各种不同高度的褶称为瓣叶，共百余片，瓣叶游离缘呈弓形凹入，凹缘朝向小弯。瓣叶的附着缘与胃壁黏膜层相延续。

（4）皱胃　皱胃为有腺胃，外形长而弯曲，呈前大后小的葫芦形，可分为胃底部、胃体部和幽门部3个部分。胃底部邻接网胃并部分与网胃相附着；胃体部沿瘤胃腹囊与瓣胃之间向右后方伸延；幽门部沿瓣胃后缘（大弯）斜向背后方延接十二指肠。

6. 马胃　单室胃，呈弯曲的扁椭圆囊状，胃的腹缘凸出称大弯，背缘短而凹入称小弯。壁面与膈和肝相邻；脏面接大结肠、空肠和胰。胃的左端膨大形成胃盲囊，是胃的最高点。

马胃黏膜分为有腺部和无腺部，无腺部的结构与食管相似，缺消化腺，黏膜苍白，它占据整个胃盲囊和幽门口以上的胃黏膜区。腺部黏膜富有皱褶，呈红褐色或灰色，内有丰富的贲门腺、胃底腺和幽门腺分布。幽门黏膜形成一环形褶称为幽门瓣。

7. 猪胃　单室胃。胃大弯可达腹腔底壁，胃的左端大而圆凸，有一盲突称胃憩室。右端幽门部较细，在幽门处自小弯一侧胃壁向胃的内腔凸出，呈一纵向长的鞍形隆起，称为幽门圆枕，具有关闭幽门的作用。猪胃黏膜的无腺部很小，仅位于贲门周围，呈苍白色。贲门腺区很大，由胃的左端达中间，呈淡灰色。胃底腺区较小，沿胃大弯分布，呈棕红色。幽门腺区位于幽门部，呈灰白色。

8. 肠　肠管可分为小肠和大肠两部分，起自胃的幽门，终止于肛门。小肠包括十二指肠、空肠和回肠，它们在腹腔内形成许多半环状盘曲，因其系膜较长（十二指肠除外），在腹腔内的活动范围较大。大肠包括盲肠、结肠和直肠，大肠在外观上与小肠明显不同，管径明显增粗或者有许多囊状膨隆。

（1）小肠

①十二指肠：起于幽门，后接空肠，其主要特点是系膜短，肠管平直，位置比较固定。它在起始部形成乙状弯曲，十二指肠与小结肠起始部之间有短的浆膜褶相连，该浆膜褶称为十二指肠（小）结肠韧带，该韧带可作为十二指肠与空肠的分界标志。

②空肠：小肠中最长的一段，系膜长，盘曲多，在腹腔内活动范围大。马空肠主要位于腹腔左髂部上 1/3 处，一部分可达后腹部，与小结肠混在一起，由发达的空肠系膜集中固定于腰椎下方，称空肠系膜根（内有动脉、静脉、神经和淋巴管等）。牛的空肠位于腹中部右侧，由较短的系膜固定在结肠旋襻的周围，肠壁内淋巴结较大。

③回肠：肠管平直，管壁较厚，回肠通入盲肠的开口称回盲口。回肠与盲肠底之间有回盲韧带。一般将回盲韧带附着于小肠的部分肠段算作回肠。

（2）大肠

①盲肠：马的盲肠特别发达，外形呈逗点状。盲肠后缘隆凸称大弯，前缘凹陷称小弯。回肠的入口和盲肠的出口都在小弯部分，分别称为回盲口和盲结口。盲肠上部膨大、钝圆，称为盲肠底，下部称盲肠尖，中部为盲肠体。盲肠上有 4 条由外纵肌层集中所形成的纵带，由于纵带的牵引，使盲肠肠壁形成许多囊状肠袋。

②结肠：马的结肠可分为大结肠和小结肠。在腹腔内形成一个双层盘曲的马蹄形肠襻，按照走向可分成 4 段 3 弯曲，分别为右下大结肠、胸骨曲、左下大结肠、骨盆曲、左上大结肠、膈曲、右上大结肠。猪的结肠位于腹腔左侧，胃的后方，分旋襻和终襻两部分。旋襻呈螺旋状回转，盘成圆柱体形，形成一个倒立的结肠圆锥。

③直肠和肛门：位于盆腔荐骨的腹面，直肠前段肠管较细，外面有浆膜被覆；后部膨大称直肠壶腹，该段后部无浆膜被覆，借助疏松结缔组织和肌肉连于盆腔背侧壁。肛门为消化管的末端，其周壁有内、外括约肌，以控制肛门的开张和关闭，肠管粗细均匀，无明显的直肠壶腹。

9. 消化道各段组织结构特点总结　见表 2 - 7 - 1。

表 2 - 7 - 1　消化道各段组织结构特点

位置	食管	胃	小肠	大肠
腔面	纵行皱襞	纵行皱襞，胃小凹	环形皱襞，绒毛	半月皱襞
上皮	复层扁平	单层柱状	单层柱状	单层柱状
固有层		胃腺	肠腺	肠腺
黏膜肌层	纵形	内环外纵	内环外纵	内环外纵
黏膜下层	食管腺		十二指肠腺	
肌层	内环外纵	内斜中环外纵	内环外纵	内环外纵
外膜	纤维膜	浆膜	浆膜	浆膜

10. 肝与胰脏

（1）肝　肝一般大部分位于右季肋部，肝的表面有浆膜被覆，右上端位置最高，与右肾前端接触，形成右肾压迹，壁面隆凸，脏面中央有门静脉、肝动脉、神经、淋巴管和肝管出入肝，该处称为肝门。肝的背缘厚，腹缘较薄，右侧有后腔静脉通过。左、右冠状韧带，镰状韧带和左、右三角韧带将肝牢牢地固定在膈的腹腔面上。

各动物肝脏特点：马肝较扁，质脆，色棕红，在肝的腹侧缘有两个叶间切迹将肝明显地分为左叶、中叶和右叶，左叶间切迹内有圆韧带，右叶间切迹处无胆囊；牛、羊的肝略呈长方形，分叶不明显，由发达的胆囊和圆韧带将肝分成不明显的左、中、右叶，胆囊具有浓缩和贮存胆汁的作用；猪肝呈红褐色，肝的中部厚而边缘薄，壁面隆凸，脏面凹，猪肝分叶明显，分为左外叶、左内叶、右内叶和右外叶。右内叶的内侧有不发达的中叶，又以肝门为界分为背侧的尾叶和腹侧的方叶。

肝脏的主要功能：代谢——蛋白质、糖原、胆固醇、胆盐、维生素；分泌——胆汁，主要成分是胆盐和胆色素；解毒——氧化、还原、水解、结合；防御——巨噬细胞的吞噬作用；造血——胚胎期与胎儿期有造血功能。

（2）胰脏　胰是体内重要的消化腺，分泌胰液，内含多种消化酶。由占腺体绝大部分的外分泌部和分散存在于消化腺之间的内分泌部组成，后者称为胰岛，分泌胰岛素和胰高血糖素等。

胰位于胃及十二指肠之间，呈淡粉灰色，外有薄层结缔组织包裹，有明显的小叶结构。胰可分为中叶（胰头）、左叶和右叶。胰管从胰头穿出后与肝管一起开口于十二指肠憩室。

各动物胰脏特点：牛、羊的胰呈不正四边形，常有一条胰管，从右叶通出，开口于十二指肠。牛的胰管单独开口于胆管开口的后方约 30cm 处；羊的胰管和胆管合成一条胆总管开口于十二指肠"乙状弯曲"。

胰腺外分泌部的功能：胰腺分泌水样胰液，经胰管注入十二指肠，每日分泌 6～7L，弱碱性，含胰淀粉酶、胰脂肪酶、胰蛋白酶原。后两者在肠道被肠肽酶激活。胰腺细胞还分泌胰蛋白酶抑制因子，防止蛋白酶原在胰腺内被激活。

内分泌部：即胰岛，为散布于腺泡之间的岛状内分泌细胞团，由数个至数百个内分泌细胞组成；主要有 A、B、D 三种，此外尚有少量 PP 细胞等。详细信息见表 2-7-2。

表 2-7-2　胰岛主要细胞比较

细胞	体积	数量	分布	分泌物
A 细胞	大	20%	周边	胰高血糖素
B 细胞	小	75%	中央	胰岛素
D 细胞	小	5%	A、B 细胞间	生长抑素

三、例题及解析

1. 不属于消化腺的是（　　）。

A. 肝　　　　　　　　B. 胰　　　　　　　　C. 肠腺

D. 舌下腺　　　　　　E. 舌扁桃体

【解析】E。消化腺是分泌消化液、消化食物的腺体，包括舌下腺、食管腺、胃腺、肠腺、肝和胰腺，肝是动物体内最大的腺体。E 项，舌扁桃体不属于消化腺。

2. 网胃位于（　　）。

A. 脐部　　　　　　　B. 腰部　　　　　　　C. 左季肋部

D. 右季肋部　　　　　E. 季肋部的正中矢状面上

【解析】E。网胃是 4 个胃中最小的一个，外形略呈梨形，前后稍扁，位于季肋部的正中矢状面上，与第 6～13 肋骨相对。

3. 反刍动物的胃中，起化学消化作用的胃是（　　　）。

  A. 前胃　　　　　　　　　　B. 瘤胃　　　　　　　　　　C. 皱胃

  D. 瓣胃　　　　　　　　　　E. 网胃

【解析】C。多室胃为反刍动物特有的胃，依次是瘤胃、网胃、瓣胃和皱胃。其中皱胃黏膜表面被覆单层柱状上皮，黏膜内分布有腺体，能分泌胃液，可以进行化学性消化。

4. 牛为多室胃动物，成年牛容积最大的胃是（　　　）。

  A. 腺胃　　　　　　　　　　B. 瓣胃　　　　　　　　　　C. 网胃

  D. 瘤胃　　　　　　　　　　E. 皱胃

【解析】D。成年牛的瘤胃最大，占胃总容积的80%，呈前后稍长、左右略扁的椭圆形囊，几乎占据整个腹腔左侧，其后腹侧部越过正中矢状面而突入腹腔右侧。

5. 牛皱胃的黏膜上皮为（　　　）。

  A. 单层扁平上皮　　　　　　B. 单层柱状上皮　　　　　　C. 单层立方上皮

  D. 复层扁平上皮　　　　　　E. 假复层纤毛皮

【解析】B。牛皱胃黏膜表面被覆单层柱状上皮，黏膜内有腺体。

> **第6～8题共同备选答案**
>
>   A. 马　　　　　　　　　　B. 牛　　　　　　　　　　C. 猪
>
>   D. 犬　　　　　　　　　　E. 兔

6. 盲肠呈逗点状的动物是（　　　）。

【解析】A。马的盲肠发达，外形呈逗点状，长约1m。可分为盲肠底、盲肠体和盲肠尖3部分。

7. 盲肠呈螺旋状弯曲的动物是（　　　）。

【解析】D。犬的盲肠呈螺旋状弯曲，位于右髂区内侧，在十二指肠和胰的腹侧。

8. 回肠与盲肠交界处有圆小囊的动物是（　　　）。

【解析】E。圆小囊又称淋巴球囊，是回肠与盲肠相接处膨大而形成的一个厚壁的圆囊，是兔所特有的结构。

<<< 第八单元　呼吸系统 >>>

一、考试大纲

单元	细目	要点
呼吸系统	1. 鼻	（1）鼻腔的结构　　（2）鼻盲囊
	2. 喉	（1）喉软骨的组成与结构特点　　（2）声带的位置
	3. 气管和支气管	位置、结构特点
	4. 肺	（1）肺的位置、形态和组织结构　　（2）牛、羊、马、猪、犬肺的形态特点

二、重要知识点

(一)呼吸系统的构造

呼吸系统是动物体与外界进行气体交换的器官,包括鼻、咽、喉、气管、支气管和肺。肺是进行气体交换的场所。鼻、咽、喉、气管和支气管是气体进出肺的通道,称为呼吸道。机体与外界进行气体交换的过程叫呼吸。

上呼吸道:鼻、咽、喉和胸腔外的气管;下呼吸道:气管、各级支气管。

作用:气体进出的通道;具有调节进入空气湿度以及清洁空气的功能,维持机体的内环境 O_2 和 CO_2 含量的相对稳定;对机体有保护作用。

(二)鼻

1. 鼻腔 鼻腔是呼吸道的起始部,气体出入的通道,嗅觉器官,前端有鼻孔,后端有鼻后孔通咽,鼻腔正中有鼻中隔将其分为左、右2个腔。每个鼻腔均包括鼻孔、鼻前庭和固有鼻腔3部分。

2. 鼻旁窦 鼻旁窦为鼻腔周围骨所围成的空腔,腔的内表面衬以黏膜,与鼻黏膜相延续。鼻旁窦直接或间接与鼻腔相通。鼻黏膜发炎时,可波及鼻旁窦,引起炎症。家畜的鼻旁窦包括上颌窦、额窦等。窦具有减轻头骨重量、温暖和湿润吸入的空气以及引起发声共鸣的作用。

(三)喉

保证气体通过的重要器官同时又是发声器。位于下颌间隙后部,以软骨为支架,有肌肉和韧带将软骨连接起来,组成喉腔。喉腔内表面衬以喉黏膜。喉软骨包括环状软骨、甲状软骨、会厌软骨、两枚杓状软骨(图2-8-1)。

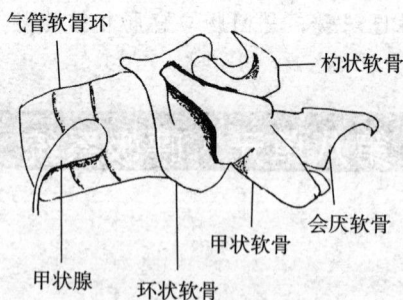

图2-8-1 喉的结构

喉肌为横纹肌,附着于喉软骨的外侧,收缩时可改变喉的形状,引起吞咽、呼吸及发声等活动。环甲肌作用环甲关节使声带紧张或松弛;环杓后肌作用环杓关节使声门裂开合。

(四)气管和支气管

气管由50~60个借助结缔组织连接起来的U形气管软骨环构成。每个环的背侧不完全闭合,由结缔组织和平滑肌连接。气管位于颈椎腹侧,入胸前口以后,分成左、右2个支气管，分别进入同侧肺内。牛、羊和猪，在气管分支为 2 个支气管之前，还在气管的右侧壁上分出 1 个右上支气管，到右肺尖叶。支气管入肺后再行多次分支形成支气管树。

气管、主支气管的组织结构，由内向外依次为：①黏膜，上皮为假复层柱状纤毛上皮，无黏膜肌层；②黏膜下层，为疏松结缔组织，有大量气管腺；③外膜，由 U 形透明软骨环与纤维连接成气管支架。

（五）肺

1. 肺的位置、外形和分叶　肺位于胸腔内、纵隔的两侧，左、右各一，右肺大于左肺。肺有 3 个面和 3 个缘。肺的 3 个面：肋面、纵隔面和膈面。肋面在外侧，略凸，与胸腔侧壁接触，有肋压迹；纵隔面在内侧，与纵隔接触，前部有心压迹，后上方有肺门，是支气管、肺血管、淋巴管和神经出入肺的门户；膈面在后下方，较凹，与膈肌接触。

2. 肺的分叶　牛、羊的肺分叶明显（七叶），左肺分前叶（尖叶）、中叶（又称心叶）和后叶（又称膈叶）。右肺前叶又分为前部和后部，有副叶。猪肺分叶明显，左、右肺均分为前、中、后叶，右肺有副叶。马肺分叶不明显（五叶），在心切迹以前的部分叫前叶（又称尖叶），以后的部分叫后叶（又称心膈叶）。右肺有一副叶，位于后叶的内侧，纵隔和后腔静脉之间。

3. 肺的组织结构

（1）被膜　肺胸膜。

（2）实质　锥形肺小叶；组织学结构：实质分为导气部和呼吸部，导气部包括支气管、细支气管、终末支气管，三者构成了支气管树；呼吸部包括呼吸性细支气管、肺泡管、肺泡囊及肺泡。

（3）间质　肺胸膜和叶间、小叶间结缔组织及血管神经。

三、例题及解析

1. 呼吸系统中，真正执行气体交换功能的器官是（　　）。

　　A. 鼻　　　　　　　　　B. 咽　　　　　　　　　C. 喉

　　D. 肺　　　　　　　　　E. 气管

【解析】D。鼻、咽、喉、气管和支气管是气体出入肺的通道，称为呼吸道，肺是气体交换的器官，肺泡是肺进行气体交换的场所。

2. 喉软骨中成对的是（　　）。

　　A. 会厌软骨　　　　　　B. 甲状软骨　　　　　　C. 环状软骨

　　D. 杓状软骨　　　　　　E. 盘状软骨

【解析】D。喉软骨有 4 种 5 块：环状软骨、甲状软骨、会厌软骨和成对的杓状软骨。

3. 家畜的肺分为左肺和右肺，而右肺（　　）。

　　A. 较小　　　　　　　　B. 较大　　　　　　　　C. 较圆

　　D. 较钝　　　　　　　　E. 较尖

【解析】B。家畜的右肺较左肺大。

4. **肺是气体（　　）。**

  A. 进入的器官   B. 排出的器官   C. 存储的器官

  D. 冷却的器官   E. 交换的器官

【解析】E。呼吸系统包括鼻、咽、喉、气管、支气管和肺等器官，以及胸膜腔等辅助装置。鼻咽、喉、气管和支气管是气体出入肺的通道，肺是气体交换的器官。

  5. 马鼻泪管开口于(　　)。

  A. 鼻盲囊   B. 上鼻道   C. 鼻前庭

  D. 下鼻道   E. 中鼻道

【解析】C。鼻泪管开口于鼻前庭，马鼻前庭背侧有鼻盲囊（鼻憩室）。

  6. 能关闭喉口的软骨是(　　)。

  A. 会厌软骨   B. 甲状软骨   C. 环状软骨

  D. 杓状软骨   E. 剑状软骨

【解析】A。会厌软骨位于甲状软骨前方，成叶片状，分底和尖，尖端弯向舌根，在吞咽时可以向后翻转盖住喉孔，防止食物落入喉内。甲状软骨（犬、猪和反刍动物）上有一凸起，称喉结。环状软骨呈戒指状，杓状软骨成对，上有声带突，俗称小角凸。

<<< 第九单元　泌尿系统 >>>

一、考试大纲

单元	细目	要点
泌尿系统	1. 肾	(1) 肾的位置、形态和组织结构　(2) 牛、羊、马、猪、犬肾的类型和结构特点
	2. 输尿管	位置、结构特点
	3. 膀胱	(1) 位置、结构特点　(2) 幼龄动物膀胱的位置特点
	4. 尿道	(1) 雄性尿道的位置、结构特点　(2) 雌性尿道的位置、结构特点 (3) 尿道下憩室

二、重要知识点

(一) 泌尿系统的构造

  泌尿系统包括肾、输尿管、膀胱和尿道。肾是核心器官，主要作用是滤过血液、生成尿液和保持畜禽体内环境相对恒定。输尿管、膀胱和尿道则分别是输尿、贮尿和排尿的器官。

(二) 泌尿系统的功能

  新陈代谢过程中产生的代谢产物（如尿素、尿酸等）和多余的水分在肾内形成尿液，经排尿管道排出体外；调节电解质平衡：排出溶解在尿中的无机盐调节体液，维持体内电解质平衡；内分泌作用：肾的间质可分泌前列腺素。

（三）肾

1. 肾的一般结构

（1）位置　位于最后几个胸椎和前3个腰椎腹侧，左、右各一。

（2）脂肪囊　营养状况良好的动物，肾周围有脂肪包裹，称为肾脂囊。

（3）被膜　表面包有一层薄而坚韧的纤维囊，健康动物肾的纤维囊容易剥离。

（4）肾门·内侧缘凹入叫肾门，是输尿管、血管（肾动脉和肾静脉）、淋巴管和神经出入的地方。

（5）肾窦　肾门深入肾内形成肾窦，是由肾实质围成的腔隙，窦内有肾小盏、肾大盏和肾盂。

（6）肾叶　肾由多数肾叶组成。每个肾叶分为浅部的皮质和深部的髓质。

（7）皮质　新鲜标本呈红褐色。切面上有许多细小颗粒状小体，称为肾小体。

（8）髓质　颜色较浅，切面上可见许多纵向条纹，由许多肾小管、集合管构成。呈圆锥形的髓质部分称为肾锥体。

2. 肾的类型及形态特点

（1）牛肾　有沟多乳头肾。肾叶大部分融合在一起，表面有沟，肾乳头单个存在。右肾呈长椭圆形，位于第12肋间隙至第2、第3腰椎横突的腹侧。左肾呈三棱形，前端较小，后端大而钝圆。

（2）猪肾　平滑多乳头肾。肾叶的皮质部完全合并，但肾乳头仍单独存在。呈豆形，位于最后胸椎和前3个腰椎横突腹侧。每个肾乳头与1个肾小盏相对，肾小盏汇入2个肾大盏，后者汇成肾盂，接输尿管。

（3）马肾　平滑单乳头肾，不仅肾叶之间的皮质部完全合并，而且相邻肾叶间髓质部之间也完全合并，肾乳头融合成嵴状，称为肾嵴。右肾略呈钝角三角形，左肾呈蚕豆形，右肾位于最后2~3肋骨椎骨端和第1腰椎横突腹侧。左肾位于最后肋骨椎骨端和第2~3腰椎横突腹侧。

（4）羊肾　平滑单乳头肾，呈豆形。羊的右肾位于最后肋骨至第2腰椎下，左肾在瘤胃背囊的后方，第4、5腰椎下。左肾位置变化较大，当胃空虚时，肾的位置相当于第2~4腰椎椎体下方。当胃内食物充满时，左肾更向后移。

3. 肾的组织结构　见图2-9-1。

$$
泌尿小管\begin{cases}肾单位\begin{cases}肾小体\begin{cases}血管球\\肾小囊\end{cases}\\肾小管\begin{cases}近端小管\begin{cases}曲部\\直部\end{cases}\\\rightarrow髓袢\\远端小管\begin{cases}直部\\曲部\end{cases}\end{cases}\end{cases}\\集合小管\end{cases}
$$

图2-9-1　肾的组织结构

（四）输尿管

输尿管起自于集收管（牛）或肾盂（马、猪、羊、犬），出肾门后，沿腹腔顶壁向后伸延,左侧输尿管在腹主动脉的外侧,右侧输尿管在后腔静脉的外侧,横过髂内动脉的腹侧面进入骨盆腔。母马输尿管大部分位于子宫阔韧带的背侧部,公马的输尿管在骨盆腔内位于尿生殖褶中,向后伸达膀胱颈的背侧,斜向穿入膀胱壁。

(五)膀胱

随着贮存尿液量的不同,膀胱的形状,大小和位置均有变化。膀胱空虚时,约拳头大小(马、牛),位于骨盆腔内。充满尿液时,顶端可突入腹腔内。可分为膀胱顶、膀胱体和膀胱颈3部分。输尿管在膀胱壁内斜向延伸一段距离,在靠近膀胱颈的部位开口于膀胱背侧壁。这种结构特点可防止尿液逆流。膀胱颈延接尿道。在膀胱两侧与盆腔侧壁之间有膀胱侧韧带。在膀胱侧韧带的游离缘有一圆索状物,称为膀胱圆韧带,是胎儿时期脐动脉的遗迹。

尿道:公畜的尿道为一细而长的管状器官,除有排尿功能外,还兼有排精的作用,称为尿生殖道,分骨盆部和阴茎部。

母畜尿道只是排尿,短而直,起自尿道内口,开口于阴道前庭腹侧壁的前部、阴瓣的后方。

三、例题及解析

1. 给公牛导尿带来困难的结构是(   )。
   A. 尿道峡前方的半月形黏膜壁   B. 精阜
   C. 尿道突   D. 尿道内口
   E. 尿道脊

【解析】A。在尿道狭之前,牛的黏膜形成半月形黏膜壁,给公畜导尿带来困难。

2. 形成蛋白尿时,蛋白质首先通过的肾结构是(   )。
   A. 近端小管   B. 肾小管细段   C. 远端小管
   D. 肾结合小管   E. 滤过膜

【解析】E。在某些病理条件下,滤过膜受损伤,其通透性增高,不能滤过大分子蛋白,甚至血细胞也能漏出,导致蛋白尿或血尿。

3. 牛肾的类型为(   )。
   A. 复肾   B. 有沟多乳头肾   C. 光滑多乳头肾
   D. 光滑单乳头肾   E. 有沟单乳头肾

【解析】B。牛肾为有沟多乳头肾,表面有沟,内部肾乳头分区明显。

4. 肾组织结构中有肾大盏(集收管)而无肾盂的家畜是(   )。
   A. 牛   B. 马   C. 羊
   D. 猪   E. 犬

【解析】A。牛无肾盂,其输尿管在肾内分为2个肾大盏,肾大盏分支形成肾小盏,其呈喇叭状,包围肾乳头;B、C、E 3项,马、羊及犬均为单乳头肾,输尿管在肾窦内膨大呈漏斗状,称肾盂;D项,猪输尿管入肾后膨大为漏斗状的肾盂,肾盂分为2个肾大盏,肾大盏分支为8~12个肾小盏,包围每一个肾乳头,故选A。

5. 暂时贮存尿液的器官是(   )。

A. 雌性尿道　　　　　　B. 雄性尿道　　　　　　C. 膀胱

D. 输尿管　　　　　　　E. 肾

【解析】C。雄性动物与雌性动物用来暂时储存尿液的器官都是膀胱，具有一定的收缩性。

<<< 第十单元　生殖系统 >>>

一、考试大纲

单元	细目	要点
生殖系统	1. 雄性生殖器官	(1) 组成：睾丸、附睾、输精管和精索、雄性尿道、副性腺、阴茎、包皮和阴囊 (2) 牛、羊、马、猪、犬睾丸、附睾的位置、形态与组织结构特点 (3) 输精管壶腹 (4) 牛、羊、马、猪、犬副性腺的形态特点 (5) 牛、羊、马、猪、犬阴茎的形态特点 (6) 阴囊的结构
	2. 雌性生殖器官	(1) 雌性生殖器官的组成 (2) 牛、羊、马、猪、犬卵巢的位置、形态和组织结构 (3) 子宫的位置、形态和各种动物（牛、羊、马、猪、犬）子宫的形态结构特点 (4) 阴道穹窿的形态特点

二、重要知识点

（一）概述

生殖系统的功能是产生生殖细胞（精子或卵子），分泌性激素，繁殖新个体，延续种族后代，并维持第二性征。生殖系统包括雄性生殖系统和雌性生殖系统。

（二）雄性生殖系统

雄性生殖系统由睾丸、附睾、输精管和精索、阴囊、尿生殖道、副性腺、阴茎和包皮所构成。

1. 睾丸

（1）睾丸的形态位置　睾丸呈左右稍扁的椭圆形，位于阴囊中，左右各一，一侧为附睾缘，另一侧是游离缘。分睾丸头、睾丸体和睾丸尾。睾丸和附睾外的浆膜是固有鞘膜。

（2）睾丸的组织结构　见图 2-10-1。

被膜 { 固有鞘膜（浆膜）　白膜→睾丸纵隔→睾丸小隔→睾丸小叶

实质：由精小管（精曲和精直）、睾丸网、间质细胞构成

精曲小管 { 生精细胞，精原细胞——初级、次级精母细胞——精子细胞、精子　支持细胞位置、形态、功能

间质：睾丸间质细胞，分泌雄性激素（睾丸酮）

图 2-10-1　睾丸的组织结构

（3）**附睾** 是贮存、运输、浓缩精子和精子进一步成熟的器官，可分为附睾头、附睾体和附睾尾 3 部分。

2. 输精管和精索

（1）**输精管** 为运送精子的细长的管道。

（2）**精索** 为一扁平近圆锥状结构，在睾丸背侧较宽，向上逐渐变细，出腹股沟管内环，沿腹腔后部底壁进入骨盆腔内。

3. 阴囊 借助腹股沟管与腹腔相通，相当于腹腔的突出部，容纳睾丸和附睾。分为阴囊皮肤、肉膜、阴囊筋膜、鞘膜。

4. 尿生殖道 雄性尿道兼有排尿和排精作用，故又称为尿生殖道。它可以分为骨盆部和阴茎部 2 个部分，两者间以坐骨弓为界。

（1）**尿生殖道骨盆部** 指自膀胱颈到骨盆腔后口的一段，位于骨盆腔底壁与直肠之间。

（2）**尿生殖道阴茎部** 是尿道经坐骨弓转到阴茎腹侧的一段，末端开口在阴茎头，开口处称尿道外口。在坐骨弓处，尿生殖道壁上的海绵体层稍变厚，形成尿道球。

5. 副性腺（附属腺） 副性腺包括精囊腺、尿道球腺和前列腺，其分泌物参与精液的形成。

（1）**精囊腺** 马呈囊状，其他动物为复管状腺或管泡状腺。位于膀胱颈背侧。分泌物是弱嗜碱性的黄白色黏稠液体，占精清的大部分，含有丰富的果糖，具有营养和稀释精子的作用。

（2）**尿道球腺** 为复管状腺或复管泡状腺。腺上皮有分泌机能，分泌物为黏性液体，由黏液和蛋白样液组成，含透明质酸酶，分泌物参与精液的形成，并有冲洗、润滑尿道的作用。位于尿生殖道骨盆部末端。

（3）**前列腺** 为复管状腺或管泡状腺，分腺体部和扩散部。尿生殖道起始部的背侧，外包结缔组织被膜，被膜伸入实质将腺体分成若干小叶，叶间结缔组织中的平滑肌纤维发达。分泌物含有前列腺素，使精液呈现出特殊的腥臭味，呈碱性，可中和酸性的阴道液，能刺激精子，使精子活跃起来。动物的精液即由精子和精清两部分组成，精清即副性腺的分泌物。

6. 阴茎和包皮 阴茎为公畜的交配器官，阴茎头位于包皮内。分阴茎根、阴茎体和阴茎头。阴茎由阴茎海绵体和尿道海绵体构成。包皮为由皮肤折转而形成的管状皮肤套，容纳和保护阴茎。猪形成包皮憩室，内有腐臭的尿液。

（三）雌性生殖系统

雌性生殖系统由卵巢、输卵管、子宫、阴道、尿生殖前庭和阴门等器官组成。

1. 卵巢

（1）**卵巢的形态位置** 卵巢为成对的实质性器官，由卵巢系膜悬吊在腹腔的腰下部，在肾的后下方或骨盆前口两侧。

（2）**卵巢的组织结构** 分为被膜和实质。被膜由生殖上皮和白膜构成。实质分为皮质和髓质。皮质由基质、各级卵泡、黄体、白体、红体和闭锁卵泡组成。各级卵泡有原始卵泡、初级卵泡、次级卵泡（生长卵泡）和成熟卵泡。髓质由疏松结缔组织构成。排卵：卵泡破裂，卵细胞从卵巢排出的过程。

（3）**黄体** 排卵后，卵泡迅速转变成一个富有血管的腺样结构，即黄体。成熟卵泡排卵后，卵泡壁向内塌陷形成皱襞，卵泡内膜层毛细出血，卵泡腔充满血液，称为红体。而后，卵泡壁塌陷，残留在卵泡壁的卵泡细胞和内膜细胞向内侵入，即黄体。

2. 输卵管　是输送卵子和受精的管道，分三段：漏斗部、壶腹部和峡部。

3. 子宫

（1）子宫的形态、位置　子宫借子宫阔韧带悬吊在腰下部，大部分位于腹后部，少部分位于骨盆腔内。背侧与直肠相邻；腹侧与膀胱相邻；子宫角的前端与输卵管相连；后部与阴道相通；两侧与骨盆腔侧壁及肠管相邻。在妊娠期间，子宫突入腹腔内。

家畜子宫多是双角子宫，可分为子宫角、子宫体和子宫颈 3 部分。

（2）各动物子宫特点　马的子宫，呈 Y 形，子宫角稍弯呈弓状，子宫角约与子宫体等长，子宫颈阴道部明显，呈现花冠状黏膜褶。牛、羊的子宫角长，前部呈绵羊角状，后部由结缔组织和肌组织连成伪体，其表面被以腹膜，子宫体很短。子宫颈由黏膜突起嵌合成螺旋状，子宫颈阴道部呈菊花瓣状。其中央有子宫外口。子宫内膜上有子宫肉阜，牛的子宫阜为圆形隆起，有 100 多个。羊的子宫阜呈全纽扣状，中央凹陷，有 60 多个。猪的子宫角很长，子宫体短，子宫颈长，子宫颈管也呈螺旋状，无子宫颈阴道部。

（3）子宫的组织特点

①黏膜：又称子宫内膜，粉红色，膜内有子宫腺，分泌物对早期胚胎有营养作用。

②肌层：又称子宫肌，由厚的内环行肌和薄的外纵行肌构成，两层肌肉间有一血管层，含丰富的血管和神经。子宫颈的环肌层特别发达，形成子宫颈括约肌，平时紧闭，分娩时开张。

③浆膜：又称子宫外膜，由腹膜延续而来，被覆于子宫的表面。

子宫的功能是为胚胎提供生长发育的适宜场所，并参与胎儿的分娩。另外，在交配时子宫的收缩还有助于精子向输卵管运行。

4. 阴道　是母畜的交配器官和产道。阴道呈扁管状，位于骨盆腔内，在子宫后方，向后延接尿生殖前庭，其背侧与直肠相邻，腹侧与膀胱及尿道相邻。马和牛的阴道宽阔，周壁较厚。马的阴道穹窿呈环状，牛的呈半环状。猪的阴道腔直径很大，无阴道穹窿。犬的阴道比较长，前端尖细，肌层很厚，主要由环行肌组成。

5. 尿生殖道前庭　尿生殖前庭是交配器官和产道，也是尿液排出的经路。位于骨盆腔内，直肠的腹侧，其前接阴道，在前端腹侧壁上有一条横行黏膜褶称为阴瓣，可作为前庭与阴道的分界；后端以阴门与外界相通。

6. 阴门　位于肛门腹侧，由左、右两阴唇构成，两阴唇间的裂缝称为阴门裂。阴唇上、下两端的联合，分别称为阴唇背侧联合和阴唇腹侧联合。在腹侧联合前方有一阴蒂窝，内有阴蒂，相当于公畜的阴茎。

三、例题及解析

1. 只有前列腺而无精囊腺和尿道球腺的家畜是（　　）。

    A. 牛　　　　　　　　　　B. 犬　　　　　　　　　　C. 羊

    D. 马　　　　　　　　　　E. 猪

【解析】B。犬的前列腺发达，但是没有精囊腺和尿道球腺。

2. 雄性幼龄家畜去势后, 其副性腺(　　　)。

    A. 发育良好　　　　　　　B. 发育不良　　　　　　　C. 功能亢进

    D. 退化消失　　　　　　　E. 更加发达

【解析】B。副性腺为位于尿生殖道骨盆部背侧面的腺体, 包括精囊腺、前列腺和尿道球腺。去势家畜的副性腺均发育不良。

3. 孕育胎儿的肌质器官是(　　　)。

    A. 卵巢　　　　　　　　　B. 输卵管　　　　　　　　C. 子宫

    D. 阴道　　　　　　　　　E. 阴道前庭和阴门

【解析】C。子宫是孕育胎儿的肌质器官, 大部分位于腹腔内, 小部分位于盆腔内, 借子宫系膜附着于腹腔顶壁和盆腔侧壁。

4. 在初级卵泡的卵母细胞与颗粒细胞之间出现一层嗜酸性、折光性强的膜状结构是(　　　)。

    A. 生殖上皮　　　　　　　B. 放射冠　　　　　　　　C. 透明带

    D. 膜性黄体细胞　　　　　E. 粒性黄体细胞

【解析】C。卵细胞上在卵母细胞与颗粒细胞之间的结构是透明带, 可防止多精入卵。

5. 羊子宫的特殊结构是(　　　)。

    A. 子宫颈枕　　　　　　　B. 子宫阜　　　　　　　　C. 子宫角

    D. 子宫体　　　　　　　　E. 子宫颈

【解析】B。子宫阜是指反刍动物固有层形成的圆形隆起, 其内有丰富的成纤维细胞和大量的血管。牛的子宫阜为圆形隆突, 羊的子宫阜为中心凹陷。

<<< 第十一单元　心血管系统 >>>

一、考试大纲

单元	细目	要点
心血管系统	1. 心	(1) 心的形态、位置和结构　(2) 心传导系统的组成　(3) 心包的结构　(4) 心肌的特点
	2. 肺循环	肺动脉与肺静脉
	3. 体循环	(1) 主动脉及其主要分支　(2) 大静脉: 前腔静脉、后腔静脉、颈静脉、肝门静脉、奇静脉　(3) 四肢静脉的特点: 头静脉、隐静脉
	4. 微循环	(1) 组成　(2) 结构特点

二、重要知识点

(一) 概述

心血管系统由心脏、血管 (包括动脉、毛细血管和静脉) 和血液组成。

心脏是血液循环的动力器官，在神经体液调节下，进行有节律地收缩和舒张，使其中的血液按一定方向流动。

（二）心血管系统的功能

运输：将营养物质运送到全身各部组织细胞，同时将其代谢产物运送到肺、肾和皮肤并排出体外。

防卫：吞噬、杀伤及灭活侵入体内的细菌和病毒，中和毒素。

内分泌：能分泌心房肽，有利尿和扩张血管的作用。

（三）心脏

1. 心脏的形态和位置　心位于胸腔纵隔内，约在胸腔下 2/3 部，或第 3 对肋骨（第 2 对肋间隙）与第 6 对肋骨（或第 6 对肋间隙）之间，夹在左、右两肺间，略偏左（马、猪心的 3/5，牛心的 5/7 位于正中平面的左侧）。牛的心基大致位于肩关节的水平线上，心尖距膈 2～5cm；马的心基大致位于胸高（鬐甲最高点至胸的腹侧缘）中点之下 3～4cm，心尖距膈 6～8cm，距胸骨约 1cm；猪的心位于第 2～5 肋之间，心尖与第 7 肋软骨和胸骨结合处相对，距膈较近。

2. 心腔的构造　心腔以纵走的房间隔和室间隔分为左右互不相通的两半。每半又分为上部的心房和下部的心室，同侧的心房和心室各以房室口相通。

（1）右心房　占据心基的右前部。包括右心耳（呈圆锥形盲囊，尖端向左向后至肺动脉前方，内壁有许多方向不同的肉嵴，称梳妆肌）、静脉窦（前腔静脉、后腔静脉、奇静脉）。

（2）右心室　位于右心房之下，不达心尖。其入口为右房室口，出口为肺动脉口。右房室口以致密结缔组织构成的纤维环为支架，环上附着有 3 个三角形瓣膜，称三尖瓣或右房室瓣。其游离缘向下垂入心室，通过腱索连于乳头肌。当心房收缩时，房室口打开，血液由心房流入心室，当心室收缩时，心室内压升高，血液将瓣膜向上推使其相互合拢，关闭房室口，可防止血液倒流。

（3）左心房　构成心基的左后部，左心耳也呈圆锥状盲囊，向左向前突出，内壁也有梳状肌。在左心房背侧壁后部，有 6～8 个肺静脉入口。左心房下方有一左房室口与左心室相通。

（4）左心室　构成心室的左后部，室腔伸达心尖，室腔的上方有左房室口和主动脉口。左房室口纤维环上附着有两片瓣膜，称二尖瓣，也叫左房室瓣，其结构和作用同三尖瓣。主动脉口为左心室的出口，纤维环上附着有 3 个半月瓣，其结构及作用同肺动脉口的半月瓣。

3. 心壁的构造

（1）心外膜　为心包浆膜脏层，由间皮和结缔组织构成，紧贴于心肌外表面。

（2）心肌　心壁最厚的一层，主要由心肌纤维构成，内有血管、淋巴管和神经等。心房肌薄，分深、浅两层，浅层为左右心房共有，深层为各心房所独有。心室肌较厚，其中左心室壁最厚，肌纤维呈螺旋状排列。

（3）心内膜　薄而光滑，紧贴于心肌内表面，并与血管的内膜相连续。

4. 心脏的血管　心脏本身的血液循环称为冠状循环，由冠状动脉、毛细血管和心静脉组成。

（1）冠状动脉　分为左右两支，分别由主动脉根部发出，沿冠状沟和左、右纵沟伸延，在心肌内形成丰富的毛细血管网。

（2）心静脉　包括心大、心中和心小静脉。心大静脉和心中静脉伴随左、右冠状动脉分布，最后注入右心房的冠状窦，心小静脉分成数支，在冠状沟附近直接开口于右心房。

5. 心脏的传导系统

（1）窦房结　位于前腔静脉和右心耳间界沟内的心外膜下，为心脏的正常起搏点。除分支到心房肌外，还分出数支结间束与房室结相连。

（2）房室结　位于房中隔右房侧的心内膜下、冠状窦的前面。

（3）房室束　房室结的直接延续，在室中隔上部分为一较细的右束支（右脚）和一较粗的左束支（左脚），分别在室中隔的左室侧和右室侧心内膜下延伸，分出小分支至室中隔，还分出一些分支通过心横肌到心室侧壁。

6. 心包　为包在心脏周围的锥形囊，囊壁由浆膜和纤维膜组成，具有保护心脏的作用。纤维膜是坚韧的结缔组织，与心包胸膜共同构成胸骨心包切带，使心脏附着于胸骨。浆膜分为壁层和脏层。壁层衬于纤维膜的里面，在心基折转后成为脏层，覆盖于心肌表面形成心外膜。壁层和脏层之间的裂隙称为心包腔，腔内有少量浆液，可润滑心脏，减少其搏动时产生的摩擦。

（四）血管

血管的种类及分布规律　可分为动脉、毛细血管和静脉，血管常对称分布，动静脉常并行。

（1）动脉　出心脏的血管，管壁厚，富有收缩性和弹性，将血液由心脏运向畜体各器官。分大、中、小3种类型。

（2）毛细血管　壁很薄，仅由一层内皮细胞构成，在器官组织内分支互相合成网，是血液与组织之间进行物质交换的场所。

（3）静脉　回心脏的血管，管壁薄，管腔较大，有些部位的静脉内有静脉瓣（膜），可防止血液回流。作用：将全身各部的血液引入心脏的血管。

（五）血液循环的途径（图2-11-1）

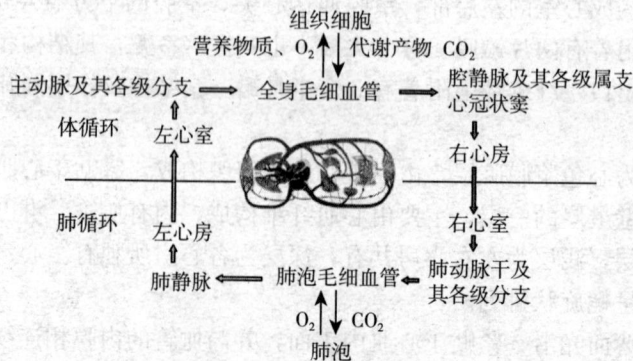

图2-11-1　血液循环

1. 肺循环的血管　肺循环血管包括肺动脉、毛细血管和肺静脉。

（1）肺动脉　起始于右心室，在主动脉的左侧向上方延伸，至心基的后上方分为左右两支，分别与同侧支气管，一起经肺门入肺，在肺内随支气管而分支，最后在肺泡周围形成毛细血管网，在此进行气体交换。

（2）肺静脉　由肺内毛细血管网汇合而成，和肺动脉、支气管伴行，最后汇合成6～8支肺静脉，由肺门出肺后注入左心房。

2. 体循环的血管

（1）体循环的动脉　主动脉是体循环的动脉主干，全身所有的动脉支都直接或间接自此发出。主动脉起于左心室的主动脉口，可分为主动脉弓、胸主动脉和腹主动脉。

（2）体循环的静脉系　心静脉系：心脏的静脉血通过心大静脉、心中静脉和心小静脉注入右心房。前腔静脉系：前腔静脉是汇集头、颈、前肢和部分胸壁血液的静脉干。在胸前口处由左、右腋静脉和左、右颈内、外静脉（牛、猪）或左、右颈静脉（马）汇合而成，位于气管和臂头动脉总干的腹侧，在心前纵隔内向后延伸，注入右心房。

后腔静脉系：后腔静脉是引导腹部、骨盆部、尾部和后肢静脉血入右心房的静脉干。其主要属支有：门静脉，由胃十二指肠静脉，脾静脉，肠系膜前、后静脉汇集而成，位于后腔静脉腹侧，为引导胃、脾、胰、小肠和大肠（除直肠后段外）静脉血的静脉干，经肝门入肝后反复分支全窦状隙，然后再汇集成数条肝静脉注入后腔静脉。门静脉两端均为毛细血管网。

腹腔内其他属支：腰静脉、睾丸或卵巢静脉、肾静脉和肝静脉。

髂总静脉：由髂内静脉和髂外静脉汇成，有收集后肢、骨盆及尾部的静脉血的作用。

奇静脉：接收部分胸壁和腹壁的静脉血，也接收支气管和食管的静脉血。右奇静脉（马）位于胸椎腹侧偏右面，与胸主动脉和胸导管伴行向前伸延，注入右心房；左奇静脉（牛）位于胸主动脉的左侧向前伸延，注入右心房。

三、例题及解析

1. 前腔静脉和后腔静脉的血液汇入（　　）。

  A. 左心房　　　　　　　　B. 右心房　　　　　　　　C. 左心室

  D. 右心室　　　　　　　　E. 冠状窦

【解析】B。前腔静脉是收集头、颈、前肢和部分胸壁和腹壁血液回流入右心房的静脉干，后腔静脉是收集腹部、骨盆部、尾部和后肢血液入右心房的静脉干。因此前腔静脉和后腔静脉的血液汇入右心房。

2. 心脏自身的营养动脉是（　　）。

  A. 冠状动脉　　　　　　　B. 升主动脉　　　　　　　C. 胸廓内动脉

  D. 胸主动脉　　　　　　　E. 降主动脉

【解析】A。由升主动脉分出的左、右冠状动脉，是为心脏提供营养的动脉。

3. 左心室血液流入（　　）。

  A. 主动脉　　　　　　　　B. 肺动脉　　　　　　　　C. 肺静脉

  D. 前腔静脉　　　　　　　E. 后腔静脉

【解析】 A。血液由左心室输出，经主动脉及其分支运输到全身各部，通过毛细血管、静脉回流到右心房，称体循环路径。

4. 心脏的传导系统包括窦房结，房室结，房室束和(　　)。

 A. 神经纤维　　　　　 B. 神经原纤维　　　　 C. 肌原纤维

 D. 胶原纤维　　　　　 E. 浦金野纤维

【解析】 E。心传导系统由特殊的心肌纤维所构成，能自动而有节律地产生兴奋和传导兴奋，使心房和心室交替性地收缩和舒张，包括窦房结、房室结、房室束和浦金野纤维。

5. 猫前肢采血的静脉是(　　)。

 A. 腋静脉　　　　　　 B. 头静脉　　　　　　 C. 臂静脉

 D. 隐静脉　　　　　　 E. 正中静脉

【解析】 B。浅静脉位于皮下，隐静脉为后肢的浅静脉干。无动脉伴行，在体表可见，常用于采血和静脉注射等。头静脉为前肢的浅静脉干。

6. 腹腔动脉分出 3 个分支，即肝动脉、脾动脉和(　　)。

 A. 胃左动脉　　　　　 B. 胃右动脉　　　　　 C. 肠系膜前动脉

 D. 肠系膜后动脉　　　 E. 肾动脉

【解析】 A。腹腔动脉是腹主动脉的主要分支，其又分为脾动脉、胃左动脉、肝动脉等。

<<< 第十二单元　淋巴系统 >>>

一、考试大纲

单元	细目	要点
淋巴系统	1. 组成	(1) 淋巴管　　(2) 淋巴组织　　(3) 淋巴器官
	2. 中枢淋巴器官	胸腺的位置、形态与结构特点
	3. 周围淋巴器官	(1) 脾的位置、形态与组织结构特点　　(2) 扁桃体的位置、形态与结构特点　　(3) 主要浅在淋巴结的位置、形态与组织结构特点　　(4) 腹腔内脏淋巴结的位置与形态特点

二、重要知识点

免疫系统是动物的防御系统，具有免疫监视、防御、调控作用，由免疫器官（骨髓、脾脏、淋巴结等）、免疫细胞（淋巴细胞等）以及免疫活性物质（抗体、巨噬细胞等）组成。

1. 中枢免疫器官　发育较早，执行生成免疫细胞的功能，包括骨髓、胸腺、法氏囊（禽类）。共同特点：在胚胎早期发育，为淋巴上皮样结构，是淋巴细胞形成、诱导、分化的器官。

（1）骨髓　造血、免疫器官。哺乳类动物 B 细胞产生、发育、成熟的场所。

（2）胸腺　骨髓中的淋巴干细胞，在胸腺中增殖分化成成熟具有免疫功能的 T 细胞，然后进入外周淋巴器官，参与机体的免疫反应。胸腺在幼畜发达，性成熟后退化，到老年几乎被脂肪组织所代替。

2. 外周免疫器官 外周淋巴器官发育较迟，其淋巴细胞由中枢淋巴器官迁移而来，定居在特定区域内，就地繁殖，再进入淋巴和血液循环，参与机体免疫。

（1）淋巴结 是体内重要的防御关口，沿着淋巴管的路径分布。淋巴结分为凹凸两面，凹面是淋巴结门，是血管神经和输出淋巴管的部位，凸面有3～4条输入淋巴管进入淋巴结内。

主要包括：浅表淋巴结（位于皮下、用手可摸到）；深在淋巴结（血管干附近）；内脏淋巴结（内脏器官的附近或系膜上）；肩前淋巴结（位于肩关节的前上方，臂头肌的深面，也称颈浅淋巴结）；股前淋巴结（也叫膝上淋巴结，位于膝关节的上方，髋结节的下方）；腹股沟浅淋巴结（位于大腿内侧，公畜在阴茎背侧，精索后方，母畜在后上方皮下）。

（2）脾 体内最大的淋巴器官，位于腹前部、胃的左侧。脾是血液循环的过滤器，也是由淋巴组织构成，有输出淋巴管和大量的血窦，具有造血、滤血、贮血及参与机体免疫活动等功能。各种动物脾的形态位置如下。

①牛脾：长而扁的椭圆形，呈灰蓝色，质度稍硬，位于瘤胃背囊的左前方。

②羊脾：扁而呈钝三角形，红紫色，质柔软，附着瘤胃背囊前上方。

③猪脾：长舌形，红紫色或暗红色，质较硬，位于胃大弯左下，弯曲度与胃大弯相应。

④马脾：呈扁平镰刀形，蓝紫色，质柔软，在胃的左后方。

⑤禽脾：位于腺胃的右侧，红褐色，鸡脾呈球形，鸭、鹅脾呈钝三角形。

三、例题及解析

1. 大多数家畜淋巴结的实质分为外周的皮质和中央的髓质，但皮质和髓质位置颠倒的是（　　）。

    A. 猪   B. 马   C. 牛

    D. 羊   E. 犬

【解析】A。淋巴结分为间质和实质，实质分为外周的皮质和中央的髓质。猪淋巴结的皮质和髓质位置恰好相反。

2. 母牛乳房临诊检查触诊的淋巴结是（　　）。

    A. 腹股沟浅淋巴结   B. 髂下淋巴结   C. 腹股沟深淋巴结

    D. 腘淋巴结   E. 髂内淋巴结

【解析】A。母牛、母马的腹股沟浅淋巴结位于乳房基部后上方，称为乳房淋巴结（母猪、母犬的位于最后乳房的后外侧或基部的后上方）。乳房检查时常触诊此淋巴结。

3. 淋巴结内的T细胞主要位于（　　）。

    A. 淋巴小结   B. 副皮质区   C. 皮质淋窦

    D. 髓索   E. 髓质淋巴窦

【解析】B。副皮质区即深层皮质，位于皮质深部，为厚层弥散淋巴组织，主要含T细胞；A项，淋巴小结内有B细胞、巨噬细胞、滤泡树突细胞、T细胞等；C项，皮质淋巴窦，是淋巴结内淋巴流动的通道；D项，髓索，由弥散淋巴组织构成的不规则形条索，彼此相连成网，主要含B细胞，另有一些T细胞、浆细胞、肥大细胞和巨噬细胞等；E项，髓质淋巴窦，位于髓索之间，相互连接成网，其结构与皮质淋巴窦相同，故选 B。

4. 7 岁犬的胸腺特征是(　　)。

　　A. 胸部和颈部的胸腺均发达　　　　　B. 颈部胸腺发达，胸部胸腺退化

　　C. 胸部胸腺发达　　　　　　　　　　D. 颈部和胸部胸腺均退化

　　E. 颈部胸腺发达

【解析】D。此题考查免疫系统。胸腺作为内分泌系统中的一个，在性成熟之前逐渐发育，性成熟之后随着年龄的增加逐渐退化。

<<< 第十三单元　神经系统 >>>

一、考试大纲

单元	细目	要点
神经系统	1. 基本概念	(1) 神经的定义　(2) 中枢神经系和外周神经系的组成
	2. 脊髓	(1) 位置和形态　(2) 结构特点
	3. 脑	(1) 大脑的结构特点　(2) 小脑的结构特点　(3) 脑干的结构特点
	4. 脑神经	十二对脑神经的主要分支和支配的器官
	5. 脊神经	(1) 脊神经的组成　(2) 臂神经丛：肩胛上神经、桡神经、正中神经、尺神经　(3) 腰荐神经丛：坐骨神经、闭孔神经、股神经　(4) 腹壁神经：肋腹神经、髂腹下神经、髂腹股沟神经
	6. 植物性神经	(1) 植物性神经的概念及其特点　(2) 交感神经的来源、分支与分布　(3) 副交感神经的来源、分支与分布

二、重要知识点

(一) 神经系统的组成

神经系统分为中枢神经、周围神经。中枢神经分为脑（大脑、小脑、脑干）、脊髓；周围神经分为躯干神经、植物性神经（交感神经、副交感神经）。

(二) 脊髓

脊髓位于脊椎管内，呈圆柱状，分为颈、胸、腰和荐 4 部分。脊髓内部结构分为灰质（背角、侧角、腹角）、中央管、白质（背侧索、外侧索、腹侧索）。

1. 灰质　在脊髓的横断面上，呈蝴蝶形，每侧部的灰质分别向背、腹侧伸入白质，分别称背侧柱和腹侧柱，背侧柱中主要是中间神经元的胞体；腹侧柱内为运动神经元的胞体。

2. 白质　位于灰质的周围。白质可划分为 3 对索：背侧索（传导本体感觉）；腹侧索（传导感觉、运动）；外侧索（传导感觉、运动）。

（三）脑

脑是神经系统的高级中枢。位于颅腔内，大脑位于前方，脑干位于大脑和脊髓之间，小脑位于脑干背侧。脑的形态、位置和区分如下。

1. 脑干（延髓＋脑桥＋中脑＋间脑）　前接大脑，后连脊髓，是脊髓与大脑、小脑连接的桥梁。

（1）延髓　位于脊髓前方，含有与唾液腺、吞咽、呼吸、心血管活动等有关的神经。

（2）脑桥　位于延髓前方，是连接大脑与小脑的重要通道。

（3）中脑（大脑脚＋四叠体＋前丘＋后丘）　脑桥前方，间脑后方。与视觉、听觉反射有关。

（4）间脑（丘脑＋下丘脑）　位于中脑的前方，大部分被两侧的大脑半球所覆盖。

（5）丘脑　2个卵圆形的灰质块。内侧膝状体：听觉冲动联络站；外侧膝状体：视觉冲动联络站。

（6）下丘脑　位于丘脑腹侧。释放加压素和催产素。为较高级的调节内脏活动的中枢。

2. 小脑　略成球形，位于延髓和脑桥背侧。表面有许多凹陷的沟和凸出的回。小脑分为中间较窄且卷曲的蚓部和小脑半球。小脑灰质主要覆盖小脑半球的表面，小脑白质在深部，呈树枝状分布，白质中有分散存在的神经核。

3. 大脑　大脑半球分为皮质（额叶、顶叶、颞叶、枕叶、边缘叶）、白质（联合纤维、联络纤维、投射纤维）、基底核（尾状核、豆状核）、嗅脑（嗅球、嗅回、梨状叶、海马）。

4. 脑神经　从脑发出左右成对的神经。共 12 对，其排列顺序通常用罗马数字顺序表示，依次为嗅神经、视神经、动眼神经、滑车神经、三叉神经、外展神经、面神经、前庭耳蜗神经、舌咽神经、迷走神经、副神经和舌下神经。其中，三叉神经分别由眼神经、上颌神经和下颌神经组成。

5. 脊神经　混合神经，由背根（感觉根）和腹根（运动跟）汇合而成。

脊神经按部位分为颈神经、胸神经、腰神经、荐神经和尾神经。

脊神经腹侧支的分布：躯干神经、前肢神经、后肢神经。

6. 躯干神经　膈神经；肋间神经；髂腹下神经；髂腹股沟神经。

7. 前肢神经　由臂神经丛发出。

8. 后肢神经　由腰荐神经丛发出。

9. 植物性神经　主要分布内脏（内脏神经）。由感觉（传入）神经和运动（传出）神经组成。又分为交感神经和副交感神经。

三、例题及解析

1. 滑车神经的纤维成分性质属于（　　）。

　　A. 感觉神经　　　　　　　　B. 运动神经　　　　　　　　C. 混合神经

　　D. 交感神经　　　　　　　　E. 副交感神经

【解析】B。脑神经是指与脑相联系的外周神经，共有 12 对。其中，滑车神经的纤维成分是运动神经，支配眼球肌。

2. 分布到内脏器官、平滑肌、心肌和腺体的神经称为内脏神经,其中的传出神经是(   )。

    A. 中枢神经   B. 脊神经   C. 感觉神经

    D. 脑神经   E. 植物性神经

【解析】E。控制心肌、平滑肌和腺体活动的神经即传出神经,为植物性神经。

3. 脊髓膜的最内层称为(   )。

    A. 脊外膜   B. 脊内膜   C. 脊蛛网膜

    D. 脊硬膜   E. 脊软膜

【解析】E。脊髓外周包有3层结缔组织膜,由外向内依次为脊硬膜、脊蛛网膜和脊软膜。其中脊软膜薄而富有血管,紧贴于脊髓的表面。

4. 脊髓灰质横切面呈(   )。

    A. 立方形   B. 扁平形   C. 蝴蝶形

    D. 二角形   E. 卵圆形

【解析】C。脊髓分为灰质和白质,灰质位于中心,呈蝴蝶形。

5. 动物因脊髓损伤而瘫痪,反射弧中受损的是(   )。

    A. 传出神经   B. 效应器   B. 感受器

    D. 神经中枢   E. 传入神经

【解析】D。脊柱和大脑属于动物的神经中枢。

<<< **第十四单元　内分泌系统** >>>

一、考试大纲

单元	细目	要点
内分泌系统	内分泌系统结构	(1) 内分泌系统的概念及其组成　(2) 内分泌器官的位置与结构特点

二、重要知识点

(一)内分泌系统的概念及其组成

1. 内分泌的概念　内分泌细胞产生激素,不经导管而直接进入血液或组织液,在体内发挥作用,称为内分泌。

2. 内分泌系统　由机体各内分泌腺及散布于全身的内分泌细胞共同组成的信息传递系统称为内分泌系统。

3. 组成　内分泌器官(甲状腺、甲状旁腺、垂体、肾上腺和松果腺)和内分泌组织或细胞(胰腺的胰岛、肾脏的肾小球旁复合体、睾丸内的间质细胞、卵巢内的间质细胞、卵泡和黄体等)。

（二）内分泌器官的位置与结构特点

1. 垂体　位于蝶骨体颅腔面的垂体窝内，借漏斗与间脑的丘脑下部相连，是体内最重要的内分泌腺。可分泌生长素（GH）、催乳素（PRL）、促黑（素细胞）激素（MSH）、促甲状腺激素（TSH）、促肾上腺皮质激素（ACTH）、卵泡刺激素（FSH）、黄体生成素（LH）。

2. 松果体　位于丘脑和四叠体之间，红褐色、卵圆形。分泌褪黑激素，能抑制促性腺激素的释放，防止性早熟。

3. 甲状腺　为体内最大的内分泌腺，位于头颈交界处，喉的后方，甲状软骨的旁边。由左右 2 个侧叶和中间的腺峡组成。

4. 甲状旁腺　椭圆形或圆形，较小（马、牛 2 对，猪 1 对），位于甲状腺附近或埋于甲状腺实质内。甲状旁腺激素的生物学作用：升高血钙，降低血磷。

5. 肾上腺　1 对，位于肾前方内侧缘，呈椭圆形或心形。皮质部分泌盐皮质激素（球状带）、糖皮质激素（束状带）、性激素（网状带）；髓质部分泌肾上腺素和去甲肾上腺素。

三、例题及解析

1. 位于左、右肾前内侧的内分泌腺是（　　）。

　　A. 垂体　　　　　　　　　B. 松果体　　　　　　　　C. 肾上腺
　　D. 甲状腺　　　　　　　　E. 甲状旁腺

【解析】C。内分泌腺主要有甲状腺、甲状旁腺、垂体、肾上腺和松果腺等。C 项，左、右肾上腺分别位于左、右肾的前内侧缘附近；A 项，垂体位于蝶骨体颅腔面的垂体窝内；B 项，松果体位于间脑背部侧壁中央；D 项，甲状腺位于喉的后方；E 项，甲状旁腺位于甲状腺附近或埋于甲状腺实质内。

2. 内分泌腺的结构特点之一是没有（　　）。

　　A. 动脉　　　　　　　　　B. 淋巴管　　　　　　　　C. 神经
　　D. 导管　　　　　　　　　E. 静脉

【解析】D。内分泌腺的结构特点：①腺体的表面被覆一层被膜；②腺细胞在腺小叶内排列成索、团、滤泡或腺泡；③没有排泄管；④腺内富有血管，腺小叶内形成毛细血管网或血窦，激素进入毛细血管或血窦内，由此进入血液循环。

3. 内分泌系统中分泌激素种类最多的器官是（　　）。

　　A. 甲状腺　　　　　　　　B. 甲状旁腺　　　　　　　C. 肾上腺
　　D. 松果体　　　　　　　　E. 垂体

【解析】E。A 选项，位于喉后方，分泌甲状腺素和降钙素；B 选项，位于甲状腺附近或埋于甲状腺实质内，分泌甲状旁腺素；C 选项，位于左、右肾的内侧缘前方，分泌盐皮质激素、糖皮质激素、性激素；D 选项，位于丘脑和四叠体之间，分泌褪黑激素，能抑制促性腺激素的释放，防止性早熟；E 选项，垂体借漏斗与间脑的丘脑下部相连，是体内最重要、分泌激素最多的内分泌腺。

4. 甲状腺的侧叶和腺峡合并为一整体，呈球形的动物是（　　）。

　　A. 马　　　　　　　　　　B. 牛　　　　　　　　　　C. 山羊

D. 猪   E. 犬

【解析】D。此题考查家畜内分泌系统。甲状腺一般位于喉后方，由左右两侧叶和中间的腺峡组成。同 U 形，棕红色。其中，猪的腺峡和左右侧叶连成一个整体，呈球形。马、犬的侧叶呈卵圆形。

<<< 第十五单元　感觉器官 >>>

一、考试大纲

单元	细目	要点
感觉器官	1. 眼	(1) 眼球壁的结构　(2) 眼球的内含物　(3) 眼球的辅助结构；眼睑、眼球肌、泪器
	2. 耳	外耳、中耳和内耳的形态与结构特点

二、重要知识点

(一) 眼

眼球壁的结构

(1) 纤维膜　前部为角膜（透明），占眼球前部约 1/5，为透明的折光结构，呈外凸内凹的球面。角膜表面被有球结膜。角膜内面与虹膜之间构成眼前房，内有眼房水。后部为巩膜，占眼球后部约 4/5。乳白色，不透明。巩膜前方接角膜，交界处有环状的巩膜静脉窦，是眼房水流出的通道，起着调节眼压的作用。

(2) 血管膜　为眼球壁的中层，富含血管和色素细胞，有营养眼内组织的作用，并形成暗的环境，有利于视网膜对光色的感应。血管膜由后向前分为脉络膜、睫状体和虹膜 3 部分。

(3) 视网膜　分视部（衬于脉络膜内面）和盲部（被覆在睫状体和虹膜内面，无感光能力）。

2. 眼球的内含物　包括晶状体、眼房水和玻璃体，它们与角膜一起组成眼的折光系统。

3. 眼的辅助结构　包括眼睑、泪器、眼球肌和眶骨膜等，对眼球有保护、运动和支持作用。

(二) 耳

1. 外耳

(1) 耳郭　由耳郭软骨、皮肤和肌肉等构成，皮肤上有毛。

(2) 外耳道　在软骨管部的皮肤含有皮脂腺和耵聍腺。后者为变态的汗腺，分泌耳蜡。

(3) 鼓膜　位于外耳道底的一片圆形纤维膜，坚韧而有弹性。鼓膜外层为皮肤，中层为纤维层，由致密胶质纤维构成，内层衬有黏膜。

2. 中耳　包括鼓室、3 块听小骨、咽鼓管。传导声波。

3. 内耳　听觉和位置感受器所在地，包括骨迷路和膜迷路。

三、例题及解析

1. 中耳的功能是（　　）。
　　A. 收集声波　　　　　　　　B. 传导声波　　　　　　　　C. 压缩声波
　　D. 听觉感受器的所在地　　　E. 位置感受器的所在地

【解析】B。耳包括外耳、中耳和内耳。①外耳包括耳郭、外耳道和鼓膜3部分，功能是收集声波；②中耳由鼓室、听小骨和咽鼓管组成，功能是传导声波；③内耳是听觉感受器和位置感受器所在地。

2. 眼球壁的3层结构是指纤维膜、血管膜和（　　）。
　　A. 蛛网膜　　　　　　　　　B. 视网膜　　　　　　　　　C. 硬膜
　　D. 软膜　　　　　　　　　　E. 白膜

【解析】B。眼球壁的3层结构由外向内依次是纤维膜（角膜和巩膜）、血管膜（虹膜、睫状体和脉络膜）和视网膜等。

3. 眼球壁3层结构的中层结构是（　　）。
　　A. 纤维膜　　　　　　　　　B. 血管膜　　　　　　　　　C. 视网膜
　　D. 角膜　　　　　　　　　　E. 虹膜

【解析】B。眼球壁主要分为外、中、内3层。外层由角膜、巩膜组成；中层又称葡萄膜、血管膜，包括虹膜、睫状体和脉络膜3部分；内层为视网膜。

4. 哺乳动物眼球壁的3层结构中有感光功能的是（　　）。
　　A. 虹膜　　　　　　　　　　B. 巩膜　　　　　　　　　　C. 纤维膜
　　D. 脉络膜　　　　　　　　　E. 视网膜

【解析】E。眼球壁分为3层，由外向内依次是：①纤维膜；②血管膜；③视网膜。视网膜又分为视部和盲部，其中视部有感光功能。

5. 位于眼球壁中层，具有调节视力作用的结构是（　　）。
　　A. 虹膜　　　　　　　　　　B. 睫状体　　　　　　　　　C. 角膜
　　D. 脉络膜　　　　　　　　　E. 视网膜

【解析】B。睫状体是续连于虹膜后方的环形增厚部分，内含平滑肌，通过晶状体悬韧带与晶状体相连，有调节晶状体曲度的作用。

<<< 第十六单元　家禽解剖特点 >>>

一、考试大纲

单元	细目	要点
家禽解剖特点	1. 消化系统的特点	（1）口腔的特点　（2）嗉囊的特点　（3）腺胃和肌胃的特点　（4）小肠和大肠的特点　（5）盲肠扁桃体和泄殖腔的结构特点

（续）

单元	细目	要点
家禽解剖特点	2. 呼吸系统的特点	鸣管、气囊和肺的特点
	3. 泌尿系统的特点	组成和特点（肾、输尿管）
	4. 公禽生殖器官的特点	睾丸、附睾、输精管和交配器官的特点
	5. 母禽生殖器官的特点	卵巢和输卵管的特点
	6. 淋巴器官的特点	（1）胸腺、脾脏的结构特点 （2）法氏囊的位置和结构特点 （3）肠道淋巴集结的结构特点

二、重要知识点

（一）家禽的一般特征

全身覆羽毛，有翼；头小、眼大、无牙齿；骨骼愈合有气室；肋骨分节；小脑和胸腿肌肉发达；有嗉囊、肌胃、泄殖腔，无膀胱；肺小有气囊。

（二）消化系统特点

1. 口咽　无唇、无齿、无颊、无软腭。

2. 食管和嗉囊　食管宽大而富于扩张性，鸡和鸽的食管在胸腔入口处形成一膨大的囊，鸭和鹅没有真正的嗉囊，但形成一个纺锤形的食管膨大部，作用同嗉囊。

3. 胃

（1）腺胃（前胃）　纺锤形，其中腺胃乳头可分泌胃酸胃蛋白酶。

（2）肌胃（砂囊）　肌层发达，黏膜面被覆一层角质膜，有利于研磨食物，此膜在鸭呈白色，在鸡呈黄色（俗称鸡内金，可入药）。

（三）呼吸系统的特点

1. 喉　无声带，只有环状和勺状软骨。

2. 鸣管　位于胸前口、气管分叉处，是禽的发声器官，由中间的鸣骨和内外侧的鸣膜构成。公鸭鸣管形成膨大的骨质鸣泡，故发声嘶哑。

3. 肺　嵌入肋间隙内，不形成支气管树。

4. 气囊　与肺相通，是禽类特有的器官，是支气管出肺后形成的黏膜囊，外面仅被覆浆膜，可储存气体，满足其较高的代谢率，并有减轻体重、调节体温的作用。有9个气囊：锁骨间气囊（1个），颈气囊、胸前气囊、胸后气囊、腹气囊各1对。

（四）泌尿系统的特点

由肾和输尿管组成，无膀胱。输尿管开口于泄殖道。

禽肾比例较大，占体重的1%以上，位于荐骨两旁和髂骨内面，前端达最后椎肋骨。肾外无脂肪囊，仅垫以腹气囊的肾憩室。

（五）公禽生殖器官的特点

1. 睾丸 光滑、卵圆形，位于肾前下方、最后两肋骨上端。幼禽睾丸米粒大，淡黄色；成禽睾丸大如鸡蛋、白色。

2. 附睾 小，紧贴睾丸背内侧。

3. 输精管 沿脊柱两侧、肾腹侧面与输尿管并行开口于泄殖道。

4. 阴茎 公鸭和公鹅阴茎发达。公鸡无阴茎，却有一套完整的交媾器，包括一对输精管乳头、一对脉管体、阴茎体和淋巴壁。刚出壳的雏鸡，阴茎体明显，外翻用以鉴别雌雄。

（六）母禽生殖器官的特点

1. 卵巢 左卵巢位于左肾前半部腹侧，可见不同发育阶段的卵泡，内含卵细胞。

2. 输卵管

（1）漏斗部 朝向卵巢，边缘薄而形成伞状，故又称输卵管伞部。有摄取卵的机能，卵在此受精。

（2）膨大部 又称蛋白分泌部，长而弯曲，黏膜形成略呈螺旋形的纵状，在繁殖期呈乳白色，有分泌蛋白质的作用。

（3）峡部 较狭窄，腺体分泌少量蛋白，形成纤维性蛋壳膜。

（4）子宫部 较膨大，管壁厚而富有肌肉，呈扩张状态。黏膜内有壳腺，能分泌碳酸盐，形成蛋壳及色素。软蛋在此处停留时间最长，20h左右形成蛋壳。

（5）阴道部 为输卵管的末段，是雌禽的交配器官，开口于泄殖腔的左侧。黏膜面在子宫阴道连接部，有管状的阴道腺，叫精小窝，是贮存精子的地方。黏膜内有腺体，分泌物在卵壳的表面形成一层致密的角质膜，有防止蛋水分蒸发、润滑阴道部、阻止微生物侵入等作用。

（七）淋巴器官的特点

1. 胸腺 呈黄色或灰红色，从颈前部到胸部沿着颈静脉延伸为长链状。幼龄时体积增大，到接近性成熟时达到最高峰，随后逐渐退化，成年时仅留下残迹。

2. 腔上囊 又称法氏囊，位于泄殖腔背侧，呈球形，白色，性成熟后退化。能产生B淋巴细胞的初级淋巴器官。

3. 脾 棕红色，球形，位于腺胃和肌胃交界处的右背侧。

4. 肠道淋巴集结 包括回肠淋巴集结、盲肠扁桃体（位于盲肠基部）。

三、例题及解析

1. 家禽的泌尿系统特殊，因为（　　　）。

    A. 肾脏发达　　　　　　　B. 肾脏退化　　　　　　　C. 两肾合并

    D. 膀胱发达　　　　　　　E. 缺乏膀胱

【解析】E。家禽泌尿系统由肾和输尿管组成，没有膀胱。

2. 位于气管分叉处，由数个气管环和支气管环及一块鸣骨组成的禽类发声器官是(　　)。

  A. 鼻   B. 咽   C. 喉

  D. 气囊   E. 鸣管

  【解析】E。鸣管是禽类的发声器官，由数个气管环和支气管环以及一块鸣骨组成。当禽呼吸时，空气经过鸣膜之间的狭缝，振动鸣膜而发声；公鸭鸣管形成膨大的骨质鸣泡，故发声嘶哑。

  3. 有前后2群共9个，作为储气装置而参与肺呼吸作用的禽类特有器官是(　　)。

  A. 鼻   B. 咽   C. 喉

  D. 气囊   E. 鸣管

  【解析】D。气囊是禽类特有的器官，分为前后两群。前群有1个锁骨气囊和成对的颈气囊、前胸气囊；后群有1对后胸气囊和1对腹气囊。前群气囊、后胸气囊分别与次级支气管直接相通；腹气囊直接与初级支气管相通。

  4. 家禽胚胎的卵裂方式属于(　　)。

  A. 盘状卵裂   B. 完全卵裂   C. 水平卵裂

  D. 垂直卵裂   E. 杯状卵裂

  【解析】A。家禽卵属于多黄卵、端黄卵，由于受精卵植物极的卵黄不能分裂，卵裂就在动物极的一个小圆盘的范围内进行，这种分裂形式称为盘状卵裂。

  5. 孵化48h的鸡胚卵黄囊覆盖卵黄的面积占(　　)。

  A. 1/7   B. 1/3   C. 1/4

  D. 1/5   E. 1/6

  【解析】A。鸡胚产出时已经发育到囊胚期，为一个细胞团，在孵化过程中，孵化24h胚胎变大，俗称鱼眼珠，孵化48h，胚胎再扩大1倍，被红色血管围成樱桃形、圆盘形，约覆盖卵黄面积的1/7，第4天可达到1/3，俗称"小蜘蛛"。

  6. 鸡消化道的特点之一是(　　)。

  A. 1条盲肠   B. 2条盲肠   C. 3条盲肠

  D. 盲肠消失   E. 盲肠退化

  【解析】B。禽类大肠包括1对盲肠和1条短的直肠（又称结直肠）。

<<< 第十七单元　胚　胎　学 >>>

一、考试大纲

单元	细目	要点
胚胎学	1. 胎盘与胎膜	(1) 胎盘的类型与功能　(2) 胎膜的组成
	2. 胚胎的发育	(1) 受精　(2) 家畜早期胚胎发育　(3) 家禽早期胚胎发育
	3. 胎儿血液循环的特点	(1) 出生前心血管系统的结构特点：脐带、卵圆孔、动脉导管　(2) 出生后心血管系统的变化

二、重要知识点

（一）胎盘与胎膜

1. 胎盘的类型　分为上皮绒毛膜胎盘（分散型胎盘），见于猪、马；结缔绒毛膜胎盘（绒毛叶胎盘），见于牛、羊等反刍动物；内皮绒毛膜胎盘（环状胎盘），见于犬、猫等肉食动物；盘状胎盘（血绒毛膜胎盘），见于人等灵长类动物。

2. 胎膜

（1）卵黄囊　由胚胎发育早期的囊胚腔形成，只在胚胎发育的早期阶段起营养交换作用，很快退化。禽类因卵黄丰富，所以发达。

（2）尿囊　哺乳动物的和禽类相同，由内胚层和脏中胚层组成。

（3）羊膜和绒毛膜　羊膜形成羊膜腔，充满羊水。绒毛膜在最外层，与子宫黏膜结合。

（二）胚胎的发育

1. 受精

（1）概念　精子和卵结合形成合子的过程。

（2）受精的部位　输卵管壶腹（上 1/3）。

（3）受精条件　精子发育正常，精子必须获能，保证正确的交配时间。

（4）受精的过程　精子进入卵，形成融合。

2. 家畜早期胚胎发育

（1）卵裂　受精卵分裂，卵裂球达到 16～32 个细胞左右，细胞间紧密连接，形成致密的细胞团，呈桑葚状，称桑葚胚，适宜做胚胎移植。家禽受精卵的植物极的卵黄不能分裂，卵裂只发生在动物极，为盘状卵裂。

（2）胚泡形成　在子宫内，桑葚胚的透明带很快消失，细胞进一步分裂和分化，形成一个中空的囊胚腔。

（3）附植　滋养层出现绒毛，并伸入子宫内膜，使胚泡固定在子宫内膜上，建立起胚胎与母体的物质交换的结构——胎盘，这个过程称为附植或植入。

（4）原肠胚和胚层形成。

（5）三胚层分化及器官的形成。

（三）胎儿血液循环的特点

1. 出生前心血管系统结构特点

（1）胎儿心脏　胎儿心脏的房中隔上有一卵圆孔，使左、右心房相通。血液可由右心房流向左心房。

（2）胎儿的动脉　胎儿的主动脉与肺动脉间有动脉导管相通。因此，采自右心房的大部分血液由肺动脉通过动脉导管流入主动脉，仅有少量血液经肺动脉进入肺内。

（3）胎盘　是胎儿与母体进行气体及物质交换的特有器官，借助脐带与胎儿相连。脐带内有 2 条脐动脉和 1 条（马、猪）或 2 条（牛）脐静脉。

2. 出生后心血管系统的变化　胎儿出生后，肺和胃肠道都开始了功能活动，同时脐带中断,胎盘循环停止,血液循环随之发生改变。脐动脉和脐静脉闭锁,分别形成膀胱圆韧带和肝圆韧带,牛的静脉导管成为静脉导管索;动脉导管闭锁,形成动脉导管索或称动脉韧带;卵圆孔闭锁形成卵圆窝,左、右心房完全分开,左心房内为动脉血,右心房内为静脉血。

三、例题及解析

1. 胎儿与母体进行物质交换的特殊结构是(   )。
   A. 卵巢   B. 胎盘   C. 子宫颈
   D. 输卵管   E. 子宫角

【解析】B。胎盘是哺乳动物胎儿和母体进行物质交换的特殊结构。其由母体部分和胎儿部分组成:母体部分是子宫内膜;胎儿部分则由各种胎膜构成。

2. 具有结缔绒毛膜胎盘(绒毛叶胎盘)的动物是(   )。
   A. 马   B. 牛   C. 犬
   D. 猪   E. 兔

【解析】B。哺乳动物胎盘分为:①上皮绒毛膜胎盘或弥散型胎盘(猪、马,多数反刍动物的叶状胎盘初期);②结缔绒毛膜胎盘或子叶型胎盘(牛、羊等反刍动物胎盘后期);③内皮绒毛膜胎盘或环状胎盘(犬、猫);④血绒毛膜胎盘或盘状胎盘(兔和灵长类)。

3. 具有内皮绒毛膜胎盘(环状胎盘)的动物是(   )。
   A. 马   B. 牛   C. 羊
   D. 猪   E. 犬

【解析】E。内皮绒毛膜胎盘(环状胎盘)是指母体的子宫上皮和结缔组织都被溶解,只剩下母体血管的内皮与胎儿绒毛膜上皮接触的一类胎盘。此类胎盘主要见于犬、猫等肉食动物。

4. 当合子(受精卵)分裂细胞数为16~32个细胞时,称为(   )。
   A. 囊胚   B. 胚泡   C. 桑葚胚
   D. 原肠胚   E. 原肠腔

【解析】C。合子(受精卵)在输卵管内进行多次连续的分裂过程称为卵裂,产生的细胞称为卵裂球,当卵裂球的数目为16~32个时,称为桑椹胚。

考点速记

1. 畜禽机体结构和功能的基本单位是**细胞**。
2. 动物进行新陈代谢、生长发育和繁殖分化的形态学基础是**细胞**。
3. 正中矢状面将畜体分为**左右相等的两半**。
4. 粗面内质网和滑面内质网在电镜下的主要区别是根据其表面是否附有**核糖体**。
5. 控制细胞遗传的主要场所是**细胞核**。
6. 细胞质中具有合成蛋白质功能的细胞器是**核糖体**。
7. 细胞内固有的"消化功能"的细胞器是**溶酶体**。

8. **鼻腔黏膜发炎**常波及的腔窦是上颌窦。

9. 组成胸廓的骨骼包括胸椎、肋和胸骨。

10. 牛的肋骨数目是13 对。

11. 椎弓和椎体围成**椎孔**。

12. 家畜的髋骨包括**髂骨、坐骨、耻骨**。

13. 关节的基本构造包括关节囊、关节腔、关节面、关节软骨。

14. 组成家畜**颈静脉沟**的肌肉是胸头肌和臂头肌。

15. 组成**腹股沟管**的肌肉是**腹内斜肌**与**腹外斜肌**。

16. 牛**腹腔侧壁肌由内向外**依次为**腹横肌、腹内斜肌、腹外斜肌**。

17. 草食家畜腹壁肌外面被覆的深筋膜含有大量的弹性纤维，称为**腹黄膜**。

18. 组成牛跟（总）腱的肌肉是**腓肠肌、趾浅屈肌、臀股二头肌**。

19. 皮内注射是把药物注入到**真皮层内**。

20. 给马钉蹄铁的标志位置是**蹄白线**。

21. 肉蹄是指**蹄真皮**。

22. 牛上唇中部与两鼻孔之间形成的特殊结构为**鼻唇镜**。

23. 胃底腺中能分泌盐酸的细胞是**壁细胞**。

24. 胃底腺中能分泌胃蛋白酶原的细胞是**主细胞**。

25. **网胃**位于季肋部的正中矢状面上。

26. **犬胃黏膜**的特征之一是**胃黏膜只有有腺部**。

27. 反刍动物的胃中，起**化学消化作用**的胃是皱胃。

28. 牛为多室胃动物，成年**牛容积最大**的胃是瘤胃。

29. 盲肠呈**逗点状**的动物是马。

30. 牛有 4 个胃，顺序依次为**瘤胃、网胃、瓣胃、皱胃**。

31. 肺进行气体交换的最主要场所是肺泡。

32. 固有鼻腔呼吸区黏膜上皮类型是**假复层柱状纤毛上皮**。

33. 家畜的肺分为**左肺和右肺**，而右肺较大。

34. 肺是气体交换的器官。

35. 家畜喉软骨中，最大的是**甲状软骨**。

36. 马**鼻泪管**开口于**鼻前庭**。

37. 牛肾类型属于**有沟多乳头肾**。

38. 膀胱的黏膜上皮是**变移上皮**。

39. 具有**尿道下憩室**的家畜是母牛。

40. 家畜受精时，精子必须首先穿过**放射冠**。

41. 位于初级卵母细胞和颗粒细胞之间的一层嗜酸性、折光强膜状结构称透明带。

42. 紧靠卵母细胞的一层颗粒细胞增高呈柱状，呈放射状排列，称放射冠。

43. **只有前列腺**而无精囊腺和尿道球腺的家畜是**犬**。

44. 马卵巢呈豆形，位于第4～5 **腰椎横突**腹侧。

45. 孕育胎儿的肌质器官是**子宫**。

46. **睾丸中有神经、血管**进入的一端是**头端**。

47. 输精管开口于雄性尿道骨盆部的起始部背侧的圆形隆起称为**精阜**。

48. 具有**子宫颈枕**的家畜是**猪**。

49. 马子宫的形态特点是子宫整体呈 **Y** 形，子宫角呈弓形，子宫角与子宫体等长。

50. 成熟卵泡破裂，释放出其中的卵细胞、卵泡液和一部分卵泡细胞的过程称为**排卵**。

51. 子宫角弯曲呈**绵羊角状**，子宫体较短的动物是**牛**。

52. 在临床上，给羊静脉输液常用的血管是**颈外静脉**。

53. 收集胃、肠、脾、胰血液回流的静脉血管是**肝门静脉**。

54. 前腔静脉和后腔静脉的血液汇入**右心房**。

55. 心脏自身的营养动脉是**冠状动脉**。

56. 左心室血液流入**主动脉**。

57. 血液由左心室输出，经主动脉及分支分布到全身组织，由毛细血管和静脉回到右心房，此循环称为**体循环**。

58. 家畜心脏的正常形态是**倒圆锥形**。

59. 心脏的传导系统包括**窦房结、房室结、房室束和浦肯野纤维**。

60. 右心室口上的瓣膜称为**三尖瓣**。

61. 牛**脾**呈长而扁的椭圆形，位于瘤胃背囊左前部。

62. 牛**腭扁桃体**位于口咽部侧壁。

63. 位于阔筋膜张肌前缘膝褶中的淋巴结是**髂下淋巴结**。

64. 大多数家畜淋巴结的实质分为外周的皮质和中央的髓质，但皮质和髓质位置颠倒的是**猪**。

65. 母牛乳房临诊检查触诊的淋巴结是**腹股沟浅淋巴结**。

66. 位于口咽部侧壁的扁桃体称为**腭扁桃体**。

67. 机体内最粗最长的神经是**坐骨神经**。

68. 硬膜外麻醉时，将麻醉剂注入硬膜外腔的常用部位是**腰荐间隙**。

69. 分布于视网膜的感觉神经是**视神经**。

70. 分布到内脏器官、平滑肌、心肌和腺体的神经称为内脏神经，其中的传出神经是**植物性神经**。

71. 脊膜中最薄而紧贴在脊髓表面的是**脊软膜**。

72. 脊髓灰质横切面呈**蝴蝶形**。

73. 独立的内分泌器官是**甲状旁腺**。

74. 位于左、右肾前内侧的内分泌腺是**肾上腺**。

75. 内分泌腺的结构特点之一是**没有导管**。

76. 内分泌系统中分泌激素种类最多的器官是**垂体**。

77. **中耳**的功能是传导声波。

78. 眼球壁的 3 层结构是指**纤维膜、血管膜和视网膜**。

79. 哺乳动物眼球壁的 3 层结构中有感光功能的是**视网膜**。

80. 家禽大肠的特点是有一对**盲肠**。

81. 雌性家禽生殖系统的特点是**右侧的卵巢和输卵管退化**。

82. 鸡输卵管中分泌物形成蛋壳的部位是**子宫部**。

83. 鸡输卵管中分泌物形成浓稠的白蛋白的部位是**膨大部**。

84. 家禽的泌尿系统特殊,因为**缺乏膀胱**。

85. 鸡气管分叉处形成的特殊结构是**鸣管**。

86. 鸭的发声器官是**鸣泡**。

87. 有前后2群共9个,作为储气装置而参与肺呼吸作用的禽类特有器官是**气囊**。

88. 鸡仅左侧正常发育的生殖器官是**卵巢**。

89. 鸡盲肠扁桃体位于**盲肠基部**。

90. 牛的胎盘类型属于**结缔绒毛膜胎盘(绒毛叶胎盘)**。

91. 胎儿与母体进行物质交换的特殊结构是**胎盘**。

92. 具有内皮绒毛膜胎盘(环状胎盘)的动物是**犬**。

93. 当合子(受精卵)分裂细胞数为16~32个细胞时,称为**桑葚胚**。

94. 家禽胚胎的卵裂方式属于**盘状卵裂**。

高频题练习

1. 动物细胞的遗传信息主要储存于( )。
   A. 内质网　　　　　　　　B. 高尔基复合体　　　　　C. 溶酶体
   D. 细胞核　　　　　　　　E. 过氧化物酶体

2. 牛的肋骨数目是( )。
   A. 18 对　　　　　　　　　B. 15 对　　　　　　　　　C. 14 对
   D. 13 对　　　　　　　　　E. 12 对

3. 左心室血液流入( )。
   A. 主动脉　　　　　　　　B. 肺动脉　　　　　　　　C. 肺静脉
   D. 前腔静脉　　　　　　　E. 后腔静脉

4. 雄性幼龄家畜去势后,其副性腺( )。
   A. 发育良好　　　　　　　B. 发育不良　　　　　　　C. 功能亢进
   D. 退化消失　　　　　　　E. 更加发达

5. 羊子宫的特殊结构是( )。
   A. 子宫颈枕　　　　　　　B. 子宫阜　　　　　　　　C. 子宫角
   D. 子宫体　　　　　　　　E. 子宫颈

6. 鸡消化道的特点之一是( )。
   A. 1 条盲肠　　　　　　　B. 2 条盲肠　　　　　　　C. 3 条盲肠
   D. 盲肠消失　　　　　　　E. 盲肠退化

高频题参考答案

序号	1	2	3	4	5	6
答案	D	D	A	B	B	B

模拟题练习

1. 正中矢状面将畜体分为(   )。
   A. 上下相等的两半
   B. 左右相等的两半
   C. 前后相等的两半
   D. 水平相等的两半
   E. 周长相等的两半

2. 牛的肋骨数目是(   )。
   A. 18 对
   B. 15 对
   C. 14 对
   D. 13 对
   E. 12 对

3. 髋关节具有副韧带的家畜是(   )。
   A. 猪
   B. 马
   C. 犬
   D. 羊
   E. 牛

4. 牛腹腔侧壁肌由内向外依次为(   )。
   A. 膈肌、腹横肌、腹外斜肌
   B. 腹直肌、腹横肌、腹外斜肌
   C. 腹直肌、腹内斜肌、腹横肌
   D. 腹外斜肌、腹内斜肌、腹横肌
   E. 腹横肌、腹内斜肌、腹外斜肌

5. 肉蹄是指(   )。
   A. 悬蹄
   B. 蹄表皮
   C. 蹄真皮
   D. 蹄白线
   E. 蹄皮下组织

6. 不属于消化腺的是(   )。
   A. 肝
   B. 胰
   C. 肠腺
   D. 舌下腺
   E. 舌扁桃体

7. 网胃位于(   )。
   A. 脐部
   B. 腰部
   C. 左季肋部
   D. 右季肋部
   E. 季肋部的正中矢状面上

8. 犬胃黏膜的特征之一是(   )。
   A. 胃黏膜只有有腺部
   B. 胃黏膜只有无腺部
   C. 胃黏膜分腺部和无腺部，腺胃大而无腺部小
   D. 胃黏膜分腺部和无腺部，腺胃小而无腺部大
   E. 胃黏膜分腺部和无腺部，腺部和无腺部的大小相当

9. 膀胱的黏膜上皮是(   )。
   A. 移行上皮
   B. 复层柱状上皮
   C. 单层柱状上皮
   D. 单层立方上皮
   E. 假复层柱状纤毛上皮

10. 前腔静脉和后腔静脉的血液汇入(   )。
    A. 左心房
    B. 右心房
    C. 左心室
    D. 右心室
    E. 冠状窦

11. 位于阔筋膜张肌前缘膝褶中的淋巴结是(   )。
    A. 腘淋巴结
    B. 髂下淋巴结
    C. 髂内侧淋巴结

D. 腹股沟浅淋巴结　　　　　E. 腹股沟深淋巴结

12. 滑车神经的纤维成分性质属于(　　　)。
    A. 感觉神经　　　　　　　B. 运动神经　　　　　　　C. 混合神经
    D. 交感神经　　　　　　　E. 副交感神经

13. 位于左、右肾前内侧的内分泌腺是(　　　)。
    A. 垂体　　　　　　　　　B. 松果体　　　　　　　　C. 肾上腺
    D. 甲状腺　　　　　　　　E. 甲状旁腺

14. 中耳的功能是(　　　)。
    A. 收集声波　　　　　　　B. 传导声波　　　　　　　C. 压缩声波
    D. 听觉感受器的所在地　　E. 位置感受器的所在地

15. 家禽的泌尿系统特殊，因为(　　　)。
    A. 肾脏发达　　　　　　　B. 肾脏退化　　　　　　　C. 两肾合并
    D. 膀胱发达　　　　　　　E. 缺乏膀胱

16. 胎儿与母体进行物质交换的特殊结构是(　　　)。
    A. 卵巢　　　　　　　　　B. 胎盘　　　　　　　　　C. 子宫颈
    D. 输卵管　　　　　　　　E. 子宫角

17. 神经调节的基本方式是(　　　)。
    A. 反射　　　　　　　　　B. 肌紧张　　　　　　　　C. 皮层活动
    D. 突触传递　　　　　　　E. 感觉的传导

18. 粗面内质网和滑面内质网在电镜下的主要区别是根据其表面是否附有(　　　)。
    A. 中心体　　　　　　　　B. 核糖体　　　　　　　　C. 溶酶体
    D. 微体　　　　　　　　　E. 高尔基复合体

19. 牛胸椎的椎弓和椎体围成(　　　)。
    A. 椎管　　　　　　　　　B. 椎孔　　　　　　　　　C. 椎间孔
    D. 横突孔　　　　　　　　E. 椎骨切迹

20. 牛股膝关节前方具有(　　　)。
    A. 3 条膝直韧带　　　　　B. 2 条膝直韧带　　　　　C. 1 条膝直韧带
    D. 十字韧带　　　　　　　E. 圆韧带

21. 草食家畜腹壁肌外面被覆的深筋膜含有大量的弹性纤维，称为(　　　)。
    A. 腹白膜　　　　　　　　B. 腹黄膜　　　　　　　　C. 腹横筋膜
    D. 腹膜壁层　　　　　　　E. 腹膜脏层

22. 反刍动物的胃中，起化学消化作用的胃是(　　　)。
    A. 前胃　　　　　　　　　B. 瘤胃　　　　　　　　　C. 皱胃
    D. 瓣胃　　　　　　　　　E. 网胃

23. 呼吸系统中，真正执行气体交换功能的器官是(　　　)。
    A. 鼻　　　　　　　　　　B. 咽　　　　　　　　　　C. 喉
    D. 肺　　　　　　　　　　E. 气管

24. 犬肾为(　　　)。
    A. 复肾　　　　　　　　　B. 光滑多乳头肾　　　　　C. 光滑单乳头肾

D. 有沟单乳头肾　　　　　　　　E. 有沟多乳头肾

25. 只有前列腺而无精囊腺和尿道球腺的家畜是(　　)。
    A. 牛　　　　　　　　　　B. 犬　　　　　　　　　　C. 羊
    D. 马　　　　　　　　　　E. 猪

26. 马卵巢呈豆形，位于(　　)。
    A. 第2～3腰椎横突腹侧　　　　　　　B. 第4～5腰椎横突腹侧
    C. 第6～7腰椎横突腹侧　　　　　　　D. 骨盆腔内
    E. 腹腔内，耻骨前缘前下方

27. 孕育胎儿的肌质器官是(　　)。
    A. 卵巢　　　　　　　　　B. 输卵管　　　　　　　　C. 子宫
    D. 阴道　　　　　　　　　E. 阴道前庭和阴门

28. 心脏自身的营养动脉是(　　)。
    A. 冠状动脉　　　　　　　B. 升主动脉　　　　　　　C. 胸廓内动脉
    D. 胸主动脉　　　　　　　E. 降主动脉

29. 左心室血液流入(　　)。
    A. 主动脉　　　　　　　　B. 肺动脉　　　　　　　　C. 肺静脉
    D. 前腔静脉　　　　　　　E. 后腔静脉

30. 大多数家畜淋巴结的实质分为外周的皮质和中央的髓质，但皮质和髓质位置颠倒的是(　　)。
    A. 猪　　　　　　　　　　B. 马　　　　　　　　　　C. 牛
    D. 羊　　　　　　　　　　E. 犬

31. 分布于视网膜的感觉神经是(　　)。
    A. 眼神经　　　　　　　　B. 视神经　　　　　　　　C. 外展神经
    D. 动眼神经　　　　　　　E. 滑车神经

32. 眼球壁的3层结构是指纤维膜、血管膜和(　　)。
    A. 蛛网膜　　　　　　　　B. 视网膜　　　　　　　　C. 硬膜
    D. 软膜　　　　　　　　　E. 白膜

33. 具有结缔绒毛膜胎盘(绒毛叶胎盘)的动物是(　　)。
    A. 马　　　　　　　　　　B. 牛　　　　　　　　　　C. 犬
    D. 猪　　　　　　　　　　E. 兔

(34～35题共用备选答案)
    A. 马　　　　　　　　**B. 牛**　　　　　　　　**C. 猪**
    D. 犬　　　　　　　　**E. 兔**

34. 升结肠形成圆锥状肠袢的是(　　)。

35. 升结肠形成圆盘状肠袢的是(　　)。

(36～37 题共用备选答案)

　　A. 鸣管　　　　　　　　B. 气囊　　　　　　　　C. 鸣膜

　　D. 鸣骨　　　　　　　　E. 鸣泡

36. 鸡气管分叉处形成的特殊结构是(　　)。

37. 鸭的发声器官是(　　)。

38. 家畜的髋骨包括(　　)。

　　A. 髂骨、股骨、坐骨　　　　　　　　B. 髂骨、坐骨、膝盖骨

　　C. 髂骨、膝盖骨、耻骨　　　　　　　D. 膝盖骨、耻骨、坐骨

　　E. 髂骨、坐骨、耻骨

39. 构成哺乳动物肩关节的骨骼是(　　)。

　　A. 肱骨和前臂骨　　　　B. 前臂骨和腕骨　　　　C. 腕骨和掌骨

　　D. 掌骨和指骨　　　　　E. 肩胛骨和肱骨

40. 组成牛跟总腱的肌肉是(　　)。

　　A. 腓肠肌、趾浅屈肌、臀股二头肌　　B. 腓肠肌、趾深屈肌、臀股二头肌

　　C. 腓肠肌、趾浅屈肌、股四头肌　　　D. 腓肠肌、趾深屈肌、股四头肌

　　E. 腓肠肌、趾浅屈肌、趾深屈肌

41. 牛上唇中部与两鼻孔之间形成的特殊结构为(　　)。

　　A. 唇裂　　　　　　　　B. 鼻镜　　　　　　　　C. 吻突

　　D. 鼻唇镜　　　　　　　E. 人中

42. 牛为多室胃动物，成年牛容积最大的胃是(　　)。

　　A. 腺胃　　　　　　　　B. 瓣胃　　　　　　　　C. 网胃

　　D. 瘤胃　　　　　　　　E. 皱胃

43. 牛皱胃的黏膜上皮为(　　)。

　　A. 单层扁平上皮　　　　B. 单层柱状上皮　　　　C. 单层立方上皮

　　D. 复层扁平上皮　　　　E. 假复层纤毛皮

44. 固有鼻腔呼吸区黏膜上皮类型是(　　)。

　　A. 复层扁平上皮　　　　B. 单层扁平上皮　　　　C. 单层柱状上皮

　　D. 假复层柱状纤毛上皮　E. 变移上皮

45. 喉软骨中成对的是(　　)。

　　A. 会厌软骨　　　　　　B. 甲状软骨　　　　　　C. 环状软骨

　　D. 构状软骨　　　　　　E. 盘状软骨

46. 具有肾大盏和肾小盏，但无肾盂的家畜是(　　)。

　　A. 羊　　　　　　　　　B. 牛　　　　　　　　　C. 猪

　　D. 马　　　　　　　　　E. 犬

47. 给公牛导尿带来困难的结构是(　　)。

　　A. 尿道峡前方的半月形黏膜壁　　　　B. 精阜

　　C. 尿道突　　　　　　　　　　　　　D. 尿道内口

　　E. 尿道脊

48. 睾丸中有神经、血管进入的一端是( )。

    A. 头端   B. 尾端   C. 附睾缘

    D. 游离缘   E. 睾丸固有韧带

49. 在初级卵泡的卵母细胞与颗粒细胞之间出现一层嗜酸性、折光性强的膜状结构是( )。

    A. 生殖上皮   B. 放射冠   C. 透明带

    D. 膜性黄体细胞   E. 粒性黄体细胞

50. 羊子宫的特殊结构是( )。

    A. 子宫颈枕   B. 子宫阜   C. 子宫角

    D. 子宫体   E. 子宫颈

51. 分布到内脏器官、平滑肌、心肌和腺体的神经称为内脏神经,其中的传出神经是( )。

    A. 中枢神经   B. 脊神经   C. 感觉神经

    D. 脑神经   E. 植物性神经

52. 眼球壁3层结构的中层结构是( )。

    A. 纤维膜   B. 血管膜   C. 视网膜

    D. 角膜   E. 虹膜

53. 具有内皮绒毛膜胎盘(环状胎盘)的动物是( )。

    A. 马   B. 牛   C. 羊

    D. 猪   E. 犬

54. 内环境稳态是指( )。

    A. 细胞内液的成分和理化性质保持相对稳定

    B. 细胞内液的成分和理化性质稳定不变

    C. 细胞外液的成分和理化性质保持相对稳定

    D. 细胞外液的成分和理化性质稳定不变

    E. 体液的成分和理化性质保持相对稳定

(55～56题共用备选答案)

    A. 鼻   B. 咽   C. 喉

    D. 气囊   E. 鸣管

55. 位于气管分叉处,由数个气管环和支气管环及一块鸣骨组成的禽类发声器官是( )。

56. 有前后2群共9个,作为储气装置而参与肺呼吸作用的禽类特有器官是( )。

(57～58题共用备选答案)

    A. 淀粉酶   B. 舌脂酶   C. 蛋白酶

    D. 核酸酶   E. 溶菌酶

57. 唾液的浆液性分泌产物中富含的消化酶是( )。

58. 具有清洁作用的酶是(　　　)。

59. 控制细胞遗传的主要场所是(　　　)。

    A. 溶酶体　　　　　　　　　B. 细胞质　　　　　　　　　C. 细胞核

    D. 内质网　　　　　　　　　E. 高尔基复合体

60. 组成骨盆的骨骼是(　　　)。

    A. 髋骨、荐骨和前 3（4）个尾椎　　　　B. 髋骨、腰椎和荐骨

    C. 髋骨、股骨和前 3（4）个尾椎　　　　D. 髂骨、坐骨和耻骨

    E. 髂骨、耻骨和荐骨

61. 在对肉品检验时，常规检查的猪腹腔的淋巴结是(　　　)。

    A. 肝淋巴结　　　　　　　　B. 脾淋巴结　　　　　　　　C. 胰十二指肠淋巴结

    D. 肠系膜前淋巴结　　　　　E. 肠系膜后淋巴结

62. 羊股四头肌有 4 个肌头，除了股内侧肌、股外侧肌和股中间肌外，还有(　　　)。

    A. 半腱肌　　　　　　　　　B. 股方肌　　　　　　　　　C. 股直肌

    D. 半膜肌　　　　　　　　　E. 股二头肌

63. 呼吸系统中，真正执行气体交换功能的器官是(　　　)。

    A. 鼻　　　　　　　　　　　B. 咽　　　　　　　　　　　C. 喉

    D. 肺　　　　　　　　　　　E. 气管

64. 具有尿道下憩室的家畜是(　　　)。

    A. 母马　　　　　　　　　　B. 母犬　　　　　　　　　　C. 母牛

    D. 母兔　　　　　　　　　　E. 母驴

65. 输精管开口于雄性尿道骨盆部的起始部背侧的圆形隆起称为(　　　)。

    A. 膀胱三角　　　　　　　　B. 精阜　　　　　　　　　　C. 尿道球

    D. 前列腺　　　　　　　　　E. 尿道突起

66. 具有子宫颈枕的家畜是(　　　)。

    A. 马　　　　　　　　　　　B. 牛　　　　　　　　　　　C. 羊

    D. 猪　　　　　　　　　　　E. 犬

67. 马子宫的形态特点是(　　　)。

    A. 子宫角弯曲呈绵羊角状，子宫体短

    B. 子宫整体呈 Y 形，子宫角呈弓形，子宫角与子宫体等长

    C. 子宫角长而弯曲似小肠，子宫体短

    D. 子宫整体呈 Y 形，子宫角细长而直，子宫体短

    E. 子宫角弯曲呈绵羊角状，子宫角与子宫体等长

68. 由左心室发出的血管是(　　　)。

    A. 肺动脉　　　　　　　　　B. 肺静脉　　　　　　　　　C. 主动脉

    D. 前腔静脉　　　　　　　　E. 后腔静脉

69. 血液由左心室输出，经主动脉及分支分布到全身组织，由毛细血管和静脉回到右心房，此循环称为(　　　)。

    A. 体循环　　　　　　　　　B. 小循环　　　　　　　　　C. 门脉循环

    D. 微循环　　　　　　　　　E. 肺循环

70. 母牛乳房临诊检查触诊的淋巴结是(　　)。
    A. 腹股沟浅淋巴结　　　　B. 髂下淋巴结　　　　C. 腹股沟深淋巴结
    D. 腘淋巴结　　　　E. 髂内淋巴结

71. 脊髓膜的最内层称为(　　)。
    A. 脊外膜　　　　B. 脊内膜　　　　C. 脊蛛网膜
    D. 脊硬膜　　　　E. 脊软膜

72. 哺乳动物眼球壁的3层结构中有感光功能的是(　　)。
    A. 虹膜　　　　B. 巩膜　　　　C. 纤维膜
    D. 脉络膜　　　　E. 视网膜

73. 当合子（受精卵）分裂细胞数为16～32个细胞时，称为(　　)。
    A. 囊胚　　　　B. 胚泡　　　　C. 桑葚胚
    D. 原肠胚　　　　E. 原肠腔

74. 血清指的是(　　)。
    A. 去除纤维蛋白原后的血浆组分　　　B. 含纤维蛋白原的血浆组分
    C. 去除清蛋白后的血浆组分　　　D. 去除球蛋白后的血浆组分
    E. 去除胶体物质后的血浆组分

75. 正常情况下，心脏的起搏点是(　　)。
    A. 房室结　　　　B. 窦房结　　　　C. 房室束
    D. 左右束　　　　E. 浦肯野纤维

76. 恒温动物体温调节的基本中枢位于(　　)。
    A. 脊髓　　　　B. 延髓　　　　C. 下丘脑
    D. 小脑　　　　E. 大脑

77. 促进抗利尿激素分泌的主要因素是(　　)。
    A. 血浆胶体渗透压升高或血容量增加　　　B. 血浆晶体渗透压降低或血容量增加
    C. 血浆胶体渗透压降低或血容量降低　　　D. 血浆晶体渗透压升高或血容量降低
    E. 肾小球滤过率增大

78. 犬的胰脏呈(　　)。
    A. 不正三角形　　　　B. 不正四边形　　　　C. 不规则三角形
    D. V形　　　　E. U形

(79～80题共用备选答案)
    A. 马　　　　B. 牛　　　　C. 兔
    D. 猪　　　　E. 犬

79. 升结肠分初袢、旋袢和终袢，其旋袢呈圆盘状的动物是(　　)。

80. 升结肠在肠系膜中盘曲成结肠圆锥，锥底朝向背侧，锥尖朝向左腹侧的动物是(　　)。

(81～82题共用备选答案)
    A. 峡部　　　　B. 膨大部　　　　C. 漏斗部
    D. 子宫部　　　　E. 阴道部

81. 产蛋期呈乳白色，黏膜内有丰富的腺体，分泌物形成蛋白的输卵管部位是（　　）。

82. 黏膜内具有壳腺，分泌物形成蛋壳的输卵管部位是（　　）。

83. 髋关节具有副韧带的家畜是（　　）。

    A. 猪　　　　　　　　　　B. 马　　　　　　　　　　C. 犬

    D. 羊　　　　　　　　　　E. 牛

84. 牛腹腔侧壁肌由内向外依次为（　　）。

    A. 膈肌、腹横肌、腹外斜肌　　　　　B. 腹直肌、腹横肌、腹外斜肌

    C. 腹直肌、腹内斜肌、腹横肌　　　　　D. 腹外斜肌、腹内斜肌、腹横肌

    E. 腹横肌、腹内斜肌、腹外斜肌

85. 肉蹄是指（　　）。

    A. 悬蹄　　　　　　　　　B. 蹄表皮　　　　　　　　C. 蹄真皮

    D. 蹄白线　　　　　　　　E. 蹄皮下组织

86. 不属于消化腺的是（　　）。

    A. 肝　　　　　　　　　　B. 胰　　　　　　　　　　C. 肠腺

    D. 舌下腺　　　　　　　　E. 舌扁桃体

87. 网胃位于（　　）。

    A. 脐部　　　　　　　　　B. 腰部　　　　　　　　　C. 左季肋部

    D. 右季肋部　　　　　　　E. 季肋部的正中矢状面上

88. 犬胃黏膜的特征之一是（　　）。

    A. 胃黏膜只有有腺部

    B. 胃黏膜只有无腺部

    C. 胃黏膜分腺部和无腺部，腺胃大而无腺部小

    D. 胃黏膜分腺部和无腺部，腺胃小而无腺部大

    E. 胃黏膜分腺部和无腺部，腺部和无腺部的大小相当

89. 膀胱的黏膜上皮是（　　）。

    A. 移行上皮　　　　　　　B. 复层柱状上皮　　　　　C. 单层柱状上皮

    D. 单层立方上皮　　　　　E. 假复层柱状纤毛上皮

90. 细胞核的结构不包括（　　）。

    A. 核膜　　　　　　　　　B. 核质　　　　　　　　　C. 核仁

    D. 染色质　　　　　　　　E. 核糖体

91. 细胞程序性死亡称为（　　）。

    A. 细胞溶解　　　　　　　B. 细胞分化　　　　　　　C. 细胞衰老

    D. 细胞死亡　　　　　　　E. 细胞凋亡

92. 细胞分裂期不包括（　　）。

    A. 细胞分裂前期　　　　　B. 细胞分裂中期　　　　　C. 细胞分裂后期

    D. 细胞分裂末期　　　　　E. 细胞分裂间期

93. 普遍公认的细胞膜分子结构称为（　　）。

    A. 三夹板模型　　　　　　B. 单位模型　　　　　　　C. 滑动模型

    D. 液态镶嵌模型　　　　　E. 不对称模型

94. 后肢的后面称(   )。

    A. 掌侧   B. 跖侧   C. 胫侧

    D. 腓侧   E. 尺侧

95. 与动物长轴并行而与地面垂直的切面称为(   )。

    A. 矢状面   B. 横断面   C. 头面

    D. 水平面   E. 横切面

96. 后肢不包括(   )。

    A. 臀部   B. 股部   C. 膝部

    D. 小腿部   E. 指部

97. 在上皮细胞的侧面没有(   )。

    A. 半桥粒   B. 桥粒   C. 中间连接

    D. 缝隙连接   E. 细胞连接

98. 结缔组织中可被银染色的纤维是(   )。

    A. 弹性纤维   B. 胶原纤维   C. 网状纤维

    D. 胶原原纤维   E. 粗纤维

99. 纤维软骨与弹性软骨的主要区别是(   )。

    A. 软骨细胞数量不同   B. 基质硫酸软骨素含量不同

    C. 纤维数量不同   D. 纤维类型不同

    E. 分布不同

100. 长骨骨干的间骨板位于(   )。

    A. 骨单位之间   B. 骨单位与环骨板之间

    C. 骨单位之间或骨单位与环骨板之间   D. 外环骨板内

    E. 骨单位外

模拟题参考答案

题号	1	2	3	4	5	6	7	8	9	10	11	12	13	14	15	16	17	18	19	20
答案	B	D	B	E	C	E	E	A	A	B	B	B	C	B	E	B	A	B	B	A
题号	21	22	23	24	25	26	27	28	29	30	31	32	33	34	35	36	37	38	39	40
答案	B	C	D	C	B	B	C	A	A	A	B	B	B	C	B	D	E	E	A
题号	41	42	43	44	45	46	47	48	49	50	51	52	53	54	55	56	57	58	59	60
答案	D	D	B	D	D	B	A	A	C	A	B	E	B	E	C	E	D	A	C	A
题号	61	62	63	64	65	66	67	68	69	70	71	72	73	74	75	76	77	78	79	80
答案	A	C	D	C	B	D	B	C	A	A	E	E	C	A	B	C	D	D	B	D
题号	81	82	83	84	85	86	87	88	89	90	91	92	93	94	95	96	97	98	99	100
答案	B	D	B	E	C	E	E	A	A	B	E	E	D	B	A	E	A	C	D	C

第三篇

动物生理学

备考指南

学科特点

1. 动物生理学作为动物医学相关专业基础课，是联系执业兽医师考试基础科目、临床科目和综合科目的重要课程。

2. 动物生理学基础部分知识点较抽象，需要进行准确理解后加以记忆。

学习方法

1. 掌握知识点总结归纳能力，将容易混淆的知识点反复对比和熟悉。

2. 联系相关课程知识点，通过发散迁移形成自己的网格化记忆存储。

近五年分值分布

年份	动物生理学概述	细胞的基本功能	血液	血液循环	呼吸	采食、消化和吸收	能量代谢和体温	尿的生成和排出	神经系统	内分泌	生殖和泌乳	合计
2019	1	1	1	1	2	2	1	1	1	1	1	13
2020	0	2	1	1	3	0	1	1	1	2	1	13
2021	0	2	1	2	1	2	1	0	1	2	1	13
2022	1	1	1	2	1	1	1	1	1	1	1	13
2023	1	1	1	1	2	1	1	1	1	2	1	13
总计	3	8	5	7	9	6	5	4	5	8	5	65

<<< 第一单元　动物生理学概述　>>>

一、考试大纲

单元	细目	要点
概述	1. 机体功能与环境	(1) 体液与内环境　(2) 稳态与生理功能的关系
	2. 机体功能的调节	(1) 机体功能调节的基本方式　(2) 反射、反射弧与机体功能的调节

二、重要知识点

生理学是研究动物机体的生命活动及其规律的科学，通过研究动物整体、系统、器官及组织细胞（分子水平）的生理功能和调节机制，揭示正常生命活动的规律。研究方法主要有急性实验（离体和在体实验）和慢性实验。

（一）机体功能与环境

1. 体液与内环境

（1）体液　占动物体重 60%～70%，细胞内液占 2/3，细胞外液占 1/3。包括血浆、组织液、淋巴液和脑脊液。

（2）细胞外液　机体细胞的直接生活环境，又称为内环境。

2. 稳态与生理功能的关系

（1）稳态　指机体内环境的相对稳定的理化性质，包括温度、pH、渗透压及液体成分等的相对恒定。内环境理化性质在一定范围内变动但是又保持相对稳定的动态平衡。

（2）内环境稳态的意义　内环境稳态是细胞维持正常功能的必要条件，是机体维持正常生命活动的基本条件。

（二）机体功能的调节

1. 机体功能调节的基本方式　机体功能调节的基本方式有神经调节、体液调节及机体自身调节 3 种。

（1）神经调节　通过神经系统的活动来实现，基本方式是反射，包括非条件反射和条件反射。作用特点：迅速、准确、短暂且作用范围局限。

（2）体液调节　机体细胞通过分泌某些特殊的化学物质，经体液运输到有相应受体的组织和细胞，对组织和细胞活动进行调节。包括远距分泌、旁分泌、自分泌和神经分泌 4 种。作用特点：缓慢、持续时间长、作用范围广。

（3）自身调节　机体某些器官、组织和细胞不依赖神经、体液调节，自身对环境的改变做出的适应性反应。其中心血管功能调节较明显。

2. 反射、反射弧与机体功能的调节　　反射是神经系统活动的基本方式，反射弧是反射的结构基础，由感受器、传入神经、反射中枢、传出神经和效应器组成。作用特点：神经纤维的分布很精细，神经冲动的传导速度很快，因此神经调节具有快速、精确、高度的整合能力，但作用部位较局限，作用时间较短暂。

三、例题及解析

1. 内环境稳态是指(　　)。

    A. 成分与理化性质均不变　　　　　　B. 理化性质不变，成分相对稳定

    C. 成分不变，理化性质相对不变　　　D. 成分与理化性质均保持相对稳定

    E. 成分与理化性质均不受外界环境的影响

【解析】D。稳态是指内环境的相对稳定的理化性质，包括温度、pH、渗透压及各种液体成分等的相对恒定。

2. 体液仅指(　　)。

    A. 体内水分的总称　　　　　　　　　B. 体内液体的总称

    C. 细胞内水分　　　　　　　　　　　D. 细胞外水分

    E. 尿液

【解析】B。体液指身体内液体的总称，包括水及分散在水里的各种物质，分为细胞外液和细胞内液。

3. 神经调节的基本方式是(　　)。

    A. 适应　　　　　　　　　　　　　　B. 反应

    C. 反射　　　　　　　　　　　　　　D. 兴奋

    E. 兴奋

【解析】C。神经调节通过神经系统的活动来实现，基本方式是反射。

4. 不属于反射弧的环节是(　　)。

    A. 反射中枢　　　　　　　　　　　　B. 突触

    C. 效应器　　　　　　　　　　　　　D. 外周神经

    E. 感受器

【解析】B。反射弧由感受器、传入神经、反射中枢、传出神经和效应器组成。

5. 在临床实践中，以普鲁卡因作为局部麻醉剂的机理主要是阻断了反射弧的(　　)。

    A. 传入神经　　　　　　　　　　　　B. 肌肉收缩

    C. 效应器　　　　　　　　　　　　　D. 中枢

    E. 血管

【解析】A。普鲁卡因抑制神经膜的通透性，阻断 Na^+ 内流，导致不能产生动作电位和神经传导，起到局部麻醉的作用。

<<< 　第二单元　细胞的基本功能　 >>>

一、考试大纲

单元	细目	要点
细胞的基本功能	1. 细胞的兴奋性和生物电现象	(1) 静息电位、动作电位的产生　(2) 细胞兴奋性与兴奋、阈值　(3) 极化、去极化、复极化、超极化、阈电位
	2. 骨骼肌的收缩功能	(1) 神经-骨骼肌接头处的兴奋传递　(2) 骨骼肌的兴奋-收缩偶联

二、重要知识点

(一) 细胞的兴奋性和生物电现象

生物电现象是指活细胞安静还是活动都存在电活动,包括静息电位和动作电位。

1. 静息电位和动作电位的产生

(1) 静息电位　指细胞在静息状态下细胞膜两侧存在的电位差,也称跨膜静息电位。(神经细胞是-70 mV,骨骼肌细胞是-90 mV)。静息电位时细胞膜电位呈现内负外正的状态,即 K^+ 的平衡电位。

(2) 动作电位　指在静息电位的基础上,给予可兴奋组织或细胞一个适当刺激即阈上刺激,细胞膜两侧的膜电位出现一次快速、可逆、可传播的波动过程。阈电位即动作电位的触发开关。

2. 细胞兴奋性与兴奋、阈值

(1) 细胞兴奋性　指细胞受到刺激后产生动作电位的能力。细胞从相对静止状态转变为明显活动状态,或者活动由弱变强的状态,称为兴奋。

(2) 可兴奋细胞　神经细胞、骨骼肌细胞和腺细胞对较弱的刺激也能发生反应,兴奋性较强称为可兴奋细胞。不同细胞受到刺激表现不一,如肌细胞表现为收缩,腺体细胞表现为分泌活动增强等。最小的刺激强度可称阈强度或阈值。具有阈强度的刺激称为阈刺激,比阈刺激弱的刺激为阈下刺激,比阈刺激强的刺激为阈上刺激。阈值越高兴奋性越低;阈值越低兴奋性越高。

(3) 细胞产生兴奋时,其兴奋性的变化经历了 4 个时期。

①绝对不应期:细胞在兴奋初期,任何强大刺激都不能再引起细胞发生兴奋,兴奋性降低为零。

②相对不应期:绝对不应期之后,细胞对阈刺激无反应,但阈上刺激能引起细胞兴奋,此时表明细胞的兴奋性已经渐渐恢复但仍低于正常水平。

③超常期:这一时期细胞的兴奋性继续上升,甚至超过正常水平,此时,用低于正常阈

强度的刺激可引起细胞第二次兴奋。

④低常期：是超常期之后，只有达到阈上刺激才能引起细胞再兴奋的时期。

3. 极化、去极化、复极化、超极化、阈电位

（1）极化　细胞静息状态下内负外正的状态称为极化。

（2）去极化　膜两侧电位差的绝对值减小称去极化。

（3）复极化　去极化后，膜内电位向极化状态恢复，称复极化。

（4）超极化　细胞膜内电位的负值进一步增大称超极化。

（5）阈电位　指细胞所受的刺激达到阈值后即可引发动作电位，而这种能使细胞膜产生去极化达到产生动作电位的临界膜电位的数值，称为阈电位。

（二）骨骼肌的收缩功能

1. 神经-骨骼肌接头处的兴奋传递

（1）运动终板　神经纤维末梢与肌肉纤维的连接部位，也叫神经-骨骼肌接头。

（2）机制　当动作电位到达神经末梢时，引起骨骼肌接头前膜的去极化，膜上 Ca^{2+} 通道开放，Ca^{2+} 借膜电化差流入神经末梢内，末梢内 Ca^{2+} 浓度升高，突触小泡出胞，与接头前膜融合，小泡内乙酰胆碱（ACh）释放到接头间隙，扩散到终板膜，与 ACh 受体阳离子通道结合并使它激活，此时间隙内正离子（主要是 Na^+）大量内流，终板膜发生去极化，产生兴奋性突触后电位，即终板电位。

2. 骨骼肌的兴奋-收缩偶联　骨骼肌兴奋-收缩偶联是把膜电位变化引起的兴奋过程与以肌丝滑行为基础的收缩活动联系的桥梁过程，结构基础是"三联体"，关键因子是 Ca^{2+}，主要过程：①电兴奋传入横管；②"三联体"的信息传递；③终末池对钙的释放和回收。

三、例题及解析

1. 细胞的静息电位值相当于（　　　）。

　　A. K^+ 平衡电位　　　　　　B. Na^+ 平衡电位　　　　　　C. Mg^{2+} 平衡电位

　　D. Ca^{2+} 平衡电位　　　　　E. Fe^{2+} 平衡电位

【解析】A。细胞膜内 K^+ 的高浓度和安静时膜主要对 K^+ 的通透性，是大多数细胞产生和维持静息电位的主要原因，也称为 K^+ 的平衡电位。

2. 细胞兴奋后，其兴奋性变化的顺序依次为（　　　）。

　　A. 绝对不应期、相对不应期、超常期、低常期

　　B. 相对不应期、绝对不应期、超常期、低常期

　　C. 绝对不应期、相对不应期、低常期、超常期

　　D. 相对不应期、绝对不应期、低产期、超常期

　　E. 绝对不应期、低常期、相对不应期、超常期

【解析】A。细胞产生兴奋时，兴奋性变化经历 4 个时期，即绝对不应期、相对不应期、超常期、低常期。

3. 神经肌肉接头突触前膜囊泡中的神经递质是（　　　）。

　　A. 肾上腺素　　　　　　　　B. 去甲肾上腺素　　　　　　C. 乙酰胆碱

D. 5-羟色胺　　　　　　　　　　E. 多巴胺

【解析】C。轴突末梢含有许多囊泡状的突触小泡，内含 ACh（乙酰胆碱）。

4. 细胞静息时，膜内负外正的电性状态称为（　　　）。

　　A. 极化　　　　　　　　　　B. 去极化　　　　　　　　　　C. 超极化

　　D. 复极化　　　　　　　　　E. 反极化

【解析】A。细胞静息状态下内负外正的状态称为极化。

5. 神经骨骼肌接头后膜（终板膜）的胆碱能受体是（　　　）。

　　A. α 受体　　　　　　　　　B. β 受体　　　　　　　　　C. M 受体

　　D. N_1 受体　　　　　　　　E. N_2 受体

【解析】E。乙酰胆碱受体包括毒蕈碱型受体（M 受体）和烟碱型受体（N 受体），N 受体有 N_1 受体（位于神经节突触后膜）和 N_2 受体（位于骨骼肌终板膜）。

6. 组织处于绝对不应期，其兴奋性（　　　）。

　　A. 为零　　　　　　　　　　B. 高于正常　　　　　　　　C. 低于正常

　　D. 无限大　　　　　　　　　E. 正常

【解析】A。绝对不应期是细胞在兴奋初期，任何强大刺激都不再引起细胞发生兴奋的时期，兴奋性降低到零。

7. 兴奋-收缩偶联的偶联因子是（　　　）。

　　A. K^+　　　　　　　　　　B. Na^+　　　　　　　　　C. Mg^{2+}

　　D. Ca^{2+}　　　　　　　　　E. Fe^{2+}

【解析】D。Ca^{2+} 通道被激活，调节 Ca^{2+} 在肌浆和胞浆浓度引起肌肉收缩。

<<< 第三单元　血　液 >>>

一、考试大纲

单元	细目	要点
血液	1. 血液的组成与特性	(1) 血量、血液的基本组成和血细胞比容　(2) 血液的理化性质
	2. 血浆	(1) 血浆与血清的区别　(2) 血浆的主要成分　(3) 血浆蛋白的功能　(4) 血浆渗透压
	3. 血细胞	(1) 红细胞的形态和数量、渗透脆性、血沉、红细胞的生理功能　(2) 红细胞生成所需的主要原料及辅助因子　(3) 红细胞生成的调节　(4) 白细胞的种类、数量及各种白细胞的生理功能　(5) 血小板的形态、数量及生理功能
	4. 血液凝固和纤维蛋白溶解	(1) 血液凝固的基本过程　(2) 纤维蛋白溶解系统　(3) 抗凝物质及其作用　(4) 加速和减缓血液凝固的基本原理和措施
	5. 家禽血液的特点	(1) 血浆　(2) 血细胞　(3) 血液凝固

二、重要知识点

血液是由血浆和血细胞组成的流体组织，是体液的重要组成部分，具有运输营养物质、维持机体稳态及传递信息等生理功能。组织液来源于血液，通过与细胞内液进行交换再回流入血液，血液在肾脏中滤过形成尿液。

（一）血液的组成与特性

1. 血量、血液的基本组成和血细胞比容

（1）血量 指动物体内血浆量和血细胞量的总和，占体重的5%～9%。动物在安静状态下，大部分在心、血管内有序流动的血液称为循环血量；少部分分布在肝、肺、脾、皮下静脉丛和皮肤等组织器官的血液称为贮备（储备）血量。一次失血超过血量的20%会引起机体机能障碍，超过30%则危及动物生命。

（2）血液的基本组成 血液经离心分为3层，最上层浅黄色液体为血浆，最下层深红色不透明的是红细胞，上下层之间白色不透明薄层是白细胞和血小板。

（3）血细胞比容 指压紧的血细胞在全血中所占的容积百分比。而白细胞和血小板所占比例很小，又称为红细胞比容或红细胞压积。

2. 血液的理化性质

（1）颜色、气味 血液一般呈现为不透明的红色液体。动脉血因血红蛋白含氧较多呈现鲜红色；静脉血含氧较少呈现暗红色。血液因含挥发性脂肪酸略有腥臭气味，因含氯化钠而略带咸味。

（2）密度 红细胞的相对密度最大，血浆的相对密度最小，故血液的质量密度主要取决于红细胞的数量和血浆蛋白质的浓度。

（3）血液的黏滞性 血液流动时，内部分子间摩擦产生阻力致流动缓慢，表现出黏着的特性称为黏滞性。红细胞比容越大，血液黏滞度就越高。

（4）血液的酸碱性 血液呈弱碱性，pH7.2～7.5。血液存在各种缓冲物质使得血液pH保持相对稳定，其中以$NaHCO_3/H_2CO_3$缓冲能力最强，把血液中$NaHCO_3$的含量（或浓度）称为碱储。

（二）血浆

1. 血浆与血清的区别
将不抗凝血液凝固后进行离心，吸取液体即血清。抗凝血液直接离心取到的清液为血浆。两者主要区别是血清中凝血因子如纤维蛋白原含量少甚至没有。

2. 血浆的主要成分
血浆是一种含有90%～92%水和100多种溶质的淡黄色液体。

3. 血浆蛋白的功能
（1）白蛋白 主要调节血浆和组织液间的渗透压。

（2）球蛋白 包括α球蛋白、β球蛋白、γ球蛋白和免疫球蛋白。

（3）纤维蛋白原 主要参与机体凝血、纤溶和生理性止血等生理反应。

（4）血浆蛋白中的补体系统 包括9种补体蛋白，参与机体的免疫过程。

4. 血浆渗透压

（1）渗透压　是指溶液中溶质促使水分子通过半透膜从低浓度向高浓度渗透的力量。其大小取决于单位体积的溶液中溶质的多少。血浆渗透压包括胶体渗透压（约占 0.5%）和晶体渗透压（约占 99.5%）。

（2）晶体渗透压　主要由晶体物质（NaCl）形成，参与维持细胞内外的水平衡；胶体渗透压主要由血浆蛋白形成，可维持血管内外的水平衡。临床常用等渗溶液是 0.9% NaCl 溶液（生理盐水）和 5% 葡萄糖溶液。

（三）血细胞

1. 红细胞的形态和数量、渗透脆性、血沉和红细胞的生理功能

（1）哺乳动物红细胞　无核、双凹蝶形细胞。骆驼和鹿的呈椭圆形。一般幼年动物红细胞数目高于成年动物，雄性动物高于雌性动物，营养好的高于营养不良的。

（2）渗透脆性　低渗溶液中，水分进入红细胞使其膨胀破裂，导致血红蛋白逸出，称红细胞溶解即溶血。红细胞在低渗溶液中容易发生膨胀、破裂和溶血的特性称为渗透脆性。物理原因（如碰撞、挤压等）导致红细胞破裂称为机械性脆性。红细胞在血浆中能够保持悬浮状态不易下沉的特性则称为红细胞的悬浮稳定性。通常以红细胞 1h 末在血沉管中下沉的距离来表示红细胞沉降速度，又称为红细胞沉降率或血沉。血沉越小，则表示红细胞悬浮稳定性越大。

（3）红细胞的生理功能　主要是运输气体 O_2 和 CO_2，从而对机体所产生的酸、碱起到缓冲作用，红细胞表面存在的补体结合受体还具有免疫功能。

2. 红细胞生成所需的主要原料及辅助因子　红细胞生成的条件：需要机体骨髓造血功能正常，提供足够造血原料和促进红细胞生长和成熟的物质。如蛋白质、铁、维生素 B_{12}、维生素 C、叶酸和铜离子等都是红细胞生成的必要原料。

3. 红细胞生成的调节　红细胞生成的基本过程如下：造血干细胞→各系造血祖细胞→红系定向祖细胞→原红细胞→早幼红细胞→中幼红细胞→晚幼红细胞→网织红细胞→成熟红细胞。红细胞生成受促红细胞生成素（EPO）的调节，雄激素也起一定的作用。

4. 白细胞的种类、数量及各种白细胞的生理功能　白细胞：为无色有核的血细胞，具有渗出、趋化性和吞噬作用等特性，实现对机体的保护功能。除淋巴细胞外，其他白细胞伸出伪足，通过变形运动穿过血管壁的现象称为血细胞渗出。白细胞在趋化因子影响下，向某些物质游走的特性称为趋化性。白细胞分有粒和无粒两种，按颗粒染色特点分为中性粒细胞、嗜酸性粒细胞和嗜碱性粒细胞；无粒白细胞分为单核细胞和淋巴细胞。

5. 血小板的形态、数量及生理功能

（1）血小板的形态、数量　血小板无细胞核，体积很小，形状不规则。

（2）生理功能　能维持血管内皮的完整性，参与生理性止血：当机体小血管受损时，神经调节反射性引起局部血管收缩，损伤处的血小板释放收缩血管活性物质，如 5-羟色胺、二磷酸腺苷和内皮素等物质，血管进一步收缩封闭创口。

（四）血液凝固和纤维蛋白溶解

1. 血液凝固的基本过程　凝血过程需要经历 3 个阶段：第一阶段形成凝血酶原复合物；第二阶段凝血酶原激活成为凝血酶；第三阶段纤维蛋白原被转变成纤维蛋白。

2. 纤维蛋白溶解系统 血液凝固中形成的纤维蛋白被分解液化的过程，简称纤溶。纤溶的激活物（纤溶酶原和纤维蛋白溶解酶即纤溶酶）和抑制物以及纤溶发生的一系列酶促反应，一起称为纤维蛋白溶解系统。可分为纤溶酶原的激活与纤维蛋白和纤维蛋白原的降解 2 个阶段。

3. 抗凝物的作用

（1）促进血凝措施 加温，加钙离子，与粗糙面接触，添加维生素 K，挤压等可促进血液凝固。

（2）减缓血凝措施 低温，除去血浆中的钙离子，使用光滑容器，添加肝素、双香豆素等可延缓血液凝固。

（五）家禽血液的特点

1. 血浆 禽类血浆蛋白含量比哺乳动物低。

2. 血细胞 禽类红细胞呈现球形、椭圆形，体积较大，有核但数量比哺乳动物少。白细胞分为有颗粒白细胞和无颗粒白细胞 2 类，共 5 种。

3. 血液凝固 家禽血浆中几乎不含有凝血因子Ⅸ、Ⅹ、Ⅴ和Ⅶ，故不能形成促凝血酶原激酶和凝血酶，不易发生内源性凝血。凝血主要靠组织释放的促凝血酶原激酶。

三、例题及解析

1. 血红蛋白包含的金属元素是（　　）。

    A. 铜　　　　　　　　　B. 锰　　　　　　　　　C. 锌

    D. 钴　　　　　　　　　E. 铁

【解析】E。每个血红蛋白由 1 个珠蛋白和 4 个血红素组成。血红素又由 4 个中心含亚铁离子（Fe^{2+}）的吡咯基组成。

2. 用盐析法可将血清蛋白分为（　　）。

    A. 白蛋白、球蛋白和纤维蛋白　　　　B. 白蛋白、球蛋白和纤维蛋白原

    C. 球蛋白、血红蛋白和纤维蛋白原　　D. 白蛋白、血红蛋白和纤维蛋白

    E. 血红蛋白、球蛋白和纤维蛋白原

【解析】B。盐析法是指在药物溶液中加入大量的无机盐，使某些高分子物质的溶解度降低沉淀析出，可将血清蛋白分为白蛋白、球蛋白和纤维蛋白原。

3. 白细胞伸出伪足做变形运动并得以穿过血管壁的现象属于（　　）。

    A. 血细胞渗出　　　　　B. 趋化性　　　　　　　C. 吞噬作用

    D. 可塑变形性　　　　　E. 渗透脆性

【解析】A。除淋巴细胞外，其余白细胞伸出伪足做变形运动穿过血管壁称为血细胞渗出。

4. 凝血过程的第三阶段是指（　　）。

    A. 形成凝血酶　　　　　B. 形成纤维蛋白　　　　C. 肥大细胞分泌肝素

    D. 血小板释放尿激酶　　E. 血小板填塞血管损伤处

【解析】B。凝血过程的第三阶段是纤维蛋白原转变成纤维蛋白。

5. 常用的抗血液凝固方法是（　　）。

    A. 血液置于 37℃　　　　B. 血液中加入肝素　　　C. 出血处接触面粗糙

D. 补充维生素 K   E. 血液中加入钙离子

【解析】B。常用抗凝血方法有低温，除去血浆中的钙离子，光滑容器，加入肝素、双香豆素等。

6. 红细胞生成所需的原料主要是(　　)。

    A. 铁和蛋白质   B. 锌和蛋白质

    C. 维生素 B_{12}、丁酸和铜离子   D. 促红细胞生成素

    E. 维生素 B_{12}、叶酸和铜离子

【解析】A。蛋白质、铁、维生素 B_{12}、叶酸、维生素 C 和铜离子等都是红细胞生成的基本原料。

7. 血清与血浆的主要区别是(　　)。

    A. 有无钙离子   B. 血清中含有抗体，血浆无

    C. 血清中白蛋白含量比血浆多   D. 血清中含有纤维蛋白，血浆中无

    E. 血浆中含有纤维蛋白原，血清中无

【解析】E。血清中凝血因子因消耗减少或耗竭，血浆含较齐全的凝血因子，如纤维蛋白原。

8. 血浆胶体渗透压的主要生理作用是(　　)。

    A. 决定血浆总渗透压   B. 维持细胞正常体积   C. 维持细胞正常形态

    D. 调节血管内外的水平衡   E. 调节细胞内外的水平衡

【解析】D。胶体渗透压主要由血浆蛋白形成，能维持血管内外水平衡。

<<< 第四单元　血液循环 >>>

一、考试大纲

单元	细目	要点
	1. 心脏的泵血功能	(1) 心动周期和心率　(2) 心脏泵血过程　(3) 心输出量及其影响因素、射血分数、心指数
	2. 心肌的生物电现象和生理特性	(1) 心肌的基本生理特性　(2) 心肌细胞动作电位的特点（与神经动作电位相比较）及其与功能的关系　(3) 正常心电图的波形及其生理意义　(4) 心音
血液循环	3. 血管生理	(1) 影响动脉血压的主要因素　(2) 中心静脉压、静脉回心血量及其影响因素　(3) 微循环的组成及作用　(4) 组织液的生成及影响因素
	4. 心血管活动的调节	(1) 心交感神经和心迷走神经对心脏和血管功能的调节　(2) 调节心血管活动的压力感受性反射和化学感受性反射　(3) 肾上腺素和去甲肾上腺素对心血管功能的调节
	5. 家禽血液循环的特点	(1) 心脏生理　(2) 血管生理　(3) 心血管活动的调节

二、重要知识点

（一）心脏的泵血功能

血液循环系统：由心脏和血管构成的封闭管道系统。血液在此系统中按照一定方向循环往复流动，称为血液循环。

1. 心动周期和心率

（1）心动周期　心脏每收缩和舒张一次的活动周期。可分心房收缩、心室收缩和共同舒张期。

（2）心率　心搏频率的简称，以每分钟心搏次数（次/min）为单位。是判断动物生命体征的主要指标之一，能随体温发生明显变化，体温每上升1℃，心率就会增加12~18次/min。

2. 心脏泵血过程　心脏泵血需要心脏的收缩、舒张，瓣膜启闭的有序配合。

（1）心房收缩　心房收缩从与腔静脉连接处静脉窦附近开始，可将静脉血液回流暂时阻断，挤压心房内血液经由房室孔流向舒张的心室，心室得到充盈，持续时间约0.1s后，心房随后进入舒张期。

（2）心室收缩与射血　心房舒张后心室随之收缩，心室内压升高超过心房内压，心室内血液出现返流心房产生的压力使得房室瓣闭合，避免血液倒流入心房。动脉瓣开放血液被射入动脉。可分为等容收缩、快速射血和缓慢射血3个时期。

（3）心室舒张与血液充盈　当心室由收缩转为舒张后，在心室舒张期内，心室经历等容舒张期、快速充盈期和减慢充盈期3个变化过程。

3. 心输出量及其影响因素、射血分数、心指数

（1）每搏输出量　指一侧心室在每次收缩时射入动脉的血量。每分输出量：是指一侧心室每分钟射入动脉的血液总量，我们平时所称的心输出量都是指每分输出量。心输出量＝每搏输出量×心率。心指数：是指单位体表面积（m^2）的心输出量。

（2）射血分数　指每搏输出量与心室舒张末期容积百分比。

（3）影响心输出量的主要因素　心率加快可使心输出量增加；心率过快（超过正常心率的2~2.5倍）心室舒张期明显缩短，心舒期充盈量也明显减少，搏出量明显减少，导致心输出量减少。

（二）心肌的生物电现象和生理特性

1. 心肌的基本生理特性

（1）心肌组织特性　具有兴奋性、自律性、传导性和收缩性4种特性。主宰着心脏的活动。心室肌细胞发生兴奋后，依次会经过有效不应期、相对不应期和超常期等时期，随之恢复正常状态。

（2）心肌细胞静息电位及变化情况　与神经细胞和骨骼肌细胞相似，也是因细胞内K^+向细胞膜外流动所产生的K^+跨膜平衡电位。其静息电位为$-90mV$（图3-4-1）。

（3）有效不应期（ERP）　包括绝对不应期和局部反应期。绝对不应期指心肌细胞发生0期去极化到复极化至$-55\ mV$左右对应的时间，此时的Na^+通道均处于激活状态或失活状态。

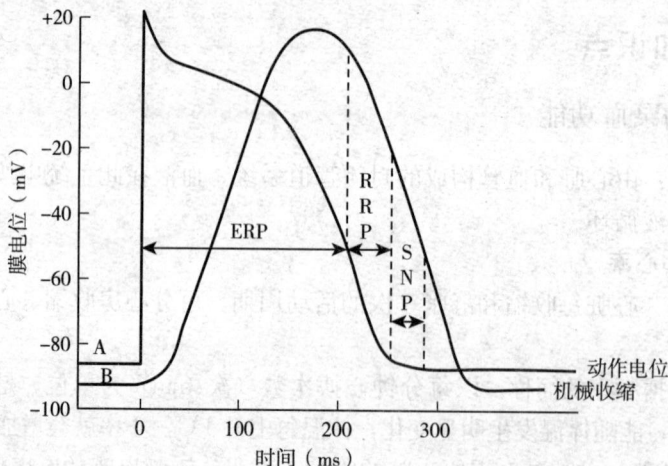

图 3-4-1　心室肌细胞动作电位期间兴奋性的变化及其与机械收缩的关系

A. 动作电位　B. 机械收缩　ERP：有效不应期　RRP：相对不应期　SNP：超常期

（引自《动物生理学》第五版，赵茹茜，2015）

（4）相对不应期（RRP）　指细胞膜继续复极化到$-80\sim-60$ mV 的范围，此时的 Na^+ 通道大量恢复，阈上刺激可引发动作电位。

（5）超常期（SNP）　复极化$-90\sim-80$ mV，此时的 K^+ 通道基本恢复，膜电位离阈电位水平更近，此时使细胞兴奋所需的刺激阈值比正常低，表明兴奋性高于正常。

复极化完毕后，膜电位恢复到正常，Na^+ 通道恢复到备用状态，兴奋性也恢复正常。注意：心室肌细胞兴奋变化过程中无低常期。

2. 心肌细胞动作电位特点（与神经动作电位相比较）及其与功能的关系

（1）特点　心室肌细胞静息电位与神经细胞相似，一旦受到外来有效刺激时则可引起动作电位。把心室肌细胞的动作电位变化分为 0 期、1 期、2 期、3 期和 4 期 5 个时期。

①0 期（去极或除极）：此期膜电位从-90 mV 的静息水平迅速变为$+30$ mV；②1 期（快速复极初期）：此期跨膜电位从$+30$ mV 快速降为 0 mV 左右；③2 期（又称平台期）：此期跨膜电位为$-20\sim0$ mV；④3 期（快速复极末期）：此期与平台期之间无明显界限，膜电位快速复极化到-90 mV；⑤4 期：膜电位恢复后的时期。

（2）与神经细胞和骨骼肌膜动作电位相比　心室肌细胞动作电位发生过程中，Ca^{2+} 慢通道是心肌细胞的重要特征。

①快反应细胞：包括心房肌、心室肌和浦肯野细胞。其动作电位特点为除极快、波幅大和时程长。

②慢反应细胞：包括窦房结和房室交界区细胞。其动作电位特点是除极慢、波幅小和时程短。

（3）心肌细胞收缩性的特点　①对细胞外液中 Ca^{2+} 浓度有依赖性；②同步收缩（呈现"全"或"无"收缩）；③不发生强直收缩；④期前收缩与代偿性间歇的意义。

3. 正常心电图的波形及其生理意义

心电图指将心电活动进行体表描记所得到电位变化曲线，能反映心脏兴奋起源以及兴奋传播在心房和心室的过程，与心脏的机械活动无直接关系。包括 P 波、QRS 波群和 T 波，有时 T 波后还有较小的 U 波（图 3-4-2）。

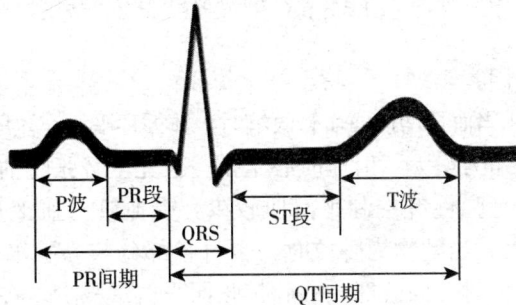

图 3-4-2 正常哺乳动物心电图

（引自《动物生理学》第五版，赵茹茜，2015）

①P 波（P wave）：代表两心房去极化过程，表示窦房结产生的动作电位传到左右心房，持续 0.08 s，心房将要进入收缩期。②QRS 波群（QRS duration）：指两心室去极化过程，包含心房复极过程，持续 0.08 s，心室肌细胞较多，QRS 波群幅度大。③T 波：两心室复极化过程，持续 0.16 s。④PR 间期（PR interval）：指从 P 波起始到 QRS 波群起点的时程，表示兴奋从心房传到心室，安静状态下为 0.18 s，心率增大为 130 次/min 时将缩减为 0.14 s；表示兴奋在房室结传导经历的时间，若时间延长表示房室传导被阻滞。⑤QT 间期：指 QRS 波群起点到 T 波终点的时间，动作电位传导至整个心室，再完全复极化到静息状态的时间。⑥ST 段：指 QRS 波群到 T 波起点之间与基线平齐的线段，持续 0.32 s，代表心室各部分均处于动作电位的平台期，各部分没有电位差存在，曲线恢复到基线水平。

4. 心音 心动周期中通过听诊器在胸壁适当位置可听到第一心音和第二心音。

（1）第一心音又称收缩音（S1） 特点为振动频率低和时间长，体表从心尖搏动处（左侧第五肋间隙锁骨中线）听诊最明显。主要是因为血流急速冲击，同时房室瓣关闭所导致的心室和主动脉管壁的振动。

（2）第二心音又称舒张音（S2） 特点为声调尖、振动频率高和时间短，主要是因半月瓣的关闭引起的振动，预示心室舒张开始。第二心音增强是高血压的主要表现。

（三）血管生理

1. 影响动脉血压的主要因素

（1）血压 血管内流动的血液对单位面积的血管壁产生的侧压力或压强。动脉血压：是指动脉内流动血液对管壁的侧压力，会随心室的舒缩发生明显波动。平均动脉压＝舒张压＋1/3 脉压。

①收缩压：心室收缩时动脉血压上升的最高值，可反映每搏输出量。②舒张压：心室舒张时，动物动脉血压下降的最低值。可反映外周阻力。③收缩压与舒张压之间的差距称为脉搏压，简称脉压，可反映动脉壁的弹性。

（2）血压的影响因素 能够影响心输出量、外周阻力和血管容量的各种因素，均能影响动脉血压：①心脏每搏输出量；②心率；③外周血管阻力；④主动脉和大动脉的弹性贮器作用；⑤循环血量和循环系统血管容量的比例。

2. 中心静脉压、静脉回心血量及其影响因素

（1）中心静脉压　将右心房和胸腔内大静脉的血压称为中心静脉压。

（2）单位时间内静脉回心血量　取决于外周静脉压和中心静脉压的差值，及静脉对血流的阻力。

（3）影响静脉回流的因素

①体循环平均充盈压：当血量增加或血管收缩时，体循环平均充盈压升高，静脉回流加快。

②心脏收缩力：当心缩力增大，射血时心室排空较完全舒张时抽吸力更大。

③体位：静脉管壁薄且弹性纤维和平滑肌较少，受血管内血液重力及血管外组织压力（跨壁压）影响比动脉要大。当动物为卧位时，全身各部分与心脏水平距离较近，总回心血量增加；而从卧位变为立位时，四肢部分静脉扩张回心血量减少。将动物患肢抬高有利于静脉回流，能减少水肿发生。

④骨骼肌的挤压作用：肌肉的节律性收缩对于其间薄壁静脉形成挤压，加上不同部位静脉瓣一起配合推动血液回心。

⑤呼吸运动：随着动物的呼吸，胸膜腔内负压产生节律性升降，引起胸腔内大静脉扩张和被压迫，对静脉回流起到"泵"的作用。吸气时，胸膜腔内压降低利于体循环静脉血液回心，呼气时则相反。

3. 微循环的组成及作用

（1）微循环　一般由微动脉、后微动脉、毛细血管前括约肌、真毛细血管、通血毛细血管、动-静脉吻合支和微静脉等部分组合而成。

（2）血流可通过3条通道从微动脉流向微静脉

①动-静脉短路：由吻合微动脉和微静脉的动-静脉吻合支构成。

②直捷通路：又称快道，是指从微动脉经后微动脉和通血毛细血管延伸到微静脉的通路。常开放，流量大，血速较快，使部分血液快速进入静脉保证回心血量。骨骼肌中多见。

③迂回通路：又称营养通路或慢道，主要由真毛细血管构成，开关受控于毛细血管前括约肌。

4. 组织液的生成及影响因素

（1）组织液　组织和细胞的间隙作为血液与细胞进行物质交换的主要媒介，约占体重的15％。大部分呈胶冻状，不会因重力作用而流到全身的低垂部分，不能用注射器抽出。组织液凝胶的基质是胶原纤维和透明质酸细丝，不会影响水及其溶质的自由流动。

（2）组织液生成与回流　其结构基础是毛细血管的通透性，而主要动力是有效滤过压。有效滤过压＝（毛细血管血压＋组织液胶体渗透压）－（血浆胶体渗透压＋组织液静水压）。

（3）影响组织液生成的因素　组织液生成和重吸收的动态平衡，使循环血量和组织液量维持相对稳定状态。当有效滤过压和毛细血管通透性发生变化，将直接影响组织液生成与回流。影响组织液生成的因素主要有：①毛细血管血压；②血浆胶体渗透压；③淋巴回流。

（四）心血管活动的调节

1. 躯体运动神经　指支配躯体运动的神经，控制躯体的随意运动。躯体运动神经主要分布在体表、骨、关节和骨骼肌。

2. 植物性神经　又称自主神经，是支配内脏器官的平滑肌、心肌和腺体的神经。主要分布于内脏、血管、心脏和腺体及其他平滑肌。根据其形态和功能的不同，又分为交感神经和副交感神经两部分。

3. 心交感神经和心迷走神经对心脏和血管功能的调节

（1）心脏的神经支配　支配心脏的传出神经有心交感神经和心迷走神经。

①心交感神经节前纤维：在颈神经节和星状神经节换元后，节后纤维分布在心脏。右侧心交感神经主要分布在窦房结，左侧心交感神经主要分布于房室结、心房肌和心室肌。如果刺激右侧交感神经，则动物心率明显增加；刺激左侧则会引起房-室延搁的缩短。

②迷走神经节前纤维：到达心内神经节换元，右侧心迷走神经节后纤维主要分布在窦房结，左侧分布于房室结，双侧节后纤维都分布到心房肌和小部分的心室肌。当迷走神经兴奋，节后纤维末梢会释放乙酰胆碱，与心肌细胞膜上的 M_2 型胆碱能受体结合，使得心肌收缩减弱。

（2）血管的神经支配　除真毛细血管外，血管壁均有丰富的平滑肌，大多数血管平滑肌都受自主神经支配（毛细血管前括约肌除外）。根据功能区分为缩血管神经纤维和舒血管神经纤维。

①缩血管神经纤维：属于交感神经纤维，末梢释放去甲肾上腺素与血管平滑肌 α 受体结合则引起血管收缩；与 β 受体结合则引起血管舒张。

②舒血管神经纤维：少数血管同时接受缩血管纤维和舒血管神经纤维支配。舒血管神经纤维主要有交感舒血管神经纤维和副交感舒血管神经纤维。犬、猫、山羊和绵羊等动物骨骼肌微动脉上分布有交感舒血管神经纤维，可与乙酰胆碱能 M_2 受体结合引起血管舒张效应，阿托品可以阻断这一效应。通过面部神经支配的脑膜、唾液腺、胃肠道外分泌腺（迷走神经中有支配肝血管的副交感神经纤维）等有副交感舒血管神经纤维分布，平时无紧张性活动，而受到特殊刺激会引起中枢冲动，通过末梢释放乙酰胆碱，与 M 受体结合能调节局部血流，但是对血液循环总外周阻力影响很小。

2. 调节心血管活动的压力感受性反射和化学感受性反射

（1）颈动脉窦和主动脉弓压力感受性反射　①动脉血压突然升高，脉管壁受牵张而压力增强，刺激位于颈动脉窦和主动脉弓的压力感受器，通过窦神经、舌咽神经和主动脉神经（又称降压神经），迷走神经传入冲动明显增多，作用于延髓的孤束核，心抑制区兴奋，抑制缩血管区，血管紧张性下降、外周阻力降低以及心脏活动减弱。②颈动脉窦和主动脉弓压力感受性的反射属于负反馈机制，能定期自动地纠正机体血压的偏差，有效避免动脉血压发生大的波动。压力感受性为牵张感受器，只能感受迅速变化，当动脉血压超出感受器范围时，机体则只能通过如化学感受性反射等方式调节血压。

（2）颈动脉体和主动脉体化学感受性反射　外周化学感受器指颈动脉体和主动脉体，位于颈总动脉分叉处和主动脉弓区域，血液丰富，能反馈调节化学感受器的敏感性。感受器由传出神经支配，通过调节血流以改变化学感受器的活动。当血液的某些化学成分发生变化时，如缺氧、CO_2 分压过高、pH 降低等，刺激外周化学感受细胞，信号传入延髓孤束核，髓呼吸神经元和心血管中枢神经元的活动发生改变，从而进行机体调节。

3. 肾上腺素和去甲肾上腺素对心血管功能的调节　影响心血管活动的化学物质，一部分通过血液运输广泛作用于心血管系统；一部分在组织液中形成且主要影响局部血管，对局部组织的血流起调节作用。

（1）**肾上腺素** 肾上腺素与 α、β 受体的结合能力几乎相同。

（2）**去甲肾上腺素** 主要与血管 α 受体和心肌结合，对心脏的直接作用是兴奋，通过全身血管广泛收缩而升高动脉血压，反射性地使心率减慢。常用作升压药。

（五）家禽血液循环的特点

1. 心脏生理 家禽的心脏与体重比值比哺乳动物略大。鸡心率比鸭快，鸭比鹅快，母鸡较公鸡快。心率较快导致禽类心电图通常只表现 P、S 和 T 三个波，P 波不明显。

2. 血管生理 家禽血压与禽种、性别、年龄有关。暖季血压会下降。禽类血液循环时间比哺乳动物短。有实验表明母鸡生殖器官的血流量占心输出量的 15％ 以上。家禽体内淋巴管在组织内分布成网，毛细淋巴管逐渐汇合成较大的淋巴管，然后汇合成一对胸导管，最后开口于左右前腔静脉。

3. 心血管活动的调节 家禽在静息状态下迷走神经和交感神经对心脏的作用几乎相等，不同于哺乳动物的"述走紧张"，交感神经的促进作用较弱。禽类的颈动脉窦和颈动脉体位置低得多，虽然压力感受器和化学感受器参与血压调节，但敏感性较差。

三、例题及解析

1. 动物第一心音形成的原因之一是（　　）。
　　A. 房室瓣关闭 　　　　　　　B. 半月瓣关闭 　　　　　　　C. 心室的舒张
　　D. 心房的收缩 　　　　　　　E. 心室的充盈

【解析】A。第一心音产生的原因主要包括心室肌的收缩、房室瓣的关闭以及射血开始引起的主动脉管壁的振动。

2. 促使毛细血管内液体向外滤过的力量是（　　）。
　　A. 毛细血管血压、组织液静水压 　　　　B. 毛细血管血压、血浆胶体渗透压
　　C. 组织液静水压、血浆胶体渗透压 　　　　D. 组织液静水压、组织液胶体渗透压
　　E. 毛细血管血压、组织液胶体渗透压

【解析】E。有效滤过压＝（毛细血管血压＋组织液胶体渗透压）－（血浆胶体渗透压＋组织液静水压）。

3. 心交感神经节后神经末梢释放的递质是（　　）。
　　A. 乙酰胆碱 　　　　　　　B. 去甲肾上腺素 　　　　　　　C. γ-氨基丁酸
　　D. 多巴胺 　　　　　　　E. 肾上腺素

【解析】B。心交感神经节后神经末梢释放去甲肾上腺素。

4. 临床上将肾上腺素用于强心，其结合的受体是（　　）。
　　A. α 受体 　　　　　　　B. β 受体 　　　　　　　C. M 受体
　　D. N 受体 　　　　　　　E. H_1 受体

【解析】B。肾上腺素是 α 和 β 受体激动剂，通过刺激心脏的 β 受体起到刺激心脏收缩、强心的作用。

5. 舒张压主要反映（　　）。
　　A. 外周阻力大小 　　　　　　　B. 循环血量多少 　　　　　　　C. 动脉管壁弹性大小

D. 心肌传导速度快慢　　　　　E. 每搏输出量多少

【解析】 A。收缩压反映每搏输出量；舒张压反映外周阻力。

6. 毛细血管前括约肌的主要功能是(　　　)。

A. 物质和气体交换　　　　　B. 淋巴液回流　　　　　　　C. 参与体温调节

D. 感受刺激　　　　　　　　E. 控制微循环血流量

【解析】 E。毛细血管前括约肌的收缩或舒张可控制毛细血管的关闭或开放，因此可决定某一时间内毛细血管开放的数量，控制微循环血流量。

<<< **第五单元　呼　　吸** >>>

一、考试大纲

单元	细目	要点
呼吸	1. 肺的通气功能	(1) 胸内压　(2) 肺通气的动力和阻力　(3) 肺容积和肺容量
	2. 气体交换与运输	(1) 肺泡与血液以及组织与血液间气体交换的原理和主要影响因素　(2) 氧和二氧化碳在血液中运输的基本方式
	3. 呼吸运动的调节	(1) 神经反射性调节　(2) 体液调节

二、重要知识点

机体同外界环境之间的气体交换过程称为呼吸。外呼吸又称为肺呼吸。内呼吸又称为组织呼吸。

(一) 肺的通气功能

1. 胸内压　指胸膜腔内的压力。胸膜腔是由胸膜壁层和脏层紧贴组成的空腔，分子内聚力把两层胸膜吸附在一起，内有少量浆液起润滑作用，不含气体。

(1) 胸内压＝肺内压（大气压）－肺回缩力　大气压为零位标准称为生理零线，因为肺回缩力持久存在，所以胸内压永远是负值，胸内压＝－肺回缩力。

(2) 胸内压负压的生理意义　①使肺和小气道保持扩张状态，维持肺通气；②有助于胸膜腔中的腔静脉、胸导管和食管的趋向扩张，利于静脉血液和淋巴液向心脏回流。

2. 肺通气的动力和阻力

(1) 肺通气动力　呼吸运动改变了肺内压，引起肺内压与外界环境的大气压出现压差。呼吸运动是肺通气的动力。

(2) 呼吸运动　指动物胸廓节律性地扩大、缩小和膈的前后移位。

①吸气运动：平静呼吸时，主要表现为膈肌向腹腔方向的移位，引起胸腔前后径增大，

肺被动性扩张和肺内压降低，同时肋间外肌收缩，肋骨向前外方移位，胸腔左右、上下径增大，肺的被动性扩张和肺内压降低。

②呼气运动：平静呼吸时，呼气运动是由吸气肌（膈肌和肋间外肌）从吸气时的收缩状态转为舒张状态引起的，膈肌被腹腔器官推回原位，胸廓也因重力和弹性而回位，导致胸腔缩小，肺内压升高且高于大气压，肺内气体排至外界，表现为呼气。

（3）呼吸类型　机体正常的呼吸运动是由膈和胸廓的移位引起的，因此每一呼吸周期都同时会出现一次腹部和胸部起伏变化，吸气时胸腹鼓起来，呼气时胸腹则回缩。这种呼吸形式称为胸腹式呼吸，健康家畜的呼吸多属于此类型，犬除外。

①当家畜患有胸膜炎、肋骨骨折等胸部疾病，主要表现为腹部的起伏变化，此时称为腹式呼吸。②当家畜患有腹膜炎、胃扩张等腹部疾患或母畜妊娠后期等情况，主要呈现胸部起伏变化，称为胸式呼吸。

（4）肺通气的阻力　限制肺通气的主要因素包括弹性阻力和非弹性阻力。

①弹性阻力：是平静呼吸时的主要阻力，来自肺部弹力纤维的回缩力和肺泡的表面张力。肺扩张时，纤维被牵拉回缩。

②肺泡表面张力：是肺泡内表面液-气界面液体层的分子间引力形成的，表面张力使肺泡趋于缩小，形成肺的弹性阻力。表面张力对肺的张缩有重要的意义。

③肺泡的表面活性物质：是由肺泡Ⅱ型细胞分泌的二软脂酰卵磷脂，作为脂蛋白单分子层分布于液-气界面，随肺泡张缩改变密度。其主要功能为降低肺泡表面张力；提高肺顺应性；维持肺泡内压相对稳定；防止肺泡积液；防止肺不张等。

④非弹性阻力：主要由惯性阻力、黏滞阻力和气道阻力3种力量组成。

3. 肺容积和肺容量

（1）肺容积　由下述4种互不重叠的基本肺容积相加后得到的肺最大容量。

①潮气量：指机体平静呼吸时每次吸入或呼出的气量。

②补吸气量：指机体在平静吸气末，再次尽力吸气所能吸入的气量。

③补呼气量：指机体平静呼气末，再次尽力呼气所能呼出的气量。

④余气量：指最大呼气末仍存留于肺中不能再呼出的气量。

（2）肺容量　指基本肺容积中两项或两项以上的联合气量。

①功能余气量：机体平静呼气末肺内残留的气量，是余气量和补呼气量之和。其生理意义为能缓冲呼吸过程中肺泡中氧分压（P_{O_2}）和二氧化碳分压（P_{CO_2}）的急剧变化。功能：余气量的缓冲使得吸气时，肺内P_{O_2}不会突然升得太高，P_{CO_2}也不会降得太低；呼气时，肺内P_{O_2}不会降得太低，P_{CO_2}不会升得太高；保证了肺泡和动脉血液的P_{O_2}和P_{CO_2}不会随呼吸而发生大幅度的波动，利于机体气体交换。

②肺活量：肺最大吸气后用力呼气所能呼出的最大气量，是补吸气量和补呼气量之和。其生理意义为判定肺通气限度的重要指标。肺活量因动物体躯的大小、性别、年龄、体征和呼吸肌强弱程度等因素会有不同。

（3）肺总量　肺所能容纳的最大气量，是肺活量和余气量之和。可因性别、年龄、运动情况和体位不同而异。

（4）肺通气量

①每分通气量：指机体每分吸入或呼出肺的气体总量，等于呼吸频率与潮气量的乘积。

比肺总量更好地反映肺通气情况。

②肺泡通气量：指每分钟吸入肺泡内的新鲜空气量。

肺泡通气量＝（潮气量－无效腔气量）×呼吸频率

③无效腔：上呼吸道至呼吸性细支气管之间的气体不参与气体交换过程，将这部分气体所在结构称为解剖无效腔。吸入气体的部分留在解剖无效腔内称为死腔。进入肺泡内的气体，因血流在肺内分布不均而未能全部参与气体交换称为肺泡无效腔。解剖无效腔与肺泡无效腔一起合称生理无效腔。

（二）气体交换与运输

1. 血液以及组织与血液间气体交换的原理和主要影响因素

气体交换原理　分压（P）：每种气体分子所产生的压力称为该气体的分压。

气体交换即气体分子扩散运动的动力来自气体分压差。

①肺换气指肺与组织间的气体交换。气体由分压高侧透过呼吸膜向分压低侧扩散，O_2透过呼吸膜扩散入毛细血管内，血中CO_2透过呼吸膜进入肺泡内。②组织换气指组织与血液间的气体交换。代谢产生的CO_2进入血液，血液中的O_2进入组织。③影响气体交换的主要因素：呼吸膜的厚度、换气肺泡的数量和通气血流量比值影响气体交换。气体分压差、溶解度和分子量：呼吸气体的交换也涉及体液中的溶解气体。呼吸膜的厚度影响气体扩散距离和膜通透性。气体扩散速率与呼吸膜厚度成反比。④通气/血流值：指每分钟肺泡通气量（VA）和每分钟血流量（Q）之间的比值。一般VA/Q约为$4.2/5＝0.84$。适宜的VA/Q才能顺利进行气体交换。

2. O_2和CO_2在血液中运输的基本方式　血液运输气体有物理溶解和化学结合两种方式。

（1）O_2的运输　血液运输O_2主要是O_2与血红蛋白（Hb）结合，以氧合血红蛋白（HbO_2）形式存在于红细胞内。每100 mL血液中血红蛋白能结合O_2的最大量即氧容量，其大小受血红蛋白浓度的影响。

（2）氧离曲线　以氧分压（P_{O_2}）作横坐标，血红蛋白氧饱和度为纵坐标，即绘制得到P_{O_2}对血红蛋白结合氧量的函数曲线，称为"氧离曲线"（图3-5-1）。

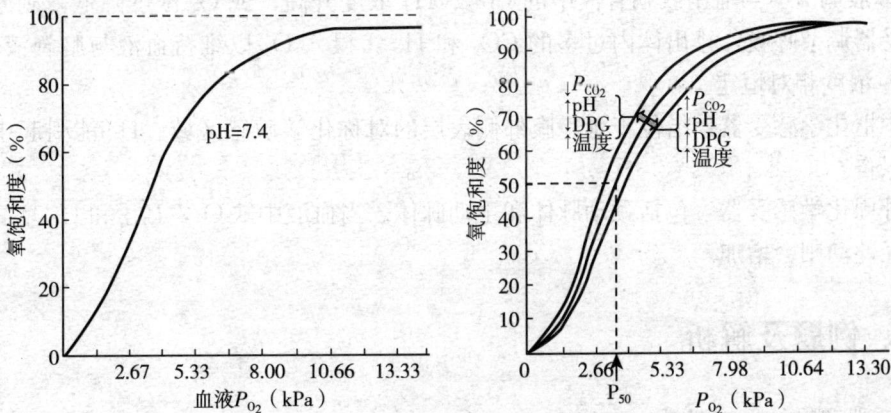

图3-5-1　氧解离曲线（左）和影响氧解离曲线位置的主要因素（右）

（引自《动物生理学》，金天明，2012）

（3）CO_2 的运输　5％CO_2 以物理溶解形式运输，95％以化学结合形式运输（以碳酸氢盐形式运输占比 88％，以氨基甲酸血红蛋白形式运输占比 7％）。

①氨基甲酸血红蛋白：一部分进入红细胞的 CO_2 与 Hb 的氨基（—NH_2）结合形成氨基甲酸血红蛋白（Hb-NHCOOH），此反应迅速、可逆，无需酶参与。脱氧血红蛋白结合 CO_2 的能力大于氧合血红蛋白。组织细胞间的血红蛋白释放 O_2 可以生成较多的还原血红蛋白（HHb），结合 CO_2 的量增加，促使生成更多的 Hb-NHCOOH；在肺部 Hb 与 O_2 结合可以生成氧合血红蛋白（HbO_2），促使 CO_2 释放进入肺泡并排出体外，完成肺换气。

②碳酸氢盐：大部分红细胞内 CO_2 在碳酸酐酶的催化下与水反应快速生成碳酸，其进一步解离生成碳酸氢根（HCO_3^-）和氢离子（H^+）。因此，血浆中的 $NaHCO_3/H_2CO_3$ 是重要的缓冲对。

（三）呼吸运动的调节

1. 呼吸的神经反射性调节

（1）呼吸中枢　指中枢神经系统控制调节呼吸运动的神经细胞群，主要分布在大脑皮层、间脑、脑桥、延髓和脊髓等部位。

①脊髓是中继站和整合某些呼吸反射的初级中枢。②延髓是机体生命活动和呼吸的基本中枢。③脑桥是呼吸的调整中枢。④高位脑包括脑皮层、边缘系统和下丘脑。

（2）肺牵张反射　肺扩张或肺缩小引起吸气抑制或兴奋的反射称为肺牵张反射，又称为黑-伯反射。包括肺扩张反射和肺缩小反射。生理意义：使呼吸不会过长，促使吸气及时转为呼气，与脑桥呼吸调整中枢一起调节呼吸频率和深度。

（3）呼吸肌的本体感受性反射

①呼吸肌的本体感受性反射：呼吸肌作为骨骼肌，其本体感受器主要是肌梭，肌肉受牵张刺激兴奋时，冲动经背根传入脊髓中枢，反射性引起受刺激肌梭所在肌肉收缩。

②防御性呼吸反射：呼吸道黏膜受刺激时引起的保护性呼吸反射，主要为咳嗽和喷嚏反射。咳嗽反射最常见。喉、气管和支气管的黏膜感受器受到机械、化学性刺激时，冲动经迷走神经传入到延髓，触发一系列反射活动，引起机体咳嗽。

2. 体液调节　当血中或脑脊液中的 CO_2、H^+ 浓度升高，或 O_2 浓度降低，刺激体内的化学感受器调节呼吸，排出体内过多的 CO_2 和 H^+，摄入 O_2 以维持血液与脑脊液中 CO_2、H^+ 和 O_2 浓度相对恒定。

①中枢化学感受器：指位于延髓腹外侧表层的对称化学敏感区域。H^+ 能引起中枢化学感受器兴奋。

②外周化学感受器：包括颈动脉体和主动脉体。当血液中缺 O_2，P_{CO_2} 和 H^+ 增高时其传入的神经冲动则会增加。

三、例题及解析

1. 哺乳动物的吸气肌是（　　）。

    A. 肋间内肌与膈肌　　　　B. 肋间外肌与膈肌　　　　C. 膈肌与腹壁肌

    D. 肋间内肌与肋间外肌　　E. 胸大肌

【解析】B。吸气运动主要表现膈移位的同时，还发生肋间外肌收缩。

2. 肺泡表面活性物质（　　）。

    A. 能增加肺泡表面张力　　　　B. 使肺的顺应性提高　　　　C. 使肺泡趋于萎缩

    D. 有利于液体进入肺泡　　　　E. 覆盖在肺泡内层液泡与肺泡上皮之间

【解析】B。肺泡表面活性物质的功能：降低肺泡的表面张力；提高肺的顺应性；维持肺泡内压相对稳定；防止肺泡积液；防止肺不张等。

3. 平静呼吸时，每次吸入或呼出的气体量是（　　）。

    A. 潮气量　　　　　　　　　　B. 补吸气量　　　　　　　　　C. 补呼气量

    D. 肺活量　　　　　　　　　　E. 肺泡通气量

【解析】A。潮气量是指机体平静呼吸时每次吸入或呼出的气量。

4. 节律性呼吸的基本中枢位于（　　）。

    A. 延髓　　　　　　　　　　　B. 脑桥　　　　　　　　　　　C. 中脑

    D. 丘脑　　　　　　　　　　　E. 脊髓

【解析】A。延髓是生命活动和呼吸的基本中枢。

5. CO_2 在血液中运输的最主要形式是（　　）。

    A. 物理溶解　　　　　　　　　　　　　B. 形成碳酸氢盐

    C. 形成氨基甲酸血红蛋白　　　　　　　D. 和水结合形成碳酸

    E. 形成 CO_2 血红蛋白

【解析】B。95 ％CO_2 以化学结合形式运输，其中碳酸氢盐形式占88％。

6. 氧离曲线表示（　　）。

    A. 血红蛋白含量与氧解离量的关系曲线

    B. 血红蛋白氧饱和度与氧含量的关系曲线

    C. 血红蛋白氧饱和度与氧分压的关系曲线

    D. 血氧含量与血氧容量的关系曲线

    E. 血氧容量与氧分压的关系曲线

【解析】C。以氧分压（P_{O_2}）为横坐标、血红蛋白氧饱和度为纵坐标，绘制得到的函数曲线称为"氧离曲线"。

<<< 第六单元　采食、消化和吸收 >>>

一、考试大纲

单元	细目	要点
采食、消化和吸收	1. 口腔消化	(1) 马、牛、羊、猪和犬的采食方式　(2) 唾液的组成和功能
	2. 胃的消化功能	(1) 胃运动的主要方式　(2) 胃液的主要成分和作用　(3) 反刍与嗳气　(4) 反刍动物前胃的消化

（续）

单元	细目	要点
采食、消化和吸收	3. 小肠的消化与吸收	(1) 小肠运动的基本方式　(2) 胰液和胆汁的性质、主要成分和作用 (3) 主要营养物质在小肠内的吸收
	4. 胃肠功能的调节	(1) 胃液分泌的体液调节　(2) 交感和副交感神经对消化活动的主要调节作用
	5. 家禽消化的特点	(1) 淀粉化学性消化　(2) 蛋白质化学性消化

二、重要知识点

消化系统的基本功能：将食物消化分解为可吸收的小分子，再透过消化道黏膜上皮等吸收各种营养物质，为机体新陈代谢提供物质和能量来源。

（一）口腔消化

1. 动物采食方式　动物唇、舌、齿是主要的采食器官。猫、犬通常用前肢按住食物，用门齿和犬齿咬断食物，头、颈的运动把食物送入口中。牛主要采食器官是舌。绵羊和山羊则靠舌和切齿采食。马依靠灵活敏感的唇采食。

2. 唾液的组成和功能

(1) 唾液中的有机物　主要有消化酶、α-淀粉酶和微量溶菌酶等黏蛋白和其他蛋白质。

(2) 唾液的生理功能　①润湿口腔和饲料，便于动物咀嚼和吞咽。②刺激味觉产生，溶解食物中的可溶性成分，引起消化道反射活动。③唾液淀粉酶在中性环境下可以催化淀粉水解为麦芽糖。入胃后在胃液 pH 未降到 4.5 之前，继续发挥消化作用。④某些以乳为食的幼畜唾液中的舌脂酶，可以水解脂肪为游离脂肪酸。⑤唾液的经常分泌可冲洗口腔中饲料残渣和异物，溶菌酶亦有杀菌作用。⑥维持口腔的碱性环境，保护饲料中的碱性酶，尤其是反刍动物，大量碱性较强的唾液进入瘤胃，能中和瘤胃发酵产的酸，利于瘤胃内微生物繁殖和对饲料的发酵。⑦某些动物如牛、猫和犬的汗腺不发达，通过唾液中水分蒸发调节体温。⑧反刍动物有大量尿素会经唾液进入瘤胃，能参与机体的尿素再循环。

（二）胃的消化功能

1. 胃运动的主要方式

(1) 胃壁的结构　主要由纵行肌、中层环行肌、外壁斜行肌 3 层平滑肌组成。

(2) 胃运动的形式　根据胃壁平滑肌收缩方向与强度，将胃运动的形式分为容受性舒张、蠕动、紧张性收缩和胃排空 4 种。

①容受性舒张：咀嚼和吞咽时，食物刺激咽和食管等处的感受器，迷走神经兴奋引起胃的近侧区肌肉舒张，称为胃的容受性舒张。

②蠕动：指胃壁肌肉呈波浪形将内容物向幽门推进的舒缩运动，蠕动波起于胃中部，有节律地向幽门移行，蠕动波到达幽门，幽门部紧张性收缩，小颗粒物质继续排入十二指肠。胃反复蠕动使胃液与食物充分混合，将胃内容物分批通过幽门送入十二指肠。

③紧张性收缩：是以平滑肌长时间收缩为特征的运动。缓慢而有力的收缩使胃内压升高，压迫食糜向幽门部移动，可使食物紧贴胃壁，同时促进胃液渗进食物，还能维持胃腔内压和保持胃的正常形态和位置。

2. 胃液的主要成分和作用 胃的外分泌腺有贲门腺（为黏液腺，分泌黏液）、泌酸腺（由三种细胞组成：壁细胞、主细胞和黏液颈细胞，它们分别分泌盐酸、胃蛋白酶原和黏液；）和幽门腺（分泌碱性黏液的腺体）。胃液是由这三种腺体和胃黏膜上皮细胞的分泌物构成的一种无色、透明强酸性液体，pH 为 0.9～1.5，主要成分包括胃蛋白酶原、盐酸、黏液、内因子、电解质和水。

3. 反刍与嗳气

（1）反刍 反刍动物采食时，饲料囫囵吞进瘤胃，在瘤胃经浸泡软化和短暂发酵，以食团形式再次返回口腔仔细咀嚼称为反刍。反刍过程包括逆呕、再咀嚼、再混唾液和再吞咽 4 个阶段。

（2）瘤胃气体的产生与嗳气

①瘤胃气体的产生：饲料进入瘤胃在微生物作用下发生一系列复杂的消化与代谢过程，饲料中营养物质被分解产生挥发性脂肪酸（VFA）、氨基酸等消化产物，合成微生物蛋白、糖原及维生素等好吸收的营养物质，供机体利用，不断产生大量气体，主要是二氧化碳和甲烷，伴有少量的氮和微量的过氧化氢和硫化氢。

②嗳气：瘤胃中的气体通过食管向外排出的过程叫嗳气。瘤胃发酵产生的气体约 1/4 通过瘤胃壁吸收入血后经肺排出；部分气体被瘤胃内微生物所利用；小部分随饲料残渣经胃肠道排出；大部分气体靠嗳气排出。

③食管沟反射：幼畜在哺乳时吸吮动作反射性地使食管沟的两侧闭合成管状，乳汁直接从食管进入瓣胃，经瓣胃沟流进皱胃。

4. 反刍动物前胃的消化

（1）瘤胃和网胃的消化

①瘤胃的环境特点：瘤胃是一个厌氧微生物高效繁殖的活体发酵罐，营养丰富，温度适宜，且渗透压与血浆渗透压接近，饲料发酵产生的挥发性脂肪酸（VFA）和氨不断被瘤胃上皮吸收，或被唾液中和，故 pH 常常维持在 6～7。

②瘤胃内微生物：有厌氧的纤毛虫、细菌和真菌。纤毛虫包括全毛虫（分解淀粉产生乳酸和少量 VFA）和贫毛虫（分解淀粉，发酵果胶、半纤维素和纤维素，降解蛋白质，水解脂类，氧化不饱和脂肪酸，吞噬细菌，与细菌共生，又称为"微型反刍动物"）。细菌种类繁多，有的发酵糖类、分解乳酸，有的分解纤维素（占活菌 1/4），有的分解蛋白质；有的参与蛋白质合成、维生素合成。真菌主要分解纤维素、糖等（占瘤胃微生物总量的 8%）。

（2）瘤胃内糖类的分解和利用

①糖类的分解：饲料中的纤维素是主要糖类，靠纤维素分解酶分解产生乙酸、丙酸、丁酸等挥发性脂肪酸和少量较高级的脂肪酸。

②瘤胃内蛋白质分解和微生物蛋白的合成：进入瘤胃的饲料蛋白质，30%～50%继续排入后段消化道，50%～70%在瘤胃内被蛋白酶分解为肽、氨基酸。

③瘤胃内微生物对氨的利用：直接利用氨基酸合成蛋白质，也可利用氨合成氨基酸后再转变成微生物蛋白质。

（3）瓣胃和皱胃的消化　①瓣胃接收来自网胃的流体食糜，微生物、微生物发酵产物、细碎的饲料通过瓣胃叶片时，大量水分被吸收，停留在瓣叶片间的较大食糜颗粒被叶片粗糙表面揉捏和研磨，使之变得更为细碎。

（三）小肠的消化与吸收

1. 小肠运动的基本方式　主要包括紧张性收缩、分节运动、蠕动和移行运动复合波。

（1）紧张性收缩　小肠平滑肌常处于紧张状态，是小肠运动的基础。

（2）分节运动　小肠壁环行肌的收缩和舒张形成的一种运动方式。利于小肠营养物质的吸收。分节运动挤压肠壁有助于血液和淋巴的回流。

（3）蠕动　是消化期内速度缓慢的波浪式推进运动。

（4）移行运动复合波　是消化期内强有力的蠕动性收缩，有时能传播至整个小肠。

2. 胰液和胆汁的性质、主要成分和作用

（1）胰液　碱性液体，pH 为 7.8～8.4，主要成分是胰淀粉酶和胰蛋白分解酶。生理作用：能水解淀粉主链中的糖键，可分解甘油三酯为甘油、脂肪酸和甘油一酯。胰蛋白分解酶可作为肽链内切酶和肽链外切酶。

（2）胆汁　酸性液体，pH 为 6.8～7.4，主要成分是胆盐、胆汁和胆汁酸、胆色素。生理作用：乳化脂肪，能促进脂溶性维生素如维生素 A、维生素 D、维生素 E 和维生素 K 等的吸收。胆盐可形成微胶粒；能增强脂肪酶的活性，起到脂肪酶激活剂的作用；可刺激小肠运动。

3. 主要营养物质在小肠内的吸收　在小肠中被吸收的营养物质来源于食物和由各种消化腺分泌入消化管内的大量水分、无机盐和一些有机物。

（1）糖的吸收　淀粉、糊精等多糖类物质需要经过消化酶水解为单糖才能被小肠吸收。单糖的吸收是一个耗能的主动转运过程，能逆着浓度梯度进行，而能量来自钠泵对 ATP 的分解。

（2）蛋白质的吸收　蛋白质消化后变成许多小肽和氨基酸，被毛细血管吸收后，随门静脉进入肝脏。

（3）脂类的吸收　脂类吸收始于十二指肠远端，终于空肠近端。脂类消化产物脂肪酸、甘油一酯和胆固醇等能快速与胆汁中的胆盐形成混合微胶粒。

（4）维生素的吸收　B 族维生素和维生素 C 等水溶性维生素主要以扩散方式被吸收。分子量越小吸收更容易。而有些维生素必须与胃底腺壁细胞分泌的"内因子"结合成复合物，到达回肠与黏膜上皮细胞特殊的内因子"受体"结合才能被吸收，如维生素 B_{12}。维生素 A、维生素 D、维生素 E 和维生素 K 等脂溶性维生素的吸收机制与脂类相似，与胆盐结合以扩散的方式进入上皮细胞，再进入淋巴或血液循环。

（5）无机盐的吸收　一价盐类如钠、钾盐的吸收很快，而多价盐类则吸收较慢。能与钙结合形成沉淀的盐不能被吸收，如硫酸盐、磷酸盐、草酸盐等。

（四）胃肠功能的调节

1. 胃液分泌的体液调节

（1）胃液分泌的调节　胃液分泌受神经因素和体液因素的双重调节。调节胃液分泌的神经纤维主要是植物性神经系统的迷走神经和交感神经。

（2）消化期的胃液分泌 正常消化过程中，根据食物刺激部位的先后有不同。

①头期："假饲"试验证明，动物咀嚼或吞咽后5～10min，胃液开始分泌，持续2～4 h。如切断支配胃的迷走神经，假饲时就不出现胃液分泌。

②胃期：食物进入胃后刺激胃底与胃体部的机械感受器，通过神经长反射和壁内神经丛的局部反射引起胃液分泌。同时刺激幽门部的机械感受器，通过壁内神经丛或食物中的化学成分直接作用附近化学感受器，G细胞释放胃泌素，胃液分泌增多。此外，进食后由于食物提高了胃内pH（达4.5左右），解除了胃酸对G细胞分泌的抑制作用，也利于胃泌素的释放。

③肠期：食糜进入十二指肠后，继续刺激胃液分泌。此时胃液分泌主要是通过体液调节机制而实现的。十二指肠黏膜内少量的G细胞受食糜刺激后分泌少量胃泌素。在食糜作用下，小肠黏膜释放一种"肠泌酸素"，刺激胃酸分泌。由小肠吸收的氨基酸也可能参与肠期胃液分泌的调节。

2. 交感和副交感神经对消化活动的主要调节作用

（1）内在神经丛的作用 位于纵行肌和环行肌之间的肌间神经丛对小肠运动起到主要调节作用。食糜对肠壁的机械和化学刺激作用于肠壁感受器时，可以通过局部反射引起平滑肌的运动。

（2）外来神经的作用 迷走神经兴奋加强小肠运动，交感神经兴奋抑制小肠运动。外来神经的作用是通过小肠的壁内神经丛实现的。

（五）家禽消化的特点

1. 家禽消化特点 小肠是家禽进行化学消化和营养物质吸收的主要场所。

2. 家禽营养物质的消化和吸收

（1）碳水化合物主要在小肠上段被吸收，尤其是六碳糖。

（2）蛋白质分解产物主要以小分子肽进入小肠上皮，再分解成氨基酸被吸收。

（3）脂肪一般需要分解为脂肪酸、甘油或甘油一酯、甘油二酯后被吸收。脂类消化终产物大部分在回肠上段吸收。胆酸的重吸收主要在回肠后段。

（4）禽类在小肠和大肠吸收大部分水分和盐类，嗉囊、腺胃、肌胃和泄殖腔吸收少量。

三、例题及解析

1. 消化液中能降低脂肪表面张力，增加脂肪与酶的接触面积，并促进脂肪分解产物吸收的成分是（　　）。

　　A. 胆盐　　　　　　　　B. 内因子　　　　　　　　C. 胰蛋白酶

　　D. 胰脂肪酶　　　　　　E. 胃蛋白酶

【解析】A。胆盐能增强脂肪酶的活性，起到脂肪酶激活剂的作用。

2. 下列关于胃酸生理作用的叙述，错误的是（　　）。

　　A. 能激活胃蛋白酶原，提供胃蛋白酶所需的酸性环境

　　B. 可使食物中的蛋白质变性而易于分解

C. 可杀死随食物进入胃内的细菌

D. 可促进维生素 B_{12} 的吸收

E. 盐酸进入小肠后，能促进胰液、小肠液和胆汁的分泌

【解析】D。内因子与回肠黏膜上的特殊受体结合促进维生素 B_{12} 吸收。

3. 氨基酸和葡萄糖在小肠的吸收机制是(　　)。

A. 渗透和过滤 　　　　　　 B. 主动运转 　　　　　　 C. 入胞作用

D. 单纯扩散 　　　　　　　 E. 易化扩散

【解析】B。主动转运是细胞在特殊的蛋白质介导下消耗能量，将物质逆浓度转运。氨基酸和葡萄糖在小肠的吸收机制都属于主动转运。

4. 对蛋白质消化力最强的消化液是(　　)。

A. 唾液 　　　　　　　　　 B. 胃液 　　　　　　　　 C. 胰液

D. 胆汁 　　　　　　　　　 E. 小肠液

【解析】C。胰液含有胰蛋白分解酶，对蛋白质消化力最强。

5. 不含有消化酶的消化液是(　　)。

A. 唾液 　　　　　　　　　 B. 胃液 　　　　　　　　 C. 胰液

D. 胆汁 　　　　　　　　　 E. 小肠液

【解析】D。胆汁主要成分是胆汁酸、胆盐和胆色素。

<<< 第七单元　能量代谢和体温 >>>

一、考试大纲

单元	细目	要点
能量代谢和体温	1. 能量代谢	基础代谢和静止能量代谢及在实践中的应用
	2. 体温	(1) 动物散热的主要方式　(2) 动物维持体温相对恒定的基本调节方式

二、重要知识点

(一) 能量代谢

基础代谢和静止能量代谢及在实践中的应用

(1) 新陈代谢作为机体生命活动的基本特征　表现为机体与环境之间不断进行物质代谢和能量代谢，包括合成代谢和分解代谢。

(2) 能量代谢　指体内伴随物质代谢发生的能量释放、转移、贮存和利用的过程。而三磷酸腺苷（ATP）是机体生物能量转化和储存的主要载体。

(3) 基础代谢　指机体在维持基本生命活动条件下的能量代谢水平。基本生命活动条

件：指机体清醒、肌肉处于安静状态和最适宜该动物的外界环境温度和消化道内空虚状态。

（4）基础代谢率　指动物在基本生命活动条件下，单位时间内每平方米体表面积的能量代谢，常用 $kJ/(m^2 \cdot h)$ 来表示。

（二）体温

1. 动物散热的主要方式

（1）生理学上的体温　一般指身体深部的平均温度。常用直肠温度来代表。

（2）机体皮肤散热方式　主要有辐射散热、传导散热、对流散热和蒸发散热4种。当环境温度低于皮肤温度时，通过辐射、传导、对流和不显性蒸发散热；当环境温度等于或高于皮肤温度时则为蒸发散热。

（3）机体的产热和散热过程　如产热多于散热则体温升高，而散热超过产热体温下降，

①机体产热的其他形式：战栗产热是指骨骼肌同时发生不随意节律性收缩。屈肌和伸肌同时收缩，此时产热量比动物维持体温相对恒定的基本调节方式高。代谢率可提高4~5倍。非战栗产热又称代谢产热，指体内发生广泛代谢产热。褐色脂肪组织的产热量最大约占非战栗产热总量的70%。

②蒸发：可分为不感蒸发和发汗两种。不感蒸发是指体内水分直接透出机体皮肤和黏膜（主要是呼吸道黏膜）表面，不形成明显的水滴就已蒸发掉的一种散热方式。

发汗是指由汗腺分泌汗液活动。当外界气温高于皮肤温度时，发汗是机体散热的有效途径。

③热喘呼吸：是指呼吸频率升高达200~400次/min的张口呼吸方式，是动物在高温条件下机体蒸发散热的一种形式。马：出汗散热；牛：中等出汗；羊：可以出汗，但主要是热喘呼吸；犬：热喘呼吸。

2. 动物维持体温相对恒定的基本调节方式

（1）动物机体体温调节形式　主要是自主调节和行为调节。

①自主调节：指下丘脑的体温调节中枢对产热和散热的调节维持体温相对恒定。

②行为调节：指动物通过改变自身行为控制散热和产热维持体温的恒定。

（2）温度感受器和体温调节中枢

①外周温度感受器：指存在于机体皮肤、黏膜和腹腔内脏中的游离神经末梢，分冷觉感受器和温觉感受器，其中皮肤中以冷觉感受器为主。

②中枢温度感受器：指存在于脊髓、延髓、脑干网状结构、下丘脑及大脑皮质运动区中的与体温调节相关的中枢性温度敏感神经元。下丘脑的前部主要是散热中枢，而后部主要是产热中枢。植物性神经系统主要对汗腺、皮肤血管、呼吸和代谢产生影响。躯体神经系统主要控制骨骼肌的紧张性和运动。内分泌系统通过分泌甲状腺激素和肾上腺皮质激素等激素来产生影响。

③体温调节机制-调定点学说：在视前区-下丘脑前部区中有一个控制体温的调定点，其温度敏感神经元可能是温度调定点的结构基础。体温处于调定点时，机体的产热和散热相对平衡。如果体温偏离此范围，反馈系统将偏差信息传入控制系统，对受控系统进行调整来维持体温恒定。病理情况下，如临床上的发热是因致热原作用使热敏神经元的兴奋性下降而阈值升高，调定点上移，机体进行体温调节的结果。因此，发热不是由于体温调节机能障碍引

起，而是调定点上移的结果，属于主动性的体温升高。

三、例题及解析

1. 寒冷环境下，参与维持动物机体体温稳定的是(   )。

A. 冷敏神经元发放冲动频率减少　　　　B. 深部血管舒张

C. 体表血管舒张　　　　　　　　　　　D. 甲状腺激素分泌减少

E. 骨骼肌战栗产热

【解析】E。战栗产热是骨骼肌群的不随意的节律性收缩。产热量比动物维持体温相对恒定的基本调节方式高。代谢率可增加4～5倍。

2. 动物维持体温相对恒定的基本调节方式是(   )。

A. 体液调节　　　　　B. 神经-体液调节　　　　C. 自身调节

D. 自分泌调节　　　　E. 旁分泌调节

【解析】B。环境温度改变，动物通过下丘脑体温调节中枢、温度感受器、效应器等所构成神经反射机制，调节机体产热和散热过程，使之达到动态平衡，维持体温相对恒定。

3. 感染引起发热的机制是(   )。

A. 非寒战产热增加　　　　　　　　　　B. 寒战产热增加

C. 下丘脑体温调节中枢温度调定点上移　D. 外周热感受器发放冲动增加

E. 中枢热敏神经元发放频率增加

【解析】C。由于感染有致热原的作用使热敏神经元的兴奋性下降而阈值升高，使下丘脑体温调节中枢温度调定点上移。

<<< 第八单元　尿的生成和排出 >>>

一、考试大纲

单元	细目	要点
尿的生成和排出	1. 尿的生成	(1) 肾小球的滤过功能　(2) 有效滤过压　(3) 肾小管与集合管的重吸收和分泌功能
	2. 影响尿生成的因素	(1) 影响肾小球滤过的因素　(2) 影响肾小管重吸收的因素　(3) 抗利尿激素对尿液生成的调节　(4) 肾素-血管紧张素-醛固酮系统对尿液生成的调节
	3. 尿的排出	(1) 尿液的浓缩与稀释　(2) 排尿反射

二、重要知识点

排泄：机体将分解代谢终产物、多余物质和体内异物排出体外的生理过程。生理意义：

维持机体内钠、钾、氯、钙、氢等离子的适当浓度，维持适当的水含量，维持一定的渗透浓度，清除代谢终末产物，清除异物和（或）它们的代谢产物。呼吸道主要排除挥发性物质（如 CO_2、H_2O）；肾脏以尿液排除代谢产物（如水、药物）；消化道排除胆色素、无机盐和其他多余物质；皮肤以汗液主要排除水、无机盐和尿素等。

（一）尿的生成

1. 肾小球的滤过功能

（1）滤过膜

①毛细血管内皮细胞：毛细血管内皮细胞有许多直径为 $70\sim90$ nm 的小孔称为窗孔，能阻止血细胞通过，但小分子溶质以及小分子量的蛋白质可自由通过。

②基膜：由基质和一些带负电荷的蛋白质构成，是滤过膜的主要滤过屏障，有选择性地让一些溶质通过。

③肾小囊脏层的上皮细胞：有长足状突起，构成大分子滤过的最后一道屏障。

2. 有效滤过压

（1）有效滤过压的形成　见图 3-8-1。

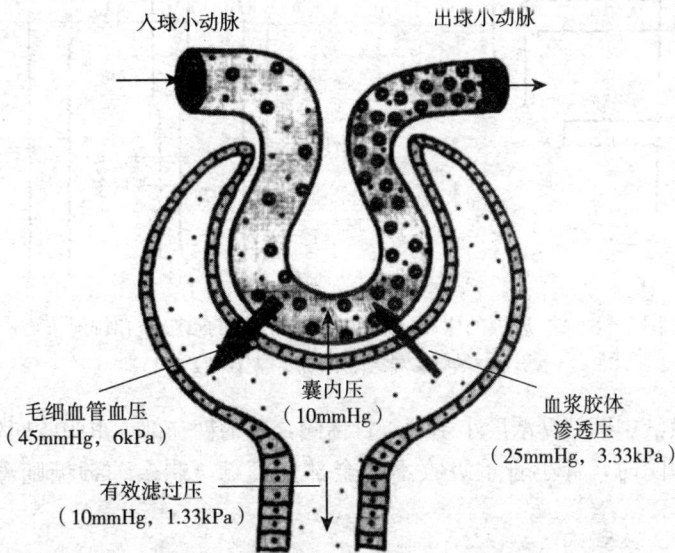

图 3-8-1　有效滤过压示意图

（引自《动物生理学》，金天明，2012）

（2）有效滤过压＝毛细血管血压－囊内压－血液胶体渗透压，即动脉中有效滤过压＝$45-10-25=10$mmHg（1.33kPa）。

（3）影响肾小球滤过的因素

①肾小球有效滤过压：主要是毛细血管血压、血浆胶体渗透压和囊内压。

②肾血流量：肾血流量增加，则肾小球滤过率增大，原尿生成增多，反之原尿生成减少。

③滤过膜通透性改变：滤过面积、滤过膜通透性（急性肾炎、低氧或中毒）影响肾小球滤过。

3. 肾小管与集合管的重吸收和分泌功能

（1）肾小管和集合管的重吸收

①重吸收的方式：分为主动和被动吸收两种。

②几种物质的重吸收：葡萄糖、氨基酸、Na^+、H^+ 的重吸收见图 3-8-2 至图 3-8-5。

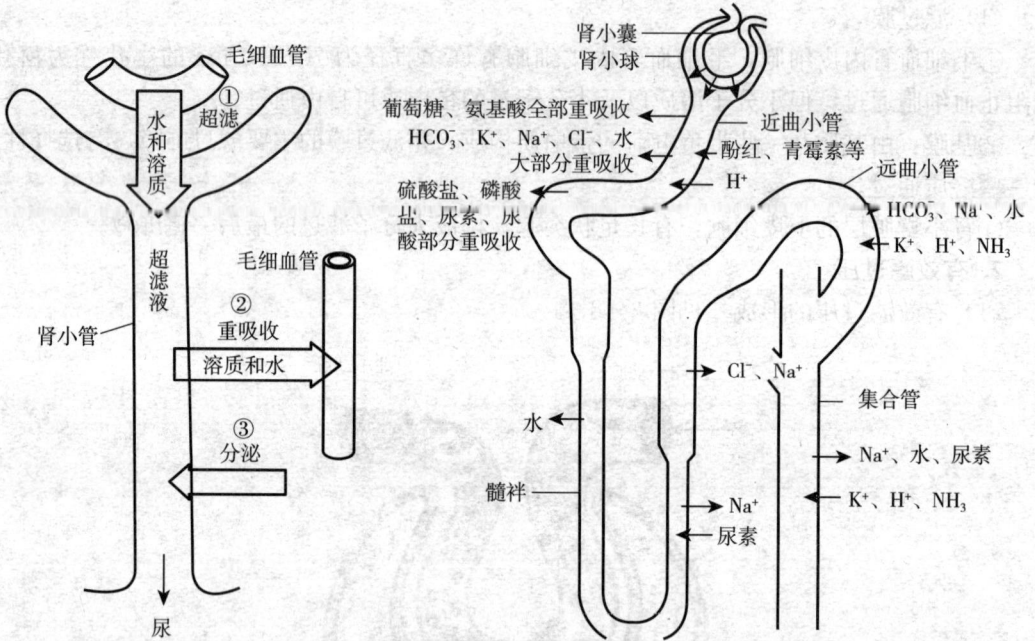

图 3-8-2　尿液的生成（左）以及肾小管的重吸收和排泄（右）

（引自《动物生理学》第五版，赵茹茜，2015）

　　肾小管滤过液液中葡糖糖浓度小于等于肾糖阈，葡萄糖全部被重吸收回到血液，尿液中无葡萄糖；大于肾糖阈时，肾小管重吸收不完全部葡萄糖，剩余葡萄糖随着尿液排除，形成糖尿。

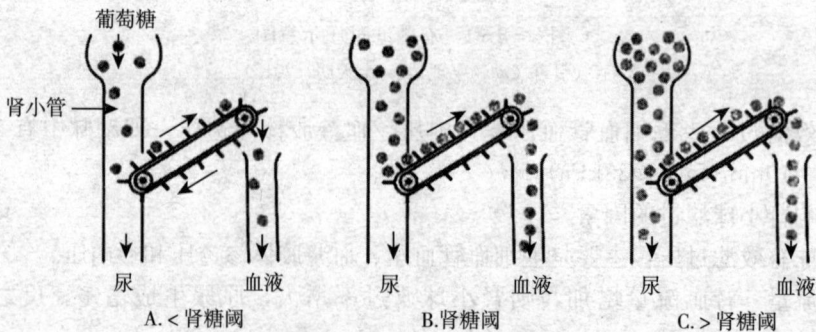

图 3-8-3　肾小管对葡萄糖重吸收

（引自《兽医通》，谢永林，2021）

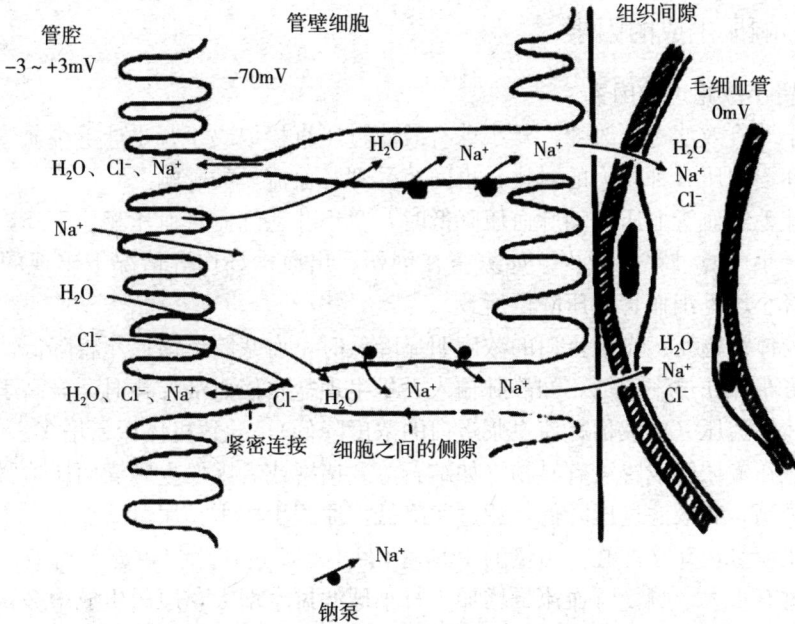

图 3-8-4 Na$^+$ 的重吸收

（引自《动物生理学》第五版，赵茹茜，2015）

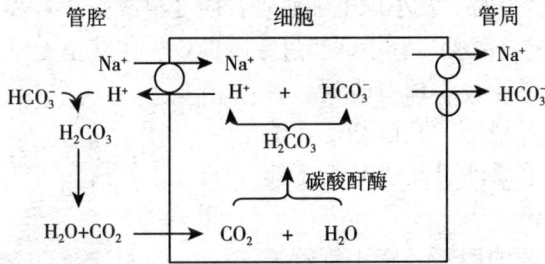

图 3-8-5 近球小管对 HCO$_3^-$ 的重吸收

（引自《动物生理学》第五版，赵茹茜，2015）

（2）肾小管和集合管的分泌 见图 3-8-6。

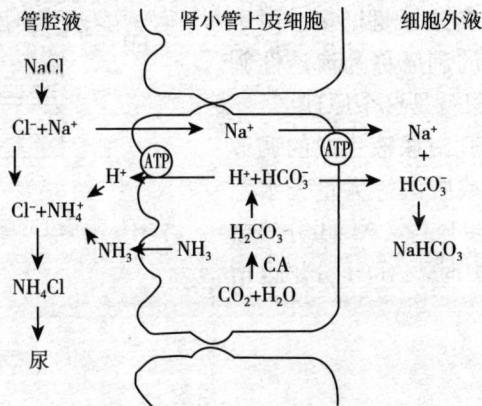

图 3-8-6 远曲小管和集合管的分泌

（引自《动物生理学》第五版，赵茹茜，2015）

（二）影响尿生成的因素

1. 影响肾小球滤过的因素

（1）肾小球有效滤过压改变　肾小球有效滤过压直接取决于肾小球毛细血管血压、血浆胶体渗透压和囊内压3种压力的对比，也间接受到肾血流量的影响。

①肾小球毛细血管血压：动脉血压降低时，肾小球毛细血管血压相应下降，有效滤过压降低，随之肾小球滤过率也减少。如家畜在创伤、出血、烧伤等情况下出现的尿量相应减少，就是由肾小球毛细血管血压降低所致。

②血浆胶体渗透压：血浆蛋白的浓度明显降低时，血浆胶体渗透压将降低，有效滤过压相应升高，肾小球滤过率增加。如静脉输入大量生理盐水使血液稀释时，升高了血压，又降低了血浆胶体渗透压（血液稀释使血浆蛋白的浓度降低），导致机体尿量增多。

③囊内压在输尿管或肾盂有异物（如结石等）堵塞或者因发生肿瘤而压迫肾小管时，可引起囊内压升高，有效滤过压降低，滤过率降低，原尿生成少，尿量减少。

（2）肾血流量　几乎占心输出量的1/5，为肾小球滤过作用提供充足血液供应，其变化对肾小球滤过有很大影响，肾血流量增加，肾小球滤过率增大，原尿生成增多；反之，原尿的生成减少。

（3）肾小球滤道膜通透性改变

①滤过面积：急性肾炎时，肾小球毛细血管管腔变窄或完全阻塞，有滤过功能肾小球数量减少，有效滤过面积随之减少，肾小球滤过率降低，少尿甚至无尿。

②滤过膜通透性：急性肾小球肾炎时，肾小球内皮细胞肿胀、基膜增厚、孔隙变小，滤过膜通透性降低，水和溶质滤过减少甚至不能滤过，致滤过量减少。

2. 影响肾小管重吸收的因素

肾小管管液的溶质形成渗透压，所以小管液的浓度影响肾小管重吸收。小管液中溶质如葡萄糖、NaCl的浓度升高致渗透压升高，减少肾小管特别是近曲小管对水分的重吸收，导致尿量增多。由于小管液溶质浓度升高引起的利尿称为渗透性利尿，临床上利用甘露醇利尿就是这个原理。

3. 抗利尿激素（ADH）对尿液生成的调节

机体在大量出汗、呕吐或腹泻等大量失水等情况下，血浆晶体渗透压会升高，ADH分泌会增加。同时，循环血量减少时，ADH分泌也增加（图3-8-7）。

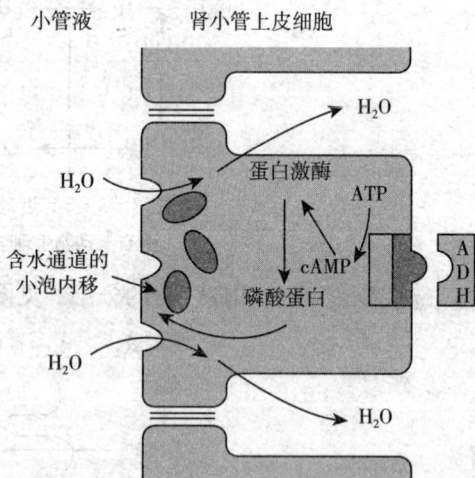

图3-8-7　ADH的调节
（引自《动物生理学》第五版，赵茹茜，2015）

（三）尿的排出

1. 尿液的浓缩与稀释

当动物体内水分过多时，尿量增加，尿的渗透压降低；水分过少时，尿液浓缩，尿量减少。尿渗透压低于血浆的尿称为低渗尿，高于血浆的尿称为高渗尿。

2. 排尿反射 腰荐部盆神经兴奋使得逼尿肌收缩和膀胱内括约肌舒张，促进排尿。腰部交感神经兴奋，促进膀胱内括约肌收缩抑制排尿。荐部躯体神经兴奋，膀胱外括约肌收缩抑制排尿。

三、例题及解析

1. 影响肾小球滤过膜通透性的因素不包括(　　)。
   A. 肾小球毛细血管内皮细胞肿胀　　　　B. 肾小球毛细血管内皮下的基膜增厚
   C. 肾小球毛细血管管腔狭窄　　　　　　D. 囊内皮孔隙加大
   E. 肾小球旁细胞分泌增加
   【解析】E。肾小球旁细胞分泌主要是导致肾素增加。

2. 急性失血引起尿少的原因是(　　)。
   A. 肾小球毛细血管血压明显下降　　　　B. 血浆胶体渗透压升高
   C. 肾内压增高　　　　　　　　　　　　D. 肾小球滤过面积减小
   E. 滤过膜通透性减小
   【解析】A。出血、烧伤等情况下出现的尿量减少，主要就是由肾小球毛细血管血压降低所致。

3. 肾小球有效滤过压等于(　　)。
   A. 肾小球毛细血管血压－（血浆胶体渗透压＋囊内压）
   B. 肾小球毛细血管血压＋（血浆胶体渗透压－囊内压）
   C. 肾小球毛细血管血压－（血浆胶体渗透压－囊内压）
   D. 肾小球毛细血管血压＋（血浆胶体渗透压＋囊内压）
   E. 血浆胶体渗透压－（肾小球毛细血管血压－囊内压）
   【解析】A。肾小球有效滤过压取决于肾小球毛细血管血压、血浆胶体渗透压和囊内压3种压力，为肾小球毛细血管血压－（血浆胶体渗透压＋囊内压）。

4. 正常情况下，不能通过滤过膜的物质是(　　)。
   A. Na^+、K^+、Cl^-　　　　　B. 大分子蛋白质　　　　　C. 氨基酸
   D. 葡萄糖　　　　　　　　　　　E. 尿素
   【解析】B。正常情况下，大分子蛋白质比较大，不能通过滤过膜。

5. 快速滴注生理盐水时可出现(　　)。
   A. 肾小囊囊内压升高　　　　　　　　　B. 肾小球毛细血管内压升高
   C. 肾小球毛细血管血压下降　　　　　　D. 肾小球有效滤过压下降
   E. 血浆胶体渗透压下降
   【解析】E。快速滴注生理盐水使血液稀释时，降低了血浆胶体渗透压（血液稀释使血浆蛋白的浓度降低），导致尿量增多。

<<< 第九单元 神经系统 >>>

一、考试大纲

单元	细目	要点
神经系统	1. 神经元的活动	(1) 神经纤维传导兴奋的特征 (2) 突触的种类、突触传递的基本特征 (3) 神经递质、肾上腺素能受体、胆碱能受体的功能、种类及其分布
	2. 脑的高级功能	非条件反射与条件反射的区别及其意义
	3. 神经系统的感觉功能	(1) 感受器的功能 (2) 脊髓、丘脑与大脑皮层在感觉形成过程中的作用 (3) 视觉、听觉、味觉、嗅觉的形成
	4. 神经系统对躯体运动的调节	(1) 脊髓反射 (2) 肌紧张、腱反射和骨骼肌的牵张反射 (3) 大脑皮层运动区的特点
	5. 神经系统对内脏功能的调节	交感神经和副交感神经调节内脏功能：主要递质、受体和功能

二、重要知识点

(一) 神经元的活动

1. 神经纤维传导兴奋的特征

(1) 生理完整性　指机体神经纤维必须保证结构和功能都完整才能传导冲动。若神经纤维损伤或被切断后，冲动就不能传导。

(2) 绝缘性　通常一条神经干内有许多神经纤维，包含传入和传出纤维，但各条纤维传导兴奋时，表现为各条神经纤维的神经冲动彼此隔绝、互不干扰的特性。绝缘性保证了神经纤维传导的精确性。

(3) 双向性　刺激神经纤维上的任何一点，兴奋就会从该部位开始向两端传导，称为传导的双向性。一般兴奋发生于轴突起始部位，神经冲动由胞体传向末梢，表现为传导的单向性，是突触的极性决定了在体神经纤维传导的单向性。

(4) 不衰减性　神经纤维传导冲动时，不论传导距离多长，冲动的大小、频率和速度始终不变的特点称为传导的不衰减性。这能保证及时、迅速和准确地完成正常的神经调节功能。

(5) 相对不疲劳性　与突触传递比较，神经纤维在传递冲动时耗能少，不存在递质的耗竭，所以神经纤维传导兴奋有不易疲劳的特性。

2. 突触的种类、突触传递的基本特征

(1) 按突触部位分类　①轴-树型突触；②轴-体型突触；③轴-轴型突触；④树-树、体-树、体-体及树-体突触（中枢神经系统中）。

（2）按突触传递信息的方式分类　包括化学性突触和电突触。

（3）突触传递　是神经冲动从一个神经元由突触传递到另一个神经元的过程。

（4）化学性突触的传递　当神经冲动传至轴突末梢时，突触前膜兴奋，引起动作电位，产生离子的转移。突触前膜对 Ca^{2+} 的通透性加大，Ca^{2+} 顺浓度梯度进到突触小体，小泡内化学递质释放到达突触间隙，再扩散到突触后膜，与后膜上特殊受体结合，改变后膜对离子的通透性，后膜电位发生变化，称为突触后电位。因递质对突触后膜通透性影响的不同，突触后电位有 2 种类型，即兴奋性突触后电位和抑制性突触后电位。

①兴奋性突触后电位：当动作电位传至轴突末梢时，突触前膜兴奋，释放兴奋性化学递质，递质与后膜的受体结合，后膜对 Na^+、K^+、Cl^-，尤其是对 Na^+ 通透性升高，出现 Na^+ 内流，后膜局部去极化，此刻的局部电位变化称为兴奋性突触后电位（EPSP）。兴奋性突触后电位叠加达到阈电位时，即膜电位大约由 -70 mV 去极化达 -52mV 左右时，引起突触后神经元的轴突始段产生动作电位，沿轴突传导至整个突触后神经元，表现为突触后神经元的兴奋，称兴奋性突触传递。

②抑制性突触后电位：抑制性中间神经元兴奋时，末梢释放抑制性化学递质，递质扩散到后膜与受体结合，后膜对 K^+ 和 Cl^-，尤其是 Cl^- 的通透性升高，K^+ 外流，Cl^- 内流，后膜两侧的极化加深，呈现超极化现象，此超极化电位称为抑制性突触后电位，该电位总和使突触后神经元对其他刺激的兴奋性降低或表现为突触后神经元的抑制，称抑制性突触传递。

③化学性突触的传递：一个神经元的树突或胞体可和多个神经元的轴突末梢构成突触，因此，必然同时受到多个突触前神经元的影响。如果兴奋性影响大于抑制性影响，呈现兴奋，反之抑制。在突触传递过程中，递质发生效应后会被酶破坏或者被移走，迅速失活，停止作用，如乙酰胆碱被胆碱酯酶破坏，而去甲肾上腺素被儿茶酚胺氧化甲基转移酶和单胺氧化酶破坏，去甲肾上腺素大部分被突触前膜摄取等。因此，一次冲动只能引起一次递质释放，产生一次突触后电位的变化。

（5）电突触的传递　电突触的传递是通过电的作用，即突触前神经元的动作电位到达神经末梢时，通过局部电流的作用引起突触后膜发生动作电位，并以局部电流进行传播。

（6）非突触性化学传递　除了突触能通过化学传递外，还有非突触性化学传递。交感神经节肾上腺素能神经元的轴突末梢有许多分支，其上有大量结节状、内含有大量小泡的曲张体，当神经冲动抵达曲张体时，递质被释放出来，通过弥散作用到达效应器细胞的受体，效应细胞发生反应。这种化学传递不通过突触，故称为非突触性化学传递。已知在中枢神经系统内存在此种传递方式。如在大脑皮质内有直径很细的无髓纤维，是去甲肾上腺素能纤维，其上的曲张体能释放去甲肾上腺素，大部分不与支配的神经元形成突触，所以传递属于非突触性化学传递方式。5-羟色胺能纤维也能进行非突触性化学传递。

3. 神经递质、肾上腺素能受体、胆碱能受体的功能、种类及其分布

神经递质类型、作用部位和作用方式　突触前神经元内具有合成递质的前体物质和合成酶系等。当兴奋冲动抵达神经末梢时，小泡内递质释放入突触间隙，作用于突触后膜的特殊受体，发挥生理作用。神经递质类型、作用部位和作用方式，详见表 3-9-1。

表 3-9-1　神经递质类型、作用部位和作用方式

物质	作用部位	作用形式	备注
乙酰胆碱（ACh）	骨骼肌和神经肌肉接点植物性神经系统	兴奋	确定
	交感节前	兴奋	确定
	副交感节前	兴奋	
	副交感节后	兴奋或抑制	确定
	中枢神经系统	兴奋	确定
	多种无脊椎动物	多样的	确定
去甲肾上腺素	中枢神经系统	兴奋或抑制	确定
	绝大部分交感节后		
谷氨酸（Glu）	中枢神经系统	兴奋	可能
	甲壳动物，中枢与外周神经系统	兴奋	确定
天冬氨酸	中枢神经系统	兴奋	可能
γ-氨基丁酸（GABA）	中枢神经系统	抑制	确定
	甲壳动物，中枢与外周神经系统	抑制	确定
5-羟色胺	脊椎动物和无脊椎动物的中枢神经系统	—	确定
多巴胺（DA）	中枢神经系统	—	确定

（二）脑的高级功能

大脑皮质　是中枢神经系统的最高级，对机体的非条件反射起着重要的调节作用，还能形成条件反射，与条件反射有关的神经活动称为高级神经活动。

条件反射必须在非条件反射的基础上才能建立。无关刺激与非条件刺激要多次结合和强化，一般无关刺激提前或同时与非条件刺激出现。条件刺激的生理强度要比非条件刺激弱，才易建立条件反射。条件反射建立后，连续使用单独条件刺激，不采用非条件刺激进行强化，则条件刺激逐渐减弱至完全不出现。

（三）神经系统的感觉功能

1. 感受器的功能　感觉是神经系统反映机体对内外环境变化的特殊功能，刺激通过感受器传入系统，与大脑皮层感觉中枢的联合活动产生感觉。感受器是由神经末梢和周围附属结构组成，能准确感受内外环境的刺激并转化成神经冲动的装置。

2. 脊髓、丘脑与大脑皮层在感觉形成过程中的作用

（1）脊髓的感觉传导功能　来自各感受器的神经冲动经脊髓神经背根进入脊髓，再经各前行传导通路传至丘脑。浅感觉传导路径的特点是先交叉，后前行。深感觉传导路径的特点是先前行，后交叉。

（2）丘脑及其感觉投射系统　大脑皮层不发达的动物，感觉中枢就是丘脑。而大脑皮层高度发达的动物，丘脑作为感觉传导的换元站进行粗糙的分析与综合。

①特异性投射系统：指丘脑特异感觉接替核、联络核以及其投射至大脑皮质的神经通

路。主要作用是产生特定感觉并激发大脑皮层发出神经冲动。

②非特异性投射系统：指非丘脑特异感觉接替核以及其投射至大脑皮质的神经通路。非特异性投射系统在脑干网状系统中经过多次换元，有聚合性质，成为许多不同感觉共同上行的通路，失去了感觉传导投射的专一性，不产生特定的感觉。主要作用是维持、改变大脑皮层的兴奋性。

（3）大脑皮层的感觉分析功能　不同感觉在大脑皮层内代表区不同。躯体感受区在大脑皮层顶叶（中央前回和中央后回）；感觉运动区在中央前回；视觉区在枕叶。

3. 视觉、听觉、味觉、嗅觉的形成

（1）视觉的形成　眼球最外部是角膜的透明保护层，光线进入其后由虹膜环绕的瞳孔，瞳孔随光线的强弱调节其大小，适量光线进入眼球。经过后方肌肉调节水晶体，适量的光线恰好聚焦在眼球后部的视网膜上，成像产生视觉。

（2）听觉的形成　耳的结构可分为外耳、中耳和内耳。有些动物能借听觉感知声波进行定位。

（3）嗅觉的形成　嗅觉感受器传入神经-大脑皮层。

（4）味觉的形成　味觉感受器（味蕾）传入神经-大脑皮层。

（四）神经系统对躯体运动的调节

1. 脊髓反射　脊髓是中枢神经系统低级部位，躯体运动最基本的发射中枢，主要包括牵张反射（腱反射和肌紧张）和屈肌反射2类。

2. 肌紧张、腱反射和骨骼肌的牵张反射

（1）牵张反射　指有神经支配的骨骼肌，受到外力牵拉时引起受牵拉的同一肌肉收缩发生反射活动。包括腱反射和肌紧张。

（2）腱反射　指快速牵拉肌腱时发生的牵张反射，如膝反射。

（3）肌紧张　指缓慢持续牵拉肌腱时的牵张反射，受牵拉的肌肉发生紧张性收缩，防止被拉长。

3. 大脑皮层运动区的特点

（1）机体的随意运动受大脑皮层的控制。大脑皮层通过控制躯体运动的部位即皮层运动区控制机体的随意运动，通过锥体系统和锥体外系统实现。

（2）大脑皮层运动区的特点　①交叉支配：大脑皮层运动区对躯体运动的调节是交叉性的，而头部肌肉支配多是双侧的。②运动区有精细的功能定位。如机体完成倒立。③运动越精细复杂的肌肉，其皮层代表区也越大。④刺激引起的肌肉收缩仅表现为个别肌肉的收缩，不发生肌肉群的协同作用。

（五）神经系统对内脏功能的调节

1. 神经系统对内脏活动的调节　通过反射活动进行。机体可通过植物性神经系统控制呼吸、循环、消化、代谢和腺体分泌等生命活动。

2. 交感神经和副交感神经调节内脏功能　主要递质、受体和功能见表3-9-2。

表3-9-2　交感神经与副交感神经的功能

功能	交感神经	副交感神经
纤维	节前短，节后长	节前长，节后短
起源	脊髓胸腰段	脑干和脊髓骶段
反应	广泛和弥散	相对局限
辐散	程度高 [1：(11~17)]	程度低（1：2）
作用	潜伏期长，持久	潜伏期短，短暂

3. 植物性神经对效应器进行的双重支配　紧张性作用；植物性神经系统对效应器的作用与效应器自身的功能状态关系密切；交感神经系统的活动比较广泛，常以整个系统来参与，即"交感-肾上腺"系统；副交感神经系统主要作用在于促进消化、保持能量、加强排泄和生殖功能等方面。

三、例题及解析

1. 能被阿托品阻断的受体是（　　）。
   A. α受体　　　　　　　　B. M受体　　　　　　　　C. β受体
   D. N_1受体　　　　　　E. N_2受体

【解析】B。阿托品是M受体的阻断剂。

2. 关于感受器的叙述，正确的是（　　）。
   A. 仅分布在体内　　　　　　　B. 仅分布在体表
   C. 机体感受内外环境变化的特殊装置　　　D. 结构形式非常单一
   E. 不可能是游离的感觉神经纤维末梢

【解析】C。感受器是由神经末梢和其周围的附属结构组成，能感受内外环境刺激并将其转化成神经冲动的装置。

3. 丘脑特异投射系统的主要作用是（　　）。
   A. 协调肌紧张　　　　　　B. 维持觉醒　　　　　　C. 调节内脏功能
   D. 引起特定感觉　　　　　E. 引起牵涉痛

【解析】D。丘脑特异投射系统的主要作用是引起特定感觉，激发大脑皮层发出神经冲动。

4. 由于不同递质对突触后膜通透性影响的不同，突触后电位的类型包括（　　）。
   A. 奋性突触后电位和局部电位
   B. 抑制性突触后电位和局部电位
   C. 兴奋性突触后电位、抑制性突触后电位和局部电位
   D. 兴奋性突触后电位或抑制性突触后电位
   E. 兴奋性突触后电位和抑制性突触后电位

【解析】E。突触后电位有兴奋性突触后电位和抑制性突触后电位。

<<< 第十单元 内 分 泌 >>>

一、考试大纲

单元	细目	要点
内分泌	1. 概述	(1) 激素及激素的分类 (2) 内分泌、旁分泌、自分泌与神经内分泌的概念及其对生理功能的调节
	2. 下丘脑的内分泌功能	下丘脑激素的种类及其主要功能
	3. 垂体的内分泌功能	腺垂体激素和神经垂体激素的种类及其生理功能
	4. 甲状腺激素	(1) 甲状腺激素的主要生理功能 (2) 甲状腺激素分泌的调节
	5. 甲状旁腺激素和降钙素	(1) 甲状旁腺激素的作用及其分泌的调节 (2) 降钙素的作用及其分泌的调节
	6. 肾上腺激素	糖皮质激素和盐皮质激素的主要功能及其分泌的调节
	7. 胰岛激素	胰岛素和胰高血糖素的作用及分泌的调节
	8. 松果腺激素与前列腺素	(1) 松果腺分泌的激素及其主要功能 (2) 前列腺素的分类及其主要功能
	9. 胸腺激素	胸腺激素的种类、分泌和功能
	10. 瘦素	瘦素的功能、分泌和影响分泌的主要因素
	11. 胎盘激素	胎盘激素的种类、合成、分泌及其主要功能

二、重要知识点

(一) 概述

1. 激素及激素的分类

(1) 激素　由内分泌腺或内分泌细胞分泌高效生物活性物质，经血液循环或组织液运输，与靶细胞上受体结合，将其携带的信息传递给靶细胞，调节靶细胞原有的功能。

(2) 激素的种类　激素的种类很多，按照它们化学性质的不同可分为：①胺类和氨基酸衍生物类激素，如含氮激素，如肾上腺素、去甲肾上腺素和甲状腺素等。②肽类和蛋白质激素，如垂体激素、胰岛素、甲状旁腺素、降钙素和生长激素等。③甾体（类固醇）激素，如肾上腺皮质激素、醛固酮、雌性激素、孕激素和雄性激素。④脂肪酸衍生物类激素，如前列腺素等。

2. 内分泌、旁分泌、自分泌与神经内分泌的概念及其对生理功能的调节

(1) 激素的分泌方式　包括远距分泌（内分泌）、旁分泌、自分泌和神经内分泌。

①远距分泌（内分泌）：激素由内分泌细胞分泌后经血液循环运至远距离靶组织或靶细

胞发挥作用。

②旁分泌：激素直接弥散至邻近的靶细胞发挥作用。

③神经分泌：下丘脑分泌的某些神经激素需要经神经纤维运输至末梢释放入血液循环起作用。

④自分泌：一些激素分泌后又反馈作用于本身起作用。

(二)下丘脑的内分泌功能

1. 构成核团内具有内分泌功能的神经细胞 有两种：大细胞性的神经细胞系统和小细胞性的神经细胞系统。

2. 下丘脑激素的种类及其主要功能 ①催产素能引起子宫收缩（分娩）与回位；排乳；学习、记忆和母性行为。②雌激素能增加子宫对催产素的敏感性，与孕激素作用相反。③血管加压素（抗利尿激素）能调节渗透压、血容量和血压；学习、记忆和性行为。下丘脑分泌调节腺垂体释放或抑制激素见表3-10-1。

表 3-10-1　下丘脑分泌的调节腺垂体释放或抑制激素

名称	缩写	结构	功能
促肾上腺皮质激素释放激素	CRH	41肽	促进 LPH、ACTH 释放
促甲状腺激素释放激素	TRH	3肽	促 TSH 合成与释放，弱的刺激 GH 和 PRL
促性腺激素释放激素	GnRH/LHRH	10肽	调节 FSH、LH 的合成与分泌
生长激素释放激素	GHRH	44肽	促进 GH 分泌
生长激素释放抑制激素（生长抑素）	SS	14肽	抑制 GH、胰岛素、胰高血糖素等激素分泌
催乳激素释放激素	PRF	舒血管肠肽	促进 PRL 分泌
催乳激素释放抑制激素	PIF	多巴胺	抑制 PRL 分泌
促黑素细胞激素释放激素	MRF	催产素降解产物	促进 MSH 分泌
促黑素细胞激素释放抑制激素	MIF	催产素降解产物	促进 MSH 分泌

机体通过神经和体液控制调节下丘脑促垂体激素的分泌。①神经调节：神经递质如NE、5-HT 和 ACh 等。②体液调节：长环反馈是指外周靶腺（甲状腺、肾上腺皮质和性腺等）分泌的激素或化学物质对相应垂体激素分泌的反馈作用或者对相应下丘脑神经元激素分泌的反馈作用。短环反馈是指腺垂体激素反馈调节下丘脑相应激素的分泌。超短反馈是指下丘脑激素作用于下丘脑，调控自身的分泌。

(三)垂体的内分泌功能

丘脑和垂体的功能联系紧密。垂体分为腺垂体和神经垂体两部分，故"下丘脑-垂体"可分为"下丘脑-腺垂体系统"和"下丘脑-神经垂体系统"，前者分泌的激素包括生长激素、催乳素、促甲状腺激素、促肾上腺皮质激素和促性腺激素。后者分泌的激素主要有2种，分别是血管加压素（VP）和催产素（OXT）。

腺垂体激素和神经垂体激素的种类及其生理功能

（1）腺垂体分泌的激素　共有 8 种，肽类激素（ACTH、MSH 和 LPH），糖蛋白激素（FSH、LH 和 TSH），蛋白质激素（GH 和 PRL），详见表 3 - 10 - 2。

表 3 - 10 - 2　腺垂体分泌的激素种类及功能

名称	缩写	结构	功能
促肾上腺皮质激素	ACTH	肽类	促进肾上腺皮质激素，主要是糖皮质激素的分泌
促黑素细胞激素	MSH	肽类	刺激黑素细胞内黑素的生成与扩散，加深皮肤颜色
促脂解素	LPH	肽类	溶脂肪作用类似 ACTH，MSH 作用
促甲状腺激素	TSH	糖蛋白	促甲状腺激素分泌和释放，维持甲状腺正常结构与功能
卵泡刺激素	FSH	糖蛋白	促卵泡生长发育，促精子生成
黄体生成素	LH	糖蛋白	促排卵、黄体生成，促孕酮、睾酮分泌
生长激素	GH	蛋白质	促生长发育（蛋白质合成，细胞分裂、分化），促脂肪分解，抑制糖利用，血糖升高，类似 PRL 的活性
催乳激素	PRL	蛋白质	促乳腺生长，泌乳的启动与维持，弱的 GH 作用

（2）生长激素（GH）　主要是促进生长发育，调节物质代谢，同时促进氨基酸进入细胞加速蛋白质的合成，促进脂肪分解，抑制外周组织对葡萄糖的摄取和利用，提高机体血糖水平。

（四）甲状腺激素

甲状腺激素（酪氨酸碘化物）包括甲状腺素（T4）和三碘甲状腺原氨酸（T3）。

1. 甲状腺激素的主要生理功能

（1）物质代谢

①蛋白质代谢：主要促进合成，超生理浓度促进蛋白质分解代谢，特别骨骼肌蛋白质和骨蛋白的分解。

②糖代谢：主要促进糖原分解和小肠黏膜对糖的吸收，增强肾上腺素、胰高血糖素、皮质醇和生长素等的生糖作用，促使血糖升高，又加强外周组织对糖的摄取和利用，降低血糖。

③脂肪代谢：促进脂肪和胆固醇的合成，加速脂肪的分解动员，促进肝将胆固醇变为胆酸盐排出，总的是促进分解大于合成。

④产热效应：提高绝大多数组织的耗氧量，增加产热量，使脂肪酸氧化产生大量热能。

⑤生长发育：促进机体的生长、发育和成熟，对婴幼儿脑和长骨的生长发育影响大。当缺乏甲状腺素，生长素合成分泌受影响，已合成的也不能很好地发挥作用。

⑥对神经系统的影响：提高中枢神经系统的兴奋性。

⑦对心血管系统活动的影响：加快心率，增强心肌收缩力，增加心输出量，组织耗氧量增加，产热量增加，小血管扩张而外周阻力降低，收缩压升高，舒张压正常或稍低，脉压增大。

2. 甲状腺激素分泌的调节　受到下丘脑-垂体-甲状腺轴控制；反馈调节（TSH）；自身

调节是指甲状腺自身有因碘供应变化调节碘摄取与合成甲状腺激素的能力。注意过量碘可抑制甲状腺激素的合成与释放。

(五)甲状旁腺激素和降钙素

1. 甲状旁腺激素的作用及其分泌的调节 甲状旁腺素(PTH):是由甲状旁腺分泌的,主要作用于骨、肾脏和肠道,能升高血钙、降血磷的激素。促进骨钙溶解,进入血液升高血钙。分快速效应和延缓效应。促进肾小管对钙离子的重吸收,增加尿磷排出。

2. 降钙素的作用及其分泌的调节 降钙素(CT)是由甲状腺滤泡旁细胞分泌的,能降低血钙和血磷,促进血钙变成骨钙,抑制肾小管对钙的重吸收。

3. 1,25 二羟胆钙化醇的生理作用 促进肠道对钙、磷的吸收。促进骨质溶解,促进骨的生成和钙化,主要表现为骨的代谢和更新加快。甲状旁腺激素、降钙素及二羟胆钙化醇3种激素相互影响,共同调节钙磷代谢。

(六)肾上腺激素

肾上腺:位于左右肾脏的前缘,分皮质、髓质两部分内分泌腺。球状带分泌盐皮质激素(醛固酮);束状带分泌糖皮质激素(皮质醇);而网状带分泌皮质醇和少量性激素。

1. 糖皮质激素和盐皮质激素的主要功能及其分泌的调节

(1)盐皮质激素的生理作用(以醛固酮为例) 促进肾的远曲小管和集合管主动重吸收 Na^+,促进 K^+ 和 H^+ 排出,即"保钠排钾"作用。促进远曲小管和集合管对水重吸收。减少 Na^+ 在汗液、唾液和胃液中的排出。增强血管平滑肌对儿茶酚胺敏感性。

(2)糖皮质激素的生理作用 调节糖、脂肪和蛋白质代谢。糖代谢:促进肝糖原异生,抑制利用葡萄糖,对抗胰岛素使血糖升高。蛋白质代谢:主要促进肝外组织尤其是肌肉组织蛋白质的分解,生成肝糖原。过多引起肌肉消瘦、生长停滞、皮肤变薄、淋巴组织萎缩、骨质疏松、免疫功能低下和创口愈合延迟等。脂肪代谢:促进脂肪分解,增强脂肪酸肝内氧化,利于糖异生。水盐代谢:增加肾小球血量,使肾小球滤过率增加,促进水的排出。如分泌不足,排水能力降低,可能引起严重水中毒。

2. 肾上腺髓质激素 利用酪氨酸前体合成并分泌肾上腺素(E)和去甲肾上腺素(NE)。其分泌主要受交感神经调节,在交感神经兴奋时,促使髓质激素分泌增多,构成交感神经-肾上腺髓质系统。

交感神经-肾上腺髓质系统:提高中枢神经系统的兴奋性,机体警觉性提高,反应变灵敏;心率加速,心肌收缩力加强,心输出量增加,提高血压。加快血液循环;呼吸频率增加,每分通气量增多;内脏血管收缩而血流量减少,肌肉血管舒张而血流量增加,血液进行重新分配,保证重要器官得到更多血流;肝糖原加强分解,血中游离脂肪酸增多,有助于机体获得充足的能量,促进肌肉做功。

(七)胰岛激素

胰岛素和胰高血糖素的作用及分泌的调节

(1)胰岛细胞 分为 A、B、D 及 PP 细胞。A 细胞释放胰高血糖素;B 细胞释放胰岛素;D 细胞释放生长抑素;PP 细胞释放胰多肽。

①糖代谢：促进糖的利用，降低血糖，不足会引起糖尿病。

②脂肪代谢：加速脂肪合成，抑制动员。

③蛋白质代谢：促进蛋白质合成，抑制分解。

（2）胰高血糖素　又称为"动员激素"。

①糖代谢：促进糖原分解升高血糖。

②蛋白质代谢：促进蛋白质分解抑制合成。

③脂肪代谢：促进脂肪的分解。

（3）胰岛素分泌的调节　胰岛 B 细胞对血糖变化敏感；血糖升高则胰岛素分泌增多；胃肠激素如促胃液素、促胰液素和抑胃肽等均有促进胰岛素分泌的作用；而生长激素、甲状腺素、胰高血糖素等都可以直接或间接引起血糖升高，从而刺激胰岛素的分泌；胰高血糖素也可以经过旁分泌作用直接刺激 B 细胞分泌胰岛素，肾上腺素及生长抑素则能抑制胰岛素的分泌。神经调节：迷走神经兴奋时，刺激 B 细胞分泌，胃肠激素间接刺激胰岛素的分泌；交感神经则能抑制胰岛素的合成和分泌。

（八）松果腺激素与前列腺素

松果腺：分泌包括褪黑素等。

1. 松果腺分泌的激素及其主要功能

褪黑素（MLT）　抑制下丘脑-垂体-性腺（甲状腺）轴，抑制性腺和副性腺的发育，延缓动物性成熟；能使鱼类和两栖类动物皮肤变色；外源性的 MLT 还有抗衰老、调节生物节律、镇痛、催眠、镇静和抗惊厥、抗抑郁等作用。光照抑制褪黑素分泌，黑暗促进其分泌。

2. 前列腺素的分类及其主要功能

（1）前列腺素（PG）　广泛分布于机体全身中，基本结构是前列腺烷酸。

（2）前列腺素的生理作用

①对生殖系统作用：刺激下丘脑 GnRH 和垂体 LH 合成和释放，促进性激素的分泌和生殖细胞的成熟；调节子宫平滑肌紧张性，影响精子的运行、受精、胚胎着床和分娩等生殖过程。对非妊娠子宫，前列腺素 E（PGE）能抑制收缩，前列腺素 F（PGF）能促进其收缩；对妊娠子宫，PGE 和 PGF 都促进其收缩。

②对血管和支气管平滑肌的作用：PGE 和 PGF 均能使血管平滑肌松弛，减少血流的外周阻力，降低血压。PGE 还可使支气管平滑肌舒张，PGF 可使其收缩。

③对胃肠道的作用：引起平滑肌收缩，抑制胃酸分泌，防止强碱、强酸和酒精等对胃黏膜侵蚀，刺激肠液、肝胆汁分泌，以及胆囊肌收缩等。

④对神经系统作用：调节神经递质的释放，前列腺素本身也有神经递质作用。

（九）胸腺激素

胸腺激素的种类、分泌和功能　胸腺激素又称为胸腺肽或胸腺多肽，能诱导造血干细胞发育为 T 淋巴细胞，具有增强细胞免疫功能和调节免疫平衡等作用。

（十）瘦素

瘦素的功能、分泌和影响分泌的主要因素　瘦素（LP）是一种主要由脂肪组织分泌的蛋白质类激素,能作用于下丘脑的代谢调节中枢,起到抑制食欲,减少能量摄取,增加能量消耗及抑制脂肪合成的作用。

(十一) 胎盘激素

胎盘激素的种类、合成、分泌及其主要功能

①胎盘激素:有人绒毛膜促性腺激素(HCG)和孕马血清促性腺激素(PMSG)。

②孕马血清促性腺激素(PMSG):PMSG 具有 FSH 和 LH 两种激素的生物学作用,以 FSH 为主。

三、例题及解析

1. 前列腺素 E 的生理功能之一是(　　)。
   A. 抑制精子的成熟　　　　B. 抑制卵子的成熟　　　　C. 松弛血管平滑肌
   D. 松弛胃肠道平滑肌　　　E. 促进胃酸分泌

【解析】C。前列腺素 E 和前列腺素 F 能使血管平滑肌松弛,从而减少血流的外周阻力,降低血压。

2. 直接刺激黄体分泌孕酮的激素是(　　)。
   A. 褪黑素　　　　　　　　B. 卵泡刺激素(FSH)　　　C. 黄体生成素(LH)
   D. 促甲状腺激素　　　　　E. 促肾上腺皮质激素

【解析】C。黄体生成素有促排卵、黄体生成,促孕酮、睾酮分泌的功能。

3. 下丘脑-神经垂体系统分泌的激素是(　　)。
   A. 生长激素和催乳素　　　　　　　B. 抗利尿激素和催产素
   C. 促性腺激素和促黑激素　　　　　D. 肾上腺素和去甲肾上腺素
   E. 促甲状腺激素和促肾上腺皮质激素

【解析】B。"下丘脑-神经垂体系统"分泌的激素是血管加压素(VP)、抗利尿激素(ADH)和催产素(OXT)。

4. 胰岛中分泌胰岛素的细胞是(　　)。
   A. A 细胞　　　　　　　　B. B 细胞　　　　　　　　C. D 细胞
   D. F 细胞　　　　　　　　E. PP 细胞

【解析】B。胰岛 A 细胞分泌胰高血糖素;B 细胞分泌胰岛素;D 细胞分泌生长抑素;PP 细胞分泌胰多肽。

5. 褪黑素对生长发育期哺乳动物生殖活动的影响是(　　)。
   A. 延缓性成熟　　　　　　B. 促进性腺的发育　　　　C. 延长精子的寿命
   D. 促进副性腺的发育　　　E. 促进垂体分泌促性腺激素

【解析】A。褪黑素通过抑制下丘脑-垂体-性腺(甲状腺)轴,抑制性腺和副性腺的发育,延缓性成熟。

6. 细胞分泌的激素进入细胞间液,通过扩散到达靶细胞发挥作用,这种信息传递方式是(　　)。
   A. 内分泌　　　　　　　　B. 外分泌　　　　　　　　C. 旁分泌

D. 自分泌　　　　　　　　　　E. 神经内分泌

【解析】C。旁分泌是指激素直接扩散至邻近靶细胞起作用。

7. 下丘脑大细胞神经元分泌的主要激素是(　　)。

    A. 生长抑素　　　　　　　　　　B. 催产素

    C. 促性腺激素释放激素　　　　　　D. 促黑激素释放抑制因子

    E. 催乳素

【解析】B。大细胞性的神经细胞系统室旁核分泌催产素（OXT）。

8. 促进机体产热的主要激素是(　　)。

    A. 皮质酮　　　　　　　　B. 胰岛素　　　　　　　　C. 醛固酮

    D. 甲状腺素　　　　　　　E. 甲状旁腺激素

【解析】D。甲状腺素可提高绝大多数组织，如心、肝、骨骼肌和肾等的耗氧量，增加其产热量，还能使脂肪酸氧化，产生大量热能。

<<< 第十一单元　生殖和泌乳 >>>

一、考试大纲

单元	细目	要点
生殖和泌乳	1. 雄性生殖	(1) 睾丸的生精作用　(2) 睾丸的内分泌功能　(3) 睾丸功能的调节
	2. 雌性生殖	(1) 卵的生成　(2) 卵巢的内分泌功能　(3) 卵巢功能的调节
	3. 泌乳	(1) 乳的生成过程及乳分泌的调节　(2) 排乳及其调节

二、重要知识点

（一）雄性生殖

1. 睾丸的生精作用

（1）睾丸的生精作用　睾丸的曲细精管是生成精子的部位。性成熟时曲细精管内精原细胞经多次分裂生成精子。

增殖期：原始的生精细胞经过精原细胞发育为初级精母细胞；生长期：细胞不断生长，逐渐聚积营养物质；成熟期：初级精母细胞经两次成熟分裂（减数分裂）成为精母细胞；成形期：精细胞演变成精子。

（2）支持细胞　主要作用是保护、支持和营养生精细胞。能吞噬残余体，分泌雄激素结合蛋白，结合大量的雄激素，提高曲精小管雄激素含量；分泌抑制素抑制 FSH 分泌。

2. 睾丸的内分泌功能　雄激素由睾丸间质细胞分泌，包括睾酮、雄烯二酮、脱氢异雄酮和雄酮。能促进精子生成和成熟，促进雄性生殖器官的发育，刺激副性征出现、维持和性行为；亦能促进蛋白质合成、骨骼生长、钙磷沉积以及红细胞生成；对下丘脑 GnRH、腺垂体 FSH 和 LH 进行负反馈调节。抑制素则是睾丸支持细胞分泌的一种多肽激素，能抑制 FSH 分泌，对生精细胞也有抑制作用。

3. 睾丸功能的调节　睾丸分泌雄激素受到下丘脑-垂体-性腺轴的调节，雄激素能反馈调节下丘脑-腺垂体，同时睾丸内还存在局部调节。

（二）雌性生殖

1. 卵的生成　卵巢内的卵泡呈周期性发育和成熟。成熟卵泡中的卵子从卵巢排出后在输卵管进行受精。

（1）卵泡的发育—卵子的发育—排卵—卵子生成的调节。发育过程：原始卵泡—初级卵泡—次级卵泡—成熟卵泡—排卵与黄体的形成，注意卵子的发育和成熟并不随卵泡的成熟而完成。

（2）卵泡发育成熟后，特定条件下（自发性或诱发性），卵巢表面上皮细胞和卵泡膜溶解、破裂，将卵细胞及周围卵丘细胞（包括放射冠和透明带）一起排入腹腔的过程称为排卵。

（3）牛、羊、猪、马是自发性排卵动物；猫、兔、骆驼、水貂则是诱发性排卵动物。

2. 卵巢的内分泌功能　卵巢能分泌雌激素和孕激素，雌激素包括雌二醇、雌三醇和雌酮；孕激素主要是孕酮。

（1）**雌激素**　由卵泡颗粒细胞和卵泡内膜细胞合成。能促进雌性生殖器官的发育成熟，生殖道的分泌和平滑肌收缩，有利于精子和卵子的活动；促进副性征的出现，维持和产生性行为；协同 FSH 促进卵泡发育，能诱导排卵前 LH 峰出现，促进排卵；也能提高子宫肌对催产素的敏感性，使子宫肌收缩，参与分娩；促进乳腺发育，刺激乳腺导管和结缔组织增生；加速骨的生长，促进骨髓愈合；促进蛋白质合成；促醛固酮分泌，增强水盐潴留。

（2）**孕激素**　是卵巢颗粒黄体细胞分泌的类固醇激素，又称孕酮，以黄体酮为主。在肝脏中灭活成雌二醇后能与葡萄糖醛酸结合经尿排出。促进子宫内膜增生，腺体分泌，为受精卵附植和发育做准备；降低子宫肌肉对催产素的敏感性，利于维持妊娠；促使子宫颈黏液分泌减少、黏蛋白分子弯曲并交织成网，使精子难以通过；和雌激素一起促进乳腺腺泡系统发育；反馈调节腺垂体 LH 的分泌。

3. 卵巢功能的调节　下丘脑产生促性腺激素释放激素，调节腺垂体分泌卵泡刺激素（FSH）和黄体生成素（LH）。FSH 促进卵泡的发育成熟，在 LH 参与下促进卵泡分泌雌激素。LH 刺激卵泡分泌雌激素，促进排卵，并促进黄体生成和分泌孕酮。血中雌激素水平升高，抑制垂体 FSH 分泌，对 LH 分泌有正反馈作用，促进排卵前 LH 高峰。血中孕酮升高，抑制 FSH 和 LH 分泌，对下丘脑-垂体产生负反馈作用。

（三）泌乳

1. 乳的生成过程及乳分泌的调节

（1）**初乳**　是母畜分娩后 3~5d 所分泌的乳汁。常乳：是初乳期过后的乳汁。差别：初乳含有较多干物质和丰富的免疫球蛋白、维生素 A 和维生素 C。

（2）**乳的成分**　①乳蛋白：主要包括酪蛋白、乳球蛋白和乳白蛋白；②乳糖；③乳脂；④维生素。

2. 排乳及其调节

（1）**排乳**　是一种复杂的反射过程。当哺乳或挤乳时，雌性动物乳头的感受器受到刺激，反射引起腺泡和细小乳导管周围的肌上皮细胞收缩，腺泡乳流入乳导管系统，而大导管和乳池的平滑肌强烈收缩，乳池内压迅速升高，乳头括约肌开放后乳汁排出体外。

（2）泌乳的激素和神经调节　①受到腺垂体激素如催乳素（PRL）、促肾上腺皮质激素（ACTH）、促生长素（STH）、促甲状腺激素（TSH）和甲状腺激素的调节。②神经控制。

三、例题及解析

1. 睾丸内能够合成睾酮的细胞是(　　)。

　　A. 精原细胞　　　　　　　B. 精母细胞　　　　　　　C. 精细胞

　　D. 支持细胞　　　　　　　E. 间质细胞

【解析】E。雄激素由睾丸间质细胞分泌，包括睾酮（活性最强）、雄烯二酮等。

2. 属于自发性排卵的动物是(　　)。

　　A. 猫　　　　　　　　　　B. 兔　　　　　　　　　　C. 骆驼

　　D. 猪　　　　　　　　　　E. 水貂

【解析】D。自发性排卵动物有牛、羊、猪、马。

3. 在排卵前一天血液中出现黄体生成素高峰，若事先用抗雌激素血清处理动物，则黄体生成素高峰消失，表明诱导黄体生成素高峰的激素是(　　)。

　　A. 雌激素　　　　　　　　B. 孕激素　　　　　　　　C. 卵泡刺激素

　　D. 肾上腺皮质激素　　　　E. 促肾上腺皮质激素

【解析】A。雌激素生理功能之一是诱导排卵，促黄体生成素峰出现。

4. 孕激素来源于(　　)。

　　A. 下丘脑　　　　　　　　B. 腺垂体　　　　　　　　C. 卵巢

　　D. 子宫　　　　　　　　　E. 肾脏

【解析】C。孕激素是由卵巢黄体分泌的一种类固醇激素。

考点速记

1. 动物体体液包括血浆、组织液、淋巴液和脑脊液。

2. **细胞外液**即内环境，是指机体细胞的直接生活环境。

3. 在超常期，细胞兴奋后受阈下刺激能引起**第二次兴奋**。

4. 细胞膜的**静息电位**即 K^+ 平衡电位。

5. 神经、体液及自身调节是机体生理功能的 3 大调节方式。

6. 反射是神经调节的基本方式。

7. **反射弧**由感受器、传入神经、反射中枢、传出神经和效应器 5 部分组成。

8. **去极化**是指心室肌细胞产生动作电位时，膜内电位由 $-90mv$ 变为 $0mv$ 的过程。

9. 细胞兴奋后兴奋变化的顺序依次为绝对不应期、相对不应期、超常期、低常期。

10. 形成纤维蛋白是凝血过程的**第三阶段**。

11. **普鲁卡因**能抑制神经膜的通透性，阻断钠离子内流，不能产生动作电位和神经传导，起到局部麻醉的作用。

12. **红细胞生成所需的原料**主要是铁和蛋白质。

13. **促成红细胞发育和成熟**也需要维生素 B_{12}、叶酸和铜离子。

14. **调节红细胞数量的物质**主要是促红细胞生成素，其分泌与肾脏有关。

15. 机体细胞受到刺激后可以产生兴奋的能力称为**兴奋性**。

16. 除了淋巴细胞，其他白细胞伸出伪足做变形运动穿过血管壁的现象属于**血细胞渗出**。

17. **血清**指的是去除纤维蛋白原后的血浆组分。

18. **盐析法**能把血浆蛋白分为白蛋白、球蛋白和纤维蛋白原。

19. **构成血浆晶体渗透压**的主要离子是 Na^+ 和 Cl^-。

20. 血液中加入**肝素**是常用的抗血液凝固方法。

21. 使毛细血管内液体向外滤过的主要力量来自**毛细血管血压和组织液胶体渗透压**。

22. **房室瓣关闭**是动物第一心音形成的原因之一。

23. **绝对不应期**是指细胞在一次兴奋初期，任何强大刺激都不再引起细胞发生兴奋的时期，此时兴奋性降低到零。

24. **血浆**是含有 $90\%\sim92\%$ 的水和 100 多种溶质的淡黄色的液体。

25. 心交感神经节后神经末梢释放的递质是**去甲肾上腺素**。

26. 正常情况下，**窦房结**是心脏的起搏点。

27. 颈动脉体和主动脉体化学感受器可感受的刺激主要是**氢离子浓度变化**。

28. **毛细血管前括约肌**的主要功能是控制微循环血流量。

29. **真毛细血管**的主要生理功能是进行物质和气体交换。

30. **舒张压**主要反映外周阻力，**收缩压**主要反映每搏输出量。

31. 加温可提高参与凝血的酶活性，加速血液凝固，加 Ca^{2+} 离子，与粗糙面接触，维生素 K，挤压等可促进**血液凝固**。

32. 抑制动物吸气过长过深的调节中枢位于**脑桥**。

33. **肺泡通气量**是呼吸过程中的有效通气量。

34. **胸膜腔内负压**最大发生在吸气末，最小发生在呼气末。

35. 肺泡与血液间气体扩散的方向主要取决于气体的**分压差**。

36. CO_2 在血浆中运输的主要化学结合形式是**碳酸氢盐**(碳酸氢钠)。

37. **功能余气量**是动物平静呼气末肺内留存的气体量。

38. **继发性主动转运**是机体小肠吸收葡萄糖的主要方式。

39. 消化液中由主细胞分泌，能被盐酸激活并发挥作用的成分是**胃蛋白酶原**。

40. 消化液中的**内因子**能与维生素 B_{12} 结合成复合体，促进维生素 B_{12} 吸收入血。

41. 消化液的**胆盐**中能降低脂肪表面张力，并促进脂肪分解产物吸收。

42. 小肠吸收营养物质的主要机制包括**简单扩散**、**易化扩散**和主动转运。

43. **淀粉酶**是唾液中富含的消化酶。

44. 具有清洁作用的酶是**溶菌酶**。

45. **舌脂酶**是以乳为食的犊牛等幼畜唾液中特有的消化酶。

46. **嗳气**是瘤胃发酵产生的大部分气体排出的方式。

47. **小肠分节运动**主要由肠环形肌产生的节律性收缩和舒张形成。

48. 动物维持体温相对恒定的基本调节方式是**神经体液调节**。

49. 恒温动物体温调节的基本中枢位于**下丘脑**。

50. 在气温接近体温时，马属动物最有效的散热方式是**蒸发散热**。

51. **神经元**构成中枢温度感受器。

52. 寒冷环境下**骨骼肌战栗产热**参与维持动物机体体温稳定。

53. 感染引起发热的机制是下丘脑体温调节中枢体温调定点上移。

54. **外周温度感受器**主要是分布于皮肤、黏膜和内脏的游离神经末梢。

55. **近球小管**是肾脏重吸收原尿中葡萄糖的主要部位。

56. **远曲小管和集合管**对水的通透性决定尿液的浓缩和稀释。

57. **肾小球滤过率**是指两侧肾脏生成的原尿量。

58. 血浆晶体渗透压升高或血容量降低能促进**抗利尿激素分泌**。

59. 神经元兴奋性突触后电位产生的主要原因是Na^+**内流**。

60. **M 受体**能被阿托品阻断。

61. α 受体和 β 受体都属于**肾上腺素能受体**，M 受体和 N 受体属于**胆碱能受体**。

62. **血红蛋白**由 1 个珠蛋白和 4 个血红素组成。

63. **N_2 受体**是神经-骨骼肌接头后膜（终板膜）的胆碱能受体。

64. **箭毒**可与 N_2 受体结合而起阻断作用。

65. **第二心音**主要是因半月瓣关闭引起，第二心音增强是高血压的主要表现。

66. **盐析法**是在溶液中加入大量的无机盐，使某些高分子物质的溶解度降低沉淀析出。

67. 肾上腺素与 β 受体结合能**强心**。

68. 神经-肌肉接头突触前膜囊小泡中的神经递质是**乙酰胆碱**。

69. 促进机体"保钙排磷"的主要激素是**甲状旁腺素**，促进机体"保钠排钾"的主要激素是**醛固酮**。

70. 分泌胰岛素的细胞是**胰岛 B 细胞**。

71. 松果腺分泌的主要激素，**褪黑素**对生长发育期哺乳动物生殖的影响是延缓性成熟。

72. 属于**糖皮质激素**的是皮质醇。

73. **红细胞生成**主要受促红细胞生成素（EPO）的调节，雄激素也起一定的作用。

74. 生长激素、胰岛素、肾上腺素都属于**含氮激素**。

75. 垂体分泌的**促性腺激素**包括卵泡刺激素与黄体生成素。

76. 醛固酮属于**盐皮质激素**。

77. 分布于细胞外液的主要离子是Na^+，分布于细胞内液的主要离子是K^+。

78. 碘是参与**甲状腺激素合成**的主要元素。

79. **旁分泌肾脏细胞**分泌激素进入细胞间液，通过扩散作用于靶细胞发生作用。

80. 睾丸内能够合成睾酮的细胞是**间质细胞**。

81. 直接刺激黄体分泌孕酮的激素是**黄体生成素**。

82. 具有自发性排卵功能的动物是**牛、猪**。

83. **哺乳动物**的红细胞无核、双凹蝶形细胞。

84. 当心室由收缩转为舒张后，在心室舒张期内心室会经历：**等容舒张期、快速充盈期和减慢充盈期**3 个过程。

85. 动物在怀孕期间一般不发情的主要原因是血液中含有高浓度的**孕酮**。

86. 乳腺腺泡细胞合成的物质包括乳糖、酪蛋白和乳脂。

高频题练习

1. 肺是气体( )。
   A. 进入的器官　　　　　　B. 排出的器官　　　　　　C. 存储的器官
   D. 冷却的器官　　　　　　E. 交换的器官

2. 位于房间隔右心房侧心内膜下，呈结节状，属于心传导系统的结构是( )。
   A. 窦房结　　　　　　　　B. 房室结　　　　　　　　C. 静脉间结节
   D. 房室束　　　　　　　　E. 浦肯野纤维

3. 不具有体液调节功能的物质是( )。
   A. 二氧化碳　　　　　　　B. 氢离子　　　　　　　　C. 血管升压素
   D. 双香豆素　　　　　　　E. 胃泌素

4. 细胞兴奋后，其兴奋性变化的顺序依次为( )。
   A. 绝对不应期、相对不应期、超常期、低常期
   B. 相对不应期、绝对不应期、超常期、低常期
   C. 绝对不应期、相对不应期、低常期、超常期
   D. 相对不应期、绝对不应期、低产期、超常期
   E. 绝对不应期、低常期、相对不应期、超常期

5. 构成血浆晶体渗透压的主要离子是( )。
   A. Na^+ 和 Cl^-　　　　　　B. K^+ 和 Cl　　　　　　C. Na^+ 和 HCO_3^-
   D. K^+ 和 $H_2PO_4^-$　　　　E. Ca^{2+} 和 $H_2PO_4^-$

6. 提供肺泡与血液间气体扩散的方向主要取决于( )。
   A. 气体的分压差　　　　　B. 气体的分子量　　　　　C. 呼吸运动
   D. 气体与血红蛋白亲和力　E. 呼吸膜通透性

7. 瘤胃发酵产生的气体大部分( )。
   A. 经呼吸道排出　　　　　B. 被微生物利用　　　　　C. 经嗳气排出
   D. 经直肠排出　　　　　　E. 被胃肠道吸收

8. 影响肾小球滤过膜通透性的因素不包括( )。
   A. 肾小球毛细血管内皮细胞肿胀　　　B. 肾小球毛细血管内皮下的基膜增厚
   C. 肾小球毛细血管管腔狭窄　　　　　D. 囊内皮孔隙加大
   E. 肾小球旁细胞分泌增加

9. 抑制排乳反射的外周因素是( )。
   A. 神经垂体释放催产素　　　　　　　B. 下丘脑-垂体束兴奋
   C. 乳导管平滑肌细胞紧张性降低　　　D. 交感神经末梢释放去甲肾上腺素减少
   E. 肾上腺髓质释放肾上腺素

10. 影响水在细胞内、外扩散的主要因素是( )。
    A. 缓冲力　　　　　　　　B. 扩散力　　　　　　　　C. 静水压
    D. 晶体渗透压　　　　　　E. 胶体渗透压

(11~13题共用备选答案)

A. 外周阻力大小　　　　　B. 循环血量多少　　　　　C. 动脉管壁弹性大小

D. 心肌传导速度快慢　　　E. 每搏输出量多少

11. 舒张压主要反映（　　）。

12. 脉搏压主要反映（　　）。

13. 收缩压主要反映（　　）。

14. 犬，5岁，突发肌肉震颤，很快转为四肢无力，肌腱反射消失，且心律不齐，呼吸困难，血钾明显升高。引起该病的原因是（　　）。

A. 胰岛素分泌过多　　　　B. 醛固酮分泌不足　　　　C. 生长激素分泌不足

D. 甲状腺激素分泌不足　　E. 前列腺素分泌过多

15. 感染引起发热的机制是（　　）。

A. 非寒战产热增加　　　　　　　　　B. 寒战产热增加

C. 下丘脑体温调节中枢体温调定点上移　D. 外周热感受器发放冲动增加

E. 中枢热敏神经元发放冲动频率增加

16. 心室肌复极化时程较长的主要原因是存在（　　）。

A. 复极初期　　　　　　　B. 去极化期　　　　　　　C. 平台期

D. 复极末期　　　　　　　E. 静息期

17. 二氧化碳在血浆中运输的主要化学结合形式是（　　）。

A. 碳酸氢铵　　　　　　　B. 碳酸氢钠　　　　　　　C. 碳酸氢钾

D. 磷酸氢钾　　　　　　　E. 磷酸氢钠

18. 外周温度感受器是分布于皮肤、黏膜和内脏的（　　）。

A. 腺细胞　　　　　　　　B. 环层小体　　　　　　　C. 血管内皮细胞

D. 游离神经末梢　　　　　E. 神经元细胞体

19. 睾丸内能够合成睾酮的细胞是（　　）。

A. 精原细胞　　　　　　　B. 精母细胞　　　　　　　C. 精细胞

D. 支持细胞　　　　　　　E. 间质细胞

(20~21题共用备选答案)

A. 甲状腺激素　　　　　　B. 促甲状腺激素　　　　　C. 促甲状腺激素释放激素

D. 生长激素　　　　　　　E. 生长激素释放激素

20. 幼犬，生长迟缓，反应迟钝且呆滞，与该病症有关的下丘脑激素是（　　）。

21. 幼犬，生长迟缓，反应迟钝且呆滞，与该病症有关的腺垂体激素是（　　）。

22. 幼犬，生长迟缓，反应灵敏，该病犬分泌不足的腺垂体激素是（　　）。

(23~25题共用备选答案)

A. 肌酸激酶　　　　　　　B. 肌动蛋白　　　　　　　C. 肌钙蛋白

D. 肌球蛋白　　　　　　　E. 磷酸化酶

23. 肌肉中具有 ATP 酶活性的是(　　)。

24. 与肌肉能量储备有关的是(　　)。

25. 当肌细胞内 Ca^{2+} 浓度增高时，分子构象改变的首先是(　　)。

26. 3 岁犬，精神沉郁、食欲减退，黏膜轻度发绀，听诊发现第二心音性质显著改变，其原因是(　　)。
   A. 肺动脉口闭锁不全　　　　　B. 主动脉口闭锁不全　　　　　C. 肺动脉口狭窄
   D. 主动脉口狭窄　　　　　　　E. 左房室口狭窄

27. 一奶牛临诊见四肢水肿，经化验发现血浆蛋白浓度降低，初诊为营养不良。引起该奶牛水肿的机制是(　　)。
   A. 血浆 α 球蛋白含量下降　　　　　B. 血浆白蛋白含量下降
   C. 血浆 γ 球蛋白含量下降　　　　　D. 血浆晶体渗透压下降
   E. 血浆晶体渗透压上升

28. 内分泌系统中分泌激素种类最多的器官是(　　)。
   A. 甲状腺　　　　　　　　　　B. 甲状旁腺　　　　　　　　　C. 肾上腺
   D. 松果体　　　　　　　　　　E. 垂体

29. 右心室收缩使血液射入(　　)。
   A. 主动脉　　　　　　　　　　B. 肺动脉　　　　　　　　　　C. 肺静脉
   D. 前腔静脉　　　　　　　　　E. 后腔静脉

30. 细胞外液主要指(　　)。
   A. 血清、组织液、淋巴液及脑脊液　　　　　B. 血清、组织液、淋巴液及小肠液
   C. 血浆、组织液、淋巴液及脑脊液　　　　　D. 血浆、组织液、淋巴液及小肠液
   E. 血液、组织液、小肠液及脑脊液

31. 正常情况下，迷走神经兴奋时心血管活动的变化是(　　)。
   A. 心率加快　　　　　　　　　B. 心肌收缩力增强　　　　　　C. 心输出量增加
   D. 外周血管口径缩小　　　　　E. 房室传导减慢

32. 平静呼气末肺内留存的气体量称为(　　)。
   A. 肺活量　　　　　　　　　　B. 潮气量　　　　　　　　　　C. 补吸气量
   D. 补呼吸量　　　　　　　　　E. 功能余气量

33. 激活胃蛋白酶原的因素是(　　)。
   A. 碳酸氢盐　　　　　　　　　B. 内因子　　　　　　　　　　C. 磷酸氢盐
   D. 盐酸　　　　　　　　　　　E. 钠离子

34. 主要由肠环形肌产生的节律性收缩和舒张形成的小肠运动形式是(　　)。
   A. 紧张性收缩　　　　　　　　B. 蠕动　　　　　　　　　　　C. 逆蠕动
   D. 分节运动　　　　　　　　　E. 钟摆运动

35. 肾小球滤过率是指(　　)。
   A. 两侧肾脏生成的原尿量　　　　　B. 一侧肾脏生成的原尿量
   C. 流经两侧肾脏的血量　　　　　　D. 流经一侧肾脏的血量
   E. 一个肾单位生成的原尿量

36. 可治疗某些不育症的激素是(　　)。

    A. 绒毛膜促性腺激素   B. 降钙素   C. 褪黑素

    D. 松弛素   E. 抑制素

37. 对雌激素表述不正确的是（   ）。

    A. 主要由成熟卵泡和颗粒细胞合成   B. 主要以游离形式存在于血浆

    C. 促进输卵管上皮细胞增生   D. 可加速骨的生长

    E. 刺激乳腺导管和结缔组织增生

38. 对缺氧反应最敏感的器官是（   ）。

    A. 心脏   B. 肝脏   C. 脾脏

    D. 肾脏   E. 大脑

（39～41题共用备选答案）

    A. 抑制素   **B. 雄激素**   **C. 黄体生成素**

    D. 雌二醇   **E. 松弛素**

39. 维持精子生成与成熟的激素是（   ）。

40. 芳香化酶可将睾酮转变为（   ）。

41. 睾丸支持细胞分泌的多肽激素为（   ）。

42. 能够阻滞神经末梢释放乙酰胆碱的是（   ）。

    A. 黑寡妇蜘蛛毒   B. 肉毒梭菌毒素   C. 美洲箭毒

    D. α-银环蛇毒   E. 有机磷毒药

43. 血浆晶体渗透压大小主要取决于（   ）。

    A. 血小板数量   B. 无机盐浓度   C. 血浆蛋白浓度

    D. 白细胞数量   E. 血细胞数量

44. 对于肺扩张反射不正确的表述是（   ）。

    A. 感受器位于细支气管和肺泡内   B. 传入神经是迷走神经

    C. 中枢位于延髓   D. 传出神经为运动神经

    E. 效应器为呼吸肌

45. 铁在肠道内吸收的主要部位是（   ）。

    A. 直肠   B. 盲肠   C. 十二指肠

    D. 回肠   E. 结肠

46. 促进胃液分泌的激素是（   ）。

    A. 降钙素   B. 甲状旁腺激素   C. 胃泌素

    D. 胆囊收缩素   E. 雌激素

47. 下列与动物静止能量代谢率无关的是（   ）。

    A. 肌肉发达程度   B. 个体大小   C. 年龄

    D. 性别   E. 生理状态

48. 马，3岁，右耳歪斜，右上眼睑下垂；嘴歪，上、下唇下垂并向左侧歪斜，采食、饮水困难，牙齿咀嚼不灵活，被确诊为神经麻痹。该神经的神经根与脑联系的部位是（   ）。

    A. 大脑   B. 小脑   C. 中脑

D. 脑桥　　　　　　　　　　E. 延髓

49. 犬，6岁，肾脏远曲小管和集合管对水的重吸收减少1‰，则尿量将增加(　　)。
　　A. 0.5倍　　　　　　　B. 1倍　　　　　　　C. 1.5倍
　　D. 2倍　　　　　　　　E. 2.5倍

(50~52题共用备选答案)
　　A. TSH　　　　　　　B. OXT　　　　　　　C. FSH
　　D. LH　　　　　　　　E. PRL

50. 绵羊，2岁，颈部增粗，局部肿大，检查为甲状腺增生，该羊最可能出现异常的激素是(　　)。

51. 山羊，3岁，发情期迟迟不排卵，B超检查卵泡发育正常，该羊最可能出现异常的激素是(　　)。

52. 绵羊，3岁，雌性，产羔后胎衣不下，泌乳严重滞后，可用于治疗该病的是(　　)。

53. 阈电位的绝对值(　　)。
　　A. 小于静息电位　　　B. 等于静息电位　　　C. 大于静息电位
　　D. 等于零　　　　　　E. 等于超极化值

54. 动物因脊髓损伤而瘫痪，反射弧中受损的是(　　)。
　　A. 传出神经　　　　　B. 效应器　　　　　　C. 感受器
　　D. 神经中枢　　　　　E. 传入神经

55. 促进乳腺腺泡发育的主要激素是(　　)。
　　A. 睾酮　　　　　　　B. 孕酮　　　　　　　C. 胸腺素
　　D. 甲状旁腺激素　　　E. 松弛素

高频题参考答案

序号	1	2	3	4	5	6	7	8	9	10	11	12	13	14	15	16	17	18	19	20
答案	E	B	D	A	A	A	C	E	E	D	A	C	E	B	C	C	B	D	E	C
序号	21	22	23	24	25	26	27	28	29	30	31	32	33	34	35	36	37	38	39	40
答案	B	D	A	E	C	D	B	E	B	C	E	E	D	D	A	A	B	E	B	D
序号	41	42	43	44	45	46	47	48	49	50	51	52	53	54	55					
答案	A	B	B	D	C	C	A	D	B	A	D	B	A	D	B					

模拟题练习

1. 下列对肺换气的描述正确的是(　　)。
　　A. 肺与外界气体交换　　　　　　B. 肺泡与血液气体交换

   C. 血液与组织液间的气体交换　　　　　D. 组织液与细胞间的气体交换

   E. 细胞与细胞间进行气体交换

2. 下列对肺通气的描述正确的是(　　　)。

   A. 肺与外界气体交换　　　　　　　　　B. 肺泡与血液气体交换

   C. 血液与组织液间的气体交换　　　　　D. 组织液与细胞间的气体交换

   E. 细胞与细胞间进行气体交换

3. 决定气体进出肺泡流动的因素是(　　　)。

   A. 肺的回缩力　　　　　　　　　　　　B. 胸廓的扩张和回缩

   C. 肺内压与大气压之差　　　　　　　　D. 胸内压与大气压之差

   E. 以上都不是

4. 下列对肺泡表面张力的描述正确的是(　　　)。

   A. 肺泡表面液体层的分子间引力所产生　B. 肺泡表面活性物质所产生

   C. 肺泡弹性纤维所产生　　　　　　　　D. 肺泡内皮细胞所产生

   E. 肺泡内气体所产生

5. 胸内压在吸气末时(　　　)。

   A. 等于大气压　　　　　B. 高于大气压　　　　　C. 低于肺内压

   D. 高于肺内压　　　　　E. 低于大气压

6. 深吸气量是指 (　　　)。

   A. 补吸气量　　　　　　B. 余气量　　　　　　　C. 潮气量加补吸气量

   D. 补吸气量加余气量　　E. 肺活量

7. 功能余气量等于(　　　)。

   A. 潮气量加补吸气量　　B. 余气量加补呼气量　　C. 潮气量加余气量

   D. 潮气量加肺活量　　　E. 肺容量

8. 氧分压最高的是(　　　)。

   A. 静脉血　　　　　　　B. 动脉血　　　　　　　C. 组织液

   D. 新鲜空气　　　　　　E. 毛细血管静脉端血

9. 通气/血流比值增大时意味着(　　　)。

   A. 功能性无效腔减小　　B. 解剖无效腔增大　　　C. 呼吸膜通透性增高

   D. 肺弹性阻力增大　　　E. 功能性无效腔增大

10. 使血红蛋白易与氧结合的情况是(　　　)。

   A. CO 中毒　　　　　　B. CO_2 分压增高　　　C. O_2 分压增高

   D. pH 增高　　　　　　E. O_2 分压降低

11. 呼吸的基本节律产生于(　　　)。

   A. 延髓　　　　　　　　B. 脑桥　　　　　　　　C. 中桥

   D. 丘脑　　　　　　　　E. 脊髓

12. 肺牵张反射的感受器位于(　　　)。

   A. 颈动脉窦　　　　　　　　　　　　　B. 颈动脉体

   C. 主动脉弓　　　　　　　　　　　　　D. 支气管和细支气管的平滑肌

   E. 肺泡表面

13. 肾素由细胞中哪种细胞产生( )。

    A. 近球细胞   B. 致密斑的细胞   C. 间质细胞

    D. 内皮细胞   E. 以上都不是

14. 抗利尿激素的作用是( )。

    A. 减少肾小管对水的重吸收

    B. 增加集合管对水的通透性

    C. 使肾小管的髓袢降支对尿素的通透性增加

    D. 使近曲小管对 $NaCl$ 的重吸收增加

    E. 稀释尿液，增加尿液排出

15. 下列哪种物质不能由肾小球滤过( )。

    A. 葡萄糖   B. $NaCl$ C. KCl

    D. 蛋白质   E. H^+

16. 推动血浆从肾小球滤过的力量是( )。

    A. 肾小球毛细血管血压   B. 血浆胶体渗透压   C. 肾球囊囊内压

    D. 血浆晶体渗透压   E. 以上都不是

17. 出球小动脉收缩时可出现( )。

    A. 肾球囊囊内压升高   B. 肾小球毛细血管血压升高

    C. 肾小球毛细血管血压降低   D. 平均动脉血压升高

    E. 以上都不是

18. 快速静脉滴注生理盐水时可出现( )。

    A. 肾球囊囊内压升高   B. 肾小球毛细血管血压升高

    C. 肾小球毛细血管血压降低   D. 血浆胶体渗透压降低

    E. 剧烈呕吐

19. 肾的近曲小管对 Na^+ 的重吸收是( )。

    A. 与氢泵有关的主动重吸收   B. 与钠泵有关的主动重吸收

    C. 由电位差促使其被动重吸收   D. 由浓度差促使其被动重吸收

    E. 以上都不是

20. 近曲小管对水的重吸收是( )。

    A. 与氢泵有关的主动重吸收   B. 与钠泵有关的主动重吸收

    C. 由浓度差促使其被动重吸收   D. 由于渗透作用而被动重吸收

    E. 以上都不是

21. 肾脏在下列哪个部位对水进行调节性重吸收( )。

    A. 髓袢升支细段   B. 髓袢降支粗段   C. 远曲小管和集合管

    D. 近曲小管   E. 肾小球

22. 抗利尿激素的作用部位是( )。

    A. 髓袢升支细段   B. 髓袢降支粗段   C. 远曲小管和集合管

    D. 近曲小管   E. 肾小球

23. 合成抗利尿激素的部位是( )。

    A. 大脑皮质   B. 下丘脑的视上核和室旁核   C. 神经垂体

　　　　D. 中脑上丘　　　　　　　　　　E. 腺垂体

24. 渗透压感受器所在部位是(　　　)。

　　A. 大脑皮质　　　　　　　　B. 下丘脑的视上核和室旁核　　C. 神经垂体

　　D. 中脑上丘　　　　　　　　E. 腺垂体

25. 渗透压感受器受到的刺激是(　　　)。

　　A. 动脉血氧分压的改变　　　　　　　B. 动脉血压的改变

　　C. 血浆晶体渗透压的改变　　　　　　D. 血浆胶体渗透压改变

　　E. 静脉血氧分压的改变

26. 容量感受器位于(　　　)。

　　A. 心房和胸腔内大静脉　　　B. 心房和胸腔内大动脉　　　C. 主动脉弓

　　D. 颈动脉窦　　　　　　　　E. 以上都不是

27. 容量感受器受到的刺激是(　　　)。

　　A. 动脉血压的改变　　　　　　　　　B. 血浆晶体渗透压的改变

　　C. 血浆胶体渗透压改变　　　　　　　D. 血容量的改变

　　E. 静脉血压的改变

28. 醛固酮产生于(　　　)。

　　Λ. 肾上腺髓质　　　　　　　B. 肾上腺皮质　　　　　　C. 肾小球近球细胞

　　D. 腺垂体　　　　　　　　　E. 肾脏

29. 在尿液的浓缩和稀释中起主要作用的激素是(　　　)。

　　A. 抗利尿激素　　　　　　　B. 醛固酮　　　　　　　　C. 血管紧张素Ⅱ

　　D. 肾素　　　　　　　　　　E. 胰岛素

30. 临床上用冰袋、冰帽降温时加速了哪种散热形式(　　　)。

　　A. 辐射　　　　　　　　　　B. 传导　　　　　　　　　C. 对流

　　D. 蒸发　　　　　　　　　　E. 以上都不是

31. 临床上用酒精擦洗降温是通过哪种散热形式(　　　)。

　　A. 辐射　　　　　　　　　　B. 传导　　　　　　　　　C. 对流

　　D. 蒸发　　　　　　　　　　E. 以上都不是

32. 对汗液的描述，错误的是(　　　)。

　　A. 汗液是高渗溶液　　　　　　　　　B. 大量出汗时不但失水而且失 NaCl

　　C. 汗液中有少量尿素和乳酸　　　　　D. 汗液流经汗腺时，部分 NaCl 被吸收

　　E. 以上都不是

33. 当环境温度超过体表温度时，散热方式是(　　　)。

　　A. 辐射　　　　　　　　　　B. 传导　　　　　　　　　C. 对流

　　D. 蒸发　　　　　　　　　　E. 以上都不是

34. 牛的等热范围是(　　　)。

　　A. 10～20℃　　　　　　　　B. 15～25℃　　　　　　　C. 16～24℃

　　D. 20～23℃　　　　　　　　E. 23～27℃

35. 猪的正常直肠平均温度值是(　　　)。

　　A. 39.2℃　　　　　　　　　B. 37.8℃　　　　　　　　C. 37.6℃

D. 41.7℃   E. 36.8℃

36. 最基本的体温调节中枢位于(   )。
    A. 大脑皮质   B. 下丘脑   C. 丘脑
    D. 延髓   E. 脊髓

37. 当中枢温度升高时(   )。
    A. 皮肤温度下降   B. 直肠温度升高
    C. 热敏神经元放电频率增加   D. 冷敏神经元放电频率增加
    E. 以上都不对

38. 消化管壁的平滑肌主要特性是(   )。
    A. 有自动节律性活动   B. 不受神经支配
    C. 不受体液因素的影响   D. 对温度改变不敏感
    E. 以上都不对

39. 唾液含的消化酶是(   )。
    A. 淀粉酶   B. 蛋白酶   C. ATP 酶
    D. 脂肪酶   E. 以上都不对

40. 胃液含的消化酶是(   )。
    A. 淀粉酶   B. 蛋白酶   C. ATP 酶
    D. 脂肪酶   E. 以上都不对

41. 盐酸是由下列哪种细胞分泌的(   )。
    A. 胃腺的主细胞   B. 胃腺的黏液细胞
    C. 胃腺的壁细胞   D. 幽门腺的 G 细胞
    E. 以上都不对

42. 胃蛋白酶原是由下列哪种细胞分泌的(   )。
    A. 胃腺的主细胞   B. 胃腺的黏液细胞
    C. 胃腺的壁细胞   D. 幽门腺的 G 细胞
    E. 以上都不对

43. 内因子是由下列哪种细胞分泌的(   )。
    A. 胃腺的主细胞   B. 胃腺的黏液细胞
    C. 胃腺的壁细胞   D. 幽门腺的 G 细胞
    E. 以上都不对

44. 胃泌素是由下列哪种细胞分泌的(   )。
    A. 胃腺的主细胞   B. 胃腺的黏液细胞   C. 胃腺的壁细胞
    D. 幽门腺的 G 细胞   E. 以上都不对

45. 下列哪种维生素的吸收与内因子有关(   )。
    A. 维生素 B_1 B. 维生素 B_{12} C. 维生素 C
    D. 维生素 A   E. 维生素 E

46. 下列哪种维生素的吸收与胆汁有关(   )。
    A. 维生素 B_1 B. 维生素 B_{12} C. 维生素 C
    D. 维生素 A   E. 维生素 E

47. 胃期的胃液分泌是食物刺激哪个部分的感受器引起的（　　　）。
    A. 口腔和咽部　　　　　　　B. 胃　　　　　　　　　　C. 十二指肠
    D. 回肠　　　　　　　　　　E. 结肠

48. 肠期的胃液分泌是食物刺激哪个部分的感受器引起的（　　　）。
    A. 口腔和咽部　　　　　　　B. 胃　　　　　　　　　　C. 十二指肠
    D. 回肠　　　　　　　　　　E. 结肠

49. 下列有关胃泌素的描述，正确的是（　　　）。
    A. 由胃幽门部的 D 细胞所分泌　　　B. 胃中淀粉分解产物刺激其分泌作用最强
    C. 可刺激壁细胞分泌盐酸　　　　　D. 胃中 pH 降低可促进其分泌
    E. 以上都不对

50. 下列对胆汁的描述，错误的是（　　　）。
    A. 由肝细胞分泌　　　　　　B. 含有胆色素　　　　　　C. 含有胆盐
    D. 含有消化酶　　　　　　　E. pH 呈碱性

51. 对消化道物理消化作用的描述，错误的是（　　　）。
    A. 将食物不断推向前进　　　　　　B. 将食物磨碎
    C. 使食物与消化液混合　　　　　　D. 使脂肪分解
    E. 使蛋白质分解

52. 消化管壁平滑肌的生理特性不包括（　　　）。
    A. 对电刺激敏感　　　　　　　　　B. 有自动节律性
    C. 对某些物质和激素敏感　　　　　D. 温度下降可使其活动改变
    E. 有收缩性

53. 下列与头期胃液分泌有关的描述，错误的是（　　　）。
    A. 分泌的持续时间长　　　　B. 分泌量大　　　　　　　C. 分泌的酸度高
    D. 与食欲无关　　　　　　　E. 与情绪有关

54. 小肠的运动形式不包括（　　　）。
    A. 容受性舒张　　　　　　　B. 紧张性收缩　　　　　　C. 分节运动
    D. 蠕动　　　　　　　　　　E. 蠕动冲

55. 下列哪项与胆汁的分泌和排出无关（　　　）。
    A. 进食动作　　　　　　　　B. 胃泌素　　　　　　　　C. 胆色素
    D. 胆盐　　　　　　　　　　E. 摄入的脂肪和蛋白质

56. 瘤胃内的维生素可合成（　　　）。
    A. 维生素 D　　　　　　　　B. 维生素 K　　　　　　　C. 维生素 C
    D. 维生素 A　　　　　　　　E. 维生素 E

57. 可兴奋细胞兴奋时，共有的特征是产生（　　　）。
    A. 收缩反应　　　　　　　　B. 分泌　　　　　　　　　C. 神经
    D. 反射活动　　　　　　　　E. 电位变化

58. 机体内环境的稳态是指（　　　）。
    A. 细胞内液理化性质保持不变　　　B. 细胞外液理化性质保持不变
    C. 细胞内液化学成分相对恒定　　　D. 细胞外液化学成分相对恒定

E. 与情绪有关

59. 神经调节的基本方式是(　　　)。
　　A. 反射　　　　　　　　　B. 反应　　　　　　　　　C. 适应
　　D. 正反馈调节　　　　　　E. 负反馈调节

60. 感受细胞能将刺激转变为(　　　)。
　　A. 化学信号　　　　　　　B. 机械信号　　　　　　　C. 物理信号
　　D. 反馈信号　　　　　　　E. 电信号

61. 内环境稳态的意义在于(　　　)。
　　A. 为细胞提供适宜的生存环境　　　　　B. 保证足够的能量储备
　　C. 使营养物质不致过度消耗　　　　　　D. 与环境变化保持一致
　　E. 将内部功能活动固定在一个水平

62. 兴奋性是指机体的下列何种能力(　　　)。
　　A. 对刺激产生反应　　　　B. 做功　　　　　　　　　C. 动作灵敏
　　D. 能量代谢率增高　　　　E. 运动

63. 内环境是指(　　　)。
　　A. 机体的生活环境　　　　B. 细胞生活的液体环境　　C. 细胞内液
　　D. 胃肠道内　　　　　　　E. 机体深部

64. 条件反射建立在下列哪项基础上(　　　)。
　　A. 固定的反射弧　　　　　B. 刺激　　　　　　　　　C. 非条件反射
　　D. 无关信号　　　　　　　E. 食物

65. 胰岛 D 细胞分泌生长抑素调节其邻近细胞功能，属于(　　　)。
　　A. 自身分泌　　　　　　　B. 旁分泌　　　　　　　　C. 远距离分泌
　　D. 腺分泌　　　　　　　　E. 神经分泌

66. 单纯扩散方向和通量的驱动力是(　　　)。
　　A. 通道特性　　　　　　　B. 溶解度　　　　　　　　C. 化学梯度
　　D. 分子热运动　　　　　　E. 膜蛋白质运动

67. 氨基酸跨膜转运进入一般细胞的形式为(　　　)。
　　A. 单纯扩散　　　　　　　B. 通道转运　　　　　　　C. 泵转运
　　D. 载体转运　　　　　　　E. 吞饮

68. 组织处于绝对不应期，其兴奋性(　　　)。
　　A. 为零　　　　　　　　　B. 较高　　　　　　　　　C. 正常
　　D. 无限大　　　　　　　　E. 无限小

69. 氧和二氧化碳的跨膜转运是通过(　　　)。
　　A. 易化扩散　　　　　　　B. 主动转运　　　　　　　C. 单纯扩散
　　D. 继发性主动转运　　　　E. 通道中介易化扩散

70. 小肠上皮细胞从肠腔吸收葡萄糖是通过(　　　)。
　　A. 吞饮　　　　　　　　　B. 载体中介易化扩散　　　C. 泵转运
　　D. 继发性主动转运　　　　E. 通道中介易化扩散

71. 判断组织兴奋性高低最常用的指标是(　　　)。

A. 刺激的频率　　　　　B. 阈强度　　　　　　C. 阈电位

D. 基强度　　　　　E. 强度-时间变化率

72. 下列物质中哪一种是形成血浆胶体渗透压的主要成分（　　）。

A. NaCl　　　　　B. KCl　　　　　C. 白蛋白

D. 球蛋白　　　　　E. 红细胞

73. 血浆中有强大抗凝作用的是（　　）。

A. 白蛋白　　　　　B. 肝素　　　　　C. 球蛋白

D. 葡萄糖　　　　　E. Ca^{2+}

74. 血浆中起关键作用的缓冲对是（　　）。

A. $KHCO_3/H_2CO_3$　　　　　B. $NaHCO_3/H_2CO_3$　　　　　C. K_2HPO_4/KH_2PO_4

D. Na_2HPO_4/NaH_2PO_4　　　　　E. 以上都不是

75. 血液的组成是（　　）。

A. 血清＋血浆　　　　　B. 血清＋红细胞　　　　　C. 血浆＋红细胞

D. 血浆＋血细胞　　　　　E. 血清＋血细胞

76. 下列哪种离子内流引起心室肌细胞产生动作电位（　　）。

A. Na^+　　　　　B. K^+　　　　　C. Cl^-

D. Mg^{2+}　　　　　E. Mn^{2+}

77. 心室肌细胞动作电位 0 期的形成是因为（　　）。

A. Ca^{2+} 外流　　　　　B. Ca^{2+} 内流　　　　　C. Na^+ 内流

D. K^+ 外流　　　　　E. K^+ 内流

78. 浦肯野纤维细胞有自律性是因为（　　）。

A. 0 期去极化速度快　　　　　B. 4 期有舒张期自动去极化　　　　　C. 2 期持续时间很长

D. 3 期有舒张期自动去极化　　　　　E. 1 期持续时间很长

79. 传导速度最快的是（　　）。

A. 房间束　　　　　B. 浦肯野纤维　　　　　C. 左束支

D. 右束支　　　　　E. 房室结

80. 心室充盈时心室内的压力是（　　）。

A. 房内压＞室内压＞主动脉压　　　　　B. 房内压＜室内压＞主动脉压

C. 房内压＞室内压＜主动脉压　　　　　D. 房内压＜室内压＜主动脉压

E. 主动脉压＜室内压＜房内压

81. 外周阻力最大的血管是（　　）。

A. 毛细血管　　　　　B. 小动脉和微动脉　　　　　C. 小静脉

D. 中动脉　　　　　E. 大动脉

82. 射血期心室内的压力是（　　）。

A. 室内压＞房内压＞主动脉压　　　　　B. 房内压＜室内压＜主动脉压

C. 房内压＜室内压＞主动脉压　　　　　D. 房内压＞室内压＜主动脉压

E. 房内压＞室内压＞主动脉压

83. 正常心电图 QRS 波代表（　　）。

A. 心房兴奋过程　　　　　B. 心室兴奋过程　　　　　C. 心室复极化过程

D. 心房开始兴奋到心室开始兴奋之间的时间

E. 心室开始兴奋到心室全部复极化完之间的时间

84. 正常心电图 PR 间期代表(　　)。

  A. 心房兴奋过程　　　　　B. 心室兴奋过程　　　　　C. 心室复极化过程

  D. 心室开始兴奋到心室全部复极化完的时间

  E. 心房开始兴奋到心室开始兴奋之间的时间

85. 收缩压主要反映(　　)。

  A. 心率　　　　　B. 外周阻力　　　　　C. 每搏输出量

  D. 大动脉弹性　　　　　E. 血量

86. 每搏输出量增大，其他因素不变时(　　)。

  A. 收缩压升高，舒张压升高，脉压增大　B. 收缩压升高，舒张压升高，脉压减小

  C. 收缩压升高，舒张压降低，脉压增大　D. 收缩压降低，舒张压降低，脉压变小

  E. 收缩压降低，舒张压降低，脉压增大

87. 外周阻力增加，其他因素不变时(　　)。

  A. 收缩压升高，舒张压升高，脉压增大　B. 收缩压升高，舒张压升高，脉压减小

  C. 收缩压升高，舒张压降低，脉压增大　D. 收缩压降低，舒张压降低，脉压变小

  E. 收缩压降低，舒张压降低，脉压增大

88. 迷走神经释放乙酰胆碱与心肌细胞膜上何种受体结合(　　)。

  A. N 受体　　　　　B. M 受体　　　　　C. α 受体

  D. β_1 受体　　　　　E. β_2 受体

89. 交感神经释放的去甲肾上腺素与心肌细胞膜上何种受体结合(　　)。

  A. N 受体　　　　　B. M 受体　　　　　C. α 受体

  D. β_1 受体　　　　　E. β_2 受体

90. 支配心脏的迷走神经节后纤维释放的递质是(　　)。

  A. 乙酰胆碱　　　　　B. 去甲肾上腺素　　　　　C. 肾上腺素

  D. 5-羟色胺　　　　　E. γ-氨基丁酸

91. 支配心脏的交感神经节后纤维释放的递质是(　　)。

  A. 乙酰胆碱　　　　　B. 去甲肾上腺素　　　　　C. 肾上腺素

  D. 5-羟色胺　　　　　E. γ-氨基丁酸

92. 交感舒血管神经节后纤维释放的递质是(　　)。

  A. 乙酰胆碱　　　　　B. 去甲肾上腺素　　　　　C. 肾上腺素

  D. 5-羟色胺　　　　　E. γ-氨基丁酸

93. 心血管基本中枢位于(　　)。

  A. 脊髓　　　　　B. 延髓　　　　　C. 中脑

  D. 丘脑　　　　　E. 大脑皮质

94. 兴奋性突触后电位的形成是因为(　　)。

  A. 突触后膜对 Na^+ 通透性升高，局部去极化

  B. 突触后膜对 Cl^- 通透性升高，局部去极化

  C. 突触后膜对 Cl^- 通透性升高，局部超极化

D. 突触后膜对 K^+ 通透性升高，局部超极化

E. 突触后膜对 K^+ 通透性升高，局部去极化

95. 下列哪一项是副交感神经兴奋引起的（　　）。

　　A. 瞳孔扩大　　　　　　　B. 糖原分解增加　　　　　　C. 胰岛素分泌增加

　　D. 消化道括约肌舒张　　　E. 支气管平滑肌舒张

96. 对特意性投射系统的描述，错误的是（　　）。

　　A. 丘脑的神经元点对点地投射到大脑皮质特定部位

　　B. 每一种感觉的传导投射系统是专一的，可产生特异性感觉

　　C. 由三级神经元组成

　　D. 在脑干中经多突触联系投射到丘脑

　　E. 躯体四肢感觉投射到对侧大脑皮质

97. 不影响糖代谢的激素是（　　）。

　　A. 甲状腺激素　　　　　　B. 生长素　　　　　　　　　C. 皮质醇

　　D. 胰岛素　　　　　　　　E. 甲状旁腺激素

98. 在动物的中脑上、下丘之间横断脑干后，将出现（　　）。

　　A. 去大脑僵直　　　　　　B. 脊髓休克　　　　　　　　C. 上肢肌紧张下降

　　D. 下肢肌紧张下降　　　　E. 死亡

99. 小脑对躯体运动的调节不包括（　　）。

　　A. 维持平衡　　　　　　　B. 调节肌紧张　　　　　　　C. 协调随意运动

　　D. 直接控制精细运动　　　E. 以上都不对

100. 大脑皮质运动区控制躯体运动的特征不包括（　　）。

　　A. 具有精确的定位

　　B. 代表区大小与运动精细复杂程度有关

　　C. 刺激皮质运动区主要引起少数个别肌肉收缩

　　D. 刺激皮质运动区可发生肌群的协同性活动

　　E. 左半球运动区支配右侧躯体运动

模拟题参考答案

序号	1	2	3	4	5	6	7	8	9	10	11	12	13	14	15	16	17	18	19	20
答案	B	A	C	A	E	C	B	D	E	C	A	D	A	B	D	A	B	D	B	D
序号	21	22	23	24	25	26	27	28	29	30	31	32	33	34	35	36	37	38	39	40
答案	C	C	B	B	B	C	A	D	B	A	B	D	A	D	C	A	B	C	A	B
序号	41	42	43	44	45	46	47	48	49	50	51	52	53	54	55	56	57	58	59	60
答案	C	A	C	D	B	D	B	C	D	D	E	A	D	A	C	B	E	E	A	E
序号	61	62	63	64	65	66	67	68	69	70	71	72	73	74	75	76	77	78	79	80
答案	A	A	B	C	B	D	A	C	C	B	C	B	B	D	C	A	B	B	A	C
序号	81	82	83	84	85	86	87	88	89	90	91	92	93	94	95	96	97	98	99	100
答案	A	C	E	E	C	A	B	B	D	A	B	A	C	D	C	D	E	A	E	C

第四篇

动物生物化学

■ 备考指南

学科特点

1. 动物生物化学是一门重要的专业基础课程，是临床诊疗、动物药理、营养与饲料等后续课程的重要理论基础及依据。
2. 理论性很强，应用性也很强。
3. 知识面交叉多，涉及物理、化学、生理等相关理论知识及应用。
4. 代谢反应复杂，彼此之间联系紧密但又各具特点。

学习方法

最核心的方法：输入与输出。输入：寻找规律和联系，建立逻辑关系后形成可推理性记忆。输出：注意理论联系实际。厘清知识之间的逻辑关系才是王道。

近五年分值分布

年份	章节											
	蛋白质化学及其功能	生物膜与物质的过膜运输	酶	糖代谢	生物氧化	脂类代谢	含氮小分子的代谢	物质代谢的相互联系与调节	核酸的功能与研究技术	水、无机盐代谢及酸碱平衡	器官与组织的生物化学	合计
2019	1	1	2	3	0	1	1	0	2	0	1	12
2020	2	0	0	3	1	4	1	0	2	1	1	15
2021	1	0	1	1	0	2	1	0	0	1	0	7

（续）

年份	章节											合计
	蛋白质化学及其功能	生物膜与物质的过膜运输	酶	糖代谢	生物氧化	脂类代谢	含氮小分子的代谢	物质代谢的相互联系与调节	核酸的功能与研究技术	水、无机盐代谢及酸碱平衡	器官与组织的生物化学	
2022	2	0	1	1	0	2	0	0	4	0	1	11
2023	2	1	1	1	0	2	2	0	1	2	1	13
总计	8	2	5	9	1	11	5	0	9	4	4	58

<<< 第一单元　蛋白质化学及其功能 >>>

一、考试大纲

单元	细目	要点
蛋白质化学及其功能	1. 蛋白质的功能与化学组成	（1）蛋白质的生物学功能　（2）蛋白质的基本结构单位——氨基酸（组成蛋白质的氨基酸、各氨基酸的结构特点与性质）
	2. 蛋白质的结构	（1）肽键和肽　（2）蛋白质的一级结构　（3）蛋白质的高级结构
	3. 蛋白质结构与功能的关系	（1）蛋白质的变性　（2）蛋白质的变（别）构　（3）一级结构变异与分子病
	4. 蛋白质的理化性质与分析分离技术	（1）蛋白质的理化性质　（2）蛋白质的定性分析　（3）蛋白质的定量检测方法

二、重要知识点

（一）蛋白质的功能与化学组成

1. 蛋白质的生物学功能

（1）催化功能　体内生化反应的催化剂是酶，而绝大多数酶的化学本质是蛋白质。

（2）贮存与运输功能　如转铁蛋白能结合铁；血红蛋白能结合并运输氧气。

（3）调节作用　作为激素调节特定细胞或组织的生长发育，如生长激素可促进生长。

（4）运动功能　某些蛋白能使细胞和生物体产生运动，如肌球蛋白和肌动蛋白参与肌肉收缩。

（5）防御功能　如免疫球蛋白能与细菌和病毒结合，发挥免疫保护作用。

（6）营养功能　如卵白中的卵清蛋白、乳中的酪蛋白，可作为人和动物的营养物促进生长。

（7）结构成分　机体中结构蛋白能提供机械保护，并赋予机体一定的形态，如皮肤、羽毛等。

（8）膜的组成成分　蛋白质是生物膜的主要成分之一。

（9）参与遗传活动　遗传信息的传递、基因表达的调控都需要多种蛋白质参与。

2. 蛋白质分类

（1）根据分子形状和功能分为：①球状蛋白质：易溶解；②纤维状蛋白质：通常不易溶解。

（2）根据化学组成的不同分为：①简单蛋白质：经过水解之后，只产生各种氨基酸；②结合蛋白质：水解时除了产生氨基酸外，还产生非蛋白组分。

3. 组成蛋白质的基本单位——氨基酸

（1）所有生物体都有相同的 20 种氨基酸（又称标准氨基酸或编码氨基酸），分别是：丙氨酸、缬氨酸、亮氨酸、异亮氨酸、苯丙氨酸、色氨酸、蛋氨酸（甲硫氨酸）、脯氨酸、甘氨酸、丝氨酸、苏氨酸、半胱氨酸、酪氨酸、天冬酰胺、谷氨酰胺、组氨酸、赖氨酸、精氨酸、天冬氨酸和谷氨酸。

（2）除甘氨酸（非手性碳原子）外，其余标准氨基酸都是 L-氨基酸。除脯氨酸（α-亚氨基酸）外，其余标准氨基酸都是 α-氨基酸。

（3）在原核和真核生物的少数蛋白质中还发现第 21 种氨基酸（硒代半胱氨酸）和第 22 种氨基酸（吡咯赖氨酸）。

4. 氨基酸的分类

（1）根据氨基酸 R 侧链的极性和电荷不同分为四类：

①非极性氨基酸：丙氨酸、缬氨酸、亮氨酸、异亮氨酸、苯丙氨酸、色氨酸、蛋氨酸、脯氨酸。

②极性不带电荷：甘氨酸、丝氨酸、苏氨酸、半胱氨酸、酪氨酸、天冬酰胺、谷氨酰胺。

③极性带正电荷：组氨酸、赖氨酸、精氨酸。

④极性带负电荷：天冬氨酸、谷氨酸。

（2）氨基酸按照 R 侧链基团结构不同可分为：

①脂肪族氨基酸：甘氨酸、丙氨酸、缬氨酸、亮氨酸、异亮氨酸、脯氨酸。

②碱性氨基酸：组氨酸、赖氨酸、精氨酸（带正电荷）。

③酸性氨基酸：天冬氨酸、谷氨酸（带负电荷）。

④芳香族氨基酸：苯丙氨酸、色氨酸、酪氨酸。

⑤含硫氨基酸：蛋氨酸、半胱氨酸。

⑥含醇基氨基酸：丝氨酸、苏氨酸。

（3）氨基酸按照营养学分类分为：非必需氨基酸和必需氨基酸。人和动物必不可少但自身不能合成，必须从饲料中补充的称为必需氨基酸，包括苯丙氨酸、蛋氨酸、赖氨酸、苏氨酸、色氨酸、亮氨酸、异亮氨酸、缬氨酸（记忆小窍门：**笨蛋来宿舍晾一晾鞋**）。

5. 含有支链的必需氨基酸 亮氨酸、异亮氨酸、缬氨酸。含有胍基的氨基酸是精氨酸。

（二）蛋白质的结构

1. 肽和肽键 蛋白质分子中不同氨基酸是以肽键链接的。由两个氨基酸分子缩合而成的肽称为二肽；由三个氨基酸分子缩合而成的肽称为三肽，以此类推。含 20 个氨基酸以上的称多肽，少于 20 个氨基酸的称为寡肽。多肽链中的每一个氨基酸称为一个氨基酸残基。多肽链上有游离氨基（$-NH_2$）的一端称为氨基端（N 端），游离羧基（$-COOH$）的一端称为羧基端（C 端）。

2. 蛋白质的一级结构 是指多肽链上各种（20 种）氨基酸的组成和排列顺序，是蛋白质的结构基础，由遗传基因决定。一级结构的维系力：肽键和二硫键（$-S-S-$）。

3. 蛋白质的高级结构 包括二级结构、三级结构、四级结构。

（1）二级结构 多肽链主链骨架中局部的规则构象称为二级结构，不包括 R 侧链的构象。主要维系力：氢键。主要包括：α-螺旋、β-折叠、β-转角、无规则卷曲。

（2）三级结构　指多肽链中所有原子和基团在三维空间中的排布。维系力：疏水力（主要）、离子键、二硫键等。

（3）四级结构　有的多肽链具有特定的三级结构，称为亚基，由2个或2个以上的亚基通过非共价键相互连接形成的更复杂的构象称为蛋白质的四级结构。如血红蛋白（Hb），是由两种亚基聚合而成的四聚体。维系力：疏水力（主要）、氢键、离子键、范德华力等。

（三）蛋白质结构与功能的关系

1. 蛋白质的变性

（1）定义　在理化因素作用下，蛋白质的一级结构保持不变，空间结构发生改变，从而引起生物学功能的丧失以及物理、化学性质改变的现象称为蛋白质变性。

（2）实质　维持高级结构的非共价键及空间结构遭到破坏，一级结构不变。

（3）引起变性的因素　①物理因素：加热、紫外线、X线、超声波、高压、表面张力及剧烈震荡、研磨、搅拌等；②化学因素（又称变性剂）：酸、碱、有机试剂（乙醇、丙酮等）、尿素、重金属盐、三氯醋酸、苦味酸、去污剂等。

（4）应用　高温消毒，酒精消毒，紫外消毒，鸡蛋煮熟从液态变为固态等。

（5）预防　在蛋白质、酶的分离纯化过程中，为了防止蛋白质变性，必须保持低温，防止强酸、强碱、重金属盐、剧烈震荡等变性因素的影响。

2. 蛋白质变构

（1）定义　蛋白质与效应物的结合引起整个蛋白质分子构象发生改变，从而影响其功能的现象称为蛋白质的变构作用。

（2）经典案例　血红蛋白四聚体拥有生物学活性，是体内结合并运输氧气的重要载体，血红蛋白四聚体在开始与氧结合时，与氧结合的能力很小。一旦其中一个亚基与氧结合后就变成氧合血红蛋白，并逐步引起其余亚基三级结构的改变，维持和约束四级结构的离子键全部断裂，整个分子构象由紧密型变成了松弛型，提高了氧亲和力，这是一种正的协同结合。同理，当一个氧与血红蛋白亚基分离后，能降低其余亚基与氧的亲和力，有助于氧的释放。

3. 一级结构变异与分子病

（1）定义　基因突变导致蛋白质一级结构的突变，进而导致蛋白质生物功能的下降或丧失，就会产生疾病，这种病称为分子病。

（2）典型案例　镰刀形红细胞贫血病就是由于血红蛋白一级结构中仅是 β-亚基第6位氨基酸残基变异而导致的分子病：正常人为 Glu（R 侧链是带负电荷的亲水基团），而病人为 Val（R 侧链是不带电荷的疏水基团），当 Glu 被 Val 取代后，血红蛋白分子表面的电荷发生改变，导致血红蛋白的等电点改变、溶解度降低，产生细长的聚合体，从而使扁圆形的红细胞变成镰刀形，运输氧的功能下降，细胞脆弱而溶血，严重的可以致死。

（四）蛋白质的理化性质与分析分离技术

1. 蛋白质的理化性质

（1）两性解离　蛋白质分子中有许多可解离的基团，除了肽链末端的 α-氨基和 α-羧基以外，还有各种侧链基团，既能发生酸式解离，也能发生碱式解离，因此蛋白质是两性电解质。

（2）蛋白质的解离取决于溶液的 pH　在酸性溶液中，各种碱性基团与质子结合，使蛋白质分子带正电荷，在电场中向阴极移动；在碱性溶液中，各种酸性基团释放质子，使蛋白质带负电荷，在电场中向阳极移动。当溶液在某个 pH 时，蛋白质分子所带正电荷数与负电荷数恰好相等，净电荷为零，在电场中既不向阳极移动，也不向阴极移动，此时溶液的 pH 就是该蛋白质的等电点。

（3）等电点大小由蛋白质分子中可解离基团的种类和数量决定　蛋白质分子在等电点时不带电荷，因此容易碰撞而聚集沉淀，可以利用等电点沉淀法分离不同的蛋白质。

（4）不同蛋白质有不同的等电点　如胃蛋白酶为 1.0～2.5，胰蛋白酶为 8.0。体内大多数蛋白质的等电点接近 6.0 在生理条件下（pH 约为 7.4）带负电荷。

（5）蛋白质相对分子质量很大，是与水亲和力很高的胶体，因此具有丁达尔现象、布朗运动、电泳现象等胶体性质。

（6）蛋白质不能吸收可见光，但能吸收一定波长范围内的紫外光。大多数蛋白质在 280nm 波长附近有一个吸收峰，1mg/mL 蛋白质溶液在 1cm 厚比色皿中的紫外吸收值大约为 0.8。这主要与蛋白质中 Trp、Tyr 的紫外吸收有关。因此，可以利用紫外吸收法，根据蛋白质溶液在 280nm 波长的吸收值测定蛋白质浓度。

2. 蛋白质的定性分析

（1）盐析与盐溶

盐析：在蛋白质溶液中加入一定量的中性盐（硫酸铵、硫酸钠等），使蛋白质溶解度降低而沉淀析出的现象。

盐溶：当在蛋白质溶液中加入中性盐的浓度较低时，蛋白质的溶解度增加的现象。

（2）有机溶剂沉淀　高浓度的乙醇、丙酮等有机剂能够脱去蛋白质分子的水膜，同时降低溶液的介电常数，使蛋白质从溶液中沉淀。不同蛋白质沉淀所需要的有机溶剂浓度一般是不同的。因此，可用有机溶剂进行蛋白质的分离。

（3）重金属盐沉淀　在碱性溶液中，蛋白质分子中的负离子基团可以与重金属盐（如醋酸铅、氯化汞、硫酸铜等）的正离子结合成难溶的蛋白质重金属盐，从溶液中沉淀下来。临床上可利用这种特性抢救重金属盐中毒的病人和动物。

（4）生物碱试剂沉淀　生物碱试剂（如苦味酸、单宁酸、三氯醋酸、钨酸等）在 pH 小于蛋白质等电点时，其酸根负离子能与蛋白质分子上的正离子相结合，成为溶解度很小的蛋白盐，从溶液中沉淀下来。临床化验时，常用上述生物碱试剂除去血浆中的蛋白质，以减少干扰。

（5）加热沉淀　蛋白质在加热到一定温度后会因为变性而沉淀，除了温度，蛋白质变性还与溶液 pH 有关，在等电点时最易沉淀。实践中常利用在等电点时加热沉淀除去杂蛋白。

（6）蛋白质的呈色反应　双缩脲反应（紫红色物质）、游离 α-氨基与茚三酮反应（蓝紫色物质）、蛋白质与酚反应（蓝色物质）、蛋白质与考马斯亮蓝反应（蓝色物质）。

3. 蛋白质的定量检测方法

（1）紫外吸收法　根据蛋白质的呈色反应以及蛋白质溶液在 280nm 波长的特征吸收值可测定蛋白质浓度。

（2）SDS-聚丙烯酰胺凝胶电泳法　蛋白质在凝胶介质中的电泳速度取决于自身分子的大小、形状和电荷数量。其移动距离与指示剂移动距离的比值称为相对迁移率。相对迁移率与蛋白质相对分子质量的对数呈线性关系，因此利用标准曲线可计算蛋白质相对分子质量。

（3）凝胶过滤法（又称分子筛层析法）　层析柱中装有多孔网状结构的葡聚糖凝胶，小于网孔的分子能够进入网孔，而大于网孔的分子则被滞留在网孔空隙中。当用洗脱液洗脱时，被滞留的分子会按照相对分子质量从大到小的顺序先后被洗脱下来。因此测量洗脱体积，以相对分子质量的对数为纵坐标，洗脱体积为横坐标，可作标准曲线。然后根据未知蛋白质溶液的洗脱体积，计算未知蛋白质相对分子质量。

（4）沉降速度法　利用超速离心法测得蛋白质的沉降系数后，按照一定的公式计算蛋白质相对分子质量的一种方法。

三、例题及解析

1. 可用于蛋白质相对分子质量测定的方法是（　　）。
   A. 醋酸纤维薄膜电泳　　　B. 葡萄糖凝胶电泳　　　C. 琼脂糖凝胶电泳
   D. SDS-聚丙烯酰胺凝胶电泳　E. 等电聚焦电泳

【解析】D。醋酸纤维薄膜电泳用于分离混合蛋白质；琼脂葡萄糖凝胶电泳常用于核酸分析；SDS-聚丙烯酰胺凝胶电泳常用于蛋白质相对分子质量测定；等电聚焦电泳用于测定蛋白质的等电点。

2. 图 4-1-1 展示的生化分析技术的名称是（　　）。

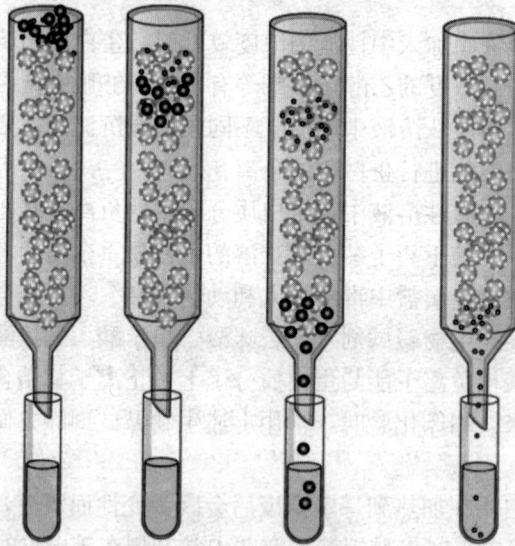

图 4-1-1　某生化分析技术

（《动物生物化学》，邹思湘等，2012）

A. 分子筛层析技术　　　B. 凝胶电泳技术　　　C. 免疫沉淀技术
D. 分子杂交技术　　　E. 透析技术

【解析】A。图中是利用分子筛层析技术分离不同相对分子质量大小混合物的技术示意图。

3. 原核生物和真核生物少数蛋白质中发现的第 21 种氨基酸是（　　）。

A. 甘氨酸　　　　　　　　B. 亮氨酸　　　　　　　　C. 硒代半胱氨酸

D. 异亮氨酸　　　　　　　E. 脯氨酸

【解析】C。含硒半胱氨酸是第 21 种标准氨基酸；吡咯赖氨酸是 2002 年才发现的第 22 种标准氨基酸。

4. 组成蛋白质的氨基酸中，属于碱性氨基酸的是（　　　）。

A. 半胱氨酸　　　　　　　B. 异亮氨酸　　　　　　　C. 谷氨酸

D. 精氨酸　　　　　　　　E. 蛋氨酸

【解析】D。酸性氨基酸指侧链 R 中带有羧基的氨基酸，包括谷氨酸和天冬氨酸；碱性氨基酸指侧链中有含氮碱性基团或杂环的氨基酸，包括组氨酸、精氨酸和赖氨酸。

5. 不属于蛋白质二级结构的形式是（　　　）。

A. β-折叠　　　　　　　　B. 无规则卷曲　　　　　　C. β-转角

D. α-螺旋　　　　　　　　E. 二面角

【解析】E。蛋白质的二级结构是指多肽链主链的肽键之间借助氢键形成的有规则的构象，有 α-螺旋、β-折叠、β-转角和无规则卷曲等。E 项，两个肽键平面之间的 α-碳原子，可以作为一个旋转点形成二面角，二面角不属于二级结构。

6. 蛋白质紫外吸收最大波长是（　　　）。

A. 220nm　　　　　　　　B. 230nm　　　　　　　　C. 240nm

D. 260nm　　　　　　　　E. 280nm

【解析】E。蛋白质因大多含有色氨酸和酪氨酸，因此紫外吸收波长为 280nm。

7. 可以转变为肾上腺素的氨基酸是（　　　）。

A. 谷氨酸　　　　　　　　B. 亮氨酸　　　　　　　　C. 甘氨酸

D. 苯丙氨酸　　　　　　　E. 赖氨酸

【解析】D。苯丙氨酸、酪氨酸等芳香族氨基酸是甲状腺激素、肾上腺素和去甲肾上腺素等激素的前体。

<<< 第二单元　生物膜与物质的过膜运输 >>>

一、考试大纲

单元	细目	要点
生物膜与物质的过膜运输	1. 生物膜的化学组成	（1）组成　（2）膜脂　（3）膜蛋白　（4）膜糖
	2. 生物膜的特点	（1）膜的运动性　（2）膜脂的流动性与相变
	3. 物质的过膜运输	（1）小分子与离子的过膜转运　（2）大分子物质的过膜转运

二、重要知识点

(一) 生物膜的化学组成

1. 组成　生物膜主要由蛋白质和脂类组成，还有少量的糖、金属离子，并结合一定量的水。膜中蛋白质与脂类的比值与膜的功能有关。通常膜的功能越复杂多样，它所含蛋白质的比值也越高。

2. 膜脂

(1) 膜脂的组成　包括磷脂、少量的糖脂和胆固醇。磷脂中以甘油磷脂为主，其次是鞘磷脂。动物细胞膜中的糖脂以鞘糖脂为主。此外，膜上含有游离的胆固醇，但只限于真核细胞的细胞膜。

(2) 膜脂的双亲性特点　膜脂虽然种类多，结构各异，但分子中既有亲水的头部，又有疏水的尾部，称作双亲性。膜脂的双亲性是形成膜双层结构的分子基础。

3. 膜蛋白

(1) 膜蛋白是膜生物学功能的主要体现者　包括酶、膜受体、转运蛋白、抗原和结构蛋白等。

(2) 分类　根据蛋白质在膜中的位置和与膜结合的紧密程度，分为外在蛋白和内在蛋白。

①外在蛋白(又称外周蛋白)：分布在膜两侧，亲水性强，通过非共价作用与膜脂质分子或其他蛋白质的亲水部分结合。这种结合不太紧密，当改变溶液的 pH、离子强度等就能容易地将其洗脱。

②内在蛋白(又称整合蛋白)：分布在膜中央，通常半埋或者贯穿于膜，常以 α-螺旋形式嵌入膜内部，与脂双层的疏水区紧密结合。必须使用表面活性剂(去垢剂)或有机溶剂等破坏磷脂双分子层才能将其与膜脂质分开。

4. 膜糖　膜上含有少量与蛋白质或脂质相结合的寡糖，形成糖蛋白或糖脂。膜上的寡糖链都暴露在细胞膜的外表面，与细胞间的信号转导和相互识别相关。

(二) 生物膜的特点

1. 膜的运动性　利用荧光漂白等方法研究生物膜时发现，膜脂分子在脂双层中处于不停的运动中。其运动方式有：分子摆动(尤其是磷脂分子的烃链尾部的摆动)、围绕自身轴线旋转，侧向扩散运动以及在脂双层之间的跨膜翻转等。膜蛋白的运动有两种形式：一种是在膜的平面作侧向扩散，另一种是绕着膜平面的垂直轴作旋转运动。但一般不容易从膜的一侧翻转到另一侧。

2. 膜脂的流动性与相变

(1) 脂质分子在一定的温度范围里，可以呈现有规律的凝固态或可流动的液态(实际是液晶态)。两种状态转变的温度称为相变温度 (T_c)。当低于相变温度时，脂双层呈凝固态，高于相变温度时，呈液态。生理条件下，哺乳动物细胞的细胞膜都处于流动的液态。

(2) 脂质分子中所含脂肪酸烃链的不饱和程度越高，或者脂肪酸的烃链越短，其相变温度也相应越低。较低的相变温度使脂双层具有较好的流动性。

（3）胆固醇对膜的流动性和相变温度具有双向的调节作用。

（三）物质的过膜运输

（1）根据细胞生理活动的需要，膜可以控制物质进入或离开细胞和细胞器，因此，生物膜是一种高度选择性的转运物质的屏障。物质的过膜转运有不同的方式：

①根据被转运物质种类的不同：分为单向转运和协同转运。

一种物质由膜的一侧转运到另一侧，称为单向转运。

一种物质的转运伴随着另一种物质，称为协同转运。其中，方向相同，称为同向转运，方向相反，称为反向转运。

②根据被转运的对象及转运过程是否需要载体和消耗能量分为：

简单扩散：浓度从高到低，不需要载体，不消耗能量。如水分子、氧气等。

促进扩散：浓度从高到低，需要载体，不消耗能量。如葡萄糖进入红细胞。

主动运输：浓度从低到高，需要载体，消耗能量。如钠离子、钾离子等。

（2）小分子与离子的过膜转运是直接过膜转运，主要方式是简单扩散、促进扩散、主动运输。

（3）大分子物质的过膜转运　大分子物质和颗粒，如蛋白质、核酸、多糖、病毒和细菌等，它们进出细胞是通过与细胞膜的一起移动实现的，如内吞和外排。

①内吞作用：是细胞从外界摄入的大分子或颗粒，逐渐被细胞膜的一小部分包围、内陷，然后从细胞膜上脱落下来，形成细胞内的囊泡的过程。例如，原生动物摄取细菌和食物颗粒，高等动物免疫系统的吞噬细胞内吞入侵的细菌。

②外排作用：是细胞内的物质先被囊泡裹入形成分泌囊泡，分泌囊泡向细胞膜迁移，然后与细胞膜接触、融合，再向外释放出其内容物的过程。例如，胰岛细胞将合成的胰岛素分子累积在细胞内的囊泡里，然后这些分泌囊泡与细胞膜融合并打开，向细胞外释放出胰岛素。

三、例题及解析

1. 细胞膜上的寡糖链（　　）。

　　A. 均暴露在细胞膜的外表面　　B. 结合在细胞膜的内表面　　C. 都结合在膜蛋白上

　　D. 都结合在膜脂上　　　　　　E. 分布在细胞膜的两侧

【解析】A。细胞膜上的糖链绝大多数裸露在膜的外表面一侧。

2. 细胞膜上用来捕捉和辨认胞外化学信号的成分是（　　）。

　　A. 卵磷脂　　　　　　　　　B. 寡糖链　　　　　　　　　C. 胆固醇

　　D. 脑磷脂　　　　　　　　　E. 鞘磷脂

【解析】B。细胞膜上的寡糖链就是糖蛋白，有保护、润滑、识别、通信作用。

3. 离子利用 ATP 逆浓度梯度过膜转运的方式是（　　）。

　　A. 被动转运　　　　　　　　B. 促进扩散　　　　　　　　C. 内吞作用

　　D. 主动转运　　　　　　　　E. 胞吐作用

【解析】D。逆浓度梯度的转运方式是主动转运，需要消耗能量。

4. 生物膜功能的主要体现者是(　　)。

A. 蛋白质　　　　　　　B. 脂类　　　　　　　C. 糖

D. 水　　　　　　　　　E. 无机盐类

【解析】A。生物膜主要由蛋白质和脂类组成,以及少量的糖、金属离子,并结合一定量的水。其中膜蛋白是膜的生物学功能的主要体现者。膜蛋白包括转运蛋白、膜受体、抗原、酶和结构蛋白等,这些蛋白质可以作为跨膜运输的载体;作为激素等物质的受体;实现细胞之间的识别;镶嵌在膜上的酶,起催化作用。

5. 属于生物膜组成成分的物质是(　　)。

A. 丙酮酸　　　　　　　B. 核酸　　　　　　　C. 磷脂

D. 乙酸　　　　　　　　E. 甘油

【解析】C。生物膜是由膜脂、膜蛋白、膜糖构成的膜结构;其中膜脂包括磷脂、少量的糖脂和胆固醇。

6. 构成生物膜的骨架是(　　)。

A. 蛋白质　　　　　　　B. 胆固醇　　　　　　C. 糖聚合物

D. 脂质双分子层　　　　E. 脂蛋白复合物

【解析】D。生物膜是镶嵌有蛋白质和糖类(统称糖蛋白)的磷脂双分子层,具有划分和分隔细胞和细胞器的作用,也是与许多能量转化和细胞内通信有关的重要部位。

<<< 第三单元　酶 >>>

一、考试大纲

单元	细目	要点
酶	1. 酶分子结构	(1) 酶的化学本质　(2) 酶的化学组成　(3) 酶的辅助因子　(4) 酶的分子结构
	2. 酶的催化作用	(1) 酶的催化特点　(2) 酶的催化机理　(3) 酶活性及其测定
	3. 酶的结构与功能的关系	(1) 酶的活性中心与必需基团　(2) 酶原及酶原的激活
	4. 影响酶促反应的因素	(1) 底物浓度和酶浓度的影响　(2) pH 和温度的影响　(3) 抑制剂的影响　(4) 激活剂的影响
	5. 酶活性的调节	(1) 反馈调节　(2) 同工酶　(3) 变(别)构调节　(4) 共价修饰调节
	6. 酶的实际应用	(1) 酶与动物健康的关系　(2) 酶与动物生产的关系

二、重要知识点

(一) 酶分子结构

1. 酶的化学本质　酶是活细胞产生的,能在体内或体外起催化作用的一类具有高度专一性和极高催化效率的生物大分子，包括蛋白质和核酸。

2. 酶的化学组成　　根据酶的组成成分不同：分为单纯酶和结合酶两类。

（1）单纯酶　　只由氨基酸组成，不含其他成分，其催化活性仅仅取决于它的蛋白质结构。如蛋白酶、淀粉酶、酯酶、核糖核酸酶等。

（2）结合酶　　除蛋白质外，还含有有机小分子以及金属离子。蛋白质部分称为酶蛋白，有机小分子和金属离子称为辅助因子。酶蛋白与辅助因子单独存在时，都没有催化活性，只有两者结合成完整的分子才具有活性。这种完整的酶分子称作全酶。全酶＝酶蛋白＋辅助因子。

3. 酶的辅助因子

（1）根据与酶蛋白结合的牢固程度，辅助因子分为辅酶和辅基。

辅酶：与酶蛋白结合疏松，容易用透析或超滤方法除去。

辅基：与酶蛋白结合紧密，不易用透析或超滤方法除去。

两者的差别仅仅在于它们与酶蛋白结合的牢固程度不同，并无严格的界限。

（2）在酶分子中常见的金属离子有 K^+、Na^+、Mg^{2+}、Cu^{2+}、Zn^{2+} 和 Fe^{2+} 等。

（3）多数维生素（特别是 B 族维生素）是许多酶的辅酶或辅基的成分。

4. 酶的分子结构　　酶在分子结构上可由一条多肽链组成，也可由多个亚基组成。根据酶蛋白分子结构的特点，可将其分为单体酶、寡聚酶和多酶复合体三类。

（1）单体酶　　只由一条多肽链组成，一般多是水解酶，如胃蛋白酶、胰蛋白酶等。

（2）寡聚酶　　由几个至几十个亚基组成，亚基之间为非共价结合，通常多是调节酶，如乳酸脱氢酶、磷酸果糖激酶、己糖激酶等。

（3）多酶复合体　　是由多个功能上相关的酶彼此嵌合而形成的复合体，如丙酮酸脱氢酶系、脂肪酸合成酶系等。可以促进某个阶段的代谢反应高效、定向和有序地进行。

（二）酶的催化作用

1. 酶的催化特点　　酶既有与一般催化剂相同的催化性质，又具有自身独有的特征。

（1）酶与一般催化剂的共同点　　①只能催化热力学所允许的化学反应；②缩短达到化学平衡的时间，不改变平衡点；③在化学反应的前后没有质和量的改变；④很少的量就能发挥较大的催化作用；⑤作用机理都在于降低了反应的活化能。

（2）酶自身特有的催化特性　　①极高的催化效率；②高度的专一性；③酶活性的可调节性；④酶的反应条件温和。

2. 酶活性及其测定

（1）酶活性　　又称酶活力，是指酶催化化学反应的能力。酶活力的大小可用在一定的条件下酶催化某一化学反应的反应速度来衡量。

（2）酶活性的大小　　可用酶活力单位来表示。酶活力单位是指在特定的条件下，酶促反应在单位时间内生成一定量的产物或消耗一定量的底物所需的酶量。1 个酶活力国际单位（IU）是指：在最适条件下，每分钟催化减少 $1\mu mol/L$ 底物或生成 $1\mu mol/L$ 产物所需的酶量。

（3）酶的比活力　　也称为比活性，是指每毫克酶蛋白所具有的活力单位数。比活力是表示酶制剂纯度的一个重要指标，对同一种酶来说，酶的比活力越高，纯度越高。

(三) 酶的结构与功能的关系

1. 酶的活性中心与必需基团

(1) 在酶分子上，只有少数氨基酸残基与酶的催化活性有关。这些氨基酸残基的侧链基团中，与酶活性密切相关的基团称为酶的必需基团。这些必需基团在一级结构上可能相距很远，但在空间结构上彼此靠近，集中在一起形成具有一定空间结构的区域，该区域与底物相结合并催化底物转化为产物，称为酶的活性中心或活性部位。

(2) 酶活性中心内的一些化学基团，是酶发挥催化作用及与底物直接接触的基团，称为活性中心的必需基团，可分为两种：与底物结合的称为结合基团，决定专一性；催化底物发生化学反应的称为催化基团，决定反应类型。

(3) 酶活性中心以外的基团，虽然不直接参与酶的催化作用，但对维持酶分子的空间构象及酶活性是必需的，称之为活性中心以外的必需基团。

2. 酶原及酶原的激活

(1) 有些酶在细胞内最初合成或分泌时没有催化活性，必须经过适当的改变才能成为有活性的酶。这类酶的无活性前体称为酶原。

(2) 使无活性的酶原转变成有活性的酶的过程称为酶原的激活。例如胃蛋白酶、胰蛋白酶、弹性蛋白酶等。

(3) 酶原激活实际上是酶的活性中心形成或暴露的过程。

(4) 酶原激活的生理意义，在于避免细胞内产生的酶对细胞进行自身消化，并可使酶在特定的部位和环境中发挥作用，保证体内代谢的正常进行。

(四) 影响酶促反应的因素

1. 底物浓度和酶浓度的影响

(1) 在其他因素，如酶浓度、pH、温度等不变的情况下，底物浓度的变化与酶促反应速度之间呈矩形双曲线关系。

(2) 米氏常数 K_m 是酶的特征性常数之一，在酶学及代谢研究中是重要的特征数据。当 pH、温度和离子强度等因素不变时，K_m 是恒定的。

① K_m 可以判断酶和底物的亲和力：K_m 值大，酶和底物的亲和力小；反之则大。

② 催化可逆反应的酶，当正反应和逆反应 K_m 值不同时，可以大致推测该酶正逆两向反应的效率，K_m 值小的底物所示的反应方向应是该酶催化的优势方向。

③ 有多个酶催化的连锁反应中，如能确定各种酶 K_m 值及相应的底物浓度，有助于寻找代谢过程的限速步骤。在各底物浓度相当时，K_m 值大的酶为限速酶。

(3) 在一定的温度和 pH 条件下，当底物浓度大大超过酶的浓度时，酶的浓度与反应速度成正比关系。

2. pH 和温度的影响

(1) pH 可影响酶活性中心内必需基团的解离程度和催化基团中质子供体或质子受体所需的离子化状态，也可影响酶与底物的结合，从而影响酶促反应速度。只有在特定的 pH 条件下，酶具有最大活性，这时的 pH 称为酶的最适 pH。

(2) 最适 pH 不是酶的特征性常数，它受底物浓度、缓冲液的种类和浓度以及酶的纯度等因素的影响。溶液的 pH 高于或低于最适 pH 时都会使酶的活性降低，远离最适 pH 时甚至导致酶的变性失活。

（3）动物体内多数酶的最适 pH 接近中性，但也有例外，如胃蛋白酶的最适 pH 约为 1.8，胰蛋白酶约为 8，肝精氨酸酶则约为 9.8。

（4）在一定的温度范围内，随温度增高，反应速度加快。但绝大多数酶是蛋白质，温度过高会使酶变性失活。酶活性最高时的温度称为酶的最适温度（非特征性常数）。

（5）当温度低于最适温度时，随温度升高反应速率增大，达到最适温度后，反应速度下降。

（6）低温一般不破坏酶，温度回升后，酶又恢复活性。生物制品、细菌菌种以及精液的低温保存都是基于该原理。

3. 抑制剂的影响

（1）凡能使酶的活性下降而不引起酶蛋白变性的物质称为酶的抑制剂。抑制剂通常对酶有一定的选择性。强酸、强碱等也能使酶变性失活，但对酶没有选择性，不属于抑制剂。

（2）根据抑制剂与酶分子之间作用特点的不同，通常将抑制作用分为不可逆性抑制和可逆性抑制两类。

①不可逆性抑制：不可逆抑制剂通常以共价键与酶的必需基团进行结合，不能用透析或超滤等物理方法解除抑制。例如，有机磷杀虫剂抑制胆碱酯酶活性，导致乙酰胆碱不能水解。

②可逆性抑制：抑制剂与酶以非共价键结合，可用透析或超滤等物理方法解除抑制使酶活性恢复。可逆性抑制分为三类：竞争性抑制、非竞争性抑制和反竞争性抑制。

4. 激活剂的影响

（1）凡能使酶由无活性变为有活性或使酶活性提高的物质，通称为激活剂。大部分激活剂是无机离子或简单的有机小分子。如 Mg^{2+} 是多种激酶和合成酶的激活剂；Cl^- 是唾液淀粉酶最强的激活剂。

（2）激活剂的作用是相对的，一种酶的激活剂对另一种酶来说，也可能是一种抑制剂。不同浓度的激活剂对酶活性的影响也不相同，往往是低浓度下起激活作用，高浓度下则产生抑制作用。

（五）酶活性的调节

1. 反馈调节 代谢过程中终产物或者中间产物对反应中关键酶的活性往往有调节（激活或抑制）作用，使酶活性增强的，叫正反馈。反之，叫负反馈。

2. 同工酶

（1）同工酶是指催化相同的化学反应，但酶蛋白的分子结构、理化性质和免疫学性质不同的一组酶。如乳酸脱氢酶、碱性磷酸酶、过氧化物酶等。

（2）同工酶能催化同一化学反应是由于它们活性中心结构相似的缘故。但对同一底物表现出不同的亲和力。

3. 变（别）构调节

（1）生物体内的一些代谢物（如酶催化的底物、代谢中间物、代谢终产物等），可以与酶分子的调节部位进行非共价可逆地结合，改变酶分子构象，进而改变酶的活性。这种调节作用称为变（别）构调节。

（2）受变构调节的酶称为变构酶，导致变构效应的代谢物称为变构效应剂或变构剂。

4. 共价修饰调节

（1）有些酶分子上的某些氨基酸残基基团，在另一组酶的催化下发生可逆的共价修饰，从而引起酶活性的改变，这种调节称为共价修饰调节。这类酶称为共价修饰酶。

（2）酶的共价修饰包括磷酸化/脱磷酸，乙酰化/脱乙酰，甲基化/脱甲基，腺苷化/脱腺苷以及—SH 与—S—S—互变等。其中磷酸化/脱磷酸最为重要和常见。

（3）共价修饰调节的特点：①共价修饰酶一般具有无活性（或低活性）与有活性（或高活性）的两种形式，它们之间的互变反应中，正逆两个方向由不同的酶所催化，催化互变反应的酶受激素等因素的调节。②此种酶促反应常表现出级联放大效应，具有极高的效率。

（六）酶的实际应用

1. 酶与动物健康的关系

（1）酶的质或量的异常引起酶活性的改变是某些疾病的病因。如先天性酪氨酸酶缺乏使黑色素不能形成，引起白化病。

（2）酶的活性受到抑制而引起疾病。例如，一氧化碳中毒是由于抑制了呼吸链中的细胞色素氧化酶的活性。

（3）常通过测定酶活力来诊断疾病。例如急性胰腺炎时血清淀粉酶活性升高，急性肝炎或心肌炎时血清转氨酶活性升高等。

（4）利用酶制剂治疗疾病。例如胃蛋白酶、胰蛋白酶、淀粉酶用于消化不良的治疗。

（5）利用酶的抑制作用原理设计药物。如磺胺类药物是细菌二氢叶酸合成酶的竞争性抑制剂。

2. 酶与动物生产的关系　酶常用于饲料生产和饲料添加剂。

三、例题及解析

1. 氨基酸转氨酶的辅酶是（　　）。

　　A. 生物素　　　　　　　B. 磷酸吡哆醛　　　　　　　C. 四氢叶酸

　　D. 辅酶 A　　　　　　　E. 甲钴胺素

【解析】B。转氨酶或氨基转移酶种类繁多，辅酶均为磷酸吡哆醛（维生素 B_6 的磷酸酯）。

2. 具有结合 CO 功能的辅酶或辅基是（　　）。

　　A. 四氢叶酸　　　　　　B. NAD　　　　　　　　　　C. 生物素

　　D. 钴胺素　　　　　　　E. FAD

【解析】C。生物素可在 ATP 作用下可与 CO 结合形成 N-羧基生物素；A 项，四氢叶酸为细菌合成核酸不可缺少的辅酶；B 项，NAD 是一种传递质子的辅酶；D 项，钴胺素，是机体内同型半胱氨酸甲基化转变为蛋氨酸及甲基丙二酸-琥珀酸异构化过程的主要辅酶；E 项，FAD 是糖代谢三羧酸循环中的丙酮酸脱氢酶复合体的组成辅酶。

3. 动物组织中的酶，其最适温度大多在（　　）。

A. 20～24℃　　　　　　B. 25～34℃　　　　　　C. 35～40℃

D. 41～45℃　　　　　　E. 60℃以上

【解析】C。酶促反应速度达到最大时的温度称为酶的最适温度，动物体内的酶的最适温度多为35～40℃。

4. 结合酶的基本结构是(　　)。

A. 由多个亚基聚合而成　　　　　B. 具有多个辅助因子

C. 由酶蛋白和辅助因子组成　　　D. 由酶蛋白组成

E. 由不同的酶结合而成

【解析】C。结合酶的组成成分除蛋白质以外，还含有对热稳定的非蛋白质的小分子有机物以及金属离子。蛋白质部分称为酶蛋白；小分子有机物和金属离子统称为辅助因子。

5. 单胃动物胃蛋白酶的最适 pH 范围是(　　)。

A. 1.6～2.4　　　　　　B. 3.6～5.4　　　　　　C. 6.6～7.4

D. 7.6～8.4　　　　　　E. 8.6～9.4

【解析】A。动物体内多数酶的最适 pH 接近中性，但胃蛋白酶的最适 pH 约为1.8，胰蛋白酶约为8，而肝精氨酸酶约为9.8。

<<< 第四单元　糖　代　谢 >>>

一、考试大纲

单元	细目	要点
糖代谢	1. 糖的生理功能	(1) 糖的生理功能　(2) 动物机体糖的来源和去路　(3) 血糖
	2. 葡萄糖的分解代谢	(1) 糖酵解途径及其生理意义　(2) 有氧氧化途径及其生理意义　(3) 磷酸戊糖途径及其生理意义
	3. 糖异生作用	(1) 定义　(2) 糖异生的反应过程　(3) 糖异生的生理意义　(4) 乳酸循环
	4. 糖原的分解与合成	(1) 糖原的分解　(2) 糖原的合成

二、重要知识点

(一) 糖的生理功能

1. 糖的生理功能

(1) 糖是动物体内的重要能源物质：糖是动物饲料的主要成分，是动物机体正常情况下的主要供能物质。

(2) 糖是动物体内的重要结构物质：例如参与生物膜的组成；糖在分解过程中形成的中间产物还可以作为合成蛋白质、脂肪、核酸等物质所需的含碳骨架。

(3) 糖是动物体内的重要功能物质：构成结缔组织基质的蛋白多糖具有保持组织间水

分、防止震动和维系细胞间黏合的作用;部分糖蛋白参与细胞间的信息传递作用,与细胞免疫和细胞识别作用有关;肝素有防止血液凝固的作用等。

2. 糖的来源和去路

(1) 来源　动物体内糖的来源主要是由消化道吸收和由非糖物质转化而来,饲料中的糖主要以多糖的形式存在。

非反刍动物:糖的主要来源是淀粉。

反刍动物:糖的主要来源依赖于糖异生作用。因其吸收的糖主要是饲料中的纤维素,不能被直接消化为葡萄糖,而是先在瘤胃中经微生物发酵。

(2) 去路　主要是分解供能、转变为糖原、转变为脂肪、糖分解过程中的中间物可以为氨基酸的合成提供碳骨架等。

3. 血糖

(1) 血糖主要是指血液中所含的葡萄糖。

(2) 正常动物在安静空腹状态下,血糖浓度比较恒定,保持在一定的范围内。血糖浓度也受进食的影响:进食数小时内血糖浓度升高,在饥饿时血糖含量会逐渐降低。血糖浓度的相对恒定,是保证细胞正常代谢、维持组织器官正常机能的重要条件之一。动物机体各组织细胞需要不断地从血液中摄取葡萄糖,以满足生理活动的需要。

(3) 血糖浓度相对恒定是其来源和去路相平衡的结果:

血糖的来源主要是:①肠道吸收后经门静脉进入血液;②肝糖原逐渐分解为葡萄糖进入血液,这是空腹时血糖的直接来源;③非糖物质如某些有机酸、丙酸、甘油、生糖氨基酸等通过肝的糖异生作用转变成葡萄糖或糖原,从而起到补充血糖的作用。

血糖的去路主要是:①在各种组织中分解供能;②在一些组织如肝、肌肉、肾中进行糖原合成;③转变为非糖物质如脂肪、各种有机酸、非必需氨基酸或其他糖。

(4) 血糖的调节　当动物血糖浓度偏高时,血中葡萄糖能够送往去路,而当血糖浓度偏低时又能取自来源,这是由于神经、激素和血中葡萄糖自身的调节作用,改变了各组织细胞的糖代谢反应速度,从而调节血糖浓度。调节血糖浓度的主要激素有胰岛素、肾上腺素、糖皮质激素等,除胰岛素可降低血糖外,其他激素均可使血糖升高。

(二) 葡萄糖的分解代谢

糖的分解代谢主要有三条途径:糖的无氧氧化、糖的有氧氧化、磷酸戊糖途径,但不仅仅限于这三条途径。

1. 糖酵解途径及其生理意义

(1) 定义　在无氧条件下,酶将葡萄糖降解成丙酮酸并伴随着 ATP 生成的一系列反应过程,称糖酵解途径(EMP 途径)。分为两个阶段:第一阶段是由葡萄糖分解成丙酮酸,第二阶段是丙酮酸转变成乙醇或乳酸的过程。

(2) 糖酵解的全部反应在胞液中进行。相关的酶都存在于胞液中,多数需要 Mg^{2+} 作为辅助因子。三个关键酶分别是:己糖激酶(或葡萄糖激酶),6-磷酸果糖激酶、丙酮酸激酶。

(3) 1mol 葡萄糖可酵解为 2mol 丙酮酸,净生成 2molATP。丙酮酸在无氧的条件下,由丙酮酸脱羧酶催化生成乙醇;由乳酸脱氢酶催化生成乳酸。

（4）生理意义

①可为动物机体迅速提供生理活动所需的能量，有效适应缺氧状况：由于糖酵解在有氧和无氧条件都能进行，因此对厌氧生物和供养不足的组织来说尤其重要。

②机体中少数组织，如成熟红细胞等，依旧通过糖酵解获得能量。

③在某些病理条件下依然提供能量，如贫血、循环障碍等。

④糖酵解过程中形成的中间产物是其他物质的原料。

⑤糖酵解途径是葡萄糖有氧氧化的必要准备阶段。

2. 有氧氧化途径及其生理意义

（1）定义　葡萄糖在有氧条件下彻底氧化成水和二氧化碳的反应过程称为糖的有氧氧化。有氧氧化是糖分解的主要方式，绝大多数细胞都通过该途径获得能量。

（2）糖的有氧分解与无氧分解有一段共同途径，即葡萄糖→丙酮酸。所不同的是在有氧情况下，丙酮酸在丙酮酸脱氢酶复合体的催化下，在线粒体中氧化脱羧生成乙酰 CoA，后者再经三羧酸循环氧化成水和二氧化碳。反应过程如下：

第一阶段是糖转变为丙酮酸，此阶段与糖的无氧分解途径基本相同，在细胞液中进行。

第二阶段是丙酮酸进入线粒体，氧化脱羧生成乙酰 CoA。

第三阶段是乙酰 CoA 进入三羧酸循环，再经氧化磷酸化，被彻底氧化生成水和二氧化碳。

（3）1mol 葡萄糖彻底氧化生成水和二氧化碳时，可净产生 30（32）mol ATP。

（4）在三羧酸循环（TCA 循环）阶段，从消耗 1 分子乙酰 CoA 与 1 分子草酰乙酸缩合成柠檬酸开始，到再生成草酰乙酸结束。循环一周，发生一次底物水平磷酸化（琥珀酰辅酶 A 变成琥珀酸），两次脱羧（生成 2 分子 CO_2），三个不可逆反应，三个关键酶（柠檬酸合酶、异柠檬酸脱氢酶和 α-酮戊二酸脱氢酶系）。

（5）生理意义

①糖的有氧分解是动物机体获得生理活动所需能量的主要来源。

②三羧酸循环是糖、脂肪、蛋白质彻底氧化分解的共同途径，也是各类有机物质相互转化的枢纽。如乙酰 CoA 是糖、脂肪（脂肪酸）、蛋白质（氨基酸）代谢的共同产物。

③糖的有氧分解过程中的中间产物为其他物质（脂类、蛋白质、核酸等）的合成提供了碳骨架。

④三羧酸循环中的有机酸以及由此转化成的其他有机酸，既是生物氧化基质，也是生长发育时期的积累物质。

3. 磷酸戊糖途径及其生理意义

（1）定义　磷酸戊糖途径是指机体某些组织（肝、脂肪组织等）以 6-磷酸葡萄糖为起始，代谢生成以磷酸戊糖为中间代谢产物的过程。

（2）反应在胞液中进行。反应途径分为 2 个阶段：第一阶段是氧化反应，不可逆；第二阶段是非氧化反应，均可逆。

（3）生理意义

①该途径是普遍存在于生物体内的糖代谢途径，是主流代谢的辅助通路和戊糖降解的途径。

②代谢中产生的大量 $NADPH^+$、H^+ 作为氢和电子供体，为细胞的各种合成反应提供

还原力。

③代谢中产生的各种产物，为机体内多种合成代谢提供原料，也为不同结构糖分子提供来源。

④磷酸戊糖途径非氧化阶段的中间产物与光合作用密切相关。

⑤磷酸戊糖途径是一条不依赖氧气的糖分解途径，在种子萌发、植物受伤等过程中作用重大，与糖的无氧分解和有氧分解是相互联系的。

(三) 糖异生作用

1. 定义　由非糖物质转变为葡萄糖和糖原的过程称为糖异生作用。糖异生的原料主要有氨基酸、乳酸、丙酸、丙酮酸以及三羧酸循环中各种羧酸以及甘油等（乙酰 CoA 除外）。肝是糖异生的最主要器官。

2. 糖异生的反应过程

(1) 糖异生作用并不能完全按照糖无氧分解的逆过程进行。糖无氧分解过程是一个放能过程，其中有 3 步反应自由能下降较多，是不可逆的。要完成这 3 个不可逆反应的逆向反应，就需要通过另外的催化过程克服这种能障才能实现。

(2) 3 个不可逆反应的逆方向反应在糖异生过程中分别由不同的酶催化，见表 4 - 4 - 1。

表 4 - 4 - 1　糖无氧分解和糖异生途径中关键酶的差异
（《动物生物化学》，邹思湘等，2012）

糖无氧分解	糖异生
己糖激酶	葡萄糖-6-磷酸酶
磷酸果糖激酶	果糖-1，6-二磷酸酶
丙酮酸激酶	丙酮酸羧化酶 磷酸烯醇式丙酮酸羧激酶

3. 糖异生的生理意义

(1) 由非糖物质合成糖以保持血糖浓度的相对恒定。

(2) 糖异生作用有利于乳酸的利用，防止发生由乳酸引起酸中毒，保证肝糖原生成。

(3) 通过糖异生作用可协助氨基酸代谢转变为糖。在禁食、营养低下的情况下，由于组织蛋白分解加强，血浆氨基酸增多，而使糖异生作用活跃。

4. 乳酸循环　动物在重役和剧烈运动时，肌肉中产生出大量乳酸。乳酸在肌肉组织中不能利用，可通过血液循环到达肝，经糖异生作用转变成糖原和葡萄糖，生成的葡萄糖又可进入血液，以补充血糖，这一过程称为乳酸循环（又称 Cori 循环）。

(四) 糖原的分解与合成

(1) 糖原是葡萄糖分子聚合而成的含有许多分支的大分子高聚物，呈聚集的颗粒状存在于肝和骨骼肌的细胞液中。糖原是动物细胞中一种极易被动员的能量贮存形式，对维持恒定的血糖水平和供给肌肉收缩所需的能量具有重要作用。

(2) 糖原中葡萄糖的连接形式有两种：一种以 α - 1，4 -糖苷键相连接；另一种在多糖分子的分支处，以 α-1,6-糖苷键的形式相连。

（3）糖原的分解　是指糖原分解为葡萄糖的过程。需要 4 种酶的作用：糖原磷酸化酶、糖原脱支酶、磷酸葡萄糖变位酶、葡萄糖-6-磷酸酶，关键酶是糖原磷酸化酶。

（4）糖原的合成　是葡萄糖的贮存过程，需要 5 种酶的催化：己糖激酶、磷酸葡萄糖变位酶、UDP-葡萄糖焦磷酸化酶、糖原合酶和糖原分支酶。

三、例题及解析

1. 糖的分解代谢为脂肪酸合成提供的原料之一是（　　）。

    A. NAD　　　　　　　　　　　B. 乙酰 CoA　　　　　　　　　　C. NAD^+

    D. FAD　　　　　　　　　　　　E. 乳酸

【解析】B。糖分解代谢为脂肪酸合成提供的原料有丙酮酸、乙酰 CoA 等。

2. 糖代谢中可产生还原性辅酶 $NADPH+H^+$ 的代谢途径是（　　）。

    A. 糖异生途径　　　　　　　　B. 磷酸戊糖途径　　　　　　　　C. 糖酵解

    D. 三羧酸循环　　　　　　　　E. 乳酸循环

【解析】B。磷酸戊糖途径主要产生还原性辅酶，不依赖氧气，也不产生能量。

3. 反刍动物体内糖异生的主要原料是

    A. 甘油　　　　　　　　　　　B. 丙酸　　　　　　　　　　　　C. 乳酸

    D. 丙酮　　　　　　　　　　　E. 丙酮酸

【解析】B。反刍动物胃中的细菌分解纤维素成为乙酸、丙酸、丁酸等奇数脂肪酸，可转变成为琥珀酰 CoA 参加糖异生途径合成葡萄糖。

4. 合成糖原所需的"活性葡萄糖"是（　　）。

    A. 葡萄糖-6-磷酸　　　　　　B. 葡萄糖-1-磷酸　　　　　　　C. UMP-葡萄糖

    D. UDP-葡萄糖　　　　　　　E. 葡萄糖酸

【解析】D。由葡萄糖-1-磷酸在 UDP-葡萄糖焦磷酸化酶的催化下与尿苷三磷酸（UTP）作用，生成尿苷二磷酸葡萄糖即 UDPG，形成的 UDPG 可看作是"活性葡萄糖"，在体内作为糖原合成的葡萄糖供体。

5. 三羧酸循环中可以通过转氨形成氨基酸的酮酸是（　　）。

    A. 延胡索酸　　　　　　　　　B. 柠檬酸　　　　　　　　　　　C. 苹果酸

    D. 异柠檬酸　　　　　　　　　E. 草酰乙酸

【解析】E。α-酮戊二酸和草酰乙酸可以氨基化转变为丙氨酸、谷氨酸和天冬氨酸。

6. 糖原分解的关键酶是（　　）。

    A. 磷酸酶　　　　　　　　　　B. 糖基转移酶　　　　　　　　　C. 磷酸化酶

    D. 葡萄糖苷酶　　　　　　　　E. 己糖激酶

【解析】C。糖原在糖原磷酸化酶的催化下进行磷酸解反应，从糖原分子的非还原性末端逐个移去，以 α-1,4-糖苷键相连的葡萄糖残基生成葡萄糖-1-磷酸，这是葡萄糖分解的主要产物。因此，糖原分解的关键酶是磷酸化酶。

7. 动物采食后血糖浓度（　　）。

    A. 维持恒定　　　　　　　　　B. 逐渐下降　　　　　　　　　　C. 先下降后上升

D. 先下降后恢复正常　　　　　E. 先上升后恢复正常

【解析】E。动物在采食后的消化吸收期间，肝糖原和肌糖原合成加强而分解减弱，氨基酸的糖异生作用减弱，脂肪组织加快将糖转变为脂肪，使血糖在暂时上升之后很快恢复正常。

8. 磷酸戊糖途径较为活跃的器官是(　　　)。

A. 快速跳动的心脏　　　　B. 剧烈运动的肌肉　　　　　C. 哺乳期的乳腺

D. 机体的表皮　　　　　E. 饥饿时的肝脏

【解析】C。磷酸戊糖途径中产生的还原辅酶（NADPH）是生物合成反应的重要供氢体，为合成脂肪、胆固醇、类固醇激素和脱氧核苷酸提供氢。因此，在脂类合成旺盛的脂肪组织、哺乳期乳腺、肾上腺皮质、睾丸等组织中磷酸戊糖途径比较活跃。

<<< 第五单元　生物氧化 >>>

一、考试大纲

单元	细目	要点
生物氧化	1. 生物氧化概念	(1) 生物氧化的酶类　　(2) 生物氧化中 CO_2 和水的生成
	2. 呼吸链	(1) 呼吸链的组成　　(2) NADH 呼吸链和 $FADH_2$ 呼吸链
	3. ATP 的生成	(1) 高能磷酸化合物和 ATP　　(2) 底物磷酸化作用　　(3) 氧化磷酸化作用　(4) ATP 生成量

二、重要知识点

(一) 生物氧化概念

1. 生物氧化的概念

(1) 生物氧化是指有机分子在体内彻底氧化分解为 CO_2 和水，并释放出能量的过程。生物氧化并不是某一物质单独的代谢途径，除营养物质外，也包括机体对药物与毒物的分解氧化的代谢过程。

(2) 反应部位　真核生物发生在线粒体内膜，原核生物发生在细胞膜上。

2. 生物氧化的酶类　氧化分解是在各种氧化酶的催化下进行的，按照其催化反应的特点，分为需氧脱氢酶、不需氧脱氢酶、氧化酶和加氧酶等。

3. 生物氧化中 CO_2 和水的生成

(1) 生物氧化中 CO_2 的生成　有机物在体内被氧化后首先转变为有机酸，有机酸再通过脱羧的方式生成 CO_2。

(2) 生物氧化中 H_2O 的生成　大致可分为两种方式：一种是直接由底物脱水，另一种是通过呼吸链生成。

①底物脱水：营养物质在代谢过程中直接从底物脱去水，这种情况只是少数。

②呼吸链生成水：生物氧化中大部分 H_2O 的生成方式。底物脱下的氢通过一系列递氢体和电子传递体的顺次传递，最终与氧结合生成水，并释放能量。

（二）呼吸链

1. 概念　呼吸链是指排列在线粒体内膜上的一个由多种脱氢酶以及氢和电子传递体组成的氧化还原系统。在生物氧化过程中，底物脱下的氢通过一系列递氢体和电子传递体的顺次传递，最终与氧结合生成水，并释放能量。

2. 组成　除了不需氧脱氢酶之外，还需要递氢体与电子传递体，主要有辅酶Ⅰ、黄素蛋白、铁硫蛋白、泛醌及细胞色素等。

①辅酶Ⅰ：又称 NAD（烟酰胺腺嘌呤二核苷酸），主要功能是：接受从代谢物上脱下的 2 个 H^+（$2H^+ + 2e$），传递给黄素蛋白。在哺乳动物体内存在氧化型（NAD^+）和还原型（NADH）两种状态，两种状态相互转化，实现传递功能。

②黄素蛋白：黄素蛋白种类很多，在呼吸链中主要参与电子转移，其作用依赖于辅基，其辅基有两种：FMN（黄素单核苷酸）和 FAD（黄素腺嘌呤二核苷酸）。两种辅基的异咯嗪部分可以进行可逆的脱氢反应。

③铁硫蛋白：Fe-S 复合物，也称铁硫中心，借助 Fe 化学价的变化（Fe^{2+}/Fe^{3+}）传递电子。在呼吸链中多与黄素蛋白或细胞色素 b 结合存在。

④泛醌：CoQ，非蛋白电子载体，有氧化还原（醌/酚）两种形式，通过两种形式的可逆变化起到传递氢的作用。它不只接受 NADH 脱氢酶的氢，还接受其他脱氢酶的氢，所以在电子传递链中处于中心地位，可自由运动。

⑤细胞色素：细胞色素是含铁卟啉辅基的电子传递蛋白，Fe 原子处于环中央，借助化学价的变化（Fe^{2+}/Fe^{3+}）传递电子。细胞色素有多种，不同的细胞色素对特定波长的可见光有不同的吸收。呼吸链中，按电子传递的顺序包括 Cyt_b，Cyt_{c1}，Cyt_c，Cyt_a，Cyt_{a3}，共同点是借助 Fe^{2+}/Fe^{3+} 的相互变化，完成电子从 CoQ 到 O_2 的传递。Cyt_a 和 Cyt_{a3} 不易分开，组成一个复合体 Cyt_{aa3}，可以直接将电子传递给 O_2，因此又称为细胞色素氧化酶。

3. NADH 呼吸链和 $FADH_2$ 呼吸链　分布在线粒体内膜上的脱氢酶、递氢体和电子传递体组成了四种复合物，见表 4-5-1。形成了两条既有联系又独立的呼吸链。

表 4-5-1　呼吸链复合体

（《动物生物化学》，邹思湘等，2012）

复合物	酶名称	亚基	辅基
Ⅰ	NADH-Q 还原酶	39	FMN, FeS
Ⅱ	琥珀酸-Q 还原酶	4	FAD, FeS, 铁卟啉
Ⅲ	Q-细胞色素 c 还原酶	10	铁卟啉, FeS
Ⅳ	细胞色素 c 氧化酶	13	铁卟啉, Cu^{2+}

（1）由复合物Ⅰ、Ⅲ、Ⅳ组合组成以 NADH 为首的传递链，称为 NADH 呼吸链或长呼吸链。

$$NADH \rightarrow 复合体Ⅰ \rightarrow 辅酶Q \rightarrow 复合体Ⅲ \rightarrow Cyt\ c \rightarrow 复合体Ⅳ \rightarrow O_2$$

（2）以复合物Ⅱ、Ⅲ、Ⅳ组合组成以琥珀酸脱氢酶为首的传递链，称为 $FADH_2$ 呼吸链或短呼吸链。

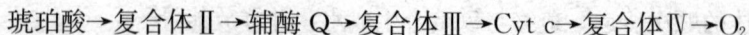

$$琥珀酸 \rightarrow 复合体Ⅱ \rightarrow 辅酶 Q \rightarrow 复合体Ⅲ \rightarrow Cyt\ c \rightarrow 复合体Ⅳ \rightarrow O_2$$

（3）电子传递链的抑制剂　能够阻断呼吸链中某一部位电子传递的物质。常见的抑制剂有鱼藤酮、安密妥、杀粉蝶菌素、抗霉素 A、氰化物、硫化氢、CO 等。

（三）ATP 的生成

1. 高能磷酸化合物和 ATP

（1）含有高能磷酸键的化合物，称为高能磷酸化合物。如 ATP、GTP、CTP、UTP 等。

（2）ATP 是自由能的直接供体，而不是贮存形式，称为"通用能量货币"。机体内 ATP 的生成有两种方式：底物磷酸化和氧化磷酸化。

2. 底物磷酸化　当有机物在代谢过程中产生高能磷酸基团或高能键后，能直接将高能磷酸基团或高能键转移给 ADP 生成 ATP 的方式。

底物磷酸化生成 ATP 不需要经过呼吸链的传递过程，也不需要消耗氧气，也不利用线粒体 ATP 酶的系统。因此，生成 ATP 的速度比较快，但是数量很少。在机体缺氧或无氧条件下，底物磷酸化是一种生成 ATP 的便捷方式。例如糖酵解途径中生成的 2 分子 ATP 就是以底物磷酸化的方式产生的。

3. 氧化磷酸化　机体内有机物在氧化分解的过程中，底物脱下的氢经过呼吸链的依次传递，最终与氧结合生成 H_2O，这个过程所释放的能量用于 ADP 的磷酸化反应（ADP＋Pi）生成 ATP，这样，底物的氧化作用与 ADP 的磷酸化作用通过能量相偶联。ATP 的这种生成方式称为氧化磷酸化。因此，氧化磷酸化是产生 ATP 的主要方式，多数情况下是在氧气充足的条件下进行的。

4. ATP 生成量　通过 NADH 呼吸链与氧化合生成水的同时，伴随有 2.5molATP 生成；通过 $FADH_2$ 呼吸链与氧化合生成水时，伴随有 1.5mol 的 ATP 生成。

三、例题及解析

1. NADH 呼吸链不包括（　　）。

　　A. 复合物Ⅰ　　　　　　　　B. 复合物Ⅳ　　　　　　　　C. 复合物Ⅲ

　　D. CoQ　　　　　　　　　　E. 复合物Ⅱ

【解析】E。NADH 呼吸链由复合物Ⅰ、Ⅲ、Ⅳ构成，琥珀酸呼吸链由复合物Ⅱ、Ⅲ、Ⅳ构成。CoQ 在两条呼吸链中均存在。

2. 底物脱下氢经由琥珀酸循环呼吸氧化，可以产生 ATP 的摩尔数是（　　）。

　　A. 3.5　　　　　　　　　　B. 1.5　　　　　　　　　　C. 2.5

　　D. 1　　　　　　　　　　　E. 3

【解析】B。$FADH_2$ 呼吸链中 1mol FADH，伴随 1.5molATP 生成。

3. 动物细胞获得 ATP 的主要方式是（　　）。

　　A. 氧化脱氨　　　　　　　　B. 氧化磷酸化　　　　　　　C. 氧化脱羧

D. 底物磷酸化　　　　　　E. 无氧氧化

【解析】B。ATP 的生成方式分为底物水平磷酸化（底物分子中的能量直接以高能键形式转移给 ADP 生成 ATP，此磷酸化过程在细胞质和线粒体中进行）和氧化磷酸化（氧化是底物脱氢或失电子的过程，磷酸化是指 ADP 与 Pi 合成 ATP 的过程，在结构完整的线粒体中氧化与磷酸化这两个过程是紧密地偶联在一起的，即氧化释放的能量用于 ATP 合成，这个过程就是氧化磷酸化）。机体代谢过程中能量的主要来源是线粒体，既有氧化磷酸化，也有底物水平磷酸化，以前者为主要来源。

4. 真核细胞生物氧化的主要场所是(　　)。

　　A. 核糖体　　　　　　　B. 线粒体　　　　　　　C. 溶酶体

　　D. 高尔基复合体　　　　E. 过氧化物酶体

【解析】B。真核细胞的生物氧化发生在线粒体中；原核细胞的生物氧化在细胞膜上。

5. 生物体内被称之为"通用能量货币"的物质是(　　)。

　　A. ADP　　　　　　　　B. ATP　　　　　　　　C. GTP

　　D. CTP　　　　　　　　E. UTP

【解析】B。ATP、GTP、CTP、UTP 都是能量载体，但是生物体中以 ATP 为主。

<<< 第六单元　脂类代谢 >>>

一、考试大纲

单元	细目	要点
脂类代谢	1. 脂类及其生理功能	(1) 脂类的分类　(2) 脂类的生理功能
	2. 脂肪的分解代谢	(1) 脂肪的动员　(2) 甘油的分解代谢　(3) 长链脂肪酸的β-氧化过程　(4) 酮体的生成及意义　(5) 酮体的利用与酮病　(6) 丙酸的代谢
	3. 脂肪合成	(1) 脂肪酸的合成　(2) 3-磷酸甘油的合成　(3) 三酰甘油（甘油三酯）的合成
	4. 类脂的代谢	(1) 磷脂的代谢　(2) 胆固醇的合成代谢及转变
	5. 血脂	(1) 血脂及其运输方式　(2) 血浆脂蛋白的分类与功能

二、重要知识点

（一）脂类及其生理功能

1. 脂类的分类　脂类是脂肪和类脂的总称，是一类不溶或微溶于水而易溶于有机溶剂的生物分子。脂类包含的物质范围广，结构差异大，因此有不同的分类方法。

（1）根据化学结构和组成，分为单纯脂类、复合脂类、衍生脂类。

①单纯脂类：脂肪酸与醇形成的酯，包括油、蜡等。

②复合脂类：除脂肪酸和醇之外，还含有其他非脂性物质如糖、磷酸等。包括磷脂、糖脂等。

③衍生脂类：由单纯脂和复合脂衍生而来或者结构相似，并同时具有脂类的一般性质的物质，如固醇类、脂蛋白、脂多糖等。

（2）根据脂类在动物体内的分布，又可将其分为贮存脂和组织脂。

①贮存脂：分布在动物皮下结缔组织、大网膜、肠系膜、肾周围等组织中，含量随机体营养状况变动。

②组织脂：分布于动物体所有的细胞中，是构成细胞的膜系统的成分，含量稳定，不受营养等条件的影响。

（3）根据在水界面上的行为不同，分为极性脂类、非极性脂类。

（4）根据能否形成皂盐，分为皂化脂类、非皂化脂类。

2. 脂类的生理功能

（1）贮存能量和氧化供能。

（2）保护机体组织，维持正常体温。

（3）类脂是构成生物膜的必要成分。胆固醇可以衍射出性激素、维生素 D_3 和胆汁酸；磷脂的中间产物肌醇三磷酸可以作为信号分子参与代谢调节。

（4）供给不饱和脂肪酸（如亚油酸、亚麻酸、花生四烯酸是必需脂肪酸）。

（二）脂肪的分解代谢

1. 脂肪的动员

（1）脂肪是动物体内的重要贮能物质　当机体需要时，贮存在脂肪细胞中的脂肪，被脂肪酶逐步水解为游离脂肪酸和甘油并释放入血液，被其他组织氧化利用，这一过程称为脂肪的动员。

（2）脂肪动员的关键酶　脂肪酶，是脂肪分解的限速酶，对激素敏感，其活性受到肾上腺素、去甲肾上腺素和胰高血糖素的调控。在禁食、饥饿或交感神经兴奋时，这三种激素的分泌增加并使它激活，促进脂肪动员。

（3）动员的产物　一个甘油和三个脂肪酸。

2. 甘油的分解代谢　甘油在组织细胞的氧化利用需要先在甘油激酶的作用下转变成 α-磷酸甘油，后者脱氢后生成磷酸二羟丙酮，然后循 EMP 途径及 TCA 途径氧化成 CO_2 和水，提供大量能量，或者经糖异生途径生成葡萄糖。

3. 长链脂肪酸的 β-氧化过程

（1）脂肪酸的氧化分解可以在动物体内各种组织细胞中进行，是细胞获得能量供应的重要来源之一。

（2）脂肪酸在一系列酶的催化下，从羧基端的 β 位碳原子发生氧化，碳链在 α-碳原子与 β-碳原子间断裂，每次降解生成一个乙酰 CoA 和比原来少两个碳原子的脂酰 CoA，如此循环往复。此过程称为脂肪酸的 β-氧化。

①脂肪酸的 β-氧化主要发生在肝脏线粒体中。

②脂肪酸的活化：脂肪酸在氧化分解之前，必须在胞液中活化为脂酰 CoA，反应过程由脂酰 CoA 合成酶催化，需要 ATP、Mg^{2+} 和 CoA 的参与，在线粒体外进行。每活化 1 分

子脂肪酸，需要消耗 2 分子 ATP，脂肪酸被活化为脂酰 CoA。

③脂酰 CoA 的转运：借助脂酰肉碱转移系统，以肉碱作为运输载体，将脂酰 CoA 从胞液转移至线粒体内。

④β-氧化（脂酰 CoA 的氧化）过程包括四个步骤：脱氢、水化、再脱氢、硫解。在线粒体基质中进行，生成 1mol 的乙酰 CoA 和比原来少了 2 个碳原子的脂酰 CoA。如此反复进行，对一个偶数碳原子的饱和脂肪酸而言，经过 β-氧化，最终全部分解为乙酰 CoA，进入三羧酸循环进一步氧化分解。对一个奇数碳原子的饱和脂肪酸而言，经过 β-氧化，除了生成乙酰 CoA，还生成 1mol 的丙酰 CoA。

4. 酮体的生成及意义

（1）在正常情况下，脂肪酸在心肌、肾脏、骨骼肌等组织中能彻底氧化生成 CO_2 和 H_2O。但在肝细胞中的氧化则不很完全，经常出现一些脂肪酸氧化的中间产物，即乙酰乙酸、β-羟丁酸和丙酮，统称为酮体。

（2）酮体包括 乙酰乙酸、β-羟丁酸和丙酮 3 种小分子。产生的场所：肝细胞线粒体。原料：乙酰 CoA。关键酶：HMG - CoA 合成酶。

（3）酮体生成的意义 酮体是脂肪酸在肝脏中氧化分解时产生的正常中间代谢物，是肝脏输出能源的一种形式。动物机体可以优先利用酮体以节约葡萄糖，从而满足如大脑等组织对葡萄糖的需要。酮体溶于水，分子小，能通过肌肉毛细血管壁和血脑屏障，因此可以成为适合于肌肉和脑组织利用的能源物质。

5. 酮体的利用与酮病

（1）酮体的利用 当酮体随着血液流到肝外组织（包括心肌、骨骼肌及大脑等）时，这些组织中有活性很强的利用酮体的酶，能够氧化酮体供能。

（2）酮体代谢的特点 肝中生成，肝外利用。

（3）酮病 在正常情况下，肝脏中产生酮体的速度和肝外组织分解酮体的速度处于动态平衡中，因此血液中酮体含量很少。若肝中产生的酮体多于肝外组织的消耗量，使其在体内积存，便会引起酮病。由于酮体主要成分是酸性的物质，其大量积存的结果常导致动物酸碱平衡失调，引起酸中毒。

（4）酮病的基本机制—糖与脂类代谢的紊乱。

①持续的低血糖（饥饿或废食）导致脂肪大量动员。

②由于泌乳和胎儿生长的需要，体内对葡萄糖的需要急剧增加，也容易造成缺糖，引起酮病。

6. 丙酸的代谢

（1）在动物体内的脂肪酸，绝大多数都是含有偶数碳原子的，最终产物使乙酰 CoA；但含有奇数碳原子的脂肪酸的最终产物除了乙酰 CoA，还含有 1 分子的丙酰 CoA。丙酰 CoA 不再进行 β-氧化，而是被羧化生成甲基丙二酸单酰 CoA，继续进行代谢。另外，游离的丙酸在硫激酶的催化下，与 CoA 作用也能生成丙酰 CoA，此过程消耗 ATP，需要生物素。

（2）丙酸代谢对于反刍动物是非常重要的。反刍动物体内的葡萄糖，约有 50% 来自丙酸的异生作用，丙酸代谢中还需要维生素 B_{12}，因此反刍动物对这种维生素的需要量比其他动物大，不过瘤胃中的微生物能够合成并提供足量的维生素 B_{12}。

（三）脂肪的合成

1. 脂肪酸的合成

（1）合成的场所　机体内的许多组织都有合成脂肪酸的酶系，其中合成速度最快的是肝脏、脂肪组织和小肠黏膜上皮。脂肪酸的合成主要在胞液中进行。

（2）合成原料　主要是乙酰 CoA，因此，凡能生成乙酰 CoA 的物质都是脂肪酸合成的碳源。

（3）合成的过程　所需酶：脂肪酸合成酶复合体。所需载体蛋白：ACP（脂酰载体蛋白，参与脂酰基的转移）。所需的 $NADPH+H^+$：来自磷酸戊糖途径和柠檬酸-丙酮酸循环。

2. 3-磷酸甘油的合成　主要来自糖酵解中间产物磷酸二羟丙酮的还原。肝细胞中的甘油也可以在甘油磷酸激酶的催化下活化成 3-磷酸甘油。

3. 三酰甘油（甘油三酯）的合成　脂肪由甘油和脂肪酸经酶促反应而合成，但二者不能直接合成脂肪，必须转变为活化形式的磷酸甘油和脂酰 CoA 后才能和合成脂肪。

（1）合成原料　3-磷酸甘油、脂酰 CoA。

（2）合成过程　肝脏中，在转酰基酶作用下，3-磷酸甘油依次加上 2mol 脂酰 CoA 转变成磷脂酸（即二酯酰甘油磷酸），后者在磷脂酸磷酸酶作用下，水解脱去磷酸生成 1，2-甘油二酯，然后在转酰基酶催化下，再加上 1mol 脂酰基即生成甘油三酯。

（四）类脂的代谢

1. 磷脂的代谢

（1）含磷酸的类脂称为磷脂。动物体内有甘油磷脂和鞘磷脂两类。其中以甘油磷脂为多，如卵磷脂、脑磷脂、丝氨酸磷脂和肌醇磷脂等。

（2）磷脂的降解　机体内存在多种水解磷脂的酶类，如磷脂酶 A1. A2. C. D、甘油磷酸酶等。在酶的作用下，磷脂被分解成脂肪酸、甘油、磷酸、胆碱或组胺。这些产物按照不同的途径进一步分解或转化。

（3）磷脂的合成

①合成部位：内质网。

②合成原料：脂肪酸、甘油、磷酸盐、胆碱、丝氨酸、肌醇等。

③辅因子：ATP、CTP、磷酸吡哆醛、NADPH、FAD 等。

2. 胆固醇的合成代谢及转变

（1）胆固醇是动物机体中最重要的一种以环戊烷多氢菲为母核的固醇类化合物。既是细胞膜的重要组分，又是动物合成胆汁酸、类固醇激素和维生素 D_3 等生理活性物质的前体。

（2）胆固醇的合成

①场所：主要在肝中合成，但几乎所有组织都可以合成胆固醇。

②原料：乙酰 CoA。同时还需要 ATP、NADPH。

③关键酶：HMGCoA 还原酶。

④过程：较复杂，分为三个阶段，前两个阶段发生在胞液，第三阶段在内质网。

（3）胆固醇的生物转变　胆固醇在体内不能彻底氧化分解成 CO_2 和 H_2O，也不能提供能量，除构成生物膜和血浆脂蛋白外，主要去路是转化成各种活性物质。

①转化为胆酸及其衍生物：如胆汁酸、胆盐。

②转化为类固醇激素：如糖皮质激素及性激素。

③转化为维生素 D：在动物皮下转变为维生素 D_3。在植物中经紫外线照射转变为维生素 D_2。

（五）血脂

1. 血脂及其运输方式

（1）血脂是指血浆中所含的脂质，包括甘油三酯、磷脂、胆固醇及其酯和游离脂肪酸。

（2）由于脂类不溶于水，因此不能以游离的形式运输，除了游离脂肪酸是和血浆清蛋白结合形成可溶性复合体运输以外，其余的都是以血浆脂蛋白的形式运输。

2. 血浆脂蛋白的分类与功能

（1）血浆脂蛋白由不同的载脂蛋白和脂类结合而成，主要有载脂蛋白、甘油三酯、磷脂、胆固醇及其酯等成分。不同种类的血浆脂蛋白具有大致相似的球状结构。

（2）血浆脂蛋白根据其密度由小至大分为：

乳糜微粒（CM）：运输外源（来自肠道吸收的）脂类，激活脂蛋白脂肪酶。

极低密度脂蛋白（VLDL）：转运肝内合成的脂肪到肝外组织去贮存或利用，参与低密度脂蛋白的合成。

低密度脂蛋白（LDL）：转运胆固醇总量的 70%，是胆固醇转运和进入细胞的主要形式。

高密度脂蛋白（HDL）：机体胆固醇的"清扫机"，把外周组织中衰老细胞膜上的以及血浆中的胆固醇逆向运至肝脏代谢。

三、例题及解析

1. 酮体生成过多主要见于（　　　）。

   A. 脂肪酸摄入过多　　　　　　　　B. 肝内脂肪代谢紊乱

   C. 糖供应不足或利用障碍　　　　　D. 肝脏功能低下

   E. 脂肪运输障碍

【解析】C。动物体内糖供应不足时会动员肝内脂肪代谢，产生酮体。

2. 脂肪酸合成过程中酰基的载体是（　　　）。

   A. ACP　　　　　　　　　B. CoA　　　　　　　　　C. 肉碱

   D. FH4　　　　　　　　　E. 生物素

【解析】A。合成脂肪酸时，酶反应生成的各种中间物保持与脂酰基载体蛋白 ACP 相连，以保证合成过程的定向进行。

3. 脂肪酸分解过程中酰基的载体是（　　　）。

   A. ACP　　　　　　　　　B. CoA　　　　　　　　　C. 肉碱

   D. FH4　　　　　　　　　E. 生物素

【解析】B。脂肪酸分解时，首先利用 CoA 对脂肪酸进行活化，这种活化的本质正是以 CoA 作为载体使脂肪酸获得能量以进行后续的分解。

4. 脂酰 CoA 从细胞质转移到线粒体的载体是（　　）。

  A. ACP   B. CoA   C. 肉碱

  D. FH4   E. 生物素

【解析】C。脂酰 CoA 活化是在细胞液中完成的，但必须进入线粒体才能进行氧化分解，因此必须借助肉碱这种小分子的脂酰基载体来实现转移。

5. 脂酰 CoA 从胞液转运进入线粒体，需要的载体是（　　）。

  A. 肉碱   B. 苹果酸   C. 柠檬酸

  D. 甘油-3-磷酸   E. a-酮戊二酸

【解析】A。脂酰 CoA 从胞液转运进入线粒体，需要酯酰肉碱的转移。

6. 通过"逆向转运"，将胆固醇运回肝脏进行代谢的是（　　）。

  A. 乳糜微粒   B. 高密度脂蛋白   C. 极低密度脂蛋白

  D. 低密度脂蛋白   E. 脂肪酸清蛋白复合物

【解析】B。高密度脂蛋白主要在肝脏和小肠内合成，通过胆固醇的逆向转运，把外周组织中衰老细胞膜上的以及血浆中的胆固醇运回肝脏代谢。A 项，乳糜微粒运输外源（来自肠道吸收的）三酰甘油和胆固醇酰。C 项，极低密度脂蛋白的功能与乳糜微粒相似，其不同之处是把内源的，即肝内合成的三酰甘油、磷脂、胆固醇与载脂蛋白结合形成脂蛋白，运到肝外组织去贮存或利用。D 项，低密度脂蛋白是由 VLDL 在血液中的代谢残余物形成的，富含胆固醇酰，是向组织转运肝脏合成的内源胆固醇的主要形式。

7. 血液中转运内源性甘油三酯的脂蛋白是（　　）。

  A. 乳糜微粒   B. 极低密度脂蛋白   C. 低密度脂蛋白

  D. 高密度脂蛋白   E. 游离脂肪酸结合蛋白

【解析】B。极低密度脂蛋白（VLDL）能把内源的，即肝内合成的三酰甘油、磷脂、胆固醇与载脂蛋白结合形成脂蛋白，运到肝外组织去贮存或利用。

8. 动物自身不能合成，必须从饲料中摄取的脂肪酸是（　　）。

  A. 油酸   B. 软脂酸   C. 硬脂酸

  D. 亚油酸   E. 丙酸

【解析】D。亚油酸、亚麻酸、花生四烯酸等多不饱和脂肪酸在动物体内不能合成，又具有重要的生理功能，必须从饲料中摄取，这类多不饱和脂肪酸称为必需脂肪酸。

9. 影响动物脂肪动员的关键酶是（　　）。

  A. 激素敏感脂肪酶   B. 脂蛋白脂肪酶   C. 磷酸甘油激酶

  D. 转脂酰基酶   E. 磷脂酶

【解析】A。脂肪动员是指在激素敏感脂肪酶的作用下，脂肪被水解为游离脂肪酸和甘油并被释放入血液，被其他组织氧化利用的过程。故影响动物脂肪动员的关键酶是激素敏感脂肪酶。

<<< 第七单元 含氮小分子的代谢 >>>

一、考试大纲

单元	细目	要点
含氮小分子的代谢	1. 动物体内氨基酸的来源与去路	(1) 氨基酸的来源 (2) 氨基酸的主要代谢去路
	2. 氨基酸的一般分解代谢	(1) 脱氨基作用 (2) 脱羧基作用 (3) α-酮酸的代谢
	3. 氨的代谢	(1) 氨的来源与去路 (2) 氨的转运 (3) 尿素的合成——尿素循环及其意义 (4) 尿酸
	4. 非必需氨基酸的合成与个别氨基酸的代谢	(1) 非必需氨基酸的合成 (2) 个别氨基酸的代谢转变
	5. 核苷酸代谢	(1) 嘌呤核苷酸和嘧啶核苷酸的合成 (2) 嘌呤核苷酸和嘧啶核苷酸的分解

二、重要知识点

（一）动物体内氨基酸的来源与去路

1. 氨基酸的来源 畜禽体内的氨基酸有两个来源：一是饲料蛋白质在消化道中被蛋白酶水解后吸收的，称外源氨基酸；二是体内蛋白被组织蛋白酶水解产生的和由其他物质合成的，称内源氨基酸。两者混在一起，分布于体内各处，参与代谢，共同组成了氨基酸代谢库。

2. 氨基酸的主要代谢去路 氨基酸随血液运至全身各组织中进行代谢。主要代谢如下：

（1）合成蛋白质和多肽。

（2）转变成嘌呤、嘧啶、卟啉和儿茶酚胺类激素等多种含氮活性物质。

（3）分解供能。

（二）氨基酸的一般分解代谢

氨基酸都有 α-氨基和 α-羧基，故有共同的氨基酸的一般分解代谢：脱氨基作用及脱羧基作用。

1. 脱氨基作用 在酶的催化下，氨基酸脱去氨基的作用，称为脱氨基作用。脱氨基作用是机体氨基酸分解代谢的主要途径。动物的脱氨基作用主要在肝和肾中进行，其主要方式有氧化脱氨基作用、转氨基作用和联合脱氨基作用等。大多数氨基酸以联合脱氨基作用脱去氨基。

（1）氧化脱氨 氨基酸在酶的作用下，先脱氢形成亚氨基酸，进而与水作用生成 α-酮酸和氨的过程。主要的酶有 L-谷氨酸脱氢酶，该酶不需氧，其辅酶是 NAD^+ 或 $NADP^+$，活性较强，但专一性也很强，只能催化 L-谷氨酸的氧化脱氨基作用。所以，单靠此酶是不能使体内大多数氨基酸发生脱氨基作用的。

（2）转氨　在氨基转移酶的催化下，某一种氨基酸的 α-氨基转移到另一种 α-酮酸的酮基上，生成相应的氨基酸和 α-酮酸的过程。转氨酶的种类很多，但辅酶只有磷酸吡哆醛。主要的转氨酶有谷草转氨酶（GOT）和谷丙转氨酶（GPT）。肝受损时血清中 GPT 活性显著升高；心脏受损时血清中 GOT 活性明显上升。

（3）联合脱氨　转氨基作用和氧化脱氨基作用偶联进行的反应称为联合脱氨基作用，是体内氨基酸脱氨的主要方式。主要在肝、肾等组织中进行。

2. 脱羧基作用　氨基酸在脱羧酶催化下，脱去羧基产生 CO_2 和相应的胺的过程称为氨基酸的脱羧基作用。是氨基酸分解代谢的次要途径。所需酶：脱羧酶（辅酶是磷酸吡哆醛）；产物：CO_2 和相应的胺。绝大多数胺类的蓄积对机体是有毒的：

（1）谷氨酸脱羧生成的 γ-氨基丁酸是一种抑制性神经递质，对中枢神经元有普遍性抑制作用。

（2）组氨酸脱羧生成的组胺是一种血管舒张剂，能增加毛细血管的通透性，可引起血压下降和局部水肿。

（3）色氨酸脱羧生成的 5-羟色胺在神经组织中可使大部分交感神经的节前神经元兴奋，而使副交感神经的节前神经元抑制。

3. α-酮酸的代谢　氨基酸经脱氨基作用之后，大部分生成相应的 α-酮酸。这些 α-酮酸代谢途径虽然各不相同，但都有以下三种去路：

（1）生成非必需氨基酸　由于转氨基作用和联合脱氨基作用都是可逆的过程，因此所有的 α-酮酸也都可以通过脱氨基作用的逆反应而氨基化，生成其相应的氨基酸。这也是动物体内非必需氨基酸的主要生成方式。

（2）转变为糖和脂类　α-酮酸可以转变成糖和脂类。可以转变成葡萄糖的氨基酸称为生糖氨基酸；能转变成酮体的称为生酮氨基酸；二者兼有称为生糖生酮氨基酸。在 20 种氨基酸中，纯粹只生酮的氨基酸是亮氨酸；同时能生糖生酮的氨基酸有赖氨酸、色氨酸、苯丙氨酸、酪氨酸和异亮氨酸；其余均为生糖氨基酸。

（3）氧化供能　氨基酸脱氨基后产生的 α-酮酸是氨基酸分解供能的主要部分。有的可以直接生成乙酰 CoA，有的经丙酮酸后再形成乙酰 CoA，有的则是三羧酸循环的中间产物。因此，都能通过三羧酸循环最终彻底氧化分解成 CO_2 和水，同时释放能量供生理活动需要。

（三）氨的代谢

1. 氨的来源与去路

（1）来源　畜禽体内氨的主要来源是氨基酸的脱氨基作用，胺类、嘌呤和嘧啶的分解也能产生少量氨，另外还有从消化道吸收的一些氨。

（2）去路

①形成合成蛋白质所需的氨基酸，是体内运输和贮存氨的方式。

②参与嘌呤、嘧啶等含氮化合物的合成。

③直接排出或通过转变成尿酸、尿素排出体外：直接排氨：包括许多水生动物，排泄时需要少量的水；排尿素：包括绝大多数陆生脊椎动物；排尿酸，包括鸟类和陆生爬行动物。

2. 氨的转运 过量的氨对机体是有毒的。氨的解毒部位主要在肝脏，体内各组织中产生的氨需要被运输到肝脏进行解毒。主要有两种转运方式：

（1）谷氨酰胺转运作用 氨与谷氨酸在酶的催化下生成谷氨酰胺，并由血液送到肝和肾，再水解成谷氨酸和氨。谷氨酰胺是中性无毒物质，易通过细胞膜，是体内迅速解除氨毒的一种方式，也是氨的储藏及运输形式。有些组织如大脑等所产生的氨，首先是形成谷氨酰胺以解毒，然后随血液运至其他组织中进一步代谢。

（2）丙氨酸-葡萄糖循环 丙氨酸和葡萄糖反复地在肌肉和肝脏之间进行氨的转运，称之为丙氨酸-葡萄糖循环。通过这个循环一方面使肌肉中的氨以无毒的丙氨酸形式运输到肝脏，另一方面肝脏又为肌肉提供了生成丙酮酸的葡萄糖。

3. 尿素的合成——尿素循环及其意义

（1）在哺乳动物体内氨的主要去路是合成尿素排出体外。合成的主要器官：肝脏。氨转变为尿素是一个循环反应过程，又称尿素循环。反应总结：

场所：细胞液和线粒体。

产物：精氨酸水解产生尿素和鸟氨酸。

能耗：每生成 1mol 尿素，需水解 3mol ATP 中的 4 个高能磷酸键。可以清除 2mol 氨和 1mol CO_2。

特点：通过反应中生成的延胡索酸与三羧酸循环相连。

（2）尿素循环的意义 ①解除了氨毒。②清除了多余 CO_2，避免了酸中毒。

4. 尿酸 家禽体内的氨不能合成尿素，而是合成尿酸排出体外。其过程是：氨-嘌呤-尿酸-尿酸盐形式排出体外。

（四）非必需氨基酸的合成与个别氨基酸的代谢

1. 非必需氨基酸的合成 动物体内合成非必需氨基酸可以通过以下 2 种方式：

（1）α-酮酸氨基化 糖代谢生成的 α-酮酸，可以经过转氨或联合脱氨基作用的逆过程合成氨基酸。

（2）氨基酸之间转变生成。

2. 个别氨基酸的代谢转变 在机体内，氨基酸除了一般代谢途径外，还有其他特殊的代谢途径：

（1）提供一碳基团 某些氨基酸在分解代谢过程中产生含有一个碳原子的基团（不包括 CO_2）。如色氨酸、甘氨酸、丝氨酸、组氨酸和甲硫氨酸等。

（2）色氨酸是动物体内合成少量维生素 B_5 的原料。

（3）苯丙氨酸、酪氨酸等芳香族氨基酸是多巴胺、去甲肾上腺素和肾上腺素、甲状腺等激素前体。

（4）甘氨酸、精氨酸和甲硫氨酸参与肌酸、肌酐等生物合成。

（5）半胱氨酸、甘氨酸和谷氨酸通过 γ-谷氨酰基循环合成谷胱甘肽。

（五）核苷酸代谢

核苷酸是动物体内一类重要的含氮小分子，在代谢上极为重要，几乎参与了细胞的所有生化过程，具有多种生物学功能。根据组成碱基的不同，核苷酸分为嘌呤核苷酸和嘧啶核苷酸。

1. 嘌呤核苷酸和嘧啶核苷酸的合成　畜禽可以通过饲料获得核苷酸,但机体却很少直接利用这些核苷酸,而主要是利用氨基酸等作为原料在体内从头合成,其次是利用体内的游离碱基或核苷进行补救合成。

(1) 嘌呤核苷酸的从头合成

①合成原料:在磷酸核糖的基础上,以天冬氨酸、甘氨酸、一碳单位及 CO_2 等小分子物质为原料,经过一系列酶促反应合成。

②合成场所:主要在肝脏的胞液中进行,其次是在小肠黏膜及胸腺。

③合成途径:5′-磷酸核糖—IMP—AMP/GMP—ATP/GTP。

(2) 嘌呤核苷酸的补救合成　核酸在机体内分解代谢产生的自由嘌呤和嘌呤核苷可以被动物细胞利用合成嘌呤核苷酸,称为补救合成途径。其生理意义有两方面:

①比从头合成节省能量和氨基酸原料。

②对于脑、骨髓等缺乏从头合成嘌呤核苷酸酶的组织而言,是一种重要的补救措施。

(3) 嘧啶核苷酸的从头合成。

①合成原料:谷氨酰胺、CO_2 和天冬氨酸。

②合成场所:主要在肝细胞的胞液中进行。

③合成途径:嘧啶环—乳清酸核苷酸—UMP—其他嘧啶核苷酸。

(4) 嘧啶核苷酸的补救合成　尿嘧啶在不同的酶的催化下生成 UMP,再进一步合成UTP。胞嘧啶需要由鸟苷激酶催化胞苷磷酸化生成 CMP,再进一步合成 CTP。

(5) 脱氧核糖核苷酸的合成

①脱氧核糖核苷酸的合成,主要是由二磷酸核苷还原生成。

②脱氧胸腺嘧啶核苷酸不能由二磷酸胸腺嘧啶核糖核苷还原生成,它只能由脱氧尿嘧啶核糖核苷酸(dUMP)甲基化产生。

2. 嘌呤核苷酸和嘧啶核苷酸的分解

(1) 嘌呤核苷酸的分解

①场所:主要在肝脏、小肠及肾中进行。

②产物:次黄嘌呤核苷酸或次黄嘌呤核苷,进一步分解成次黄嘌呤。

③嘌呤在不同种类动物中代谢的最终产物不同:在人、灵长类、鸟类、爬行类及大部分昆虫中,终产物是尿酸;在其他哺乳动物则是尿囊素;某些硬骨鱼类排出尿囊酸;两栖类和大多数鱼类可将尿囊酸再进一步分解成乙醛酸和尿素;在某些海生无脊椎动物中可以把尿素再分解为氨和 CO_2。

(2) 嘧啶核苷酸的分解　①主要在肝中进行;②胞嘧啶和尿嘧啶生成的是 β-丙氨酸、氨和二氧化碳;而胸腺嘧啶生成的则是 β-氨基异丁酸、氨和二氧化碳。

三、例题及解析

1. 通过脱羧基作用形成 γ-氨基丁酸的氨基酸是(　　　)。

　　A. 脯氨酸　　　　　　　B. 谷氨酸　　　　　　　C. 丙氨酸

　　D. 天冬氨酸　　　　　　E. 赖氨酸

【解析】B。通过脱羧基作用形成 γ-氨基丁酸的氨基酸是谷氨酸。

2. 尿素合成的循环是（　　）。

    A. 三羧酸循环 　　　　　　　B. 鸟氨酸循环 　　　　　　　C. 柠檬酸-丙酮酸循环

    D. 乳酸循环 　　　　　　　　E. 丙氨酸-葡萄糖循环

【解析】B。尿素循环又名鸟氨酸循环。

3. 对大脑有毒性，浓度升高时可引起所谓"肝昏迷"的是（　　）。

    A. α-酮戊二酸 　　　　　　　B. 酮体 　　　　　　　　　　C. 丙酮酸

    D. 氨 　　　　　　　　　　　E. 谷氨酰胺

【解析】D。氨进入血液形成血氨，可以通过脱氨基过程的逆反应与 α-酮酸再形成氨基酸，还可以参与嘌呤、嘧啶等重要的含氮化合物的合成。氨在体内具有毒性，血液中过多的氨会引起动物中毒，导致肝性脑病（肝昏迷）。

4. 酮酸在经由氨基化转变成相应的氨基酸的过程中提供了（　　）。

    A. 羟基 　　　　　　　　　　B. 能量 　　　　　　　　　　C. 碳架

    D. 氨基 　　　　　　　　　　E. 氢原子

【解析】C。在大多数情况下，氨基酸分解时首先脱去氨基生成氨和 α-酮酸。氨可转变成尿素、尿酸等排出体外，而 α-酮酸则可以作为碳架再转变为氨基酸，或彻底分解为 CO_2 和 H_2O 并释放出能量，或转变为糖或脂肪作为能量的储备。

5. 尿酸作为代谢终产物的动物是（　　）。

    A. 鸡 　　　　　　　　　　　B. 猪 　　　　　　　　　　　C. 牛

    D. 羊 　　　　　　　　　　　E. 犬

【解析】A。氨在禽类体内可以合成谷氨酰胺，以及用于其他一些氨基酸和含氮分子的合成，但不能合成尿素，而是把体内大部分的氨合成尿酸排出体外。A 项，鸡属于禽类，因此以尿酸作为代谢终产物的动物是鸡。

6. 参与联合脱氨基作用的酶是（　　）。

    A. L-谷氨酸脱氨酶 　　　　　B. L-氨基酸氧化酶 　　　　　C. 谷氨酰胺酶

    D. 氨甲酰基转移酶 　　　　　E. 氨甲酰磷酸合成酶

【解析】A。联合脱氨基作用是指通过转氨基作用和氧化脱氨基作用两种方式联合起来脱去氨基的作用方式。如各种氨基酸先与 α-酮戊二酸进行转氨基反应，生成相应的 α-酮酸和 L-谷氨酸；L-谷氨酸再经 L-谷氨酸脱氢酶，进行氧化脱氨基作用，生成氨和 α-酮戊二酸。

<<<第八单元　物质代谢的相互联系和调节>>>

一、考试大纲

单元	细目	要点
物质代谢的相互联系和调节	1. 物质代谢的相互联系	（1）糖代谢与脂代谢的联系　（2）糖代谢与氨基酸代谢的联系　（3）脂代谢与氨基酸代谢的联系　（4）核苷酸在物质代谢中的作用

（续）

单元	细目	要点
物质代谢的相互联系和调节	2. 细胞调节代谢的信号传导方式	（1）信号分子、受体与信号传导分子　（2）与膜受体相联系的细胞信号通路　（3）与胞内受体相联系的细胞信号通路

二、重要知识点

（一）物质代谢的相互联系

机体中各种物质的代谢途径不是孤立和分隔的，而是互相联系、高度协调的。其中三羧酸循环处于中心的位置，不仅是各种物质分解代谢的共同归宿，也是它们之间相互联系和转变的共同枢纽。

1. 糖代谢与脂代谢的联系

（1）糖能转变成脂类。葡萄糖经氧化分解，生成磷酸二羟丙酮及丙酮酸等中间产物。其中磷酸二羟丙酮可以还原成 α-磷酸甘油，而丙酮酸氧化脱羧转变为乙酰 CoA，然后合成脂肪酸。

（2）脂肪也能转变成葡萄糖，只是这种转变是有限度的。脂肪分解为甘油和脂肪酸，甘油磷酸化生成 α-磷酸甘油，再转变成磷酸二羟丙酮异生成糖。而脂肪酸氧化生成乙酰 CoA 后，在有乙醛酸循环的植物和微生物里，能够转变为琥珀酸，进而生成草酰乙酸后异生成糖，但动物体内不存在乙醛酸循环，因此乙酰 CoA 只能通过三羧酸循环氧化成水和二氧化碳。

2. 糖代谢与氨基酸代谢的联系

（1）糖是机体重要的碳源和能源，可用于合成各种氨基酸的碳架结构。糖代谢中产生的各种 α-酮酸经过氨基化作用形成相应的氨基酸。此外，糖代谢生成的 ATP、NADPH 为氨基酸代谢提供了能量和还原力。

（2）氨基酸也能转变为糖。各种氨基酸脱氨后生成相应的 α-酮酸，然后通过糖异生途径转变为糖。当动物缺乏糖（如饥饿）时，体内蛋白的分解就将加快。除赖氨酸和亮氨酸以外，其余的 18 种氨基酸都可以脱氨转变成中间产物，沿糖异生途径合成糖，以满足机体对葡萄糖的需要和维持血糖水平的稳定。

3. 脂代谢与氨基酸代谢的联系

（1）所有的 20 种氨基酸，都可以通过转变成乙酰 CoA 之后转变成脂肪。某些氨基酸还是合成磷脂的原料。

（2）脂类中甘油可以生成丙酮酸，再转变为草酰乙酸及 α-酮戊二酸，进而接受氨基生成相应的氨基酸。而脂肪酸氧化为乙酰 CoA 之后，在动物组织中由于不存在乙醛酸循环，因此难以利用脂肪酸合成氨基酸。

4. 核苷酸在物质代谢中的作用　核苷酸通过调节代谢反应而和糖、脂类和氨基酸代谢紧密联系：

（1）ATP　作为通用能量货币参与所有代谢反应。

（2）UTP　参与单糖转变和糖原合成。

（3）CTP　参与磷脂合成。

（4）GTP　参与蛋白质的合成。

（5）环化核苷酸　如 cAMP、cGMP 作为第二信使参与各种代谢中细胞信号的传导。

（6）嘌呤环和嘧啶环的合成　以甘氨酸、天冬氨酸、谷氨酰胺等作为原料。

（二）细胞调节代谢的信号传导方式

1. 信号分子、受体与信号传导分子

（1）机体的内分泌系统能产生激素、神经递质等化学信号分子（常被称为配体），对代谢有特异的调节作用。配体是信息的载体，属于第一信使。

（2）受体（多数为蛋白质）是细胞膜上或者细胞内能够识别信号分子并与之结合的生物大分子。根据受体在细胞的分布，可将受体分为膜受体和胞内受体。受体通常有以下特点：

①专一性地与其相应的配体可逆结合。

②受体与配体之间亲和力较高。

③受体与配体两者结合后通过第二信使，如 cAMP、cGMP、IP_3、Ca^{2+} 等引发细胞内的生理效应。

（3）信号传导分子主要有 G 蛋白、cAMP、cGMP、肌醇二磷酸（IP_3）、甘油二酯、Ca^{2+} 等第二信使。

2. 与膜受体相联系的细胞信号通路

（1）G 蛋白偶联型受体系统　G 蛋白全称为 GTP 结合调节蛋白，广泛存在于各种组织的细胞膜上。G 蛋白对于效应酶，如腺苷酸环化酶（AC）的作用有激活和抑制两种情形，通过在激活型和抑制型之间相互转换，完成信号的转导。

（2）蛋白激酶 A 途径（cAMP-PKA 途径）　与 G 蛋白偶联型受体系统有关的途径。cAMP 是最早知道的第二信使，大多数激素和神经递质都可以刺激 cAMP 合成增加，cAMP 又进一步活化细胞中的蛋白激酶 A。蛋白激酶 A 又使胞内多种蛋白酶磷酸化而激活，引起生理效应。

（3）甘油二酯-蛋白激酶 C（PKC）途径　甘油二酯是该途径的第二信使，当激素与受体结合后经 G 蛋白介导，激活磷脂酶 C 将细胞膜上的磷脂酰肌醇二磷酸（PIP_2）水解成肌醇三磷酸（IP_3）和甘油二酯（DG），DG 在膜上累积使无活性的 PKC 短暂活化。PKC 活化后使大量底物蛋白的丝氨酸或苏氨酸的羟基磷酸化而引起细胞内的生理效应。

（4）IP_3-Ca^{2+}/钙调蛋白激酶途径　IP_3 和 Ca^{2+} 都是该途径的第二信使，IP_3 在膜上水解生成后进入胞液内与内质网上的 Ca^{2+} 门控通道结合，促使内质网中的 Ca^{2+} 释放到胞液中，胞内 Ca^{2+} 水平的升高，使 Ca^{2+}/钙调蛋白依赖性蛋白激酶（CaM 酶）激活。而 CaM 酶再激活腺苷酸环化酶、Ca^{2+}-Mg^{2+}-ATP 酶、磷酸化酶、肌球蛋白轻链激酶、谷氨酰转肽酶等，产生各种生理效应。IP_3 可以被磷酸酶水解去磷酸生成肌醇，以终止其第二信使作用。

3. 与胞内受体相联系的细胞信号通路

（1）受体酪氨酸蛋白激酶途径　酪氨酸蛋白激酶（TPK）型受体包括许多肽类激素和生长因子，例如胰岛素、类胰岛素生长因子、生长激素、上皮生长因子等，受体本身具有激酶的功能。当配体与受体结合后，会引起受体间发生聚合，激活的受体具有酪氨酸激酶活性，可催化受体自身或相互催化其胞内部分的酪氨酸残基磷酸化，再通过信号级联放大效应或通过蛋白质的相互作用，调控细胞代谢。

（2）DNA 转录调节型受体途径　DNA 转录调节型受体又称为类固醇激素受体，属于胞内受体，一般有两个结构域：一是结合配体的结构域；二是结合特定基因调节序列的结构域。只有脂溶性的类固醇激素，如肾上腺皮质激素、雌激素、孕激素（广义上还包括甲状腺激素）等可以自由透过细胞膜，它们的受体在胞内或核内都可能存在。激素进入细胞内后，一部分与胞内受体结合，使受体激活并经过核孔进入核内，而另一部分激素直接扩散进入核内与受体结合。激活的受体与特定的 DNA 序列发生作用，可以直接活化少数特殊基因的转录。产生的初级基因产物（一些蛋白质）再活化其他基因，对初级反应起到放大的作用。通常表现为长期生物学效应。

三、例题及解析

1. 有机体中各种物质之间相互联系和转变的共同枢纽是（　　　）。

A. 糖异生　　　　　　　　B. 脂肪酸 β-氧化　　　　　　C. 尿素循环

D. 三羧酸循环　　　　　　E. 糖醛酸循环

【解析】D。三羧酸循环处于中心的位置，不仅是各种物质分解代谢的共同归宿，也是它们之间相互联系和转变的共同枢纽。

<<< 第九单元　核酸的功能与研究技术 >>>

一、考试大纲

单元	细目	要点
核酸的功能与研究技术	1. 核酸化学	（1）核酸的种类与分布　（2）核酸的化学组成　（3）核酸的结构　（4）核酸的主要理化性质
	2.DNA 的复制	（1）中心法则　（2）复制的半保留性　（3）参与 DNA 复制的主要酶类和蛋白因子　（4）DNA 复制的主要过程　（5）DNA 的损伤与修复方式
	3.RNA 的转录	（1）转录的共同特点　（2）原核与真核基因转录过程的比较　（3）转录后加工　（4）逆转录作用
	4. 蛋白质的翻译	（1）mRNA 与遗传密码　（2）tRNA 的功能　（3）rRNA 与核糖体　（4）翻译过程
	5. 核酸研究技术	（1）工具酶　（2）分子杂交技术　（3）聚合酶链式反应　（4）动物转基因技术

二、重要知识点

（一）核酸化学

1. 核酸的种类与分布

（1）核酸可分为脱氧核糖核酸（DNA）和核糖核酸（RNA）两大类。几乎所有细胞都含有这两类核酸。

（2）DNA 是主要的遗传物质。在原核生物中，DNA 存在于核质区；在真核生物中，DNA 主要存在于细胞核内的染色体上，与组蛋白结合，是染色体的主要成分，只有少量的 DNA 存在于核外的线粒体中。

（3）RNA 参与蛋白质合成。在原核生物中，RNA 存在于细胞质；在真核生物中，RNA 主要存在于细胞质中，微粒体含量最多，线粒体和叶绿体含少量。在细胞核中也含有少量的 RNA，集中于核仁。

（4）病毒只含 DNA 和 RNA 中的一种。

2. 核酸的化学组成 核酸的基本单位是核苷酸。核苷酸水解生成核苷和磷酸，核苷进一步水解生成戊糖和碱基。

（1）碱基 核酸中的碱基主要是嘧啶碱基和嘌呤碱基两种。

嘧啶：尿嘧啶（U）、胸腺嘧啶（T）和胞嘧啶（C）。

嘌呤：腺嘌呤（A）和鸟嘌呤（G）。

RNA 含 A、U、C、G；DNA 含 A、T、C、G。

（2）戊糖 RNA 中含的是核糖；DNA 中所含的是脱氧核糖。

（3）磷酸 两类核酸所含磷酸基团相同。

（4）核苷 核苷＝碱基＋戊糖。

（5）核苷酸 核苷酸＝核苷＋磷酸。

RNA 的基本单位是核糖核苷酸：AMP、GMP、CMP、UMP。

DNA 的基本单位是脱氧核糖核苷酸：dAMP、dGMP、dCMP、dTMP。

除了组成核酸，核苷酸还参与能量代谢如 ATP，或参与细胞信息传递（如 cAMP、cGMP），核苷酸还是许多酶的辅助因子的成分，如辅酶Ⅰ（NAD^+）、辅酶Ⅱ（$NADP^+$）。

3. 核酸的结构

（1）DNA 的一级结构 DNA 的一级结构是指在核苷酸链中各个核苷酸之间的连接方式，核苷酸的种类、数量以及核苷酸的排列顺序。

①DNA 的遗传信息是由核苷酸的精确排列顺序决定的，由几千万个脱氧核糖核苷酸（dAMP、dGMP、dCMP、dTMP）通过磷酸二酯键相连，没有分支。

②在形成的多核苷酸链上，具有游离 $5'$-磷酸基的一端称为 $5'$-末端，具有游离 $3'$- OH 的一端称为 $3'$-末端。按规定，DNA 多核苷酸链的书写方式是按 $5' \rightarrow 3'$ 方向，从左至右书写。

（2）DNA 的二级结构 Watson 和 Crick 于 1953 年提出了 DNA 的双螺旋结构模型，阐明了 DNA 的二级结构。其特征如下：

①两条平行的多核苷酸链，以相反的方向（即一条由 $5' \rightarrow 3'$，另一条由 $3' \rightarrow 5'$）围绕着

同一个中心轴，以右手旋转方式构成一个双螺旋。

②疏水的嘌呤和嘧啶碱基平面层叠于螺旋的内侧，亲水的磷酸基和脱氧核糖以磷酸二酯键相连形成的骨架位于螺旋的外侧。

③内侧碱基呈平面状，碱基平面与中心轴相垂直，脱氧核糖的平面与碱基平面几乎成直角。每个平面上有两个碱基（每条链各一个）形成碱基对。相邻碱基平面在螺旋轴之间的距离为 0.34nm。旋转夹角为 36°，因此每 10 对核苷酸绕中心轴旋转一圈，故螺旋的螺距为 3.4nm。

④双螺旋的直径为 2nm，沿螺旋的中心轴形成的大沟和小沟交替出现。DNA 双螺旋之间形成的沟称为大沟，而两条 DNA 链之间形成的沟称为小沟。

⑤两条链被碱基对之间形成的氢键稳定地维系在一起。在双螺旋中，碱基总是 A＝T 配对，G≡C 配对。

除了双螺旋外，在 DNA 双螺旋结构基础上还能形成三螺旋结构。三螺旋中 3 条链是由同型嘌呤或同型嘧啶组成。三螺旋 DNA 的研究对于认识基因的结构、复制、转录、调控和重组的机制有着重要意义。

（3）DNA 的三级结构　是指 DNA 分子双螺旋通过弯曲和扭转所形成的特定构象，其主要形式是超螺旋。主要在原核生物和病毒中发现，超螺旋是环状或线状 DNA 共有的特征，也是 DNA 三级结构的一种普遍形式。

（4）RNA 的一级结构　RNA 的一级结构为线形多核苷酸单链。基本单位主要是 AMP、GMP、CMP 和 UMP 四种核苷酸。由几十个至几千个核苷酸彼此通过磷酸二酯键连接，RNA 的缩写式与 DNA 相同，通常从 $5'$ 端向 $3'$ 端方向书写。

（5）RNA 的二级结构　按照功能不同将 RNA 分为：信使 RNA（mRNA），转运 RNA（tRNA）和核糖体 RNA（rRNA）。RNA 能自身回折，使某些碱基彼此靠近，在折叠区域中按 A 与 U、G 与 C 碱基配对原则通过氢键连接，从而使回折部位构成"发卡"结构，进而再扭曲形成局部性的双螺旋区，未能配对的碱基区可形成突环，被排斥在双螺旋区之外。

tRNA 的二级结构是三叶草形，三叶草形结构很稳定，由氨基酸臂、反密码环、二氢尿嘧啶环、假尿嘧啶环和额外环等五部分组成。它的三级结构呈倒 L 形。

4. 核酸的主要理化性质

（1）DNA 微溶于水，呈酸性，加碱促进溶解，但不溶于有机溶剂，因此常用有机溶剂（如乙醇）来沉淀 DNA。

（2）DNA 分子很长，在溶液中呈现黏稠状，分子愈大，黏稠度愈高。在溶液中加入乙醇后，可用玻璃棒将黏稠的 DNA 搅缠起来。

（3）DNA 易断裂成碎片，难以获得完整大分子 DNA。

（4）溶液状态的 DNA 易受 DNA 酶的作用而降解。脱去水分的 DNA 性质十分稳定。

（5）DNA 具有紫外吸收特性，在 260nm 处有最大吸收值，利用这一特性可以定性、定量分析测定核酸。

（6）核酸的变性是指碱基对之间的氢键断裂，DNA 的双螺旋结构分开，成为两条单链的 DNA 分子，即改变了 DNA 的二级结构，但并不破坏一级结构。变性后的 DNA，其生物学活性丧失（如细菌 DNA 的转化活性明显下降），具有增色效应（260nm 处的紫外光吸收值升高），黏度下降，沉降系数增加，比旋下降等。DNA 的熔点温度（Tm）一般在 70～85℃。

（7）在适当的条件下，变性 DNA 分开的两条链又重新缔合而恢复成双螺旋结构，这个过程称为复性。热变性后的 DNA 在恢复活性时，如果将热溶液迅速冷却，则两条链继续保持分开，称为淬灭（不能恢复生物学活性）；若将此溶液缓慢冷却到适当的低温称退火（能恢复生物学活性）。

（二）DNA 的复制

1. 中心法则

（1）以亲代 DNA 分子为模板合成两个完全相同的子代 DNA 分子的过程称为复制。

（2）以 DNA 为模板合成 RNA 的过程称为转录。

（3）以 RNA 为模板指导合成蛋白质的过程称为翻译。

2. 复制的半保留性 在复制过程中两条链分开，分别以一条链为模板，复制出与其互补的子代链，从而使一个 DNA 分子转变成与之完全相同的两个 DNA 分子。按照这种方式复制出来的每个子代双链 DNA 分子中都含有一条来自亲代的旧链和一条新合成的 DNA 链，所以把这种复制方式称为半保留复制。半保留复制是双链 DNA 分子普遍的复制方式。

3. 参与 DNA 复制的主要酶类和蛋白因子

（1）拓扑异构酶 有Ⅰ和Ⅱ两种类型，能使正、负超螺旋 DNA 松弛，松弛作用不依赖于 ATP。与原核生物不同的是，真核生物拓扑异构酶Ⅱ不能产生负超螺旋，发挥作用时需要 ATP 和 Mg^{2+}。

（2）解旋酶 促进 DNA 双链分离形成两条模板单链。需要多种蛋白因子辅助。

（3）单链 DNA 结合蛋白（SSB） 稳定解开的 DNA 链维持单链构象，防止重新聚合。同时还能保护其不被核酸酶降解；

（4）引物酶 催化合成复制起始的小片段 RNA 引物。

（5）DNA 连接酶 催化冈崎片段之间生成磷酸二酯键，需要能量。

（6）端粒酶 是一种含有 RNA 链的逆转录酶，以自身所含的 RNA 为模板来合成 DNA 的端粒结构。是真核生物所特有。

（7）DNA 聚合酶 以 DNA 为模板，催化 4 种脱氧核糖核苷三磷酸（dNTP，N＝A/G/C/T）合成 DNA，DNA 链延长方向为 $5'→3'$，需 RNA 引物和 Mg^{2+} 激活。具有合成、校对和纠错（外切酶活性）的功能。DNA 聚合酶Ⅲ被称作真正的 DNA 复制酶；DNA 聚合酶Ⅰ可切除引物、修复损伤。哺乳动物细胞（真核）有 α、β、γ、δ、ε 5 种 DNA 聚合酶。

4. DNA 复制的主要过程 ①DNA 双螺旋的解开；②RNA 引物的合成；③DNA 链的延伸；④RNA 引物的切除；⑤冈崎片段的连接。

复制过程中，合成的两条子代新链，一条是连续合成的，与解链方向一致，称为前导链，另一条是不连续合成的，称滞后链（后随链），不连续合成的 DNA 片段称为冈崎片段。因此，DNA 的复制是半不连续的。

5. DNA 的损伤与修复方式

（1）DNA 的损伤 造成 DNA 损伤的原因可能是生物因素、物理因素或化学因素，包括 DNA 的重组、错配，病毒的整合，某些物理化学因子，如紫外线、电离辐射和化学诱变剂等。造成 DNA 的碱基、核糖或磷酸二酯键破坏，局部结构和功能受损，损伤的结果是引起生物突变，甚至导致死亡。

(2) DNA 的修复　在长期的进化过程中，生物体获得了复杂的 DNA 损伤修复系统，可以通过不同的途径对 DNA 的损伤进行修复。这些途径可分成两大类：光诱导的修复（光复活）和不依赖于光的修复（暗修复）。暗修复又有三种不同的机制，即切除修复、重组修复和应急修复。

（三）RNA 的转录

1. 转录的共同特点

（1）转录是不对称的　在 DNA 双链中，以一条链为模板链，负责转录合成 RNA。另一条为编码链。但应注意，DNA 分子上的编码链和模板链是相对的，如某个基因以这条链为模板链，而另一个基因则可能在该 DNA 分子的其他部位以另一条链为模板链。

（2）转录过程中有启动子和终止子。

（3）转录的方向是 $5' \rightarrow 3'$。

（4）不需要引物。

（5）以 DNA 为模板，由 RNA 聚合酶催化，按照 A 与 U、G 与 C 配对的原则，将 4 种核糖核苷酸（NTP）以 $3',5'$-磷酸二酯键的方式聚合起来。由于 RNA 聚合酶没有校正功能，因此转录的精确程度不及 DNA 复制的精确度高。

2. 原核与真核基因转录过程的比较

（1）RNA 聚合酶

原核生物 RNA 聚合酶：只发现有一种，其活性型称全酶（$\alpha_2\beta\beta'\sigma$）。含有 4 种不同的亚基，通过次级键聚合在一起。

真核生物 RNA 聚合酶：结构比较复杂，亚基有 4～6 种，通常有 6～10 个亚基组成。真核细胞中有 3 种 RNA 聚合酶，即 RNA 聚合酶Ⅰ、Ⅱ和Ⅲ。

（2）启动子

原核生物启动子：含有保守序列，且这些序列的位置是固定的，如-35 序列、-10 序列等。

真核生物启动子：含有帽子位点、TATA 框、CAAT 框和增强子等。

（3）转录过程

①起始：原核生物中 σ 亚基识别-35 序列并与核心酶一起结合在启动子上，RNA 聚合酶与-10 序列牢固结合并将 DNA 双链打开，形成开放性启动子复合物。真核生物转录的起始机制十分复杂，涉及众多通用转录因子相继结合到启动子上，形成开放的起始复合物。

②延伸：原核生物转录起始后，当第一个磷酸二酯键生成并释出 σ 亚基后，核心酶即沿 DNA 模板移动，在转录泡中依照碱基互补配对的原则，以与第一个磷酸二酯键生成的相同反应方式，按 $5' \rightarrow 3'$ 方向依次连接上核苷酸，使 RNA 链延伸。真核生物转录过程中碱基配对及延伸方向和原核生物类似，但链的延伸并非以恒定速度进行，有时会降低速度或延迟，这是延伸阶段的重要特点，其原因尚不清楚。

③终止：原核生物转录终止的主要过程包括：停止 RNA 链延长；新生 RNA 链释放；RNA 聚合酶从 DNA 上释放。转录终止的方式有两种：不依赖于 ρ 因子的终止和依赖于 ρ 因子的终止。对于真核生物转录的终止信号和机制了解很少，其主要困难在于很难确定初始转录物的 $3'$-末端，因为在大多数情况下，转录后就很快进行加工。

3. 转录后加工

（1）原核生物转录生成的 mRNA 基本上不经加工即可进行蛋白质的翻译，转录与翻译是偶联在一起的。rRNA 的加工过程为 rRNA 前体合成后，先与蛋白质结合，形成新生核糖体颗粒，而后再经过一系列的加工过程，生成有功能的核糖体。原核 tRNA 的加工是先合成 1 个 tRNA 前体分子，这种前体分子有的只含有 1 个 tRNA，有的则含有多个 tRNA 分子，由间隔区分开。若含有多个 tRNA 分子，则首先要剪切为单个 tRNA 分子，而后再从 $5'$-端切去前导顺序，从 $3'$-端切去附加顺序。

（2）真核生物转录产生的初级产物一般都需要进行加工和修饰后才能成为有功能的成熟的 mRNA。加工过程是：首先在其 $5'$-末端加上"帽"［mG（5）pppNmpN-］结构，在其 $3'$-末端加上一个 $50\sim200$ 个 A 的多聚腺苷酸（polyA）的"尾巴"，然后进行剪接，即由相应的酶剪去内含子转录的部分，再将其余的外显子转录的部分连接起来；其次还要经过甲基化等修饰过程，才能变为有功能的 mRNA 分子。真核 rRNA 在转录过程中先形成一个 45S 前体。然后，在核内经过一系列的加工过程，再转移到细胞质中。真核细胞 tRNA 前体的加工过程与原核的类似，目前分离到的真核 tRNA 前体都是单个 tRNA 分子。一些真核 tRNA 前体中似乎都含有插入顺序，而原核 tRNA 前体中则不含有插入顺序，这是二者的一个重要区别。

4. 逆转录作用

（1）逆转录是以 RNA 为模板合成 DNA 的过程。逆转录过程是病毒的复制形式之一，需逆转录酶的催化。

（2）逆转录酶又称为依赖 RNA 的 DNA 聚合酶，该酶以 RNA 为模板，以 dNTP 为底物，tRNA（主要是色氨酸 tRNA）为引物，在 tRNA $3'$-OH 末端上，根据碱基配对的原则，按 $5'\rightarrow3'$ 方向合成一条与 RNA 模板互补的 DNA 单链，这条 DNA 单链叫做互补 DNA 链（cDNA）。

（四）蛋白质的翻译

1. mRNA 与遗传密码

（1）遗传密码是指 DNA 或由其转录的 mRNA 中的核苷酸（碱基）顺序与其编码的蛋白质多肽链中氨基酸顺序之间的对应关系。每 3 个相邻的碱基组成 1 个密码子，共有 64 个密码子。UAA、UAG、UGA 不编码任何氨基酸，为终止密码。其余 61 个分别代表不同的氨基酸，其中 AUG 还代表起始密码子。密码子特性：①简并性；②通用性；③连续性；④摆动性。

（2）mRNA 在蛋白质翻译过程中起模板的作用，即 mRNA 的核苷酸排列顺序决定着蛋白质氨基酸的排列顺序。

2. tRNA 的功能

（1）在翻译过程中，每种 tRNA 都特异地携带一种氨基酸，并利用其反密码子根据碱基配对的原则来识别 mRNA 上的密码子。三种终止密码子是不被 tRNA 阅读的，而是被叫做释放因子的特异蛋白质所阅读。

（2）在原核生物中肽链的起始氨基酸是 N-甲酰蛋氨酸（fmet），因此由一个特异携带 fmet 的 tRNA 即 fmet-tRNA 来辨认起始密码子 AUG。

3. rRNA 与核糖体

（1）rRNA　rRNA 是核糖体的重要组成部分。原核生物中含有 3 种 rRNA 分子：16S、23S 和 5S rRNA；真核生物中含有 4 种：18S、28S、5.8S 和 5S rRNA。

（2）核糖体结构与功能

①核糖体是由几十种蛋白质和数种 RNA 组成的一种亚细胞结构。可解离成大小两个亚基，两个亚基均含有不同比例的 RNA 和蛋白质。

②核糖体是蛋白质合成的装配机。核糖体的大小亚基以及它们的接合部存在着许多与蛋白质合成有关的位点或结构功能域。至少提供以下 3 个功能部位：肽酰基- tRNA 部位（P 位）、氨酰基- tRNA 结合的部位（A 位）、脱氨酰基 tRNA 释放的部位（E 位）。此外，还有肽键形成的部位，识别并结合 mRNA 上特异的起始部位（能沿着 mRNA 移动以解读全部信息的能力）。

4. 翻译过程

翻译是比复制和转录更为复杂的过程。翻译的场所在核糖体，需要各种 tRNA 分子，20 种氨基酸，ATP、各种酶类、可溶性蛋白因子以及 mRNA 等 100 多种大分子的共同协作才能完成。主要过程如下：

（1）氨基酸的活化　在氨酰基- tRNA 合成酶的作用下，氨基酸与各自特异的 tRNA 结合生成氨酰基- tRNA 的过程称为氨基酸的活化。氨基酸本身并不能辨认其所对应的密码子，必须与各自特异的 tRNA 结合后才能被带到核糖体中，通过 tRNA 的反密码子与密码子反向排列，按碱基互补配对的原则来识别密码子。

（2）合成的起始　包括 mRNA、核糖体的 30S 亚基和甲酰甲硫氨酰- tRNA 结合形成 30S 起始复合体，起始因子 IF - 1、IF - 2 和 IF - 3 和 GTP 参与并进一步形成 70S 起始复合体。

（3）肽链的延长　包括氨酰基- tRNA 进入 A 位、肽键的形成和移位三步反应，需要延伸因子 EF - Tu、EF - Ts 和 GTP 协助。

（4）合成的终止　在终止信号、GTP 和蛋白质释放因子（RF）的帮助下，P 位上的 tRNA 与肽链之间的酯键水解，肽链由核糖体上释放出来，70S 核糖体解离为 30S 亚基和 50S 亚基，并与 mRNA 分离，同时 RF 与核糖体分离，分离后的核糖体又可以进行另一条多肽链的合成。

5. 翻译后加工

翻译出来的蛋白质多肽链多数是没有生物活性的初级产物。只有经翻译后加工才能转变成有活性的终产物。包括折叠和修饰、边翻译边加工等。

（五）核酸研究技术

1. 工具酶

DNA 重组过程中所使用的酶类统称为工具酶，如限制性内切核酸酶、DNA 连接酶、DNA 聚合酶Ⅰ、碱性磷酸酶、逆转录酶等。

（1）限制性核酸内切酶是一类能识别双链 DNA 分子中某种特定核苷酸序列，并由此切割 DNA 双链结构的核酸内切酶，此类酶主要是从原核生物中分离纯化的。它的发现和应用，使 DNA 分子能很容易地在体外被切割和连接，被称为 DNA 重组技术中一把神奇的"手术刀"。

（2）DNA 连接酶能在天然双链 DNA 中催化相邻的 5'-磷酸基和 3'- OH 基间形成磷酸二酯键，使 DNA 单链缺口闭合。

2. 分子杂交技术

（1）不同来源的单链 DNA 或 RNA，经复性处理时，它们之间互补的或部分互补的碱基序列可以配对，形成 DNA‐DNA 或 DNA‐RNA 的杂合体而形成杂交分子。这个过程称为分子杂交。其原理是带有互补的特定核苷酸序列的单链 DNA 或 RNA，当它们混合在一起时，其相应的同源区段将会退火形成双链结构。

（2）常用的分子杂交技术有：①Southern‐blot：检测被转移 DNA 片段中特异的基因；②Northern‐blot：检测被转移 RNA 分子中特异基因的表达；③斑点印迹杂交（dot 印迹）和狭线印迹杂交（slot 印迹）：可同时对多个待测样品进行定量检测；④原位杂交（菌落或噬菌斑杂交）。

3. 聚合酶链式反应

（1）聚合酶链式反应即 PCR 技术，是一种在体外快速扩增特定基因或 DNA 序列的方法，又称为基因的体外扩增。

（2）PCR 技术快速敏感，简单易行，其原理与细胞内发生的 DNA 复制过程十分类似，它可以在试管中建立反应，经数小时之后，就能将极微量的目的基因扩增数千百万倍，无需通过烦琐费时的基因克隆程序，便可获得足够数量的精确 DNA 拷贝。PCR 技术不仅可用来扩增与分离目的基因，而且在临床医疗诊断、胎儿性别鉴定、癌症治疗的监控、基因突变与检测、分子进化研究，以及法医学等诸多领域都有着重要的用途。

4. 动物转基因技术　转基因技术是指借助于物理、化学或生物学的方法将预先构建好的外源基因表达载体导入细菌、动植物细胞或动物受精卵中，使其与宿主染色体发生整合并遗传的过程。利用转基因技术所建立的携带外源基因并能遗传的动物，即转基因动物。目前，进行转基因研究常用的方法有显微注射、胚胎干细胞技术、逆转录病毒载体技术及精子载体技术等。

三、例题及解析

1. 核酸中核苷酸的连接方式是（　　　）。
   A. 糖苷键　　　　　　　　　B. 糖肽键　　　　　　　　　C. 肽键
   D. $3',5'$‐磷酸二酯键　　　　E. 二硫键

【解析】D。多核苷酸之间是通过 $3',5'$‐磷酸二酯键进行连接的。

2. PCR 鉴定的病毒成分是（　　　）。
   A. 磷脂　　　　　　　　　　B. 核酸　　　　　　　　　　C. 固醇
   D. 蛋白质　　　　　　　　　E. 多糖

【解析】B。PCR 原理是利用 DNA 复制过程来合成出特定基因片段，因此可以鉴定核酸。

3. 遗传学的中心法则里，目前尚未发现（　　　）。
   A. DNA 复制　　　　　　　　B. 基因转录　　　　　　　　C. 逆转录
   D. RNA 复制　　　　　　　　E. 蛋白质指导 RNA 合成

【解析】E。中心法则包括 DNA 复制、RNA 复制、基因转录、逆转录、蛋白质合成。

4. 原核生物蛋白质生物合成时，肽链延伸需要的能量分子是（　　　）。

A. ATP   B. GTP   C. UTP

D. CTP   E. TTP

【解析】B。肽链延伸移位的过程需要 GTP 提供能量。

5. DNA 变性时对紫外光吸收的变化特征为( )。

A. 增色效应   B. 减色效应   C. 变构效应

D. 协同效应   E. 诱导效应

【解析】A。DNA 变性时由于碱基暴露，260nm 处的紫外吸收值（OD_{260}）增加，这一效应称增色效应。

6. 胞嘧啶核苷三磷酸 CTP 除了用于核酸合成外，还参与( )。

A. 磷脂合成   B. 糖原合成   C. 蛋白质合成

D. 脂肪合成   E. 胆固醇合成

【解析】A。许多核苷酸在调节代谢中起着重要作用。如 ATP 是能量通用货币和转移磷酸基团的主要分子；UTP 参与单糖的转变和糖原的合成；CTP 参与磷脂的合成；GTP 为蛋白质多肽链的生物合成所必需。

<<< 第十单元 水、无机盐代谢与酸碱平衡 >>>

一、考试大纲

单元	细目	要点
水、无机盐代谢与酸碱平衡	1. 体液	（1）体液的容量与分布 （2）体液的电解质组成 （3）体液渗透压 （4）体液间的交流
	2. 水的代谢	（1）水的生理作用 （2）水平衡
	3. 钠、钾的代谢	（1）钠、钾的分布与生理功能 （2）水和钠、钾的代谢及调节
	4. 体液的酸碱平衡	（1）体液的酸碱度及酸碱平衡 （2）体液酸碱平衡的调节
	5. 钙、磷代谢	（1）钙、磷的分布与生理功能 （2）血钙与血磷 （3）钙、磷在骨中的沉积与动员

二、重要知识点

(一) 体液

1. 体液的容量与分布 体液是指存在于动物体内的水和溶解于水中的各种电解质、低分子有机化合物和大分子的蛋白质等组成的一种液体。包括细胞内液和细胞外液。

细胞内液是指存在于细胞内的液体，它约占体重的 50%。细胞外液是指存在于细胞外的液体，约占体重的 20%。细胞外液又可分为两个主要的部分，即存在于血管内的血浆和血管外的组织间液，它们是用血管壁分开的。血浆约占体重的 5%，组织间液约为体重的 15%（消化道、尿道等中的液体也都属于细胞外液，但由于这些液体量少而很不恒定，性质与血浆和组织间液也很不相同，因而在讨论细胞外液的性质时，一般不把它们考虑在内）。

2. 体液的电解质组成

（1）体液中除了作为重要溶剂的水之外，还含有葡萄糖、尿素等非电解质和多种电解质。血浆和组织间液的无机盐含量基本相同，其主要差异是血浆中的蛋白质含量比组织间液中高很多，在阳离子方面主要是 Na^+、K^+ 浓度的悬殊差异。

（2）细胞外液中含量最多的阳离子是 Na^+，阴离子则以 Cl^- 和 HCO_3^- 为主要成分，且阳离子和阴离子总量相等，为电中性。

（3）细胞内的蛋白质含量很高，是细胞内液中的主要阴离子之一。在无机盐方面，细胞内液的主要阳离子是 K^+，其次是 Mg^{2+}，而 Na^+ 则很少。

3. 体液渗透压 体液中小分子晶体物质（电解质）产生的渗透压称为晶体渗透压，作用较大，水在细胞内外的流通主要靠无机盐产生的晶体渗透压影响。蛋白质等大分子胶体物质产生的渗透压称为胶体渗透压，作用较小，但可维持血浆和组织间液之间的水平衡。

4. 体液间的交流

（1）血浆和组织间液的交流（穿过毛细血管壁） 血浆的渗透压大于组织间液，是组织间液流向血管内的力量。与之相反的力量是血管内的水静压，它是使血管内的液体流向血管外的力量。在毛细血管的动脉端，水静压大于血浆的胶体渗透压，使体液向血管外流动；在毛细血管的静脉端，则水静压小于血浆的胶体渗透压，于是体液向血管内流动。

（2）组织间液和细胞内液的交流（穿过细胞膜） 细胞膜有主动转运物质的功能，使一些物质从低浓度向高浓度转运。如 Na^+-K^+ 泵（又称 Na^+-K^+ ATP 酶）消耗能量把 K^+ 转入细胞内，把 Na^+ 排出细胞外，保持细胞内的高钾低钠、细胞外的高钠低钾。细胞内外水的转移主要取决于细胞内外 Na^+ 和 K^+ 的浓度。

（二）水的代谢

1. 水的生理作用 水是机体含量最多的成分，也是维持机体正常生理活动的必需物质。生理作用有：作为机体代谢反应的介质，自身也参与代谢反应，参与物质的运输，调节体温，润滑等。

2. 水平衡 正常生理状况下，动物体内的含水总量经常保持相对恒定，这种恒定依赖于体内水分的来源和去路之间的动态平衡，称为水平衡。

（1）水的摄入 动物体内水的来源有三条途径：饮水、饲料中的水和代谢水。饮水在动物体内水的来源中占有极重要的地位。

（2）水的排出 排出途径有：①从体表蒸发及流失，包括皮肤蒸发和随呼气排出。②随粪排出。③随尿排出。④泌乳动物由乳中排出水。

（三）钠、钾的代谢

1. 钠、钾的分布与生理功能

（1）钠 体内的钠一半左右在细胞外液中，其余大部分存在于骨骼中，因此可以认为骨钠是钠的贮存形式。细胞外液中的 Na^+ 占阳离子总量的 90% 左右，因此 Na^+ 是维持细胞外液渗透压及其容量的决定因素。可用于维持神经肌肉正常的兴奋性。

(2) 钾 K^+ 主要存在于细胞内液,约占体钾总量的98%,而细胞外液则很少;K^+ 是维持细胞内液渗透压及其容量的决定因素;细胞内外一定浓度的钾也用于维持神经肌肉的兴奋性;血浆 K^+ 浓度与心肌的收缩运动有密切的关系,糖原合成和蛋白质代谢中需要 K^+ 参与。

2. 水和钠、钾的代谢及调节

(1) 体内的钠、钾主要从饲料中摄入,并易于吸收。肾脏是排钠、钾和调节钠、钾平衡的主要器官。

(2) 水对 Na^+、K^+ 动态平衡的调节是在中枢神经系统的控制下,通过神经-体液调节途径实现的。主要的调节因素有抗利尿激素、盐皮质激素、心钠素和其他多种利尿因子。各种体液调节因素作用的主要靶器官是肾。

(四) 体液的酸碱平衡

1. 体液的酸碱度及酸碱平衡 动物的正常生理活动,需要保持体液的适当酸碱度。动物细胞外液(以血浆为代表)的 pH,一般在 $7.24\sim7.54$,如果高于 6.8 或低于 6.8 时,动物就会死亡。体液的酸碱平衡就是指体液(特别是血液)保持 pH 相对恒定的状态。

2. 体液酸碱平衡的调节 机体通过体液的缓冲体系、由肺呼出二氧化碳和由肾排出酸性或碱性物质来调节体液的酸碱平衡。

(1) 血液的缓冲体系 作用快但仅起调节作用,不能清除酸碱。

动物体液中的缓冲体系是由一种弱酸和其盐构成的。血液中主要的缓冲体系有3种:①碳酸氢盐缓冲体系;②磷酸盐缓冲体系;③血浆蛋白体系及血红蛋白体系。其中,以碳酸-碳酸氢盐的缓冲能力最大、最重要,它的变化可反映出体内酸碱平衡的全貌。血浆中所含 HCO_3^- 的量称为碱储。

(2) 肺呼吸对血浆中碳酸浓度的调节 作用快但仅起调节作用,不能清除酸碱。

肺对血浆 pH 的调节机能在于加强或减弱 CO_2 的呼出,从而调节血浆和体液中 H_2CO_3 的浓度,使血浆中 $[HCO_3^-]/[H_2CO_3]$ 的比值趋于正常,从而使血浆的 pH 趋于正常。但不能调整血浆中 H_2CO_3 的绝对含量。

(3) 肾脏的调节作用 作用慢,可清除酸碱。

肾脏通过肾小管的重吸收作用和分泌作用排出酸性或碱性物质,以维持血浆的碱储和pH 的恒定。有两种方式:一是肾对血浆中碳酸氢钠浓度的调节,二是肾小管的泌氨作用。

(五) 钙、磷代谢

1. 钙、磷的分布与生理功能

(1) 体内99%以上的钙及80%～85%的磷以羟磷灰石的形式构成骨盐,分布在骨骼和牙齿中。其余的钙主要分布在细胞外液中,细胞内钙的含量很少。磷则在细胞外液中和细胞内分布。

(2) 体液中 Ca^{2+} 的生理功能 ①Ca^{2+} 参与调节神经、肌肉的兴奋性,并介导和调节肌肉以及细胞内微丝、微管等的收缩;②Ca^{2+} 影响毛细血管壁通透性,参与调节生物膜的完整性和细胞膜的通透性及转运过程;③Ca^{2+} 参与血液凝固过程和某些腺体的分泌;④Ca^{2+}

还是许多酶的激活剂（如脂肪酶、ATP 酶等）；⑤Ca^{2+} 作为细胞内第二信使，介导激素的调节作用。

（3）体液中磷的生理功能 骨骼外的磷主要以磷酸根的形式参与糖、脂类、蛋白质等物质的代谢过程及氧化磷酸化作用；磷又是 DNA、RNA、磷脂的重要组成成分；磷还参与酶的组成和酶活性的调节作用；磷酸盐在调节体液平衡方面有重要作用。

2. 血钙与血磷

（1）血液中的钙称为血钙，血钙主要以离子钙和结合钙两种形式存在。动物血浆钙的浓度平均约为每百毫升 10mg。结合钙绝大部分与血浆蛋白质结合，少部分与柠檬酸结合。

（2）血浆中蛋白质结合钙与离子钙是呈动态平衡的，当血液中 HCO_3^- 浓度增加时，可促进 Ca^{2+} 与蛋白质结合，总钙量未变，但游离的 Ca^{2+} 浓度降低。因此，当碱中毒时，血浆 Ca^{2+} 浓度减少，易发生痉挛。相反，当 H^+ 浓度增加（酸中毒）时，可促进结合钙的解离，游离 Ca^{2+} 浓度增加。

（3）血浆中的无机磷称为血磷。血液中的磷主要以无机磷酸盐、有机磷酸酯和磷脂三种形式存在，其中无机磷酸盐主要存在于血浆中，后两种形式的磷主要存在于红细胞内。成年动物的血磷含量为每百毫升血浆 4～7mg，幼年动物血磷含量较高，而且变化范围较大（每百毫升血浆 5～9mg）。在正常情况下，血浆中的钙与磷含量有一定比例，其比值为（2.5 · 3.0）：1。

3. 钙、磷在骨中的沉积与动员 骨是一种坚硬的固体组织，但它仍然与其他组织保持着活跃的物质交换。当骨溶解时，钙、磷从骨中动员出来，使血中钙和磷的浓度升高；相反，在骨生成时则钙、磷在骨中沉积，引起血中钙和磷的含量降低。骨的这种代谢，不仅保证了骨的生成与改造，也维持了血浆中钙和磷浓度的正常恒定及满足机体其他需要。

（1）钙、磷在骨中沉积——骨的生成 骨的生成包括以下两个基本过程，即有机骨母组织的生成和骨盐在其中的沉积。

（2）钙、磷由骨中的动员——骨的吸收 骨溶解而消失的过程称为骨吸收。骨的吸收包括骨母组织的破坏和骨盐的溶解。

（3）甲状腺素、降钙素和 1,25 -二羟维生素 D（即骨化三醇，是维生素 D 在体内的最高活性形式）可以调节骨钙和血钙平衡。

三、例题及解析

1. 骨质内含量最多的无机盐是（　　）。

    A. 碳酸钙   B. 磷酸钙   C. 磷酸

    D. 碳酸镁   E. 磷酸钠

【解析】B。磷酸钙在骨质内含量最丰富。

2. **体液的渗透压决定于其溶质的有效粒子的(　　)。**

    A. 大小   B. 价数   C. 数目

    D. 质量   E. 扩散系数

【解析】C。所谓溶液渗透压，简单地说，是指溶液中溶质微粒对水的吸引力。溶液渗透压的大小取决于单位体积溶液中溶质微粒的数目。

3. 骨盐主要是指沉积于骨中的( )。

    A. 氯化钙   B. 草酸钙   C. 碳酸氢盐

    D. 柠檬酸钙   E. 羟磷灰石

【解析】E。体内 99% 以上的钙及 80%~85% 的磷以羟磷灰石的形式构成骨盐，分布在骨骼和牙齿中。

<<< 第十一单元   器官和组织的生物化学 >>>

一、考试大纲

单元	细目	要点
器官和组织的生物化学	1. 红细胞的代谢	(1) 血红蛋白的代谢 (2) 红细胞中的糖代谢 (3) 血红素的代谢
	2. 肝脏的代谢	(1) 肝脏在物质代谢中的作用 (2) 肝脏的生物转化作用 (3) 肝脏的排泄功能
	3. 肌肉收缩的生化机制	(1) 肌纤维与肌原纤维 (2) 肌球蛋白和粗丝 (3) 肌动蛋白和细丝 (4) 肌肉收缩时 ATP 的供应
	4. 大脑和神经组织的生化	(1) 大脑的能量需求 (2) 大脑中氨和谷氨酸的代谢
	5. 结缔组织的生化	(1) 纤维与胶原蛋白 (2) 基质与糖胺聚糖

二、重要知识点

(一) 红细胞的代谢

1. 血红蛋白 (Hb) 的代谢

(1) 血红蛋白的功能

①与氧结合：血红蛋白由 4 个亚基组成，每个亚基中央的 Fe^{2+} 能与氧结合，因此血红蛋白可与 4 个 O_2 进行可逆结合。血红蛋白可被氧化剂（铁氰化钾、亚硝酸盐、盐酸盐、大剂量的亚甲蓝及过氧化氢等）氧化为高铁血红蛋白（MHb），其中二价铁被氧化为三价后则失去了运输氧的能力。正常红细胞有使高铁血红蛋白缓慢地还原为亚铁血红蛋白的能力，还原的方式有酶促反应及非酶促反应两种。

②与一氧化碳的作用：血红蛋白与 CO 作用能生成碳氧血红蛋白（HbCO），后者没有运输氧的能力。但血红蛋白与 CO 结合的能力比与 O_2 结合的能力强 200~300 倍。

③与二氧化碳的作用：血红蛋白与二氧化碳作用时，其蛋白质部分的游离氨基与二氧化碳结合成为碳酸血红蛋白（$HbCO_2$）。体内新陈代谢产生的二氧化碳，约 18% 是通过碳酸血红蛋白的形式运至肺部排出体外的。

(2) 血红蛋白的分解代谢   动物体内每天有 0.6%~3.0% 的红细胞被破坏，红细胞破裂后，血红蛋白的辅基血红素被氧化分解为铁及胆绿素。脱下的铁几乎都变为铁蛋白而储存，可重新利用。胆绿素则被还原成胆红素。

2. 红细胞中的糖代谢　成熟的红细胞没有糖原的储存，但其细胞膜上含有运载葡萄糖的载体，使葡萄糖很容易通过细胞膜，故葡萄糖的浓度在红细胞内与血浆中几乎相等。其糖代谢主要有以下几种：

（1）糖酵解途径　红细胞中葡萄糖的代谢绝大部分是通过糖酵解作用，生成丙酮酸和少量能量。

（2）磷酸戊糖途径　成熟红细胞内经此途径产生还原辅酶 $NADPH+H^+$，用于保护细胞及血红蛋白不受各种氧化剂的氧化。此途径的重要生理意义就在于使红细胞内许多物质维持其还原状态，进而维持酶、细胞膜及血红蛋白的正常机能。

（3）糖醛酸循环　该循环与 NAD^+ 及 $NADP^+$ 有关的反应非常多，可间接使 $NADPH+H^+$ 的氢转给 NAD^+ 生成 $NADH+H^+$，它对于维持红细胞中血红蛋白的还原状态有重要意义。

3. 血红素的代谢　血红素是铁卟啉化合物，是血红蛋白的辅基。

（1）血红素可在体内由多种细胞合成，参与血红蛋白组成的血红素主要在骨髓的幼红细胞和网织红细胞中合成。基本原料是甘氨酸、琥珀酰辅酶 A 和 Fe^{2+}。

（2）血红素的分解代谢主要是提供哺乳动物的需要：①对卟啉环剪切产生的疏水性产物进行处理；② 所含铁的保留和动用，使其重新被利用。

（二）肝脏的代谢

1. 肝脏在物质代谢中的作用

（1）在糖代谢中　肝脏不仅有非常活跃的糖的有氧及无氧的分解代谢，而且也是糖异生、维持血糖稳定的主要器官。

（2）在脂类代谢中　肝脏是脂肪酸 β-氧化、胆固醇代谢转变的主要场所，也是酮体生成的器官，可以为肝外组织提供容易氧化供能的原料。血浆中的磷脂主要是由肝脏合成的，并且也主要回到肝脏进行进一步的代谢变化。

（3）在蛋白质代谢中　肝脏不但合成本身的蛋白质，还合成大量血浆蛋白质，血浆中的全部清蛋白、纤维蛋白原，部分的球蛋白、凝血酶原以及许多凝血因子也都在肝脏中合成（所以肝脏功能不正常时，血浆清蛋白下降；纤维蛋白原及各种凝血因子合成减少，就会使血液凝固时间延长）。另外，尿素的合成几乎都在肝脏进行。

（4）肝脏是多种维生素（维生素 A、维生素 D、维生素 E、维生素 K、维生素 B_{12}）的储存场所，同时进行维生素的转化，例如胡萝卜素在肝内转变为维生素 A。维生素 D_3 在肝脏转变为 25-羟胆钙化醇。

（5）多种激素在肝脏进行转化、降解或灭活。

2. 肝脏的生物转化作用

（1）许多非营养物质和机体内部产生的各种不能再被机体利用的物质，既不能被转化为构成组织细胞的原料，也不能被彻底氧化以供给能量，而必须由机体把它们排出体外。这些物质排出前在体内所经历的这种代谢转变过程，叫做生物转化作用。肝脏中生物转化作用有结合、氧化、还原、水解等方式，其中以氧化及结合的方式最为重要。

（2）氧化反应　肠内腐败产生的有毒的胺类，大部分在肝脏中经催化后产生二氧化碳和水。大部分的氨则在肝脏中合成尿素。

（3）结合反应 肝内最重要的解毒方式是结合解毒。参与结合解毒的物质有多种，如葡萄糖醛酸、硫酸、甘氨酸、乙酰 CoA 等。

3. 肝脏的排泄功能 肝脏有一定的排泄功能。如胆色素、胆固醇、碱性磷酸酶及钙、铁等正常成分，可随胆汁排出体外。解毒作用的产物，大部分随血液运至肾脏从尿排出，也有一小部分从胆汁排出。汞、砷等毒物进入体内后，一般先被保留在肝脏内，以防止向全身扩散，然后缓慢地随胆汁排出。

（三）肌肉收缩的生化机制

1. 肌纤维与肌原纤维

（1）肌纤维即肌细胞，因肌细胞细而长，又称肌纤维。肌纤维大部分空间充满了许多纵向排列的肌原纤维。

（2）肌原纤维由一系列的重复单位——肌小节组成。肌小节与肌小节之间由 Z 线结构分开。肌小节是肌原纤维的基本收缩单位，肌原纤维是肌肉收缩的装置。

2. 肌球蛋白和粗丝

（1）粗丝的主要成分是肌球蛋白。肌球蛋白由两条相同的重链和四条轻链组成，具有一个很长的棒（尾巴），棒的一端连有两个球形的头。

（2）肌球蛋白有 3 个重要的性质：①肌球蛋白分子能自动聚合形成丝；②有 ATP 酶活性；③能与细丝联结。

3. 肌动蛋白和细丝
细丝的主要成分是肌动蛋白。单个肌动蛋白呈球形，故称 G -肌动蛋白。许多肌动蛋白分子聚合起来形成纤维状，故称 F -肌动蛋白，即细丝的基本结构。在细丝中，由两条肌动蛋白单体聚合形成的丝互相盘绕形成螺旋形。

4. 肌肉收缩的力量来自肌球蛋白、肌动蛋白和 ATP 之间的相互作用
肌肉收缩受 Ca^{2+} 调控。Ca^{2+} 浓度大小可以改变肌钙蛋白分子的构象，从而调节肌肉收缩。Ca^{2+} 浓度增高时，可以引起肌肉收缩，浓度低于一定值时肌肉收缩停止。

5. 肌肉收缩时 ATP 的供应
肌肉收缩必需的 ATP，其根本来源是酵解作用、三羧循环和氧化磷酸化过程。由于肌肉对能量的需求不可预知，有时会产生突然的大量需求，因而必须有一个能即刻利用的能量储备。在哺乳动物肌肉中，这种能量储备物质是磷酸肌酸。当肌肉收缩时，磷酸肌酸能把其磷酸基转给 ADP，产生 ATP。这是一个可逆反应。在肌肉休止时，ATP 可将其磷酸基转给肌酸，生成磷酸肌酸储备起来。

（四）大脑和神经组织的生化

1. 大脑的能量需求

（1）大脑主要利用血液提供的葡萄糖供能，大脑对血糖最敏感。

（2）在正常情况下，血中酮体的浓度太低，不能在大脑的能量供应中起明显的作用。但在较长时期的饥饿情况下，血中酮体含量上升而血糖降低，则酮体成为主要的功能方式。另外，幼仔在哺乳期，血中酮体的浓度显著上升，以致酮体作为其大脑的能源之一。动物在患糖尿病、酮血症或摄入葡萄糖低时，大脑也利用酮体。

2. 大脑中氨和谷氨酸的代谢
神经组织中有几种酶，能以较高速度产生氨；另外，一

种重要的中枢神经抑制性递质——γ-氨基丁酸在体内存在循环反应，这个循环反应是由谷氨酸脱羧基开始的，需要磷酸吡哆醛作为辅酶，同时也能产生氨。但氨是有毒的，在大脑内的浓度必须维持在 0.3mmol/L 左右。多余的氨则形成谷氨酰胺运至肝脏以生成尿素。

（五）结缔组织的生化

结缔组织种类较多，但只有三种成分，即细胞、纤维及无定形的基质。基质和纤维是结缔组织中数量最多的成分。

1. 纤维与胶原蛋白

（1）纤维　纤维是一种线状结构，是结缔组织的重要部分，由原纤维组成，按其性质可分为三类：

①胶原纤维：也称白色纤维，具有韧性，由胶原蛋白组成，如肌腱。

②弹性纤维：也称黄色纤维，具有弹性，主要由弹性蛋白组成，如血管、韧带等。

③网状纤维：主要化学成分为另一型的胶原蛋白，内脏的结缔组织中往往以此种纤维为主。

（2）胶原蛋白　是结缔组织中主要的蛋白质，含有大量甘氨酸、脯氨酸、羟脯氨酸及少量羟赖氨酸。羟脯氨酸及羟赖氨酸为胶原蛋白所特有，体内其他蛋白质不含或含量甚微。

①体内的胶原蛋白都以胶原纤维的形式存在。胶原蛋白分子是由三条 α-肽链互作螺旋缠绕而成的三股绳索状结构，通过有规律地聚合并共价交联成胶原微纤维，胶原微纤维再进一步共价交联成胶原纤维。

②胶原蛋白性质稳定，具有较强的延伸力，不溶于水及稀盐溶液，在酸或碱中可膨胀。在水中煮沸较长时间可变性为白明胶，变性后氢键断开，三股螺旋被解开。

③牛羊的裂皮病是胶原蛋白合成不正常的一种病。

2. 基质与糖胺聚糖

（1）基质　基质是无定形的胶态物质，充满在结缔组织的细胞和纤维之间。基质的化学成分有水、非胶原蛋白、糖胺聚糖（又称黏多糖）及无机盐等。

（2）糖胺聚糖

①糖胺聚糖是结缔组织基质中的主要成分，具有酸性，故有时称为酸性黏多糖。常见的糖胺聚糖有：透明质酸、4-硫酸软骨素、6-硫酸软骨素、硫酸皮肤素、肝素等。

②糖胺聚糖的生理作用：使皮肤和组织维持丰满状态；调节阳离子在组织中的分布；促进创伤愈合；润滑关节；形成凝胶，阻止细菌和病毒侵入组织。

③糖胺聚糖的合成：合成糖胺聚糖的基本原料是葡萄糖，氨基部分来自谷氨酰胺。合成是在细胞的内质网中逐步完成的。

三、例题及解析

1. 在肝中，胆固醇可以转变为（　　　）。

　　A. 性激素　　　　　　B. 视黄醇　　　　　　C. 肾上腺素

　　D. 胆汁酸盐　　　　　E. 卵磷脂

【解析】D。胆固醇在肝中经羟化、侧链氧化断裂，转变成胆汁酸，是胆固醇代谢主要去路。

2. 肌肉中特有的能量贮存物质是（　　）。

    A. 腺苷三磷酸　　　　　　　B. 磷酸烯醇式丙酮酸　　　　C. 肌酸

    D. 磷酸肌酸　　　　　　　　E. 肌酐

【解析】D。肌肉中特有的能量贮存物质是磷酸肌酸。

3. 结缔组织基质中的主要成分是（　　）。

    A. 糖胺聚糖　　　　　　　　B. 壳多糖　　　　　　　　　C. 葡萄糖

    D. 乳糖　　　　　　　　　　E. 糖原

【解析】A。糖胺聚糖又称氨基多糖或黏多糖，是由氨基己糖、己糖醛酸等己糖衍生物与乙酸、硫酸等缩合而成的一种高分子化合物，在体内分布很广，是结缔组织基质中的主要成分。

4. 肌肉与肝脏之间氨的转运必须借助（　　）。

    A. 嘌呤核苷酸循环　　　　　B. 乳酸循环　　　　　　　　C. 柠檬酸-丙酮酸循环

    D. 丙氨酸-葡萄糖循环　　　　E. 柠檬酸循环

【解析】D。丙氨酸-葡萄糖循环是指丙氨酸和葡萄糖反复地在肌肉和肝脏之间进行氨的转运。肌肉可利用丙氨酸将氨运送到肝脏。肌肉中的氨基酸经转氨基作用将氨基转给丙酮酸生成丙氨酸，生成的丙氨酸经血液运到肝脏。在肝中通过联合脱氨基作用，释放出氨，用于尿素的形成。经转氨基作用产生的丙酮酸通过糖异生途径生成葡萄糖，形成的葡萄糖由血液回到肌肉，又沿糖分解途径转变成丙酮酸，后者再接受氨基生成丙氨酸。

5. 肝脏中解除胺类物质毒性的主要反应是（　　）。

    A. 结合反应　　　　　　　　B. 氧化反应　　　　　　　　C. 异构反应

    D. 水解反应　　　　　　　　E. 裂解反应

【解析】B。肠内腐败产生的有毒胺类（如腐胺、尸胺等）被吸收后进入肝脏，大部分经胺氧化酶催化，先被氧化成醛及氨，醛再被氧化成酸，酸再被氧化成水和 CO_2；氨则合成尿素。从而使胺类物质丧失生物活性。因此，氧化反应是肝脏中解除胺类物质毒性的主要反应。

6. 肌肉组织中细丝的主要成分是（　　）。

    A. 肌球蛋白　　　　　　　　B. 肌动蛋白　　　　　　　　C. 原肌球蛋白

    D. 肌钙蛋白　　　　　　　　E. 肌红蛋白

【解析】B。肌纤维内充满了许多纵向排列的肌原纤维，每个肌原纤维由许多重复的肌小节组成，每个肌小节由许多粗肌丝和细肌丝重叠排列而成。粗肌丝的主要成分是肌球蛋白，细肌丝的主要成分是肌动蛋白。

7. 具有细胞毒性的血红素代谢产物是（　　）。

    A. 胆素　　　　　　　　　　B. 胆绿素　　　　　　　　　C. 胆素原

    D. 游离胆红素　　　　　　　E. 结合胆红素

【解析】D。游离胆红素又称间接胆红素，即未经肝脏处理的胆红素。胆红素具有毒性，特别对神经系统的毒性较大，且在水中溶解度很小，脂溶性高。其进入血液后，可与血浆蛋白或 a1 球蛋白结合成溶解度较大的复合体，既利于运输，又限制胆红素自由地进入组织细胞产生毒性作用。

考点速记

1. 含有胍基的氨基酸是**精氨酸**。

2. **必需氨基酸**：苯丙氨酸，蛋氨酸（甲硫氨酸），赖氨酸，苏氨酸，色氨酸，亮氨酸，异亮氨酸，缬氨酸，记忆口诀是"笨蛋来宿舍晾一晾鞋"。

3. 蛋白质二级结构包括 α-螺旋、β-折叠、β-转角及无规卷曲。

4. 具有四级结构的蛋白质通常有两种或两种以上的亚基，这些亚基单独存在时不具备生物学活性。

5. 紫外线消毒的原理是因为它能引起**蛋白质变性**。

6. **透析技术**可分离蛋白质和其所含有的盐分。

7. **蛋白质紫外吸收的最大波长是 280nm，核酸紫外吸收的最大波长是 260nm**。

8. 在临床化验中，常用于去除血浆蛋白质的**生物碱试剂**为三氯醋酸。

9. 构成生物膜的骨架是**磷脂双分子层**。

10. 生物膜功能的主要体现者是**蛋白质**。

11. 胆固醇对生物膜相变温度的调节是**双向调节**。

12. 动物小肠黏膜吸收葡萄糖和氨基酸时伴有钠离子的**同向转运**。

13. 物质利用 ATP 逆浓度梯度过膜转运的方式被称作**主动运转**。

14. 细胞膜上进行捕捉和辨认胞外化学信号的成分是**糖链**。

15. 有机磷杀虫剂抑制胆碱酯酶的作用属于酶的**不可逆抑制**。

16. 酶的**比活力**越高表示酶纯度越高。

17. **米氏常数**可以近似反映酶与底物的亲和力。

18. 单胃动物**胃蛋白酶**的最适 pH 范围是 1.6~2.4。

19. 结合酶的基本结构是由酶蛋白和辅助因子组成的。

20. 动物组织中的**酶**，其最适温度大多在 35~40℃。

21. **生物素**具有结合 CO_2 的功能。

22. **糖酵解**最主要的生理意义在于在动物缺氧时能迅速提供能量。

23. 动物采食后**血糖**浓度先上升后恢复正常。

24. **反刍**动物体内葡萄糖的重要来源是由丙酸转化进入糖异生的。

25. **糖异生**是指非糖物质（乳酸、生糖氨基酸、丙酸、甘油、丙酮酸及三羧酸循环中的各种羧酸）转变成葡萄糖或糖原的过程。

26. **糖原分解**的关键酶是磷酸化酶。

27. 三羧酸循环中通过转氨形成氨基酸的酮酸是**草酰乙酸**。

28. **糖酵解途径**是哺乳动物红细胞生理活动所需能量的主要途径。

29. 与调节**血红蛋白和氧**的亲和力有密切联系的途径是 2,3-二磷酸甘油酸支路。

30. 动物长时间剧烈运动后，**补充血糖**的主要途径是糖异生。

31. 三羧酸循环中发生唯一一次底物水平磷酸化的反应是琥珀酰辅酶 A 变成琥珀酸。

32. 合成糖原所需的"**活性葡萄糖**"是 UDP-葡萄糖（UDPG）。

33. **线粒体**是真核细胞生物氧化的主要场所。

34. **脱羧**是生物氧化中产生 CO_2 的主要方式。

35. **氧化磷酸化**是动物细胞获得 ATP 的主要方式。

36. 可以在醌式结构和酚式结构之间互变的**递氢体**是 CoQ。

37. 底物脱下的氢经**琥珀酸循环**呼吸氧化,可以产生 ATP 的摩尔数是 1.5。

38. 在脂肪动员过程中催化脂肪水解的酶是**激素敏感脂肪酶**。

39. 被称为机体胆固醇"清扫机"的血浆脂蛋白是高密度脂蛋白。

40. 脂肪酸分解过程中脂酰基的载体是**肉碱**。

41. 脂肪酸合成过程中脂酰基的载体是**ACP**。

42. 动物自身不能合成,必须从饲料中摄取的脂肪酸是亚油酸、亚麻酸和花生四烯酸。

43. 血液中转运内源性甘油三酯的脂蛋白是**极低密度脂蛋白**。

44. 动物血浆低密度脂蛋白中富含胆固醇。

45. α-酮戊二酸接受氨基后可直接转化为谷氨酸。

46. **丙酮酸**接受氨基后可直接转化为丙氨酸。

47. **草酰乙酸**接受氨基后可直接转化为天冬氨酸。

48. 禽类排出氨的主要形式是**尿酸盐**。

49. **氨基酸**脱去氨基后产生氨和 α-酮酸。

50. 哺乳动物**合成尿素**的主要器官是肝。

51. 参与**联合脱氨基作用**的酶是 L-谷氨酸脱氢酶。

52. **苯丙氨酸**可以转变为肾上腺素。

53. 肌肉与肝脏之间**氨**的**转运**必须借助丙氨酸-葡萄糖循环。

54. 动物氨基酸代谢中产生**游离氨**的反应是脱氨。

55. 可以用作DNA 合成原料的核苷酸是 dTTP。

56. 氨对大脑有毒性,浓度升高时可引起"**肝昏迷**"。

57. **酮酸**在经由氨基化转变成相应氨基酸的过程中提供了碳架。

58. 氨基酸转氨酶的辅酶是**磷酸吡哆醛**。

59. 葡萄糖和脂肪酸分解进入三羧酸循环的共同中间代谢产物是乙酰 CoA。

60. **丝氨酸**脱羧产物可作为磷脂合成原料。

61. **胞嘧啶核苷三磷酸**除了用于核酸合成外,还参与磷脂合成。

62. 只出现在 DNA 分子中的碱基是胸腺嘧啶。

63. **紫外线**照射可能导致 DNA 损伤,从而诱发皮肤癌。

64. 加热可导致DNA **变性**,从而使 DNA 的紫外吸收值增加。

65. DNA 变性时对紫外光吸收的表现特征为**增色效应**。

66. 有机体信息遗传的载体是**核酸**。

67. 维持细胞外液**晶体渗透压**的主要离子是 Na^+。

68. **钾**对维持细胞内液的渗透压、酸碱平衡以及神经肌肉兴奋性都有重要作用。

69. **磷**大部分存在于骨骼中,并且是核酸的组成成分,同时还参与细胞中的物质代谢。

70. **维生素 D** 在体内的最高活性形式是 1,25-二羟维生素 D_3。

71. 影响水在细胞内、外扩散的主要因素是**晶体渗透压**。

72. 骨盐主要是指沉积于骨中的羟磷灰石。

73. **体液的渗透压决定于其溶质的有效粒子的数目。**

74. 肝脏中与含羟基、羧基毒物结合并解毒的主要物质是**葡萄糖醛酸**。

75. **游离胆红素**是具有细胞毒性的血红素代谢产物。

76. 胶原蛋白中含量最多的氨基酸是**脯氨酸**。

77. 肝脏中**解除胺类物质毒性**的主要反应是氧化反应。

78. 能够缓解高铁血红蛋白症的维生素是**维生素C**。

79. 肌肉组织中细丝的主要成分是**肌动蛋白**。

80. 在肝中，**胆固醇**可以转变为胆汁酸盐。

81. 在肝脏中与葡萄糖醛酸结合从而解毒的形式是**直接胆红素**。

82. 为减少细胞毒性，与血浆清蛋白结合后运输的形式是**间接胆红素**。

83. 代谢物中，对大脑有毒性的，甚至可以引起功能障碍的是**氨**。

84. **血红蛋**白分子中包含的金属离子是铁离子。

85. 结缔组织**基质**中的主要成分是糖胺聚糖。

86. 在大脑代谢产物中可以作为**神经递质**的是 γ-氨基丁酸。

87. **酮体**可被大脑直接利用。

88. 与肌肉**能量储备**有关的是磷酸化酶。

89. 肌肉中具有 ATP 酶活性的是**肌酸激酶**。

90. 肌肉中特有的能量贮存物质是**磷酸肌酸**。

高 频 题 练 习

1. 丙酸在反刍动物体内主要用于(　　)。
   A. 合成丙氨酸　　　　　　　B. 异生葡萄糖　　　　　　C. 运输蛋白质
   D. 转化胆固醇　　　　　　　E. 合成卵磷脂

2. 脂肪酸合成过程中脂酰基的载体主要是(　　)。
   A. CoA　　　　　　　　　　B. ACP　　　　　　　　　C. 肉碱
   D. 硫辛酸　　　　　　　　　E. 脂肪酸结合蛋白

3. 脂酰 CoA 从胞液转运进入线粒体，需要的载体是(　　)。
   A. 肉碱　　　　　　　　　　B. 苹果酸　　　　　　　　C. 柠檬酸
   D. 甘油-3-磷酸　　　　　　E. α-酮戊二酸

4. 酮酸在经由氨基化转变成相应氨基酸的过程中提供了(　　)。
   A. 羟基　　　　　　　　　　B. 能量　　　　　　　　　C. 碳架
   D. 氨基　　　　　　　　　　E. 氢原子

5. 骨盐主要是指沉积于骨中的(　　)。
   A. 氯化钙　　　　　　　　　B. 草酸钙　　　　　　　　C. 碳酸氢盐
   D. 柠檬酸钙　　　　　　　　E. 羟磷灰石

6. 生命有机体中遗传信息的载体是(　　)。
   A. 蛋白质　　　　　　　　　B. 氨基酸　　　　　　　　C. 核酸
   D. 核苷酸　　　　　　　　　E. 多糖

7. 肝脏中解除胺类物质毒性的主要反应是(　　)。

    A. 结合反应　　　　　　　　B. 氧化反应　　　　　　　　C. 异构反应

    D. 水解反应　　　　　　　　E. 裂解反应

高频题参考答案

序号	1	2	3	4	5	6	7
答案	B	B	A	C	E	C	B

模拟题练习

1. 动物不能自身合成、必须从饲料中摄取的氨基酸是(　　)。

    A. 赖氨酸　　　　　　　　　B. 甘氨酸　　　　　　　　　C. 脯氨酸

    D. 丙氨酸　　　　　　　　　E. 谷氨酸

2. 不属于蛋白质二级结构的形式是(　　)。

    A. β-折叠　　　　　　　　B. 无规卷曲　　　　　　　　C. β-转角

    D. α-螺旋　　　　　　　　E. 二面角

3. 含支链的必需氨基酸是(　　)。

    A. 蛋氨酸　　　　　　　　　B. 亮氨酸　　　　　　　　　C. 苏氨酸

    D. 赖氨酸　　　　　　　　　E. 色氨酸

4. 蛋白质具有最大紫外吸收峰的波长是(　　)。

    A. 220nm　　　　　　　　　B. 230nm　　　　　　　　　C. 240nm

    D. 260nm　　　　　　　　　E. 280nm

5. 在临床化验中,常用于去除血浆蛋白质的化学试剂为(　　)。

    A. 丙酮　　　　　　　　　　B. 硫酸铵　　　　　　　　　C. 醋酸铅

    D. 稀盐酸　　　　　　　　　E. 三氯醋酸

6. 具有四级结构的蛋白质通常有(　　)。

    A. 一个 α 亚基　　　　　　　　　　B. 一个 β 亚基

    C. 两种或两种以上的亚基　　　　　　D. 辅酶

    E. 二硫键

7. 在 280m 具有最大光吸收的蛋白质组分是(　　)。

    A. 色氨酸　　　　　　　　　B. 谷氨酸　　　　　　　　　C. 甲硫氨酸

    D. 半胱氨酸　　　　　　　　E. 肽键

8. 不影响蛋白质 α-螺旋形成的因素是(　　)。

    A. 碱性氨基酸相近排列　　　B. 酸性氨基酸相近排列　　　C. 赖氨酸的存在

    D. 丙氨酸的存在　　　　　　E. 谷氨酸的存在

9. 用于测定蛋白质相对分子质量的方法是(　　)。

    A. 260nm/280nm 紫外吸收比值　　　　B. SDS 聚丙烯酰胺凝胶电泳

    C. 凯氏定氮法　　　　　　　　　　　D. 荧光分光光度法

E. Folin 酚试剂法

10. 蛋白质变性不包括(　　)。

    A. 氢键断裂　　　　　　　　　B. 肽键断裂　　　　　　　　　C. 疏水键断裂

    D. 盐键断裂　　　　　　　　　E. 范德华力破坏

11. 每分子血红蛋白可结合氧的分子数为(　　)。

    A. 1　　　　　　　　　　　　　B. 2　　　　　　　　　　　　　C. 3

    D. 4　　　　　　　　　　　　　E. 6

12. 下列物质中，含二硫键最多的是 (　　)。

    A. 起供能作用的糖类　　　　　　　　B. 起保护作用的蛋白质（毛、发、皮、角等）

    C. 起保护作用的脂肪　　　　　　　　D. 起运输作用的蛋白质

    E. 遗传信息的载体核酸

13. 用下列方法测定蛋白质含量，需要完整的肽键的是 (　　)。

    A. 福林酚法　　　　　　　　　B. 双缩脲反应　　　　　　　　C. 紫外吸收法

    D. 茚三酮反应　　　　　　　　E. 凯氏定氮法

14. 具有较强的降低血糖活性的蛋白是(　　)。

    A. 前胰岛素原　　　　　　　　B. 胰岛素原　　　　　　　　　C. C 肽

    D. 胰岛素　　　　　　　　　　E. 胰岛素样生长因子

15. 怀疑一个病人是否患肝癌，是根据下列哪种物质超标判断的(　　)。

    A. 胆固醇　　　　　　　　　　B. 甲胎蛋白　　　　　　　　　C. 磷脂

    D. 球蛋白　　　　　　　　　　E. 转氨酶

16. 属于非极性氨基酸的是(　　)。

    A. 甘氨酸　　　　　　　　　　B. 谷氨酸　　　　　　　　　　C. 异亮氨酸

    D. 组氨酸　　　　　　　　　　E. 精氨酸

17. 属于碱性氨基酸的是(　　)。

    A. 甘氨酸　　　　　　　　　　B. 谷氨酸　　　　　　　　　　C. 异亮氨酸

    D. 苯丙氨酸　　　　　　　　　E. 精氨酸

18. 含有胍基的氨基酸是(　　)。

    A. 甘氨酸　　　　　　　　　　B. 谷氨酸　　　　　　　　　　C. 异亮氨酸

    D. 苯丙氨酸　　　　　　　　　E. 精氨酸

19. 血浆中含量最多的蛋白质是(　　)。

    A. 清蛋白　　　　　　　　　　B. 脂蛋白　　　　　　　　　　C. 糖蛋白

    D. 补体系统蛋白质　　　　　　E. 免疫球蛋白

20. 胶体渗透压的维持主要依赖(　　)。

    A. 清蛋白　　　　　　　　　　B. 脂蛋白　　　　　　　　　　C. 糖蛋白

    D. 补体系统蛋白质　　　　　　E. 免疫球蛋白

21. 胶原蛋白属(　　)。

    A. 清蛋白　　　　　　　　　　B. 脂蛋白　　　　　　　　　　C. 糖蛋白

    D. 补体系统蛋白质　　　　　　E. 免疫球蛋白

22. 有机磷杀虫剂抑制胆碱酯酶的作用属于(　　)。

    A. 竞争性抑制   B. 不可逆抑制   C. 可逆抑制

    D. 非竞争性抑制   E. 反竞争性抑制

23. 酶的比活力越高表示酶( )。

    A. 纯度越低   B. 纯度越高   C. 活力越小

    D. K_m 值越大   E. 性质越稳定

24. 可用乙酰胺解救的动物中毒病是( )。

    A. 有机氟中毒   B. 亚硝酸盐中毒   C. 有机磷中毒

    D. 有机砷中毒   E. 氰化物中毒

25. 用于治疗犬干眼病的药物是( )。

    A. 维生素 A   B. 维生素 D   C. 维生素 K

    D. 维生素 C   E. 维生素 E

26. 用于防治动物骨软症的药物是( )。

    A. 维生素 A   B. 维生素 D   C. 维生素 K

    D. 维生素 C   E. 维生素 E

27. 单胃动物胃蛋白酶的最适 pH 范围是( )。

    A. 1.6~2.4   B. 3.6~5.4   C. 6.6~7.4

    D. 7.6~8.4   E. 8.6~9.4

28. 结合酶的基本结构是( )。

    A. 由多个亚基聚合而成   B. 具有多个辅助因子

    C. 由酶蛋白和辅助因子组成   D. 由酶蛋白组成

    E. 由不同的酶结合而成

29. 具有结合 CO_2 功能的辅酶或辅基是 ( )。

    A. 四氢叶酸   B. NAD^+ C. 生物素

    D. 钴胺素   E. FAD

30. 竞争性抑制剂的作用特点是( )。

    A. 与酶的底物竞争激活剂   B. 与酶的底物竞争酶的活性中心

    C. 与酶的底物竞争酶的辅基   D. 与酶的底物竞争酶的必需基团

    E. 与酶的底物竞争酶的变构剂

31. 白化病患者是由于体内缺乏( )。

    A. 6-磷酸葡萄糖脱氢酶   B. 胆碱酯酶   C. 酪氨酸酶

    D. 碱性磷酸酶   E. 酸性磷酸酶

32. 动物体内一些水解酶类以无活性的酶原形式存在的生理意义是( )。

    A. 提高催化能力   B. 使酶相对稳定   C. 避免自身的损伤

    D. 利于和底物的结合   E. 防止酶被降解

33. 乳酸脱氢酶是一个由两种不同的亚基组成的四聚体。假定这些亚基随机结合成四聚体,可以组成同工酶的种类是( )。

    A. 两种   B. 三种   C. 四种

    D. 五种   E. 六种

34. 急性胰腺炎时,血中下列哪种酶升高( )。

A. 谷丙转氨酶   B. 淀粉酶   C. 胆碱酯酶
D. 碱性磷酸酶   E. 酸性磷酸酶

35. 非竞争性抑制作用的动力学性质是(　　)。
A. K_m 增加而 V_{max} 降低   B. K_m 降低而 V_{max} 增加   C. K_m 和 V_{max} 均降低
D. K_m 和 V_{max} 均增加   E. K_m 不变而 V_{max} 降低

36. 标本发生溶解时对酶测定不产生影响的是(　　)。
A. AST   B. ALT   C. CK
D. γ - GT   E. LD

37. 属于酶的可逆抑制剂的是(　　)。
A. 有机磷农药   B. 磺胺药   C. 青霉素
D. 有机汞化合物   E. 重金属盐

38. 属于抑制作用是通过与半胱氨酸作用，抑制含巯基酶的是(　　)。
A. 有机磷农药   B. 磺胺药   C. 青霉素
D. 有机汞化合物   E. 重金属盐

39. 能与酶分子活性部位的丝氨酸羟基结合的是(　　)。
A. 有机磷农药   B. 磺胺药   C. 青霉素
D. 有机汞化合物   E. 重金属盐

40. 抗佝偻病维生素又称(　　)。
A. 维生素 PP   B. 维生素 E   C. 维生素 D
D. 维生素 A   E. 维生素 C

41. 抗干眼病维生素又称(　　)。
A. 维生素 PP   B. 维生素 E   C. 维生素 D
D. 维生素 A   E. 维生素 C

42. 抗癞皮病因子又称(　　)。
A. 维生素 PP   B. 维生素 E   C. 维生素 D
D. 维生素 A   E. 维生素 C

43. 抗坏血酸又称(　　)。
A. 维生素 PP   B. 维生素 E   C. 维生素 D
D. 维生素 A   E. 维生素 C

44. 广泛分布于含油的植物组织中的是(　　)。
A. 维生素 E   B. 维生素 B_{12} C. 维生素 K
D. 维生素 C   E. 维生素 B_1

45. 主要来源于新鲜水果和绿叶蔬菜之中的是(　　)。
A. 维生素 E   B. 维生素 B_{12} C. 维生素 K
D. 维生素 C   E. 维生素 B_1

46. 唯一含金属元素的维生素是(　　)。
A. 维生素 E   B. 维生素 B_{12} C. 维生素 K
D. 维生素 C   E. 维生素 B_1

47. 主要分布在肾脏中的酶是(　　)。

　　　A. 碱性磷酸酶　　　　　　　　B. 酸性磷酸酶　　　　　　　　C. 乳酸脱氢酶
　　　D. 单胺氧化酶　　　　　　　　E. 谷丙转氨酶

48. 主要分布在肝脏中的酶是(　　　　)。
　　　A. 碱性磷酸酶　　　　　　　　B. 酸性磷酸酶　　　　　　　　C. 乳酸脱氢酶
　　　D. 单胺氧化酶　　　　　　　　E. 谷丙转氨酶

49. 主要分布在小肠黏膜中的酶是(　　　　)。
　　　A. 碱性磷酸酶　　　　　　　　B. 酸性磷酸酶　　　　　　　　C. 乳酸脱氢酶
　　　D. 单胺氧化酶　　　　　　　　E. 谷丙转氨酶

50. 生物膜内能调节其相变温度的成分是(　　　　)。
　　　A. 水　　　　　　　　　　　　B. Na^+　　　　　　　　　　　C. 糖类
　　　D. 胆固醇　　　　　　　　　　E. 膜蛋白

51. 细胞膜上进行信息交流的物质多数属于(　　　　)。
　　　A. 多糖　　　　　　　　　　　B. 磷脂　　　　　　　　　　　C. 蛋白质
　　　D. 核酸　　　　　　　　　　　E. 维生素

52. 主动运输与易化扩散不同之处在于(　　　　)。
　　　A. 需要载体蛋白　　　　　　　　　　　B. 扩散的速度有饱和现象
　　　C. 对转运的物质有特异性　　　　　　　D. 不消耗能量使物质逆浓度梯度双向转运
　　　E. 逆浓度梯度和消耗能量的定向转运

53. 细胞膜组成中,占质量百分比最多的是(　　　　)。
　　　A. 糖脂　　　　　　　　　　　B. 蛋白质　　　　　　　　　　C. 胆固醇
　　　D. 脂质　　　　　　　　　　　E. 糖类

54. 细胞膜组成中,分子数最多的是(　　　　)。
　　　A. 糖脂　　　　　　　　　　　B. 蛋白质　　　　　　　　　　C. 胆固醇
　　　D. 脂　　　　　　　　　　　　E. 糖类

55. 糖酵解最主要的生理意义在于(　　　　)。
　　　A. 调节动物体的酸碱平衡
　　　B. 在动物肌肉中贮存磷酸肌酸
　　　C. 满足动物大部分的 ATP 需求
　　　D. 在动物缺氧时迅速提供所需的能量
　　　E. 为动物机体提供糖异生的原料——乳糖

56. 动物采食后血糖浓度(　　　　)。
　　　A. 维持恒定　　　　　　　　　B. 逐渐下降　　　　　　　　　C. 先下降后上升
　　　D. 先下降后恢复正常　　　　　E. 先上升后恢复正常

57. 三羧酸循环中可以通过转氨形成氨基酸的酮酸是(　　　　)。
　　　A. 延胡索酸　　　　　　　　　B. 柠檬酸　　　　　　　　　　C. 苹果酸
　　　D. 异柠檬酸　　　　　　　　　E. 草酰乙酸

58. 动物长时间剧烈运动后,补充血糖的主要途径是(　　　　)。
　　　A. 葡萄糖异生　　　　　　　　B. 肝糖原分解　　　　　　　　C. 肌糖原分解
　　　D. 脂肪酸氧化　　　　　　　　E. 糖降解

59. 三羧酸循环中，发生底物水平磷酸化的反应为（ ）。
    A. 草酰乙酸与乙酰辅酶 A 的缩合　　　B. 琥珀酰辅酶 A 变成琥珀酸
    C. 琥珀酸脱氢　　　　　　　　　　　D. 延胡索酸加水
    E. 苹果酸脱氢

60. 可以在动物体内转变成葡萄糖和糖原的物质是（ ）。
    A. 乳酸　　　　　　　　B. 乙酸　　　　　　　　C. 亮氨酸
    D. 乙酰乙酸　　　　　　E. 赖氨酸

61. 磷酸戊糖途径较为活跃的器官是（ ）。
    A. 快速跳动的心脏　　　B. 剧烈运动的肌肉　　　C. 哺乳期的乳腺
    D. 机体的表皮　　　　　E. 饥饿时的肝脏

62. 动物发生急性胰腺炎时，血清中活性显著升高并且具有诊断意义的是（ ）。
    A. 丙氨酸转移酶　　　　B. 天冬氨酸转移酶　　　C. 碱性磷酸酶
    D. 淀粉酶　　　　　　　E. 肌酸激酶

63. 合成糖原所需的"活性葡萄糖"是（ ）。
    A. 葡萄糖-6-磷酸　　　B. 葡萄糖-1-磷酸　　　C. UMP-葡萄糖
    D. UDP-葡萄糖　　　　E. 葡萄糖酸

64. 为哺乳动物红细胞生理活动提供所需能量的主要途径是（ ）。
    A. 糖酵解途径　　　　　B. 2，3-二磷酸甘油酸支路　　C. 柠檬酸循环
    D. 糖醛酸循环　　　　　E. 磷酸戊糖途径

65. 与调节血红蛋白和氧的亲和力有密切联系的途径是（ ）。
    A. 糖酵解途径　　　　　B. 2，3-二磷酸甘油酸支路　　C. 柠檬酸循环
    D. 糖醛酸循环　　　　　E. 磷酸戊糖途径

66. 三羧酸循环的第一步反应产物是（ ）。
    A. 草酰乙酸　　　　　　B. 柠檬酸　　　　　　　C. 乙酰 CoA
    D. CO_2　　　　　　　　E. 丙酮酸

67. 正常情况下，肝获得能量的主要途径是（ ）。
    A. 葡萄糖进行糖酵解氧化　　B. 脂肪酸氧化　　　　C. 葡萄糖的有氧氧化
    D. 磷酸戊糖途径　　　　　　E. 氨基酸的降解

68. 在糖酵解和糖异生中都起作用的酶是（ ）。
    A. 丙酮酸激酶　　　　　　　　　　B. 丙酮酸羧化酶
    C. 3-磷酸甘油醛脱氢酶　　　　　　D. 己糖激酶
    E. 磷酸果糖激酶

69. 动物体内 1mol 葡萄糖经糖有氧氧化可产生的 ATP 为（ ）。
    A. 12mol　　　　　　　B. 24mol　　　　　　　C. 32mol
    D. 34mol　　　　　　　E. 20mol

70. 缺氧条件下，糖酵解途径生成的 $NADH+H^+$ 代谢去路是（ ）。
    A. 进入呼吸链供应能量
    B. 将丙酮酸还原为乳酸
    C. 甘油酸-3-磷酸还原为甘油醛-3-磷酸

    D. 在醛缩酶的作用下合成果糖-1，6-二磷酸

    E. 生成 α-酮戊二酸

71. 糖尿病时出现的白内障，其发病原因是(　　)。

    A. 山梨醇脱氢酶增加　　　　B. 半乳糖激酶增加　　　　C. 山梨醇脱氢酶减少

    D. 醛糖还原酶减少　　　　　E. 醛糖还原酶增加

72. 乳酸/丙酮酸比率≥35 时，提示(　　)。

    A. 高乳酸血症　　　　　　　B. 肌肉毒　　　　　　　　C. 糖异生缺陷

    D. 线粒体功能缺陷　　　　　E. 细胞内缺氧

73. 不受短期血糖浓度影响的指标是(　　)。

    A. 酮体　　　　　　　　　　B. 乳酸　　　　　　　　　C. 尿糖

    D. 糖化血红蛋白　　　　　　E. 胰岛素

74. 患糖尿病时(　　)。

    A. 葡萄糖的利用减少　　　　B. 葡萄糖的利用增加　　　C. 肝糖原降解减少

    D. 糖异生减少　　　　　　　E. 肌糖原降解减少

75. Ⅰ型糖原贮积症是(　　)。

    A. 葡萄糖-6-磷酸酶缺乏症　B. α-葡萄糖苷酶缺乏症　　C. 分支酶缺乏症

    D. 肌磷酸化酶缺乏症　　　　E. 肝磷酸化酶缺乏症

76. 体内能量的主要来源是(　　)。

    A. 糖酵解途径　　　　　　　B. 糖有氧氧化途径　　　　C. 磷酸戊糖途径

    D. 糖异生途径　　　　　　　E. 糖原合成途径

77. 只在肝进行的糖代谢途径是(　　)。

    A. 糖酵解途径　　　　　　　B. 糖有氧氧化途径　　　　C. 磷酸戊糖途径

    D. 糖异生途径　　　　　　　E. 糖原合成途径

78. 需要分支酶的途径是(　　)。

    A. 糖酵解途径　　　　　　　B. 糖有氧氧化途径　　　　C. 磷酸戊糖途径

    D. 糖异生途径　　　　　　　E. 糖原合成途径

79. 葡萄糖进行酵解，催化其第二步不可逆反应的酶是(　　)。

    A. 葡萄糖激酶　　　　　　　B. 丙酮酸激酶　　　　　　C. 6-磷酸果糖激酶-1

    D. 3-磷酸甘油酸激酶　　　　E. 磷酸烯醇式内酮酸羧激酶

80. 在肝脏葡萄糖进行糖酵解，其第一步反应的酶是(　　)。

    A. 葡萄糖激酶　　　　　　　B. 丙酮酸激酶　　　　　　C. 6-磷酸果糖激酶-1

    D. 3-磷酸甘油酸激酶　　　　E. 磷酸烯醇式内酮酸羧激酶

81. 反映机体对糖代谢能力状况的指标(　　)。

    A. 随机血糖　　　　　　　　B. 空腹血糖　　　　　　　C. OGTT

    D. GHb　　　　　　　　　　E. 酮体

82. 仅在Ⅰ型糖尿病时升高的指标是(　　)。

    A. 随机血糖　　　　　　　　B. 空腹血糖　　　　　　　C. OGTT

    D. GHb　　　　　　　　　　E. 酮体

83. 诊断糖尿病最基本的指标是(　　)。

A. 随机血糖   B. 空腹血糖   C. OGTT

D. GHb   E. 酮体

84. Ⅰ型糖尿病的急性并发症是（   ）。

A. 酮症酸中毒   B. 非酮症高渗性昏迷   C. 白内障

D. 动脉粥样硬化   E. 半乳糖血症

85. Ⅱ型糖尿病的急性并发症是（   ）。

A. 酮症酸中毒   B. 非酮症高渗性昏迷   C. 白内障

D. 动脉粥样硬化   E. 半乳糖血症

86. 不属于高糖血症的是（   ）。

A. 酮症酸中毒   B. 非酮症高渗性昏迷   C. 白内障

D. 动脉粥样硬化   E. 半乳糖血症

87. 生物体内"通用能量货币"是指（   ）。

A. ATP   B. UTP   C. GTP

D. CTP   E. ADP

88. 真核细胞生物氧化的主要场所是（   ）。

A. 线粒体   B. 溶酶体   C. 核糖体

D. 过氧化物酶体   E. 高尔基复合体

89. 可以在醌式结构和酚式结构之间互变的递氢体是（   ）。

A. NAD   B. FMN   C. FAD

D. CoA   E. CoQ

90. 生物氧化中产生 CO_2 的主要方式（   ）。

A. 缩合反应   B. 偶联反应   C. 脱氧反应

D. 脱羧反应   E. 羧化反应

91. 呼吸链的各细胞色素在电子传递中的排列顺序是（   ）。

A. c1→b→c→aa3→O_2 B. c→c1→b→aa3→O_2 C. c1→c→b→aa3→O_2

D. b→c→c1—aa3→O_2 E. b→c1→c→aa3→O_2

92. 丙酸在反刍动物体内主要用于（   ）。

A. 合成丙氨酸   B. 异生葡萄糖   C. 运输蛋白质

D. 转化胆固醇   E. 合成卵磷脂

93. 通过"逆向转运"，将胆固醇运回肝脏进行代谢的是（   ）。

A. 乳糜微粒   B. 高密度脂蛋白   C. 极低密度脂蛋白

D. 低密度脂蛋白   E. 脂肪酸清蛋白复合物

94. 猫，10 岁，近来多饮、多尿、多食且体重减轻，尿有明显的烂苹果气味，其血液生化检查显示血糖和酮体升高。此时机体最活跃的代谢途径是（   ）。

A. 葡萄糖有氧氧化   B. 脂肪酸氧化分解   C. 糖原合成

D. 核酸复制   E. 蛋白质水解

95. 软脂酰 CoA 经过一次 β-氧化的产物经三羧酸循环和呼吸链可生成的 ATP 数是（   ）。

A. 14   B. 15   C. 17

D. 23   E. 36

96. 脂肪酸活化需要( )。

     A. NAD$^+$ B. NADP$^+$ C. CoASH＋ATP

     D. UTP   E. GTP

97. 携带脂酰 CoA 通过线粒体内膜的载体是( )。

     A. 载脂蛋白   B. 脂蛋白   C. 清蛋白

     D. ACP   E. 肉碱

98. 脂肪酸在线粒体内的主要氧化方式是( )。

     A. α-氧化   B. β-氧化   C. 脱氢

     D. 加氧   E. ω 氧化

99. 有关酮体的描述正确的是( )。

     A. 糖尿病都会出现酮体升高   B. 酮体是指乙酰乙酸和 β-羟丁酸

     C. 它们在肝脏合成   D. 正常时乙酰乙酸比 β-羟丁酸浓度高

     E. 尿酮与血酮的相关性很好

100. 关于酮体的利用,琥珀酰 CoA 转硫酶所催化的反应是( )。

     A. 将丙酮酸转变为乙酰乙酸   B. 将乙酰乙酸 CoA 转变为乙酰 CoA

     C. 将 HMGCoA 转变为乙酰乙酸   D. 将乙酰乙酸转变为乙酰 CoA

     E. 将 β-羟丁酸转变为乙酰 CoA

101. 灵长类体内嘌呤代谢的最终产物是( )。

     A. 尿素   B. 乳清酸   C. 尿囊素

     D. 尿酸   E. β-氨基酸

102. 体内丙氨酸葡萄糖循环的作用是( )。

     A. 促进糖异生   B. 促进非必需氨基酸的合成

     C. 促进丙氨酸的转运   D. 促进肌肉与肝脏之间氨的转运

     E. 促进脑与肾脏之间的氨转运

103. 关于嘧啶分解代谢的正确叙述是( )。

     A. 产生尿酸   B. 代谢异常可引起痛风症

     C. 需要黄嘌呤氧化酶   D. 产生 NH_3、CO_2 与 α-氨基酸

     E. 产生 NH_3、CO_2 与 β-氨基酸

104. dTMP 合成的直接前体是( )。

     A. dUDP   B. dAMP   C. dIMP

     D. dUMP   E. dGMP

105. 肌肉中氨基酸脱氨的主要方式是( )。

     A. 联合脱氨作用   B. L-谷氨酸氧化脱氨作用   C. 转氨作用

     D. 鸟氨酸循环   E. 嘌呤核苷酸循环

106. 参与尿素形成的氨基酸是( )。

     A. 谷氨酸   B. 丙氨酸   C. 天冬氨酸

     D. 缬氨酸   E. 甘氨酸

107. 患畜血液生化检查发现血清谷草转氨酶活性明显升高,可能为( )。

  A. 慢性肝炎   B. 脑动脉血栓   C. 肾炎

  D. 肠黏膜细胞坏死   E. 心肌梗死

108. 形成尿素的部位是（   ）。

  A. 骨骼肌   B. 肾脏   C. 脑

  D. 肝脏   E. 消化道

109. 以嘌呤核苷酸循环为主要脱氨方式的部位是（   ）。

  A. 骨骼肌   B. 肾脏   C. 脑

  D. 肝脏   E. 消化道

110. 排出尿素的部位是（   ）。

  A. 骨骼肌   B. 肾脏   C. 脑

  D. 肝脏   E. 消化道

111. 苯丙酮尿症的发生是由于（   ）。

  A. 苯丙氨酸羟化酶的缺乏   B. 酪氨酸羟化酶的缺陷   C. 黑色素生成障碍

  D. 酪氨酸   E. 色氨酸

112. 尿黑酸症是由于（   ）。

  A. 苯丙氨酸羟化酶的缺乏   B. 酪氨酸羟化酶的缺陷   C. 黑色素生成障碍

  D. 酪氨酸   E. 色氨酸

113. 白化病的发生是由于（   ）。

  A. 苯丙氨酸羟化酶的缺乏   B. 酪氨酸羟化酶的缺陷   C. 黑色素生成障碍

  D. 酪氨酸   E. 色氨酸

114. DNA 的热变性是（   ）。

  A. 磷酸二酯键断裂   B. DNA 分子进一步形成超螺旋

  C. DNA 分子碱基丢失，数目减少   D. DNA 双螺旋解链

  E. DNA 双链形成左手螺旋

115. 维持细胞外液晶体渗透压的主要离子是（   ）。

  A. H^+ B. K^+ C. Na^+

  D. Mg^{2+} E. Ca^{2+}

116. 影响水在细胞内、外扩散的主要因素是（   ）。

  A. 缓冲力   B. 扩散力   C. 静水压

  D. 晶体渗透压   E. 胶体渗透压

117. 骨盐主要是指沉积于骨中的是（   ）。

  A. 氧化钙   B. 草酸钙   C. 碳酸氢盐

  D. 柠檬酸钙   E. 羟磷灰石

118. 下列不属于水的生理功能的是（   ）。

  A. 运输物质   B. 参与化学反应   C. 调节体温

  D. 维持组织正常兴奋性   E. 维持渗透压

119. 组成细胞内液的主要阴离子是（   ）。

  A. HCO_3^-（碳酸氢根离子）   B. Cl^- C. HPO_4^{2-}

  D. PO_4^{3-} E. 蛋白质

120. 组织间液与血浆的主要差异是(　　)。
　　A. Na$^+$ 含量　　　　　　B. K$^+$ 含量　　　　　　C. HCO$_3^-$ 含量
　　D. 有机酸含量　　　　　　E. 蛋白质含量

121. 有效胶体渗透压是指(　　)。
　　A. 细胞间液胶体渗透压　　　　　　B. 血浆胶体渗透压
　　C. 血浆小分子物质引起的渗透压　　　　　　D. 细胞间液小分子物质引起的渗透压
　　E. 血浆胶体渗透压与细胞间液胶体渗透压之差

122. 将维生素 D$_3$ 转化为 25 - OHD$_3$ 的器官是(　　)。
　　A. 肝　　　　　　B. 小肠　　　　　　C. 肾
　　D. 骨骼　　　　　　E. 脾

123. 排出磷的主要器官是(　　)。
　　A. 肝　　　　　　B. 小肠　　　　　　C. 肾
　　D. 骨骼　　　　　　E. 脾

124. 钙磷分布最多的器官是(　　)。
　　A. 肝　　　　　　B. 小肠　　　　　　C. 肾
　　D. 骨骼　　　　　　E. 脾

125. 与水盐代谢有关的是(　　)。
　　A. 盐皮质激素　　　　　　B. Ca^{2+}　　　　　　C. 糖皮质激素
　　D. 甲状腺素　　　　　　E. 甲状旁腺素

126. 与钙沉积和动员有关的是(　　)。
　　A. 盐皮质激素　　　　　　B. Ca^{2+}　　　　　　C. 糖皮质激素
　　D. 甲状腺素　　　　　　E. 甲状旁腺素

127. 可以作为第二信的是(　　)。
　　A. 盐皮质激素　　　　　　B. Ca^{2+}　　　　　　C. 糖皮质激素
　　D. 甲状腺素　　　　　　E. 甲状旁腺素

128. 高渗性脱水(　　)。
　　A. 血浆 Na$^+$＞150mmol/L　　　　　　B. 血浆 Na$^+$ 为 130～150mmol/L
　　C. 血浆 Na$^+$＜150mmol/L　　　　　　D. 血浆 Cl$^-$＋HCO$_3^-$＞160mmol/L
　　E. 血浆 Cl$^-$＋HCO$_3^-$＜120mmol/L

129. 不属于 DNA 修复的是(　　)。
　　A. 光修复　　　　　　B. 切除修复　　　　　　C. 重组修复
　　D. 应急修复　　　　　　E. 转氨修复

130. 动物在摄入葡萄糖较少或患糖尿病时，大脑也利用(　　)。
　　A. 脂肪　　　　　　B. 蛋白质　　　　　　C. 酮体
　　D. 核酸　　　　　　E. 维生素

131. 肝脏中与含羟基、羧基毒物结合并解毒的主要物质是(　　)。
　　A. 硫酸　　　　　　B. 甘氨酸　　　　　　C. 谷氨酰胺
　　D. 乙酰 CoA　　　　　　E. 葡萄糖醛酸

132. 具有细胞毒性的血红素代谢产物是(　　)。

　　　A. 胆素　　　　　　　　　B. 胆绿素　　　　　　　C. 胆素原

　　　D. 游离胆红素　　　　　　E. 结合胆红素

133. 胶原蛋白中含量最丰富的氨基酸是(　　)。

　　　A. 丙氨酸　　　　　　　　B. 亮氨酸　　　　　　　C. 脯氨酸

　　　D. 色氨酸　　　　　　　　E. 半胱氨酸

134. 肝脏内最重要的解毒方式是(　　)。

　　　A. 结合解毒　　　　　　　B. 联合解毒　　　　　　C. 还原解毒

　　　D. 水解解毒　　　　　　　E. 氧和解毒

135. 对血糖浓度降低最敏感的器官是(　　)。

　　　A. 心脏　　　　　　　　　B. 大脑　　　　　　　　C. 小脑

　　　D. 肺脏　　　　　　　　　E. 肝脏

模拟题参考答案

题号	1	2	3	4	5	6	7	8	9	10	11	12	13	14	15	16	17	18	19	20
答案	A	E	B	E	E	C	A	D	B	B	D	B	B	D	B	C	E	E	A	A
题号	21	22	23	24	25	26	27	28	29	30	31	32	33	34	35	36	37	38	39	40
答案	C	B	B	A	A	B	A	C	C	B	C	C	D	B	E	D	B	D	A	C
题号	41	42	43	44	45	46	47	48	49	50	51	52	53	54	55	56	57	58	59	60
答案	D	A	E	A	D	B	C	E	A	D	A	E	B	D	D	E	E	A	B	A
题号	61	62	63	64	65	66	67	68	69	70	71	72	73	74	75	76	77	78	79	80
答案	C	D	D	A	B	B	C	C	C	B	E	E	D	A	A	B	D	E	C	A
题号	81	82	83	84	85	86	87	88	89	90	91	92	93	94	95	96	97	98	99	100
答案	C	E	B	A	B	E	A	A	E	D	E	B	B	B	A	C	E	D	C	A
题号	101	102	103	104	105	106	107	108	109	110	111	112	113	114	115	116	117	118	119	120
答案	D	D	E	E	E	C	E	D	A	B	A	B	C	D	C	D	E	D	C	E
题号	121	122	123	124	125	126	127	128	129	130	131	132	133	134	135					
答案	E	A	C	D	A	E	B	A	E	C	E	D	C	A	B					

第五篇

动物病理学

■ 备考指南

学科特点

1. 动物病理学是一门重要的专业基础课程，是一门衔接基础课和临床课的桥梁课。
2. 理论性强，知识点多，涉及疾病的原因、发生发展、转归和病理变化等。
3. 部分知识点相互联系，关系复杂，需自行梳理。

学习方法

最核心的方法：记忆知识点，模拟疾病进程，构建知识树。

近五年分值分布

年份	章节														
	动物病理总论	组织与细胞损伤	病理性物质沉着	血液循环障碍	细胞、组织的适应与修复	水盐代谢及酸碱平衡紊乱	缺氧	发热	应激与疾病	炎症	败血症	肿瘤	器官系统病理学概论	动物病理剖检诊断技术	合计
2019	1	1	2	1	1	1	1	1	0	3	0	1	4	0	17
2020	1	1	0	1	1	1	1	0	0	5	0	2	4	0	17
2021	1	2	1	2	1	2	1	0	0	8	0	2	0	0	20
2022	1	3	2	2	1	1	0	1	0	2	0	1	3	0	17
2023	1	3	1	1	1	1	0	1	1	5	1	1	3	0	20
总计	5	10	6	7	5	6	3	2	1	24	1	7	14	0	91

<<< 第一单元　动物病理总论 >>>

一、考试大纲

单元	细目	要点
动物病理总论	1. 概述	（1）动物疾病的概念及特点　（2）动物疾病经过、分期及特点　（3）动物疾病的转归　（4）疾病发生的一般规律
	2. 病因学概论	（1）疾病发生的外因　（2）疾病发生的内因　（3）影响疾病发生的因素

二、重要知识点

（一）概述

1. 动物疾病的概念及特点

（1）概念　疾病是指机体在一定条件下与来自内外环境中的致病因素相互作用所产生的损伤和抗损伤的斗争过程。

（2）特点　①因果性；②失协调性；③疾病实质上是损伤和抗损伤的斗争过程；④生产性能（产蛋、产奶、增重等）下降是疾病的标志之一。

2. 疾病的经过、分期及特点　见图 5-1-1。

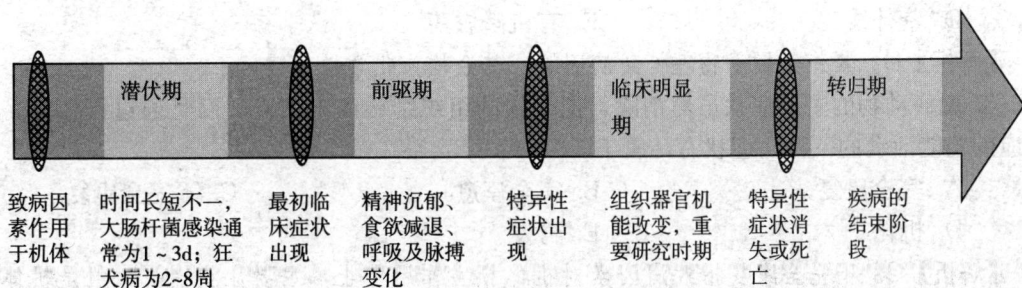

图 5-1-1　疾病的经过结构

（1）潜伏期　又称隐蔽期，指从致病因素作用于机体到机体出现最初临床症状之间的阶段。

（2）前驱期　又称先兆期，指从疾病出现最初症状开始，到疾病的主要症状（或特异性症状）出现的阶段。

（3）临床明显期　又称临床经过期、症状明显期，指疾病的特征性症状表现出来的阶段。

（4）转归期　指疾病的结束阶段。通常分为完全康复、不完全康复和死亡。

3. 动物疾病的转归

（1）完全康复　指机体完全恢复健康，也称痊愈。

（2）不完全康复　致病因素对机体损害作用停止，主要症状消失，但是机体功能、代谢、形态损伤未完全恢复，机体在一定程度上处于病理状态。

（3）死亡　①濒死期：动物反应迟钝、感觉消失、间歇性呼吸，为动物死亡的最初阶段；②临床死亡期：心跳和呼吸完全停止，各种反射消失，是死亡的可逆阶段；③生物学死亡期：各组织器官新陈代谢停止，无复活可能，是死亡的不可逆阶段。

4. 疾病发生的一般规律　损伤与抗损伤贯穿疾病发展的始终；疾病过程中的因果转化；疾病过程中整体与局部的关系。

（二）病因学概论

1. 疾病发生的外因　物理性致病因素；化学性致病因素；生物性致病因素；营养性致病因素。

2. 疾病发生的内因　机体反应性的改变；机体防御能力的改变；遗传因素；应激。

3. 影响疾病发生的因素　社会条件；自然条件。

三、例题及解析

1. 属于生物性致病因素的是（　　）。
    A. 烧伤　　　　　　　　　B. 芥子气　　　　　　　　　C. 紫外线
    D. 化脓杆菌　　　　　　　E. 乙醚

【解析】D。A、C选项属于物理性致病因素，B、E选项属于化学性致病因素。

2. 不属于化学性致病因素的是（　　）。
    A. 强酸、强碱　　　　　　B. 蛇毒　　　　　　　　　　C. 芥子气
    D. 紫外线　　　　　　　　E. 有机磷农药

【解析】D。紫外线属于物理性致病因素，其余均为化学性致病因素。

3. 患病动物的主要症状虽然消除，但受损的组织结构尚未恢复，而是通过代偿维持其相应的功能活动的一种病理状态，属于（　　）。
    A. 完全康复　　　　　　　B. 完全痊愈　　　　　　　　C. 不完全康复
    D. 机化　　　　　　　　　E. 再发

【解析】C。不完全康复指致病因素对机体损害作用停止，主要症状消失，但是机体功能、代谢、形态损伤未完全恢复，机体在一定程度上处于病理状态。

4. 维生素E缺乏引起雏鸡脑软化的病因属于（　　）。
    A. 物理性因素　　　　　　B. 环境因素　　　　　　　　C. 化学性因素
    D. 血液循环障碍　　　　　E. 生物性因素

【解析】B。缺乏维生素E属于营养性致病因素，故也属于环境因素。

5. 疾病发展过程中，从最初症状出现到典型症状开始暴露的时期称为（　　）。
    A. 潜伏期　　　　　　　　B. 前驱期　　　　　　　　　C. 症状明显期
    D. 转归期　　　　　　　　E. 隐蔽期

【解析】B。前驱期指从疾病出现最初症状，到主要症状开始暴露的阶段。

<<< **第二单元　组织与细胞损伤** >>>

一、考试大纲

单元	细目	要点
组织与细胞损伤	1. 变性	(1) 细胞肿胀的概念、原因和发病机理、病理变化及结局　(2) 脂肪变性和脂肪浸润的概念、原因和发病机理、病理变化及结局　(3) 玻璃样变性的概念、原因和发病机理、病理变化　(4) 淀粉样变性的概念、原因、病理变化及结局
	2. 细胞死亡	(1) 细胞死亡的类型及其概念　(2) 细胞凋亡与细胞坏死的区别　(3) 细胞坏死的基本病理变化　(4) 细胞坏死的类型及其特点　(5) 细胞坏死的结局　(6) 细胞自噬

二、重要知识点

(一) 变性

1. 细胞肿胀　细胞肿胀是指细胞内水分增多、胞体增大，细胞质内出现微细蛋白质颗粒或大小不等的水泡。常见于肝细胞、肾小管上皮细胞、心肌细胞等，也可见于皮肤和黏膜的被覆上皮细胞。

根据肿胀程度又分为颗粒变性、水泡变性、气球样变。

(1) 发生原因　缺氧、感染、发热、中毒等因素的影响。

(2) 病理变化　眼观时可见体积肿大、色泽变淡、质地脆软、被膜紧张，似沸水烫过，色泽苍白混浊，边缘翻起。镜检根据其肿胀程度，分为以下几种：

①颗粒变性：细胞质内出现颗粒，细胞核淡染；

②水泡变性：细胞内出现大小不一的水泡，细胞核淡染，多个水泡可融合；

③气球样变：细胞淡染，呈大泡状，似一个气球。

2. 脂肪变性及脂肪浸润　脂肪变性是指细胞的细胞质内出现脂滴。脂肪浸润是指脂肪细胞出现在不含有脂肪细胞的组织器官间质内，通常出现在心脏、胰腺、骨骼肌内。

脂肪肝指肝内脂肪蓄积超过肝重量的 5% 或在组织学上肝细胞 50% 以上发生脂肪变性。

脂肪变性常发生于肝、肾、心等实质器官，以肝脂肪变性最常见。常与细胞肿胀先后、同时发生于同一实质器官。

(1) 原因和机制　①感染、中毒、缺氧等导致结构脂肪被破坏，从而出现脂肪显现；②叶酸、磷脂、胆碱等缺乏导致脂肪堆积；③机体保持饥饿状态等导致脂肪进入肝脏过多。

(2) 病理变化　①眼观可见轻度脂肪变性，器官变化常不明显，仅仅可见器官发黄。严重时器官体积肿大，表面和切面均呈土黄色或黄褐色，且切面模糊，油腻，重量减轻。心脏发生脂肪变性时可呈红黄相间的虎皮状斑纹，称为"虎斑心"，常见于幼畜口蹄疫、犬心肌炎型细小病毒病；肝脂肪变性同时伴有肝脏淤血，则肝脏切面形成红黄相间的类似槟榔切面的花纹色彩，称作"槟榔肝"。②镜检可见细胞肿胀，细胞质内出现脂肪滴，HE染色时细胞质内出现大小不一的圆球状空泡，用苏丹Ⅲ染料可将其染成橘红，油红染色可染成橘红色，锇酸染色可呈黑色。

3. 玻璃样变性 玻璃样变性又称为透明变性，指细胞内、血管壁或结缔组织内出现一种半透明、无结构的玻璃样（蛋白质样）物质，其可被伊红或酸性复红染成鲜红色。可分为血管壁透明变性、纤维组织透明变性、细胞内透明变性（透明滴状变）。

4. 淀粉样变性 淀粉样物质在某些器官的网状纤维、血管壁或组织间隙沉着的一种病理过程。本质为黏多糖蛋白质，遇碘变赤褐色，加1%硫酸后变紫蓝色。是免疫系统功能障碍的表现，多发生于慢性化脓性炎症、结核、鼻疽以及制造免疫血清的动物等长期伴有组织破坏的慢性消耗性疾病和慢性抗原性刺激的病理过程。常发器官：脾、肝、肾、淋巴结。

（1）肝脏淀粉样变性 眼观可见肝脏肿大，质软易碎；镜检可见细胞间隙、小血管等附近出现淀粉样物质，呈淡红色。

（2）脾脏淀粉样变性 眼观可见脾脏肿大，质软易碎；镜检可见白髓、红髓上沉着均质、红染的无结构物质，其中沉积在白髓淋巴滤泡可形成白色颗粒又称"西米脾"，沉积在红髓呈"火腿脾"。淡红色淀粉样物质弥漫地沉着于脾髓细胞间和网状纤维上，呈不规则的团块状和索状，淋巴细胞减少甚至消失。

（3）肾脏淀粉样变性 眼观可见体积增大，色泽变黄，表面光滑，质软。镜检可见粉红色团块状物质沉积于肾小球毛细血管壁、肾小球囊壁、肾小管基底膜；严重时，肾小球被完全取代。

（二）细胞死亡

当细胞发生代谢停止、结构破坏、功能丧失等不可逆变化时，称为不可逆性损伤，即细胞死亡。细胞死亡分为坏死和凋亡两种类型。

1. 定义 活体内局部组织细胞的病理性死亡过程称坏死。

不可逆病理变化，多为渐进性坏死，致病因素作用强烈时可立即发生。与细胞凋亡区别如表5-2-1所示。

表5-2-1 细胞坏死与细胞凋亡的区别

项目	细胞凋亡	细胞坏死
发生特点	发生时多数为单个散在细胞	多数为连续大片的细胞组织发生
细胞膜	通常保持完整	碎裂，不完整
细胞体积	变小（细胞固缩所致）	增大（细胞肿胀所致）
细胞器	完整、内容物无外漏	肿胀，破裂，酶、内容物等外漏
核染色体	挤于核膜下	分散凝集，有时呈絮状
凋亡小体	有	无（细胞破裂，溶解）

2. 原因和机理 任何致病因素只要达到一定强度或持续相当的时间，能使细胞、组织代谢完全停止者，都能引起坏死。

3. 病理变化

（1）眼观　可见组织失去正常光泽，浑浊，失去弹性和温度，切割时无血液流出。坏死2~3d后在坏死组织周围出现一条明显的分界性炎性反应带。

（2）镜检　①细胞核的变化是光镜下判断细胞坏死的主要标志，常见有核浓缩、核碎裂、核溶解等三种核象。②细胞质红染、颗粒状、溶解液化或固缩形成嗜酸性小体。③间质：结缔组织基质变成一片均质、无结构、红染的纤维素样物质。

4. 坏死的类型和特点　根据坏死组织的形态表现，可分为凝固性坏死、液化性坏死和坏疽。

（1）凝固性坏死　指组织坏死后，由于失去水分和蛋白质凝固，变成一种灰白色或灰黄色，比较干燥的固体物质。常见有贫血性梗死、干酪样坏死和蜡样坏死等三种。

①贫血性梗死：眼观可见器官肿胀，质地干燥，坏死灶灰白或黄白色，常见于肾、心等实质器官；镜检可见细胞结构消失。

②干酪样坏死：特征是坏死组织分解比较彻底，并含有较多脂质。眼观可见坏死灶灰白或灰黄色，质地松软，像奶酪或豆腐渣；镜检可见组织固有结构完全破坏，细胞彻底崩解，融合为模糊红染的颗粒状物质。常见于结核分枝杆菌感染。

③蜡样坏死：眼观可见肌肉肿胀、浑浊、干燥坚实，灰黄或灰白色，如同石蜡。镜检可见细胞结构消失，形成均质红染的颗粒状物质。常见于白肌病、犊牛口蹄疫的心肌和骨骼肌。

（2）液化性坏死　指坏死组织受蛋白溶解酶的作用溶解成液体状态；常发生于中枢神经系统、胃肠、胰脏。

（3）坏疽　指组织坏死后受到外界环境的影响和不同程度的腐败菌感染引起的继发变化。可分为干性坏疽、湿性坏疽和气性坏疽。

①干性坏疽：常见于缺血性坏死、冻伤、褥疮、猪丹毒、猪钩端螺旋体感染等，多发于四肢、尾尖等，坏死灶干燥、黑褐色，干涸皱缩，通常跟健康组织间有炎性反应带。

②湿性坏疽：坏死组织在腐败菌作用下发生液化。常见与外界相通且湿润的内脏器官，例如肺、肠、子宫等，坏死灶污灰色、暗绿色或黑色糊粥样，局部恶臭。

③气性坏疽：在不同部位皮肤和肌肉内形成黑褐色肿胀，为液化性坏死的一种特殊形式。原因多为深部创伤感染厌气性细菌（恶性水肿杆菌和产气荚膜杆菌），坏死区肿胀，暗棕黑色，按压有捻发音。坏死组织呈蜂窝样，用手压有捻发音。

结局及对机体影响：

（1）溶解吸收　小坏死灶通过本身崩解或经白细胞蛋白水解酶分解为小碎片或完全液化，由巨噬细胞吞噬消化，或由淋巴管和小血管吸收，缺损组织由周围健康组织再生予以修复，不留明显痕迹。

（2）腐离脱落　较大的坏死灶，在坏死区与周围活组织之间发生反应性炎症。大量白细胞游出使坏死区周围发生脓性溶解，造成坏死组织与周围组织分离脱落，称为腐离。留下的缺损浅的称为腐烂，深层缺损称为溃疡。

（3）机化和包囊形成　当坏死组织范围较大时，由坏死灶周围的肉芽组织逐渐生长将坏死组织溶解替代的过程称为机化。坏死组织不能被完全替代时，则由周围新生肉芽组织将其包裹起来，称为包囊形成。

（4）钙化　坏死组织和细胞碎片若未被及时清除，则日后可发生钙盐和其他矿物质的沉积，引起营养不良性钙化。

三、例题及解析

1. 下列病变哪项不属于可逆性病理变化（　　）。
    A. 细胞肿胀　　　　　　　B. 脂肪变化　　　　　　　C. 纤维素样变化
    D. 透明变化　　　　　　　E. 沉淀样变
【解析】C。因纤维素样变化又称为纤维素样坏死，故不可逆。

2. 镜检见骨骼肌纤维间分布大量空泡状脂肪细胞，是（　　）。
    A. 脂肪变性　　　　　　　B. 脂肪浸润　　　　　　　C. 淀粉样变
    D. 玻璃样变　　　　　　　E. 空泡变性
【解析】B。脂肪浸润是指脂肪细胞出现在不含有脂肪细胞的组织、器官间质内，通常出现在心脏、胰腺、骨骼肌内。

3. 细胞凋亡的形态学特征是（　　）。
    A. 形成凋亡小体　　　　　B. 间质崩解　　　　　　　C. 细胞核碎裂
    D. 细胞结构破坏　　　　　E. 细胞质红染
【解析】A。细胞凋亡又称细胞程序性死亡，特征为出现凋亡小体。

4. 白肌病，其骨骼肌的坏死类型属于（　　）。
    A. 液性坏疽　　　　　　　B. 蜡样坏死　　　　　　　C. 干酪样性坏死
    D. 液性坏死　　　　　　　E. 营养性脂肪坏死
【解析】B。蜡样坏死眼观可见肌肉肿胀、浑浊、干燥坚实，灰黄或灰白色，如同石蜡，常见于白肌病、犊牛口蹄疫的心肌和骨骼肌。

5. 细胞坏死是（　　）。
    A. 能形成凋亡小体的病理过程　　　　B. 有基因决定的细胞自我死亡
    C. 不可逆的过程　　　　　　　　　　D. 可逆的过程
    E. 细胞器萎缩的过程
【解析】C。细胞受到严重损伤后，代谢停止、结构破坏和功能丧失等不可逆变化，即为细胞死亡。

6. 细胞内水分增多，胞体增大，细胞质内出现微细颗粒或大小不等的水泡称为（　　）。
    A. 脂肪变性　　　　　　　B. 黏液样变性　　　　　　C. 淀粉样变
    D. 透明变性　　　　　　　E. 细胞肿胀
【解析】E。细胞肿胀指由于细胞内水分增多而细胞肿大的细胞病变的总称。

7. 脾脏红髓发生淀粉样变属于（　　）。
    A. 西米脾　　　　　　　　B. 火腿脾　　　　　　　　C. 出血脾
    D. 大理石样花纹　　　　　E. 扣状肿
【解析】B。脾淀粉样变性眼观可见脾脏肿大，质软易碎；镜检可见白髓、红髓上沉着均质、红染的无结构物质，其中沉积在白髓淋巴滤泡可形成白色颗粒又称"西米脾"，沉积在红髓称"火腿脾"。

<<< 　第三单元　病理性物质沉着　>>>

一、考试大纲

单元	细目	要点
病理性物质沉着	1. 钙化	(1) 概念　(2) 类型、原因及病理变化　(3) 对机体的影响
	2. 黄疸	(1) 概念　(2) 类型、原因及发病机理　(3) 对机体的影响
	3. 含铁血黄素沉着	(1) 概念　(2) 原因、分类和发病机理　(3) 病理变化
	4. 尿酸盐沉着	(1) 概念　(2) 原因和发病机理　(3) 病理变化　(4) 对机体的影响
	5. 糖原沉着	(1) 概念　(2) 原因、分类和发病机理　(3) 病理变化
	6. 外源性色素沉着	(1) 炭末沉着的病理变化特点　(2) 粉尘沉着　(3) 文身色素　(4) 四环素沉着　(5) 福尔马林色素沉着的病理变化特点

二、重要知识点

（一）钙化

除骨和牙齿外，在机体的其他组织发生钙盐沉着的现象，称病理性钙化；可分为营养不良性钙化和转移性钙化。

1. 营养不良性钙化　营养不良性钙化是指钙盐沉着在变性、坏死组织或病理产物中。这种钙化并无血钙含量的升高，即没有全身性钙、磷代谢障碍，而仅是钙盐在局部组织的析出和沉积。

病理变化：眼观可见钙化灶呈灰白色、坚硬，触之有沙粒感。刀切时发沙沙声。HE染色时钙盐呈粉末、颗粒或斑块状，深蓝色。

2. 转移性钙化　转移性钙化是由于全身性的钙、磷代谢障碍，血钙和（或）血磷含量增高，钙盐沉着在机体多处健康组织中所致。钙盐沉着的部位多见于肺脏、肾脏、胃黏膜和动脉管壁。维生素D摄入过多或甲状旁腺机能亢进时机体血钙、血磷等浓度上升，从而导致机体出现磷酸钙沉积。

（二）黄疸

胆色素代谢障碍时血浆胆红素浓度增高，将动物皮肤、黏膜、巩膜、浆膜、实质器官等染成黄色的病理现象称为黄疸，又称高胆红素血症。

1. 胆红素代谢途径　见图5-3-1。

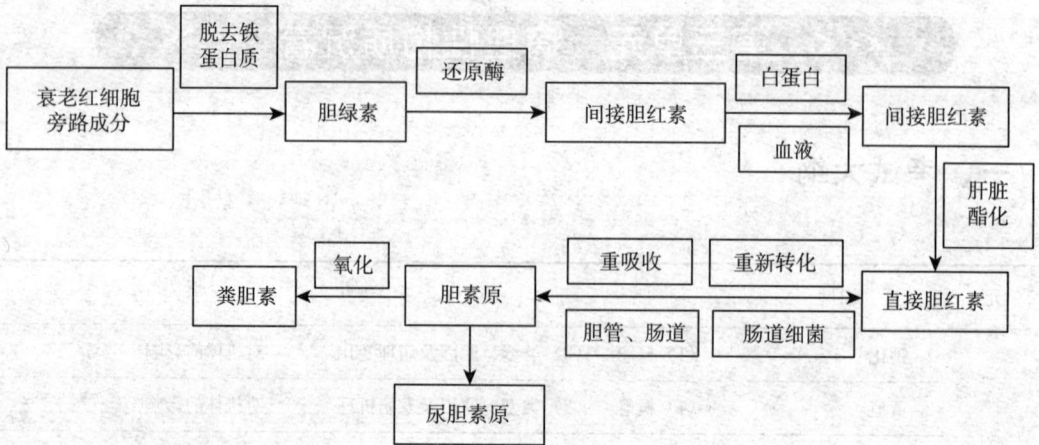

图 5-3-1 胆红素的代谢

2. 黄疸的类型

(1) 溶血性黄疸 指红细胞大量破坏，导致血液中的间接胆红素含量升高引起的黄疸，也称为肝前性黄疸。

(2) 实质性黄疸 指肝细胞严重损伤，肝功能障碍，其摄取、转化、排泄胆红素的能力下降，因此导致血液中直接胆红素、间接胆红素含量都升高的黄疸，也称肝性黄疸。

(3) 阻塞性黄疸 阻塞性黄疸是指因胆管狭窄或阻塞，导致直接胆红素向肝外排出障碍而逆流入血引起的黄疸，也称为肝后性黄疸。

各型黄疸特点如表 5-3-1 所示。

表 5-3-1 各型黄疸特点

项目	溶血性黄疸（肝前性黄疸）	实质性黄疸（肝性黄疸）	阻塞性黄疸（肝后性黄疸）
发病机理	红细胞破坏，间接胆红素过多生成	肝细胞损伤，肝功能障碍，直接、间接胆红素均增多	肝内外胆管阻塞，胆汁排出障碍，直接胆红素淤积
血中间接胆红素	增多	增多	不变或增多
血中直接胆红素	增多	增多	增多
凡登白试验	间接反应阳性	间接反应阳性、直接反应阳性	直接反应阳性
尿中胆红素检测	阴性	阳性	阳性
尿胆素原含量	增加	增加	减少
粪胆素原含量	增加	减少	减少或无
特点	溶血性贫血	肝功能障碍、肝炎等	胆汁血症

3. 结局及对机体影响

(1) 胆汁入血，病畜轻度兴奋、消化不良；持续时间久则从肾脏排出导致肾脏疾病，随血液循环系统至全身各部则导致皮肤瘙痒、心跳变慢、血压降低、中枢神经系统功能抑制。

(2) 机体消化障碍，营养不良，导致维生素缺乏，机体出血。

(3) 核黄疸 由于血中间接胆红素增高，因其脂溶性而透过生物膜，与脑神经核的脂类结合，将神经核染成黄色。

（三）含铁血黄素沉着

红细胞被巨噬细胞吞噬后，经一系列作用形成含铁血黄素，光镜下为黄褐色、黄棕色颗粒。

含铁血黄素沉着指含铁血黄素在正常不见含铁血黄素的组织中出现和正常存在的组织中含铁血黄素过多聚积的现象。

全身性含铁血黄素沉着见于各种原因引起的大量红细胞破坏性疾病；局部含铁血黄素沉着见于慢性心力衰竭，含铁血黄素沉着时普鲁士蓝染色反应阳性，呈蓝色。

（四）尿酸盐沉着

血液中尿酸浓度升高，并以尿酸盐的形式沉着在体内一些器官组织而引起的疾病。

1. 原因和机理

（1）蛋白质特别是核蛋白的摄入过多（如鱼粉、肉粉等），鸡易发。

（2）肾脏的损害：维生素 A 缺乏、磺胺类药物摄入过多、畜禽传染病等。

（3）饲养管理不良和遗传因素。

2. 病理变化

眼观：内脏型可见内脏器官浆膜上有灰白色尿酸盐结晶沉积；关节型可见脚趾和腿部关节肿胀，关节软骨、关节周围结缔组织、滑膜、腱鞘、韧带等部位可见白色尿酸盐沉着。

镜检：HE 染色时呈现均质、粉红色、大小不等的结节。

（五）糖原沉着

指细胞的细胞质内有大量糖原蓄积。可见于糖尿病及糖原酶缺乏的疾病。

三、例题及解析

1. 在普鲁士蓝染色的组织切片中，含铁血黄素颗粒呈（　　）。

    A. 黄色　　　　　　　　　　B. 红色　　　　　　　　　　C. 蓝色

    D. 绿色　　　　　　　　　　E. 紫色

【解析】C。普鲁士蓝染色含铁血黄素时呈蓝色。

2. 泰迪犬，5 岁，肝性中毒，直接胆红素和间接胆红素均升高，是（　　）黄疸。

    A. 肝前　　　　　　　　　　B. 肝后　　　　　　　　　　C. 溶血性

    D. 肝性　　　　　　　　　　E. 阻塞性

【解析】D。由于肝脏病变导致的黄疸称为肝性黄疸。

3. 证明脾脏中有含铁血黄素的染色方法是（　　）。

    A. PAS 染色　　　　　　　　B. 刚果红染色　　　　　　　C. 普鲁士蓝染色

    D. 苏丹Ⅳ染色　　　　　　　E. 苏丹Ⅲ染色

【解析】C。普鲁士蓝染色含铁血黄素时呈蓝色。

4. 心力衰竭细胞胞质内的非结晶性颗粒的颜色（HE）常呈（　　）。

    A. 黄棕色　　　　　　　　　B. 黑色　　　　　　　　　　C. 蓝色

D. 紫色　　　　　　　　　　E. 红色

【解析】A。心衰细胞内出现的非结晶性颗粒通常为含铁血黄素，光镜下呈黄棕色。

第5～6题共用备选答案

　　A. 高胆红素血症　　　　B. 血钙浓度升高　　　　C. 尿酸盐沉着
　　D. 磷酸铵镁沉着　　　　E. 含铁血黄素沉着

5. 机体发生转移性钙化是由于(　　　)。

【解析】B。由于全身性的钙盐代谢障碍，使机体血钙和（或）血磷升高，导致钙盐在机体多处健康组织内沉积，称为转移性钙化。

6. 胆管阻塞可引起(　　　)。

【解析】A。胆管阻塞导致毛细胆管破裂后，直接胆红素会入血产生高胆红素血症。

7 病鸡，行动迟缓，腿关节肿大。死后剖检见肾、肝被膜和心包上有大量石灰样物质沉积。该病最可能的诊断是(　　　)。

　　A. 病毒性关节炎　　　　B. 痛风　　　　　　　C. 维生素 E 缺乏
　　D. 维生素 B 族缺乏　　　E. 大肠杆菌病

【解析】B。痛风是指体内嘌呤代谢障碍，血液中尿酸增高，并伴有尿酸盐结晶沉着在体内一些器官组织而引起的疾病。内脏型可见内脏器官浆膜上有灰白色尿酸盐结晶沉积；关节型可见脚趾和腿部关节肿胀，关节软骨、关节周围结缔组织、滑膜、腱鞘、韧带等部位均可见白色尿酸盐沉着。

8. HE 染色切片中，痛风结节呈(　　　)。

　　A. 灰白色　　　　　　　B. 蓝色　　　　　　　C. 黄色
　　D. 棕色　　　　　　　　E. 粉红色

【解析】E。痛风即尿酸盐沉着，在 HE 染色的组织切片，可见均质、粉红色、大小不等的痛风结石。

<<< 第四单元　血液循环障碍 >>>

一、考试大纲

单元	细目	要点
血液循环障碍	1. 充血	(1) 概念和类型　(2) 肝淤血原因、发生机理、病理变化及结局　(3) 肺淤血原因、发生机理、病理变化及结局　(4) 肾淤血原因、发生机理、病理变化及结局
	2. 出血	(1) 概念、类型及原因　(2) 病理变化　(3) 对机体的影响
	3. 血栓形成	(1) 血栓形成的概念和血栓的类型　(2) 血栓形成的条件　(3) 对机体的影响
	4. 栓塞	(1) 栓塞与栓子的概念　(2) 栓子运行途径　(3) 栓塞的类型及对机体的影响

（续）

单元	细目	要点
血液循环障碍	5. 梗死	（1）概念　（2）类型及病理变化
	6. 弥散性血管内凝血	（1）概念　（2）发生原因及机理　（3）对机体的影响
	7. 休克	（1）概念　（2）原因、分类及发生机理　（3）休克的分期及特点　（4）对机体的影响

二、重要知识点

（一）充血

1. 概念和类型　局部组织器官的血管内含血量增多的现象称为充血，其可分为动脉性充血和静脉性充血。

2. 肝淤血　见于右心衰竭，急性发作时肝脏体积肿大，紫红色，切面可流出暗红色血液。镜检可见肝窦、肝小叶中央静脉内充满红细胞，病程长时可出现淤血性肝硬化。

3. 肺淤血　见于左心衰竭、二尖瓣狭窄或闭锁不全时。眼观可见肺肿大，呈暗红色或紫红色，被膜紧张，半浮于水。切面可见暗红色血液流出，支气管可流出灰白色或淡红色泡沫状液体。

4. 肾淤血　见于右心衰竭。眼观肾肿大，暗红色，切面可流出暗红色液体，皮质红黄色，皮质、髓质界线清晰。

（二）出血

1. 概念和类型　血液流出心脏或血管之外称为出血；其中血液流出体外称为外出血；血液流入组织间隙或体腔内称为内出血。破裂性出血指心脏或血管壁破裂引起的出血；漏出性出血指血管壁通透性增高，红细胞通过扩大的内皮细胞间隙和损伤的血管基底膜而漏出到血管外。

2. 病理变化　可呈现点状出血、斑状出血、出血性浸润等多种病理变化，具体病变如下：

（1）内出血

血肿：流出的血液积聚在组织内并挤压周围组织形成局限性血凝块。

积血：血液积聚于体腔内（如胸腔、腹腔、心包腔等）。

淤点：点状出血称为淤点。

淤斑：斑块状出血，称为淤斑。

溢血：从血管流出的血液进入组织内。

出血性浸润：指血液弥散至组织间隙，局部组织呈广泛暗红色。

出血性素质：指机体有全身性渗出性出血倾向，表现为全身皮肤、黏膜、浆膜和各内脏器官等都可见出血点。

（2）外出血　血液由呼吸系统咳出体外称为咳血或咯血；血液从消化道经口排出体外称为吐血或呕血；血液混入粪便内排出体外称为便血；血液经泌尿道随尿排出称为尿血。

3. 结局和影响 发生在寻常器官组织的小出血对机体影响不大；发生于脑、心脏等重要器官的出血量即使很少也会造成严重后果。长期小出血可导致全身性贫血；大出血必须紧急治疗。

（三）血栓形成

1. 概念 在活体的心脏和血管内，血液发生凝固或血液中某些有形成分析出、黏集形成固体的过程称为血栓形成，形成的固体称血栓。

2. 血栓形成的条件 ①心血管内膜损伤；②血流状态改变；③血液性质改变。

3. 血栓类型

（1）白色血栓 血栓头部，表面粗糙、质地硬。为细小、均匀一致、无结构的血小板团块，血小板间有少量纤维蛋白和白细胞。

（2）混合血栓 血栓体部，有红白层状结构，由血小板、白细胞、红细胞、纤维蛋白组成。

（3）红色血栓 血栓尾部，表面湿润有弹性，类似血凝块。镜检可见纤维素网眼内充满红细胞。

（4）透明血栓 主要由纤维蛋白构成，毛细血管内充满红色、均质、无结构的团块和网状纤维蛋白，需用显微镜才可观察到。

4. 结局和影响 见图5-4-1。

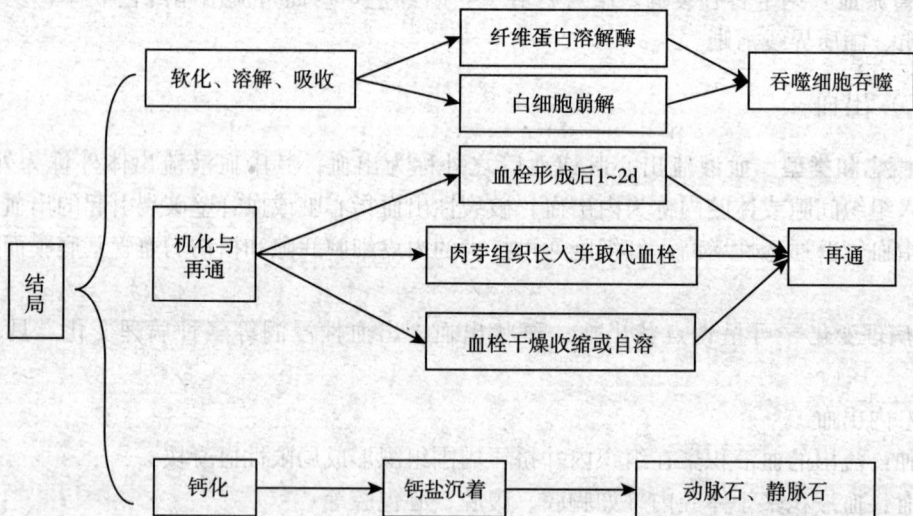

图5-4-1 血栓的结局

（四）栓塞

1. 概念 循环血液中出现不溶于血液的异常物质，随血流运行并阻塞血管腔的过程，称为栓塞；阻塞血管的异常物质称为栓子。

2. 栓子的运行途径 与血液流动方向一致。

3. 类型

（1）血栓性栓塞 常见的有肺动脉栓塞、体循环动脉栓塞。

（2）气体性栓塞 指各种气体由外界进入血液，在血液循环内形成气泡阻塞血管引起的栓塞。常见于手术损伤机体静脉、静脉注射时误将空气带入血流等情况。

（3）脂肪性栓塞 循环血液中出现脂肪滴阻塞血管。见于长骨骨折、严重脂肪组织挫伤等。常发器官为肺、脑等。

（五）梗死

1. 概念 组织或器官由于动脉血流断绝，局部缺血而引起的坏死称为梗死。

2. 类型及病理变化

（1）贫血性梗死 梗死灶内含血量少，呈灰白色，也称白色梗死。多发生于血管吻合支少、结构致密的器官，如肾、心、脑等。

眼观可见灰白色锥形或其他形状（动脉血流分布不同其梗死形状不同）白色斑，质地硬，表面略微下陷；镜检可见梗死灶中心凝固性坏死，胞质红染均匀，细胞核消失。

（2）出血性梗死 梗死灶内含血量多，呈暗红色，也称红色梗死。

多发生于血管吻合支多、结构疏松的器官，例肺、肠、肝等。发生条件为动脉阻塞和高度淤血。眼观病灶呈暗红色；镜检可见梗死灶内存在大量红细胞，细胞坏死，胞质红染。

3. 结局及对机体影响 溶解吸收、被肉芽组织机化或形成钙化灶；对机体的影响取决于梗死的器官、大小和部位。

（六）弥散性血管内凝血（DIC）

在某些致病因子作用下凝血因子和血小板被激活，大量可溶性促凝物质入血，血液凝固性增高，从而引起机体以微循环内出现广泛微血栓为主要特征的病理过程。临床表现为出血（凝血物质消耗而减少、继发性纤溶亢进、FDP形成）；休克；器官功能障碍；贫血。

（七）休克

1. 概念 休克是指因微循环有效灌流量不足而引起的各组织器官缺血、缺氧、代谢紊乱、细胞损伤以致严重危及生命活动的病理过程。临床表现为严重贫血症状，如可视黏膜发绀、苍白；血压下降、呼吸变浅；少尿或无尿；肌肉无力，严重者昏迷、死亡。

2. 原因、分类及发生机理

（1）按发生原因 可分为：低血容量性休克、感染性休克、过敏性休克、心源性休克、创伤性休克、神经性休克。

（2）按发生的始动环节 可分为：低血容量性休克（始动发病环节是血液总量减少）、心源性休克（始动发病环节是心输出量的急剧减少）、血管源性休克（始动发病环节是回心血量减少）。

3. 休克的分期及特点

（1）微循环缺血期 也称休克前期、休克Ⅰ期、休克代偿期、微循环缺血缺氧期等。特点：少灌少流，灌少于流。主要临床表现是可视黏膜苍白、血压正常或略有升高等。

（2）微循环淤血期 也称休克期、休克Ⅱ期、休克代偿不全期、微循环淤血缺氧期。特点：灌而少流，灌大于流。主要临床表现是可视黏膜发绀、血压降低、大静脉塌陷等。

（3）微循环凝血期　也称休克晚期、休克Ⅲ期、休克失代偿期、微循环凝血期。特点：不灌不流。主要临床表现为动物昏迷，皮肤出现出血点或出血斑，脉搏近乎消失，血压极度降低，多系统器官衰竭等。

4. 对机体影响

（1）细胞变化　细胞代谢紊乱、损伤与凋亡。

（2）多器官功能障碍综合征（MODS）　①急性肾功能衰竭；②急性肺衰竭：引起动物发生急性呼吸功能衰竭，是动物死亡的直接原因；③消化系统功能障碍：可引起全身炎症反应综合征（SIRS）、内毒素血症、酸中毒；④心功能衰竭；⑤脑功能衰竭。

三、例题及解析

1. 血液弥漫性分布于组织间隙，使出血组织呈现大片暗红色的病变称为(　　)。

    A. 出血性素质　　　　　　　B. 溢血　　　　　　　　　　C. 点状出血

    D. 出血性浸润　　　　　　　E. 斑状出血

【解析】D。出血性浸润指血液弥散至组织间隙，局部组织呈广泛暗红色。

2. 少量出血可能危及生命的器官是(　　)。

    A. 肠　　　　　　　　　　　B. 肾　　　　　　　　　　　C. 肺

    D. 胃　　　　　　　　　　　E. 脑

【解析】E。发生于脑、心脏等重要器官的出血量即使很少也会造成严重后果。

3. 白色血栓的主要成分是(　　)。

    A. 血小板和白蛋白　　　　　B. 血小板和纤维蛋白　　　　C. 血小板和红细胞

    D. 血小板和白细胞　　　　　E. 纤维蛋白和白细胞

【解析】B。白色血栓主要是由血小板、纤维蛋白构成的，并伴有少量白细胞。

4. 红色梗死常发生于(　　)。

    A. 心脏　　　　　　　　　　B. 大脑　　　　　　　　　　C. 肾脏

    D. 肝脏　　　　　　　　　　E. 肺脏

【解析】E。红色梗死常见于肺、肠等组织疏松、血管吻合支丰富的器官。

5. 从静脉注入空气所形成的空气性栓子主要栓塞的器官是(　　)。

    A. 大脑　　　　　　　　　　B. 肺脏　　　　　　　　　　C. 肾脏

    D. 肝脏　　　　　　　　　　E. 脾脏

【解析】B。空气随静脉经右心后打成小气泡随肺动脉进入肺脏并阻塞肺内小血管。

6. 局部皮肤动脉性充血的外观表现是(　　)。

    A. 色泽暗红，温度升高　　　　　　　　B. 色泽暗红，温度降低

    C. 色泽鲜红，温度降低　　　　　　　　D. 色泽鲜红，温度升高

    E. 色泽鲜红，温度不变

【解析】D。动脉性充血可见组织器官体积变大，色泽鲜红，温度升高。

7. "心力衰竭细胞"出现在(　　)。

    A. 心脏　　　　　　　　　　B. 肝脏　　　　　　　　　　C. 脾脏

D. 肺脏　　　　　　　　　　E. 肾脏

【解析】D。心力衰竭时，因肺淤血而导致红细胞漏出肺泡，巨噬细胞吞噬形成含铁血黄素，这种含有含铁血黄素的巨噬细胞称为心力衰竭细胞。

<<< 第五单元　细胞、组织的适应与修复 >>>

一、考试大纲

单元	细目	要点
细胞、组织的适应与修复	1. 适应	（1）增生的概念　（2）萎缩的概念、分类及结局　（3）肥大的概念、分类（4）化生的概念、原因及结局
	2. 修复	（1）再生的概念及影响因素　（2）各种组织的再生　（3）肉芽组织的概念、形态结构和功能

二、重要知识点

（一）适应

细胞、组织对于内、外环境中各种有害因子的刺激而产生的非损伤性应答反应称为适应，常表现为增生、萎缩、肥大和化生等。

1. 增生　由于实质细胞数量增多导致器官、组织体积增大称为增生。

2. 萎缩

（1）概念　指已经发育成熟至正常大小的器官、组织或细胞，发生体积缩小和功能减退的过程。实质上是器官或组织的实质细胞体积缩小或数量减少。

（2）分类

①生理性萎缩：指动物在生理情况下，某些组织或器官的生理机能减退、代谢降低时发生的器官、组织萎缩。例如胸腺、法氏囊、乳腺、性腺。

②病理性萎缩：因致病因素作用，物质代谢障碍而引起的萎缩。可分为全身性萎缩和局部性萎缩。

A. 全身性萎缩：由全身物质代谢障碍发展而来。萎缩顺序为脂肪组织——肌肉组织——肝、肾、脾、淋巴结、胃肠等——心、脑、肾上腺、垂体、甲状腺等。眼观可见患畜消瘦，脂肪严重消耗，肌肉变薄，色泽变淡，骨质变薄、轻、脆等。

B. 局部性萎缩：废用性萎缩——骨折长期卧床→肌肉萎缩；神经性萎缩——坐骨神经肿大→肢体肌肉麻痹萎缩；压迫性萎缩——肾结石→肾细胞萎缩；缺血性萎缩——各类型肝硬化→肝实质萎缩；内分泌性萎缩——脑垂体肿瘤→肾上腺萎缩。

眼观可见萎缩器官体积缩小，基本保留原有形状，边缘锐薄，被膜增厚，重量减轻，质地变硬，色泽稍淡或变深。镜检可见实质细胞体积缩小、细胞质浓缩致密、染色加深、胞核浓染，间质增生或相对较多。

3. 肥大

（1）概念　因细胞体积增大而使组织、器官的体积增大称为肥大，非细胞数量增多，除心肌细胞和骨骼肌细胞外，其余肥大通常伴随增生。

（2）分类

①生理性肥大指机体因激素刺激或适应生理机能需要引起的组织、器官肥大。例如妊娠母畜子宫、乳腺肥大；赛马心肌、骨骼肌细胞肥大等。

②病理性肥大分为真性肥大和假性肥大。真性肥大又称代偿性肥大，指在疾病过程中为适应某种功能代偿而引起的患病组织器官的肥大；假性肥大指组织器官因间质增生而形成的肥大，实质细胞常受压迫而萎缩。患病组织器官功能通常减退。

4. 化生的概念、原因及结局　化生是指为适应环境变化，一种分化成熟的组织转化为同一胚层的另一种分化成熟组织的过程。常见有鳞状上皮化生、肠上皮化生、纤维组织化生等。

（二）修复

局部组织、细胞损伤后，机体对所形成的缺损进行修补的过程称修复。

1. 再生

（1）概念　组织器官遭受损伤后，由损伤周围健康细胞分裂增生来修补缺损的过程称为再生。

（2）影响因素　神经系统机能、年龄、营养、激素分泌等全身性因素；局部血液循环状态、神经支配情况、感染、红外线、异物等局部因素。

2. 各种组织的再生　结缔组织、小血管、淋巴造血组织、表皮、肝细胞、某些腺上皮等再生能力很强；平滑肌、横纹肌、心肌等再生能力较弱；神经细胞等无再生能力。

3. 肉芽组织

（1）概念　肉芽组织为由成纤维细胞、新生的毛细血管、炎性细胞浸润组成的新生幼稚结缔组织。

纤维性修复：通过肉芽组织填补遭到破坏后的组织缺损，后转化为以胶原纤维为主的瘢痕组织。

（2）形态结构　眼观呈鲜红色，外形像嫩肉，碰触易出血；没有神经分布，所以无痛觉；镜检可见成纤维细胞，胞核通常为椭圆形；内含新生毛细血管，有的充血，有的仅为裂隙；存在炎性细胞浸润。

（3）功能　抗感染及保护创面；机化或包裹血凝块、坏死组织及其他异物；填补伤口及其他组织缺损。

三、例题及解析

1. 萎缩是指已发育成熟的组织、器官（　　　）。

　　A. 体积不变、功能增强　　　　　　　　B. 体积不变、功能减退

　　C. 体积缩小、功能增强　　　　　　　　D. 体积缩小、功能不变

　　E. 体积缩小、功能减退

【解析】E。已经发育正常的组织、器官，发生体积缩小、功能减退的过程，称为萎缩。

2. 器官变小、功能减退的称为(　　)。

　　A. 萎缩　　　　　　　　　B. 坏死　　　　　　　　　C. 增生

　　D. 化生　　　　　　　　　E. 肥大

【解析】A。萎缩指已经发育成熟至正常大小的器官、组织或细胞，发生体积缩小和功能减退的过程。实质上是器官或组织的实质细胞体积缩小或数量减少。

3. 创伤性肉芽组织的表层结构的组成主要是(　　)。

　　A. 渗出液和炎性细胞　　　　　　B. 成纤维细胞和毛细血管

　　C. 纤维细胞和胶原纤维　　　　　D. 成熟的结缔组织

　　E. 疏松结缔组织

【解析】B。肉芽组织是富含新生的毛细血管、炎性细胞和成纤维细胞的新生幼稚结缔组织。

4. 动物发生全身性萎缩时，最早萎缩的组织或器官是(　　)。

　　A. 心脏　　　　　　　　　B. 肝脏　　　　　　　　　C. 肾脏

　　D. 脂肪　　　　　　　　　E. 垂体

【解析】D。全身性萎缩顺序为脂肪组织—肌肉组织—肝、肾、脾、淋巴结、胃肠等心、脑、肾上腺、垂体、甲状腺等。

5. 球虫寄生肠道导致肠黏膜上皮细胞数量增多的病变是(　　)。

　　A. 化生　　　　　　　　　B. 再生　　　　　　　　　C. 增生

　　D. 真性肥大　　　　　　　E. 假性肥大

【解析】C。增生是指实质细胞数量增多并伴发组织器官体积增大的过程，分为生理性增生和病理性增生。其中，病理性增生是指由于某些致病因子刺激所引起的组织器官的增生，如消化道、呼吸道寄生虫寄生时，黏膜上皮细胞长期受到刺激而增生。

6. 再生能力较弱的细胞是(　　)。

　　A. 肠黏膜上皮细胞　　　　B. 肾小管上皮细胞　　　　C. 肝细胞

　　D. 成纤维细胞　　　　　　E. 心肌细胞

【解析】E。结缔组织、小血管、淋巴造血组织、表皮、肝细胞、某些腺上皮等再生能力很强；平滑肌、横纹肌、心肌等再生能力较弱；神经细胞等无再生能力。

<<< 第六单元　水盐代谢及酸碱平衡紊乱 >>>

一、考试大纲

单元	细目	要点
水盐代谢及酸碱平衡紊乱	1. 水、钠代谢障碍	(1) 概念　　(2) 分类、原因及发病机理
	2. 水肿	(1) 概念　　(2) 水肿的基本发生机理及其病理变化　　(3) 对机体的影响
	3. 脱水	(1) 概念　　(2) 类型、原因及特点

(续)

单元	细目	要点
水盐代谢及酸碱平衡紊乱	4. 水中毒	(1) 概念、原因和机制　(2) 对动物机体的影响
	5. 钾代谢障碍	(1) 概念　(2) 分类、原因及发病机理
	6. 酸碱平衡紊乱	(1) 酸中毒的概念、分类、特点及结局　(2) 碱中毒的概念、分类、特点及结局　(3) 混合性酸碱平衡紊乱的概念及特点

二、重要知识点

(一) 水、钠代谢障碍

1. 概念　正常动物机体每天水、钠的摄入量与排出量处于动态平衡状态，可保持体液量的相对恒定，这种平衡是通过神经-体液的调节实现的，各种致病因素作用导致平衡打破就导致了水、钠代谢障碍的出现。

2. 分类　见表 5-6-1。

表 5-6-1　水、钠代谢障碍类型

组织液的量	水的紊乱	血浆渗透压	水、钠紊乱类型
下降	脱水	正常	等渗性脱水
		下降	低渗性脱水
		上升	高渗性脱水
上升	多水	正常	水肿
		下降	水中毒
		上升	盐中毒(高钠血症)

(二) 水肿

1. 概念　体液在组织间隙或体腔中积聚过多称为水肿。皮下水肿称为浮肿。大量液体积聚于体腔内称为积水，常见的有心包积水、胸腔积水、腹腔积水。

2. 水肿发生机理

(1) 血管内外液体交换失平衡(组织液生成大于回流)　毛细血管血压升高；血浆胶体渗透压降低；毛细血管壁通透性增加；组织液渗透压升高；淋巴回流受阻。

(2) 体内外液体交换失平衡(水、钠潴留)　肾小球滤过率降低；肾小管重吸收增多。

3. 水肿的病理变化　发生水肿的组织器官体积增大，被膜紧张，颜色变淡，切面有水肿液流出。

(1) 心性水肿　左心衰竭可引起肺水肿；右心衰竭可引起全身性水肿。

(2) 肾性水肿　指肾原发性疾病过程中出现的水肿，通常为全身水肿。组织疏松部位如眼睑、面部、腹部皮下、阴囊等部位较为明显。

(3) 肝性水肿　主要见于肝硬化，水肿以腹水较为明显。

（三）脱水

1. 概念 机体某些情况下，由于水的摄入不足或丢失过多，以至于体液总量明显减少的现象称为脱水。

2. 类型、原因及特点 按照脱水后细胞外液渗透压的不同将脱水分为高渗性脱水、低渗性脱水和等渗性脱水三种。

（1）高渗性脱水 又称为缺水性脱水或单纯性脱水，主要特征为血钠浓度和血浆渗透压均高于正常值。常见于饮水不足、失水过多（肠炎、剧烈运动等）。特点：细胞外液容量减少和渗透压升高。

（2）低渗性脱水 又称缺盐性脱水，主要特征为血钠浓度和血浆渗透压均低于正常值。常见于补液不当（腹泻、中暑等体液丧失后忽略补充电解质）、丢钠过多（慢性肾功能不全、长期使用排钠利尿药物）等。特点：细胞外液容量减少和渗透压降低。

（3）等渗性脱水 又称混合性脱水，是指体内水分和钠都大量丧失的一类脱水，主要特征是脱水时血浆渗透压保持不变。常见原因：急性肠炎、大面积烧伤等。特点：细胞外液容量减少和渗透压正常。

各型脱水的特点见表 5-6-2。

表 5-6-2 各脱水类型的特点

项目	高渗性脱水	低渗性脱水	等渗性脱水
原因	饮水不足；失水过多	补液不当；丢钠过多	急性肠炎；大面积烧伤
细胞外液渗透压	升高	降低	正常
失水部位	细胞内液为主	细胞外液为主	细胞内、外液均丧失
主要表现	口渴，尿量减少，相对密度增大	无口渴，尿量增多，相对密度减小	口渴；尿少

（四）水中毒

1. 概念、原因和机制 指过多的水进入细胞内，导致细胞内水过多，又称高容量性低钠血症。常见于右心衰竭、急性肾小球肾炎、肾上腺皮质功能减退等疾病中。

2. 对动物机体的影响 程度较轻者，停止水分摄入，排除体内多余水分后，即可纠正；严重者可导致神经系统永久性损伤或死亡。

（五）钾代谢障碍

1. 概念 血清钾高于 5.5mmol/L 为高钾血症，血清钾低于 3.5mmol/L 为低钾血症。

2. 分类

（1）高钾血症 常发原因为钾摄入过多、钾排出障碍、细胞内钾转入细胞外。

急性轻度高钾血症可使骨骼肌、胃肠道平滑肌兴奋性上升，出现感觉异常、肌肉刺痛；急性重度高钾血症骨骼肌兴奋性下降，肌肉软弱无力甚至出现迟缓性麻痹，心肌先兴奋后抑制，心律失常（窦性心动过速、窦性停搏、传导阻滞、室颤等），出现酸中毒。

（2）低钾血症 常发原因为钾摄入不足、钾丢失过多、细胞外钾转入细胞内。

低钾血症可使骨骼肌、胃肠道平滑肌无力麻痹、心肌兴奋性增高，出现碱中毒。

（六）酸碱平衡紊乱

1. 酸中毒

（1）概念　机体 pH 低于正常范围时表现出多系统的临床症状，称为酸中毒。可分为代谢性酸中毒和呼吸性酸中毒。

（2）分类及特点

①由于机体内固定酸生成过多或碱性物质（HCO_3^-）大量丧失而引起血浆中碱储减少，称为代谢性酸中毒。特点：血浆中碳酸氢钠含量原发性减少，二氧化碳结合力降低。

②由于机体呼吸功能发生障碍，CO_2 排出受阻或吸入过多而导致血液中 H_2CO_3 原发性增高，称为呼吸性酸中毒。特点：血浆中碳酸含量原发性升高，二氧化碳结合力降低。

（3）结局　高钾血症；H^+ 与肌钙蛋白的 Ca^{2+} 竞争，导致心肌收缩力下降；可使血管扩张，血压下降，严重者引起机体休克。

2. 碱中毒

（1）概念　机体 pH 高于正常范围时，称为碱中毒。可分为代谢性碱中毒和呼吸性碱中毒

（2）分类及特点

①由于机体内碱性物质摄入过多或固定酸大量丧失而引起血浆中 $NaHCO_3$ 增多，pH 升高称为代谢性碱中毒。

②呼吸性碱中毒：肺换气过度，体内 CO_2 排出过多，血浆中 H_2CO_3 含量降低，pH 变大。

（3）结局　低钾血症；神经-肌肉兴奋性增强，出现肌肉抽搐和反射亢进。

3. 混合性酸碱平衡紊乱　临床中两种或两种以上的酸碱中毒同时或相继发生称为混合型酸碱平衡紊乱。可分为酸碱一致型和酸碱混合型两类。

（1）酸碱一致型

①呼吸性酸中毒合并代谢性酸中毒：见于呼吸衰竭（急性肺水肿、心搏骤停等）导致体内二氧化碳排出受阻，同时伴有高钾血症或者是肾功能不全时。这种类型最多见。

②呼吸性碱中毒合并代谢性碱中毒：见于剧烈呕吐的热性传染病（例如犬瘟热）。

（2）酸碱混合型

①代谢性酸中毒合并呼吸性碱中毒：见于高热、通气过度合并发生肾病、腹泻时。

②代谢性酸中毒合并代谢性碱中毒：见于肾炎、尿毒症伴发呕吐时。

③呼吸性酸中毒合并代谢性碱中毒：见于治疗呼吸性酸中毒输入碱性药物过多时，或通气障碍伴发呕吐。

三、例题及解析

1. 左心功能不全常引起（　　）。
　　A. 肾水肿　　　　　　　　B. 肝水肿　　　　　　　　C. 脑水肿
　　D. 皮肤水肿　　　　　　　E. 肺水肿

【解析】E。左心功能不全时，以肺循环淤血为主。

2. 失水多于失钠可引起（　　）。

A. 等渗性脱水   B. 低渗性脱水   C. 高渗性脱水

D. 水中毒   E. 水肿

【解析】C。失水多于失钠，细胞外液容量减少、渗透压升高，称为高渗性脱水。

3. 肝水肿主要临床表现为（　　）。

A. 脑水肿   B. 胸腔水肿   C. 腹腔水肿

D. 心包积液   E. 皮下水肿

【解析】C。肝性水肿主要见于肝硬化，水肿以腹水较为明显。

4. 德牧患犬，肝脏上有多个灰白色结节，存在腹水，心、肾、肺无明显变化，属于（　　）腹水。

A. 心源性   B. 肾源性   C. 营养不良

D. 肝源性   E. 肺源性

【解析】D。因其肝脏存在结节，其他器官无明显变化，考虑是由于门静脉高压导致肠系膜静脉血回流受阻造成的腹水。

<<< 第七单元 缺 氧 >>>

一、考试大纲

单元	细目	要点
缺氧	1. 概述	(1) 缺氧的概念　(2) 缺氧的类型、原因及主要特点
	2. 缺氧的病理变化	(1) 细胞和组织的变化　(2) 呼吸系统的变化　(3) 循环系统的变化　(4) 中枢神经系统的变化　(5) 缺血后再灌注损伤

二、重要知识点

（一）概述

1. 概念　机体组织细胞因氧供给不足、氧运输障碍或者组织用氧障碍导致组织细胞代谢、功能和形态结构发生异常变化的病理过程称为缺氧。

2. 缺氧的类型、原因及主要特点

（1）低张性缺氧　别称外呼吸性缺氧、低氧血症、乏氧性缺氧，指由于外界氧分压降低或呼吸系统通换气障碍引起的组织供氧不足。原因通常有空气中氧分压低（高原、高空、饲养密度过大等）、外呼吸机能障碍（鼻炎、气管炎、肺炎、有机磷中毒等）、静脉血分流入动脉（房室间隔缺损等）。

（2）血液性缺氧　由于血红蛋白减少或性质改变，血液携氧能力降低，动脉血氧含量降低或氧和血红蛋白结合的氧不易释出导致的供氧障碍性组织缺氧。原因有各型贫血、高铁血红蛋白症（亚硝酸盐、磺胺类药物、硝基苯化合物、过氧酸盐氧化剂等，血液咖啡色或棕褐色）、一氧化碳中毒（血液樱桃红色）、血红蛋白与氧的亲和力异常增强（2，3-DPG含量低）。

（3）循环性缺氧　由于单位时间内组织器官血液灌流量减少而引起细胞供氧不足，又称低血流量性缺氧或低动力性缺氧。原因有大出血、心力衰竭、休克、栓塞、炎症、痉挛等。

（4）组织性缺氧　又称为组织中毒性缺氧、氧化障碍性缺氧。指由于组织细胞生物氧化过程障碍导致的用氧障碍。原因有组织中毒（氰化物、硫化氢、砷化物）、细胞损伤（放射线、细菌毒素）、呼吸酶合成障碍（维生素 B_1、维生素 B_2、维生素 PP 缺乏）。

（5）主要特点　见表 5-7-1。

表 5-7-1　各类型缺氧血氧变化情况

缺氧类型	动脉血氧分压	血氧含量	血氧容量	血氧饱和度	动-静脉氧差
低张性缺氧（乏氧性缺氧、低氧血症）	降低	降低	正常或者因代偿升高	降低	降低或正常
血液性缺氧	正常	正常或因中毒、贫血等降低	正常或因中毒、贫血等降低	正常或因中毒等降低	降低
循环性缺氧（低血流量性缺氧）	正常	正常	正常	正常	升高
组织性缺氧（中毒性缺氧）	正常	正常	正常	正常	降低

（二）缺氧的病理变化

1. 细胞和组织的变化　糖无氧酵解增强导致代谢性酸中毒；脂肪氧化障碍导致酮尿症、酮血症；蛋白质代谢障碍导致自体中毒。

2. 呼吸系统的变化　呼吸加快加深，组织中呼吸酶活性增强；过度通气时，机体呼吸性碱中毒；严重缺氧抑制呼吸中枢活动。

3. 循环系统的变化

短期缺氧：心率加快，心脏输出量增加；肝、脾血管收缩，释放储血；造血功能增强。

长期缺氧：缺氧组织毛细血管增生；心脏长期负荷，心肌细胞坏死；骨髓造血功能因缺氧而抑制。

4. 中枢神经系统的变化

缺氧早期：脑血管扩张、血流量增加。

缺氧加重：急性缺氧，脑组织神经细胞变性坏死，脑细胞、间质水肿。

5. 缺血后再灌注损伤　指对患畜缺血部位恢复血液供应后，过量的自由基攻击这部分重新获得血液供应的组织细胞造成的损伤。

三、例题及解析

1. 可引起组织性缺氧的原因是(　　)。

  A. 氰化物中毒　　　　　　　　B. 一氧化碳中毒　　　　　　　　C. 贫血

  D. 淤血　　　　　　　　　　　　E. 胃炎

【解析】A。氰化物可引起组织中毒性缺氧，导致氧的利用障碍。此时毛细血管中氧合血红蛋白的含量高于正常，故皮肤、黏膜呈鲜红色或玫瑰红色。

  2. 亚硝酸盐中毒性缺氧，可视黏膜的颜色变化是(　　)。

  A. 黄色　　　　　　　　　　　　B. 鲜红色　　　　　　　　　　　C. 樱桃红色

  D. 酱油色　　　　　　　　　　　E. 苍白色

【解析】D。亚硝酸盐可以使血红蛋白氧化为高铁血红蛋白，末梢血液呈酱油色。

  3. 上呼吸道狭窄可引起(　　)。

  A. 血液性缺氧　　　　　　　　　B. 低张性缺氧　　　　　　　　　C. 缺血性缺氧

  D. 淤血性缺氧　　　　　　　　　E. 组织性缺氧

【解析】B。低张性缺氧原因有空气中氧分压低、外呼吸机能障碍（鼻炎、气管炎、肺炎、有机磷中毒等）、静脉血分流入动脉等。

  4. CO中毒性缺氧时，动物的黏膜呈现(　　)。

  A. 苍白色　　　　　　　　　　　B. 暗红色　　　　　　　　　　　C. 樱桃红色

  D. 咖啡色　　　　　　　　　　　E. 青紫色

【解析】C。一氧化碳中毒时皮肤、黏膜呈樱桃红色。

  5. 对缺氧反应最敏感的器官是(　　)。

  A. 心脏　　　　　　　　　　　　B. 肝脏　　　　　　　　　　　　C. 脾脏

  D. 肾脏　　　　　　　　　　　　E. 大脑

【解析】E。大脑对缺氧极为敏感，是耗氧量最大的器官之一。

  6. 可引起组织性缺氧的原因是(　　)。

  A. 呼吸机能不全　　　　　　　　B. 贫血　　　　　　　　　　　　C. 一氧化碳中毒

  D. 氰化物中毒　　　　　　　　　E. 缺血

【解析】D。组织性缺氧产生原因有组织中毒（氰化物、硫化氢、砷化物）；细胞损伤（放射线、细菌毒素）；呼吸酶合成障碍（维生素 B_1、维生素 B_2、维生素 PP 缺乏）。

<<< 第八单元　发　　热　>>>

一、考试大纲

单元	细目	要点
发热	1. 概述	（1）发热的概念和原因　　（2）致热原的概念及分类
	2. 发热的经过	（1）发热的分期及其特点　　（2）热型　　（3）发热对机体的影响　　（4）发热的生物学意义

二、重要知识点

(一) 概述

1. 概念　在致热原的作用下，恒温动物的体温调节中枢调定点上移，出现调节性体温升高（通常为 0.5℃以上），同时伴有各组织器官机能代谢改变的病理过程。

2. 致热原　能引起恒温动物发热的物质统称为致热原。可分为外源性致热原和内源性致热原，外源性致热原（传染性致热原）主要包括细菌与毒素、病毒、寄生虫及其他微生物等；外源性致热原（非传染性致热原）主要包括无菌性炎症、变态反应、肿瘤、化学药物、激素等；内生性致热原（EP）主要包括 IL-1、IL-6、TNF、IFN 等。

(二) 发热的经过

1. 发热的分期及其特点　发热经过分为体温上升期、高热持续期及体温下降期。

(1) 体温上升期特点　产热量＞散热量，详细信息见图 5-8-1。

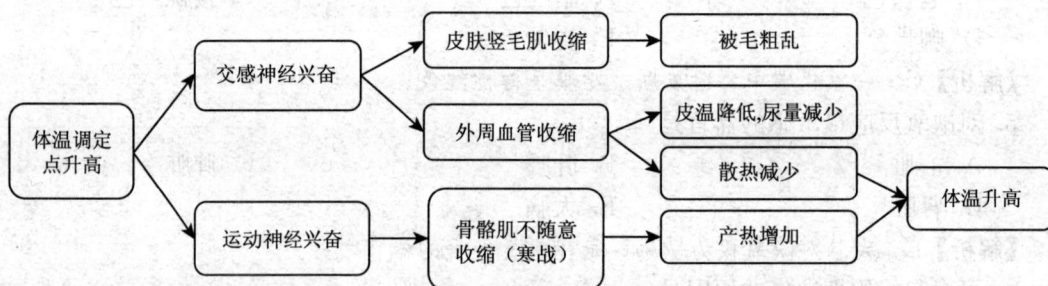

图 5-8-1　体温上升期特点

(2) 高热持续期特点　产热量＝散热量，详细信息见图 5-8-2。

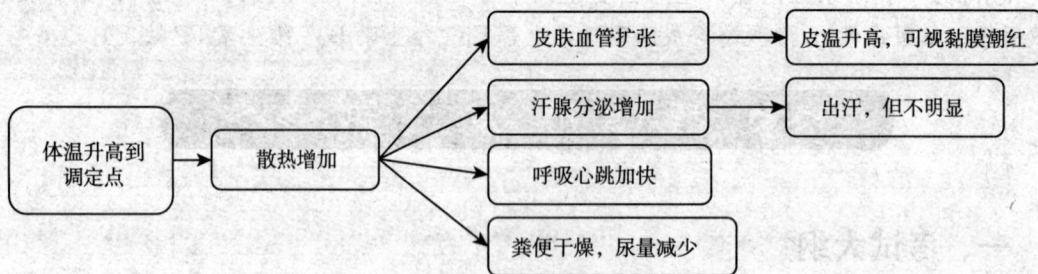

图 5-8-2　高热持续期特点

(3) 体温下降期　产热量＜散热量，详细信息见图 5-8-3。

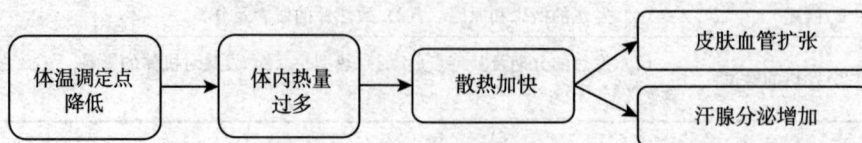

图 5-8-3　体温下降期特点

2. 热型

（1）稽留热　高热持续数天不退，昼夜温差变动不超过 1℃。常见于大叶性肺炎、牛恶性卡他热、猪瘟、猪丹毒、犬瘟热、猪急性痢疾等。

（2）弛张热　体温最低时不会降至常温，昼夜温差变动超过 1℃。常见于小叶性肺炎、胸膜炎、化脓性炎症等。

（3）间歇热　发热期与无热期有规律地交替出现，间歇时间短且重复出现。常见于血孢子虫病、牛梨形虫病等。

（4）回归热　发热期与无热期有规律地交替，二者持续时间大致相等或无热期时间长。常见于亚急性和慢性马传贫。

（5）不定型热　又称不规则热，发热持续时间不定，体温变化无规律。常见疾病有牛结核、仔猪副伤寒、流感、支气管肺炎。

（6）其他热型　消耗热、短时热、波状热（布鲁氏菌感染时易发）等。

3. 发热对机体的影响　物质代谢的变化；神经系统变化；循环系统的变化；呼吸系统变化；消化系统的变化；泌尿系统的变化。

三、例题及解析

1. 牛结核病引起的发热类型是（　　）。
   A. 稽留热　　　　　　　　B. 弛张热　　　　　　　　C. 回归热
   D. 不规则热　　　　　　　E. 波状热

【解析】D。不规则热可见于牛结核、支气管肺炎、仔猪副伤寒等。

2. 患化脓性炎症动物的热型通常为（　　）。
   A. 稽留热　　　　　　　　B. 弛张热　　　　　　　　C. 间歇热
   D. 回归热　　　　　　　　E. 波状热

【解析】B。弛张热常见于化脓性疾病、小叶性肺炎、败血症等。

3. 发热的体温上升期，表现为（　　）。
   A. 体表血管扩张　　　　B. 排汗显著增多　　　　C. 尿量增加
   D. 脉搏加快　　　　　　E. 皮温增高

【解析】D。体温上升期特点是产热大于散热，临诊表现为患病动物兴奋不安、食欲减退、脉搏加快、皮温降低、畏寒战栗、被毛竖立等。

4. 发热期与无热期间隙时间较长，而且发热和无热期的出现时间大致相等。此热型为（　　）。
   A. 回归热　　　　　　　　B. 间歇热　　　　　　　　C. 弛张热
   D. 稽留热　　　　　　　　E. 双向热

【解析】A。回归热指发热期与无热期间隔时间较长，持续时间大致相同。间歇热指发热期与无热期有规律相互交替，无热期持续较短。

第九单元　应激与疾病

一、考试大纲

单元	细目	要点
应激与疾病	1. 概述	（1）应激的概念　（2）应激原
	2. 应激反应的基本表现	（1）应激的分期　（2）应激时机体的神经内分泌反应　（3）应激时的细胞反应
	3. 应激时机体的代谢和功能变化	（1）物质代谢改变　（2）心血管功能变化　（3）消化系统结构及功能改变　（4）免疫功能的改变

二、重要知识点

（一）概述

1. 概念　机体在受到各种内外环境因素刺激时出现的非特异性全身反应称为应激或应激反应，刺激因素称为应激原。

2. 应激原　任何刺激只要到达一定强度即可成为应激原。例如创伤、感染、恐惧、拥挤等。

（二）应激反应的基本表现

1. 应激的分期　动员期（发作迅速，持续时间短，以交感-肾上腺髓质兴奋为主）；抵抗期（交感-肾上腺髓质兴奋降低，肾上腺皮质激素分泌增多）；衰竭期（皮质激素分泌持续增高；内环境紊乱）。

2. 应激时机体的神经内分泌反应　主要为以交感-肾上腺髓质和下丘脑-垂体-肾上腺皮质轴兴奋为主，表现为心跳加快、血压升高、肌肉紧张、代谢加快等。

3. 应激时的细胞反应

（1）急性期蛋白（APP）　损伤性应激时，由肝脏合成的迅速变化的某些蛋白质，常见的有C反应蛋白、结合珠蛋白（猪主要急性期蛋白）、血清淀粉样蛋白、运铁蛋白。这些蛋白可以有效应对应激反应以发挥清除异物、坏死组织，抑制NK细胞活化和ADCC作用等。

（2）热休克蛋白　应激环境（尤其是环境高温）诱导细胞所生成的一组蛋白质，又称应激蛋白。作用有分子伴侣、增强机体抵抗力、抗细胞凋亡。进化中具有高度保守性。

（三）应激时机体的代谢和功能变化

物质代谢改变；心血管功能变化；消化系统结构及功能改变（胃肠黏膜坏死、局部糜烂）等。免疫功能有改变。

三、例题及解析

1. 机体发生应激反应时，体内(　　)。
　　A. C-反应蛋白减少　　　　　B. 血清淀粉样蛋白减少　　　　C. 结合珠蛋白减少
　　D. 运铁蛋白增加　　　　　　E. 热休克蛋白增加

【解析】E。生物机体在热环境下所表现的以基因表达变化为特征的反应称为热休克反应，而因此合成的蛋白质称为热休克蛋白（HSP）。

2. 动物应激儿茶酚胺分泌增多时，可抑制分泌的激素是(　　)。
　　A. 抗利尿激素　　　　　　　B. 胰岛素　　　　　　　　　　C. 生长激素
　　D. 胰高血糖素　　　　　　　E. 糖皮质激素

【解析】B。儿茶酚胺对胰岛素分泌有抑制作用。

3. 猪应激性溃疡主要发生部位在(　　)。
　　A. 口腔黏膜　　　　　　　　B. 食管黏膜　　　　　　　　　C. 胃黏膜
　　D. 小肠黏膜　　　　　　　　E. 大肠黏膜

【解析】C。消化系统因应激会出现胃黏膜出血、水肿、糜烂和溃疡形成。

<<< 第十单元　炎　症 >>>

一、考试大纲

单元	细目	要点
炎症	1. 概述	(1) 概念　(2) 炎症局部的基本表现
	2. 炎症局部的基本病理变化	(1) 变质　(2) 渗出　(3) 增生　(4) 炎性细胞的种类及其主要功能　(5) 炎症介质　(6) 炎症小体及其生物学意义
	3. 炎症的类型	(1) 变质性炎　(2) 渗出性炎　(3) 增生性炎
	4. 炎症时机体的变化及结局	(1) 炎症时机体的变化　(2) 炎症的结局　(3) 多器官功能障碍综合征（全身炎症反应综合征）

二、重要知识点

（一）概述

1. 概念　指机体对各种致炎因素及其损伤作用所产生的防御性应答性反应。

2. 炎症局部的基本表现　临床症状主要表现：红、肿、热、痛和功能障碍。

(二) 炎症局部的基本病理变化

1. 变质 变质性变化是指炎灶的组织细胞变性、坏死。

2. 渗出 炎灶部位的血液循环障碍，血液液体成分的渗出和白细胞的渗出。包括血管反应、液体渗出、白细胞渗出等过程。

(1) 血管反应。

(2) 液体渗出 ①渗出液；②漏出液。

(3) 白细胞渗出 炎症过程中白细胞主动由血管壁渗出到炎区，称为炎性细胞浸润。主要过程有白细胞的渗出（边集、贴壁、游出）、白细胞的趋化（趋化作用：白细胞朝着化学刺激物做定向移动的现象）、白细胞的吞噬（黏附、摄入、消化）。随着血管壁通透性的升高，血浆中各种成分相继渗出，依次为白蛋白、血红蛋白、β-球蛋白、γ-球蛋白、α-球蛋白、β-脂蛋白、纤维蛋白原。

3. 增生 指炎症发展过程中以局部细胞活化增殖为主的变化，增生的细胞主要有巨噬细胞、成纤维细胞和血管内皮细胞。有时也有上皮细胞和实质细胞增生。

4. 炎性细胞的种类及其主要功能

(1) 中性粒细胞 多在化脓性炎症和急性炎症初期渗出。

(2) 嗜酸性粒细胞 主要在寄生虫感染、过敏反应、猪食盐中毒引起的炎症时渗出。

(3) 嗜碱性粒细胞和肥大细胞 可参与 I 型变态反应。

(4) 单核巨噬细胞系统 主要出现于急性炎症后期、慢性炎症和非化脓性炎症（分枝杆菌、鼻疽伯氏菌、布鲁氏菌感染）、病毒感染、原虫感染等。

(5) 淋巴细胞和浆细胞 主要见于慢性炎症、炎症恢复期、病毒性炎症、Ⅳ型超敏反应。

(6) 多核巨细胞及上皮样细胞 上皮样细胞主要见于感染性肉芽肿。多核巨细胞是由多个巨噬细胞融合而成，细胞核排列呈马蹄状的巨细胞又称朗罕式细胞。可见于结核病、副结核病、鼻疽、放线菌病、曲霉菌病病灶中及坏死组织边缘。

5. 炎症介质 见表 5-10-1。

表 5-10-1 主要炎症介质功能

功能	炎症介质
血管扩张	前列腺素 PGE2、PGD2、PGF2、组胺、缓激肽
血管壁通透性升高	PAF (血小板活化因子)、组胺、补体因子 (C3a、C5a)、白细胞三烯 LT 等
趋化作用	补体因子 C5a、LTB4、细菌产物、IL-8、TNF
发热	IL-1、IL-6、TNF、PG
致痛	PGE2、缓激肽
组织损伤	氧自由基、溶酶体酶

炎症介质指在致炎因子作用下，由局部组织释放或血浆产生的一类诱导和调控炎症反应的化学活性物质。

6. 炎症小体及其生物学意义 炎症小体也称炎性小体，是由细胞质内模式识别受体（PRRs）参与组装的多蛋白复合物，是天然免疫系统的重要组成部分。

（三）炎症的类型

1. 变质性炎 以组织和细胞的变性、坏死为主的炎症，又称实质性炎。

常发部位为心、肝、脑等实质器官。心肌变质性炎常见于口蹄疫、牛恶性卡他热等；肝变质性炎常见于禽霍乱、猪弓形虫病、鸡包含体型肝炎、鸭病毒性肝炎等；肾变质性炎常见于猪弓形虫病、猪附红细胞体病、鸡肾型传支等；脑变质性炎常见于狂犬病、伪狂犬病、鸡传染性脊髓炎、乙型脑炎等。结局多呈急性经过，也可转变为慢性，不同部位影响程度不同。

2. 渗出性炎 以渗出变化为主，变质和增生轻微的一类炎症反应，多呈急性过程。

（1）浆液性炎 以大量浆液渗出为主的炎症。

（2）化脓性炎 以中性粒细胞大量渗出并伴有局部组织坏死，溶解和脓液形成过程的炎症。常见的化脓性炎有脓性卡他（发生于黏膜表面的化脓性炎症）、脓肿（组织内发生的局限性化脓性炎症，疖和痈等）、蜂窝织炎（指疏松结缔组织的弥漫性化脓性炎症）、积脓（脓液积聚在黏膜腔、浆膜腔内）、窦道和瘘管。

脓液：炎症过程中，细胞、组织在细菌和中性粒细胞释放的蛋白溶解酶的作用下发生液化坏死，加上血管的液体渗出，形成肉眼可见的灰黄色或黄白色的浓稠状液体。

脓细胞：炎症引起来的坏死或变异的白细胞（主要为中性粒细胞）即脓细胞。

（3）纤维素性炎 指以渗出大量纤维素为特征的炎症。

（4）出血性炎 以大量红细胞出现于渗出物中为主要特征。

（5）卡他性炎 发生于黏膜的较轻的渗出性炎。

3. 增生性炎 指以结缔组织或者某些细胞增生为主要特征，而变质和渗出较轻微的一类炎症。

根据增生的组织细胞成分和结构可分为普通增生性炎（非特异性增生性炎）、特异性增生性炎（肉芽肿性炎症）。

（1）普通增生性炎 普通增生性炎指增生的组织不形成特殊的结构。

（2）特异性增生性炎 指以形成肉芽肿为特征的慢性增生性炎症。

（四）炎症时机体的变化及结局

1. 炎症时机体的变化 ①发热。②白细胞增多：急性炎症、化脓性炎症时通常中性粒细胞增多；过敏反应、寄生虫感染时通常嗜酸性粒细胞增多；慢性炎症、病毒感染时通常淋巴细胞增多。③单核巨噬细胞系统的增生。④实质器官的病变。

2. 炎症的结局 见图 5-10-1。

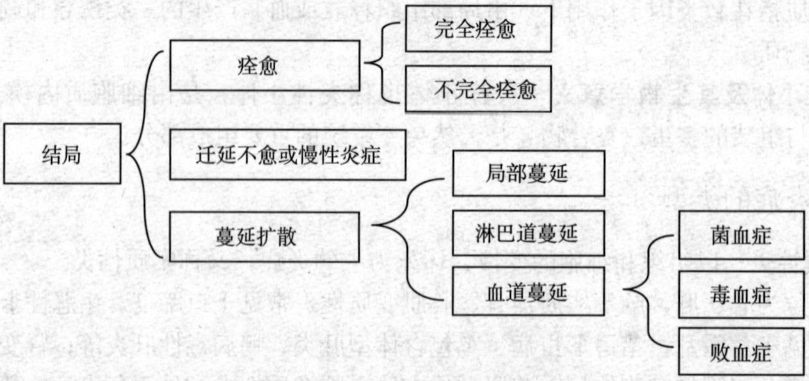

图 5-10-1 炎症的结局模式

三、例题及解析

1. 脓液中的脓球是指变性坏死的(　　)。
   A. 浆细胞　　　　　　　B. 淋巴细胞　　　　　　C. 嗜酸性粒细胞
   D. 单核细胞　　　　　　E. 中性粒细胞

【解析】E。脓球是指变性坏死的中性粒细胞。

2. 雏鸡,排白色稀便;剖检见心肌和肝脏有散在的黄白色针尖大小坏死点;镜下见有多量网状细胞浸润。其炎症类型是(　　)。
   A. 出血性炎　　　　　　B. 化脓性炎　　　　　　C. 增生性炎
   D. 浆液性炎　　　　　　E. 纤维素性炎

【解析】C。由题干描述"多量网状细胞浸润",故本推测为网状细胞增生性炎症。

3. 渗出性炎症时,炎灶局部最先渗出的蛋白成分是(　　)。
   A. 血红蛋白　　　　　　B. 白蛋白　　　　　　　C. α-球蛋白
   D. β-球蛋白　　　　　　E. γ-球蛋白

【解析】B。渗出性炎症时液体成分的渗出顺序:首先渗出水分子、无机盐,随着血管壁通透性的升高,血浆中各种成分相继渗出,依次为白蛋白、血红蛋白、β-球蛋白、γ-球蛋白、α-球蛋白、β-脂蛋白、纤维蛋白原。

4. 一氧化氮参与炎症过程时,主要作用是(　　)。
   A. 激活肥大细胞　　　　　　　　B. 促进微生物增殖
   C. 激活血小板黏着和聚集　　　　D. 扩张血管
   E. 保护组织细胞免于损伤

【解析】D。一氧化氮属于炎症介质,参与炎症过程,其主要作用于血管平滑肌,扩张血管。

第5~7题共用备选答案
   A. 变质性炎　　　　　　B. 渗出性炎　　　　　　C. 纤维素性炎
   D. 出血性炎　　　　　　E. 肉芽肿性炎

---

5. 以心肌纤维变性、坏死为主要病变的病毒性心肌炎属于(　　)。

【解析】A。炎症中变质主要指细胞变性、坏死，故以变性、坏死为主的炎症为变质性炎。

6. 以中性粒细胞大量渗出并伴有不同程度组织坏死和脓液为特征的属于(　　)。

【解析】B。渗出性炎是以渗出变化为主的炎症。

7. 因结核杆菌感染引起的炎灶内含有上皮样细胞以及多核巨细胞的淋巴结炎属于(　　)。

【解析】E。结核感染时会产生以上皮样细胞、多核巨细胞为主的肉芽肿结构。

8. 急性猪瘟的体表淋巴结病变特点、猪瘟淋巴结呈(　　)样观。

    A. 西米脾　　　　　　　　　B. 火腿脾　　　　　　　　　C. 出血脾

    D. 大理石样花纹　　　　　　E. 扣状肿

【解析】D。猪瘟时，患猪会出现出血性淋巴结炎，出现特征性的大理石样花纹。

<<< 第十一单元　败 血 症 >>>

一、考试大纲

单元	细目	要点
败血症		（1）概念　（2）原因及发病机理　（3）病理变化　（4）结局及对机体的影响

二、重要知识点

（一）概念

病原微生物侵入机体，进入血液中大量生长繁殖并产生毒素，引起全身中毒症状和病理变化的过程称为败血症。

（1）菌血症　血液中可检测出病原菌但全身不发生毒素中毒症状。

（2）毒血症　细菌所产生的毒素或毒性代谢产物被吸收进入血液，使机体出现毒素中毒症状。血培养检测不到细菌。

（3）脓毒败血症　由化脓性细菌引起的败血症。患病动物除败血症症状外，其皮下组织、软组织和肝、肾、肺、脑等组织器官形成栓塞性小脓肿。

（4）病毒血症　指在血液内出现病毒粒子。

（5）虫血症　指血液内出现寄生性原虫。

（二）病理变化

患病动物皮肤、黏膜、胸膜等出现出血点，脾、淋巴结肿大，血液中白细胞总数及中性粒细胞数会出现明显增加，常有明显的核左移，酸性粒细胞减少甚至消失。

三、例题及解析

1. 关于败血症对机体的影响，表述错误的是(　　　)。

  A. 心功能无异常　　　　　B. 凝血功能异常　　　　　C. 休克

  D. 全身组织出血　　　　　E. 尸僵不全

【解析】A。败血症时内脏器官会发生肿胀变质。

<<< 第十二单元　肿　瘤 >>>

一、考试大纲

单元	细目	要点
肿瘤	1. 概述	(1) 概念　(2) 肿瘤的一般形态与结构　(3) 肿瘤的异型性　(4) 肿瘤的生长　(5) 肿瘤的扩散
	2. 肿瘤的命名与分类	(1) 肿瘤的命名原则　(2) 肿瘤的分类　(3) 良性肿瘤与恶性肿瘤的区别　(4) 肿瘤对机体的影响
	3. 动物常见肿瘤的病变特点	(1) 畜禽常见肿瘤的病理特点　(2) 宠物常见肿瘤的病理特点(血管周细胞瘤)

二、重要知识点

(一) 概念

1. 概念　在致瘤因素作用下，机体某组织的细胞出现过度增殖而形成与正常组织互不协调的细胞群和新生物。

2. 肿瘤的一般形态结构　外形(常见有结节状、蕈状和息肉状、乳头状、菜花状、溃疡状、囊状)；数目与大小；肿瘤的颜色(取决于肿瘤组织的来源和间质血管的多少)；肿瘤的质地。

3. 肿瘤的异型性　瘤细胞与其来源正常细胞之间的差异称为异型性。瘤组织和正常组织形态没有明显差别称为同型性肿瘤；瘤细胞和正常组织形态差别较大称为异型性肿瘤。

4. 肿瘤的扩散　见图 5 - 12 - 1。

(二) 肿瘤的命名与分类

1. 肿瘤的命名原则

(1) 良性肿瘤　通常是在来源组织名称后加一个"瘤"字。例如：来源于腺上皮的良性肿瘤称腺瘤；皮肤、黏膜上的形似乳头的良性瘤称乳头瘤；纤维组织起源的良性肿瘤叫纤

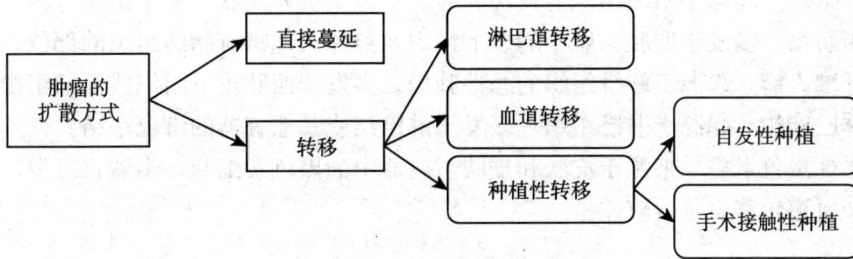

图 5-12-1 肿瘤的扩散方式

维瘤。

（2）恶性肿瘤 恶性肿瘤命名比较复杂，根据其起源组织不同而具有不同名称，大体为以下几种。

①上皮组织起源的恶性肿瘤统称为"癌"。癌之前冠以器官或组织的名称，如食管癌、腺癌。

②间叶组织起源（上皮组织以外的结缔组织、肌肉组织、内皮组织、造血组织、脉管组织等）的恶性肿瘤统称为"肉瘤"。肉瘤前冠以组织名称，如纤维肉瘤、平滑肌肉瘤。

③胚胎组织或神经组织恶性肿瘤通常在发生肿瘤的器官或组织的名称前面加上一个"成"字，后面加一个"瘤"字（或在组织名称之后加"母细胞瘤"字样）。如成肾细胞瘤（肾母细胞瘤）、成神经细胞瘤（神经母细胞瘤）。

④习惯命名：黑色素瘤、白血病、鸡马立克氏病等。

⑤组织来源不单一或不能肯定的恶性肿瘤一般在传统名称前加上"恶性"二字，例如恶性黑色素瘤、恶性畸胎瘤等。

2. 良性肿瘤与恶性肿瘤的区别 见表 5-12-1。

表 5-12-1 良性肿瘤与恶性肿瘤区别

区别点	良性肿瘤	恶性肿瘤
生长方式	往往膨胀性或外生性生长	多为侵袭性生长
生长速度	通常缓慢生长	生长较快，膨胀无限度
边界与包膜	边界清晰，多数具有包膜	边界不清，多数无包膜
质地与色泽	正常组织相近	与正常组织相差较大
侵袭性	仅有少数局部侵袭	通常具有侵袭与蔓延性
转移性	通常不转移	转移性较大
复发	完整切除，一般不复发	治疗不及时，常易复发

（三）畜禽常见肿瘤的病理特点

（1）乳头状瘤 发生于被覆上皮的一种良性肿瘤。可见于各种动物。易发部位是皮肤、黏膜，呈外生性生长。

（2）鳞状细胞癌 发生于复层鳞状上皮，多发于皮肤和皮肤型黏膜（舌、口腔、肛门、阴道、食管等处）。鳞状化生组织易转化为此种癌。镜检可见"癌巢""癌珠"。

（3）纤维瘤　起源于结缔组织的良性肿瘤。多发于机体皮肤、皮下组织等。

（4）脂肪瘤　多发于四肢、躯干的皮下组织及身体其他富有脂肪组织的部位。

（5）纤维肉瘤　起源于纤维组织的恶性肿瘤。多发于四肢皮下组织或深部组织。

（6）淋巴肉瘤　起源于淋巴组织。多发于淋巴结或其他脏器的淋巴小结。

（7）恶性黑色素瘤　来源于皮肤和皮肤附属器中的黑色素细胞，多器官可发，在早期易发生淋巴和血道转移，预后较差。

三、例题及解析

1. 兔，2岁，剖检可见肝脏表面和实质中有绿豆至豌豆大白色或黄白色结节；组织学检查见胆管上皮乳头状增生，上皮细胞由立方上皮变为柱状，上皮细胞细胞质内可见球虫寄生。该兔肝脏的病变为（　　）。

    A. 纤维瘤　　　　　　　　B. 平滑肌瘤　　　　　　　　C. 纤维肉瘤

    D. 乳头状瘤　　　　　　　E. 腺瘤

【解析】D。根据题干"上皮乳头状增生""球虫寄生"可推测该兔患肝球虫病，且肝内上皮增生形成了形似乳头的"乳头状瘤"。

2. 腺上皮发生的恶性肿瘤是（　　）。

    A. 腺癌　　　　　　　　　B. 腺瘤　　　　　　　　　　C. 鳞癌

    D. 肉瘤　　　　　　　　　E. 纤维肉瘤

【解析】A。上皮组织来源的恶性肿瘤称为"癌"。

3. 在间叶组织中，分化程度较低的肿瘤称之为（　　）。

    A. 肉瘤　　　　　　　　　B. 息肉　　　　　　　　　　C. 母细胞瘤

    D. 成髓细胞瘤　　　　　　E. 血管瘤

【解析】A。恶性肿瘤的主要特征是细胞分化程度低，核分裂较多，异型性大，生长速度快，主要呈浸润性生长，间叶组织来源的恶性肿瘤称为"肉瘤"。

4. 病犬口腔黏膜局部增厚；镜检见瘤组织已侵入黏膜下，但分化程度较高排列呈团块状，偶然见有角化珠。该增厚部位可能是（　　）。

    A. 乳头状瘤　　　　　　　B. 腺瘤　　　　　　　　　　C. 腺癌

    D. 鳞状细胞癌　　　　　　E. 纤维肉瘤

【解析】D。鳞状细胞癌发生于复层鳞状上皮，多发于皮肤和皮肤型黏膜（舌、口腔、肛门、阴道、食管等）。鳞状化生组织易转化为此种癌。镜检可见"癌巢""癌珠"。

5. 病犬肠道有一分叶状肿块，与周围界限清晰；镜检见肿块组织结构与生长部位组织相似，瘤细胞排列成管状。该肿块可能是（　　）。

    A. 乳头状瘤　　　　　　　B. 腺瘤　　　　　　　　　　C. 腺癌

    D. 鳞状细胞癌　　　　　　E. 纤维肉瘤

【解析】B。腺瘤常见于乳腺、垂体、甲状腺、卵巢等内分泌腺和胃、肠、肝等处。发育缓慢，形成局限性结节，表面呈息肉状或乳头状，由与正常腺细胞相类似的立方上皮或柱状上皮细胞所构成，细胞排列规整。

6. 下列最易发生转移的肿瘤是（　　）。

A. 乳头状瘤   B. 腺瘤   C. 平滑肌瘤

D. 纤维肉瘤   E. 血管瘤

【解析】D。转移是恶性肿瘤的特性之一。A、B、C、E四项均属于良性肿瘤，D项属于恶性肿瘤，易发生转移。

7. 癌原发于（   ）。

A. 神经组织   B. 脂肪组织   C. 肌肉组织

D. 上皮组织   E. 结缔组织

【解析】D。上皮组织的恶性肿瘤统称为癌。

<<< 第十三单元　器官系统病理学概论 >>>

一、考试大纲

单元	细目	要点
器官系统病理学概论	1. 呼吸系统病理	（1）气管炎的病理特征　（2）小叶性肺炎（支气管肺炎）发病机制和病变特点　（3）大叶性肺炎（纤维素性肺炎）发病机制和病变特点　（4）间质性肺炎（非典型性肺炎）发病机制和病变特点　（5）坏疽性肺炎　（6）胸膜炎　（7）肺水肿、肺气肿及肺萎陷　（8）呼吸机能不全的原因、分类及其引起的各系统变化
	2. 消化系统病理	（1）胃、肠溃疡的病变特点　（2）胃、肠炎的类型及其病变特点　（3）肝炎的类型及其病变特点（包括肝周炎）　（4）肝中毒性营养不良（中毒性肝病）　（5）肝功能不全　（6）肝性脑病　（7）肝硬化（发病机理及其病变特点）　（8）胰腺炎的发病机理及其病变特点
	3. 心血管系统病理	（1）心包炎概念及病理特点　（2）心肌炎概念及病变特点　（3）心内膜炎的概念及病变特点　（4）心肌病　（5）心力衰竭（心功能不全）　（6）血管的炎症　（7）淋巴管炎　（8）动脉硬化
	4. 泌尿系统病理	（1）肾炎的分类及病变特点　（2）肾病的病因及病变特点　（3）肾功能不全和尿毒症　（4）膀胱炎的类型及病变特点
	5. 免疫系统病理	（1）脾炎类型及病变特点　（2）淋巴结炎的类型及病变特点　（3）法氏囊炎的病变特点　（4）扁桃体及黏膜相关淋巴组织常见病变
	6. 神经系统病理	（1）神经系统的基本病理变化　（2）脑炎的分类及病变特点　（3）脑软化的病因及病变特点　（4）脑膜炎　（5）脑水肿　（6）神经系统机能障碍的病因及表现形式
	7. 生殖系统病理	（1）繁殖障碍的原因及病变特征　（2）子宫内膜炎类型及病变特点　（3）乳腺炎的类型及病变特点　（4）睾丸炎及附睾炎的类型及病变特点　（5）卵巢炎与卵巢硬化　（6）卵巢囊肿　（7）输卵管炎　（8）与繁殖障碍有关的其他病症
	8. 皮肤及运动系统病理	（1）皮炎及皮疹（分类及病变特点）　（2）毛囊炎的分类及病变特点　（3）肌炎的病因及病变特点　（4）白肌病的病因及病变特点　（5）骨软症的病因及病变特点　（6）佝偻病的病因及病变特点　（7）关节炎的病因及病变特点　（8）蹄叶炎的病因及病变特点

二、重要知识点

(一)呼吸系统病理

1. 气管炎 气管黏膜的炎症。

2. 小叶性肺炎(支气管肺炎) 指以细支气管为中心,以肺小叶为单位的急性渗出性炎症,病变局限于肺小叶范围,所以又称为支气管肺炎,多数呈化脓性支气管肺炎。眼观可见肺有散在分布的岛屿状黄白色病灶,周围呈暗红色,切面有泡沫样物质流出。镜检可见细支气管上皮变性、坏死,管腔内有大量炎性细胞浸润。

3. 大叶性肺炎(纤维素性肺炎) 大叶性肺炎指以细支气管和肺泡内充满大量纤维素性渗出物为特征的急性炎症。其常侵犯一个大叶、一侧肺叶或全肺。病变一般分四期:

(1)充血水肿期 肺泡壁毛细血管充血,肺体积肿大,切面流出泡沫状液体。

(2)红色肝变期 肺泡腔渗出大量纤维素,含有少量白细胞、多量红细胞。

(3)灰色肝变期 肺泡壁充血不明显,肺泡腔内有大量纤维素和白细胞,红细胞大部分已溶解。眼观肺灰黄色,胸膜变厚,粗糙不平。

(4)消散期 肺泡腔内炎性渗出物溶解,逐渐消失,肺脏体积逐渐恢复。

4. 间质性肺炎 指肺泡隔、支气管周围、血管周围和小叶间质等间质部位发生的炎症。通常呈浸润性增生性炎症反应。

5. 坏疽性肺炎 又称异物性肺炎,发生于动物因各种原因误咽食物、呕吐物或药物等异物时,肺脏因腐败细菌侵入而发生组织坏死和腐败分解的炎症。

6. 肺气肿及肺萎陷

肺气肿:肺泡内气体过多,引起肺泡过度扩张。

肺萎陷:指肺组织因空气丧失而导致肺泡塌陷的状态。可分为阻塞性(吸收性)肺萎陷、压缩性肺萎陷和收缩性肺萎陷等3种类型。

(二)消化系统病理

1. 胃、肠溃疡 黏膜下层、肌层组织坏死脱落后留下糜烂或溃疡。

2. 胃、肠炎

(1)胃炎 指胃壁表层组织和深层组织的炎症过程。

(2)肠炎 指发生于肠道的炎症。

3. 肝炎 肝脏在致病因素作用下发生以肝细胞变性、坏死或间质增生为主要特征的炎症过程。

(三)心血管系统病理

1. 心包炎 指心包壁层和脏层的炎症。

(1)浆液-纤维素性心包炎 以心包渗出大量浆液和纤维素为特征的炎症。常由猪瘟病毒、链球菌、巴氏杆菌、鸡伤寒沙门氏菌、丝状支原体等病原微生物引起。可见"绒毛心""盔甲心"等特征性病变。

(2)创伤性心包炎 主要发生于牛,由创伤性网胃炎时异物刺破网胃、横膈和心包而引起的炎症。

2. 心肌炎　是指各种原因引起的心肌炎症，常伴发于某些全身性疾病，如代谢病、传染病、过敏反应等。

3. 心内膜炎　指心脏内膜的炎症。

（四）泌尿系统病理

1. 肾炎　肾炎是指肾脏炎症，按其发生部位和性质通常分为肾小球性肾炎、间质性肾炎、化脓性肾炎。这里将重点讲述肾小球肾炎。

肾小球肾炎病因尚不完全明确，目前认为由某些病原微生物或其他致病因子（如链球菌、沙门氏菌、病毒、真菌、寄生虫、螺旋体、药物、异体血清等）感染后产生Ⅲ型超敏反应所致。

根据病程可分为急性肾小球肾炎、亚急性肾小球肾炎、慢性肾小球肾炎。

①急性肾小球肾炎：眼观可见"大红肾"或"蚤咬肾"。病理变化主要在肾小球毛细血管网和肾球囊内。以系膜细胞增生为主的称为急性增生性肾小球肾炎；伴有严重大量出血者称为急性出血性肾小球肾炎；以渗出为主称为急性渗出性肾小球肾炎。

②亚急性肾小球肾炎．眼观可见肾脏颜色苍白或淡黄色，俗称"人白肾"，切面浑浊。镜检可见肾小囊上皮细胞增生，形成"新月体"或"环状体"。

③慢性肾小球肾炎：眼观可见肾体积缩小，表面凹凸不平，质地变硬，颜色苍白，故称为"颗粒性固缩肾"或"皱缩肾"。切面皮质与髓质分界不明显。镜检可见大量肾小球、肾小管纤维化，玻璃样变肾小球相互靠近，称为"肾小球集中"。

膜性肾小球肾炎属于慢性肾小球肾炎中的一种。为一种免疫复合物沉积病，特征病变为弥漫性毛细血管基底膜增厚，电镜下可见免疫复合物沉积。猪瘟、兔病毒性出血症、水貂阿留申病及部分药物中毒可见本病。临诊特征为大量蛋白尿和肾病综合征。

间质性肾炎：一组以肾间质炎症及肾小管损害为主的肾脏疾病，发展到中期时病灶逐渐扩大融合，形成大大小小的灰白色斑块，称为"白斑肾"。

2. 肾病　指肾小管发生变性和坏死而无炎症变化的疾病。

（五）免疫系统病理

1. 脾炎　指脾脏的炎症。

2. 淋巴结炎　指淋巴结的炎症。

3. 法氏囊炎　指禽类法氏囊的炎症，主要见于鸡传染性法氏囊病。眼观可见法氏囊肿大、潮红或紫红色。切面可见灰白色黏液、血液或者干酪样坏死物。

（六）神经系统病理

1. 神经系统的基本病理变化　主要有神经元空泡变性、胶质细胞卫星化、噬神经元现象、胶质细胞结节、"血管袖套"现象等。

2. 脑炎

（1）化脓性脑炎　由各种化脓菌感染引起的脑的炎症。眼观可见脑内出现大小不等的化脓灶或脓肿。镜检可见脑组织坏死液化形成脓液并伴有大量中性粒细胞浸润。

（2）**非化脓性脑炎** 又称病毒性脑炎，病原为病毒，例如狂犬病、乙型脑炎、博纳病等。眼观可见患畜狂躁不安或沉郁，皮下干燥脱水，脑组织无太大变化，有时充血，质地偏软。镜检可见淋巴细胞、浆细胞等积聚而成的"血管袖套"，胶质细胞增生出现卫星现象和嗜神经元现象；神经元变性坏死。

3. 脑软化 指脑组织坏死后分解液化的过程。眼观可见脑软而肿胀，脑膜水肿，脑回变浅；镜检可见血管充血水肿，神经细胞变性坏死。

（1）**营养性脑软化** 因营养物质缺乏而导致的脑软化，例如雏鸡维生素 E 和硒缺乏而造成的脑软化。

（2）**中毒性脑软化** 常见毒物有马镰刀霉菌素、羊疯草、铅等。

（七）生殖系统病理

1. 子宫内膜炎 指子宫黏膜的炎症。

2. 乳腺炎 乳腺炎或乳房炎为乳腺发生炎症，同时乳汁发生理化性状的改变，可见于各种动物。

3. 睾丸炎及附睾炎

（1）**急性睾丸炎** 多由外伤、血源性或由尿道经输精管感染引起。

（2）**慢性睾丸炎** 多由急性炎症发展而来，睾丸间质结缔组织呈局限性或弥漫性生长。睾丸实质萎缩，不能形成精子。睾丸体积不变或缩小，质地坚硬，无痛，常有钙盐沉着。

（3）**特异性睾丸炎** 由结核分枝杆菌、布鲁氏菌、鼻疽杆菌等特定病原菌引起，病原多源于血源散播，可出现精子肉芽肿。

4. 卵巢炎与卵巢硬化

（1）**急性卵巢炎** 常继发于输卵管炎或腹膜炎，可出现浆液性、纤维素性、出血性或化脓性炎。

（2）**慢性卵巢炎** 多由急性卵巢炎发展而来，卵巢实质变性，淋巴细胞和浆细胞浸润，结缔组织增生，卵巢白膜增厚，体积缩小，质地变硬，呈"卵巢硬化"。

5. 卵巢囊肿 指卵泡或黄体内出现液体性分泌物并积聚成囊泡。根据发生部位和性质可分为卵泡囊肿、黄体囊肿和黄体样囊肿。

（八）皮肤及运动系统病理

1. 皮炎及皮疹

（1）**皮炎** 指表皮和真皮的炎症；通常伴有不同程度红肿热痛、机能障碍和炎症全身反应，眼观可能存在红斑、水肿、脓疱、皮肤坏死等。

（2）**皮疹** 指皮肤疹块，常见有斑疹、丘疹、疱疹、荨麻疹等。

2. 毛囊炎 毛囊炎指因毛囊感染而发生的化脓性炎症。常见有疖和痈。

（1）疖是单个毛囊、所属皮脂腺及周围组织的脓肿。

（2）痈是多个疖融合而成的脓肿。

3. 肌炎 指肌肉发生的炎症。

4. 白肌病 白肌病指因微量元素硒、维生素 E 以及其他营养物质缺乏所引起的多种畜禽以肌肉（骨骼肌和心肌）病变为主的营养缺乏性疾病。特征是肌肉发生变性、凝固性坏死，肌肉色泽苍白，故称白肌病或营养性肌病。

三、例题及解析

1. 从支气管开始，继而引起肺小叶的肺炎是(　　)。

    A. 大叶性肺炎　　　　　　　B. 小叶性肺炎　　　　　　　C. 胸膜肺炎

    D. 间质性肺炎　　　　　　　E. 坏疽性肺炎

【解析】B。以细支气管为中心，以肺小叶为单位的急性渗出性炎症，病变局限于肺小叶范围，称为支气管肺炎，又称小叶性肺炎。

2. 铁钉等尖锐物被牛误吞入胃内易引起(　　)。

    A. 瘤胃炎　　　　　　　　　B. 瓣胃炎　　　　　　　　　C. 肠炎

    D. 皱胃炎　　　　　　　　　E. 网胃炎

【解析】E。因网胃位置特殊，故吞入的异物难以排出，便会刺穿网胃形成网胃炎。

3. 原发性肾小球肾炎的发病机制是(　　)。

    A. 内源性毒物质损伤　　　　B. 外源性毒物质损伤　　　　C. 应激反应

    D. 缺血损伤　　　　　　　　F. 变态反应

【解析】E。肾小球肾炎目前认为由某些病原微生物或其他致病因子（如链球菌、沙门氏菌、病毒、真菌、寄生虫、螺旋体、药物、异体血清等）感染后产生Ⅲ型超敏反应所致的，是一种免疫性疾病。

4. 心肌的局部性或弥漫性炎症称为(　　)。

    A. 心外膜炎　　　　　　　　B. 心内膜炎　　　　　　　　C. 心包炎

    D. 心肌炎　　　　　　　　　E. 心肌病

【解析】D。指各种原因引起的心肌的炎症，均称为心肌炎。

> 第5~6题题干：某鸡场，雏鸡发病，头颈震颤，共济失调，镜下见脑神经变性坏死，有噬神经元现象和血管套形成，胶质细胞增多。

5. 雏鸡脑部病变是(　　)。

    A. 脑软化　　　　　　　　　B. 化脓脑炎　　　　　　　　C. 化脓脑膜炎

    D. 化脓脑膜脑炎　　　　　　E. 非化脓脑炎

【解析】E。非化脓性脑炎病变特征为神经组织的变性坏死、血管反应以及胶质细胞增生等变化。根据题干描述，可以判定病雏鸡脑部病变是非化脓脑炎。

6. 脑部形成血管套细胞是(　　)。

    A. 中性细胞　　　　　　　　B. 淋巴细胞　　　　　　　　C. 酸性细胞

    D. 碱性细胞　　　　　　　　E. 巨噬细胞

【解析】B。非化脓性脑炎的血管套是由不同程度的充血和围管性细胞浸润所致，主要成分是淋巴细胞。

7. 脑部增生的胶质细胞是(　　)。

    A. 星形胶质细胞　　　　　　B. 室管膜细胞　　　　　　　C. 少突胶质细胞

    D. 小胶质细胞　　　　　　　E. 雪旺氏细胞

【解析】D。非化脓性脑炎脑部增生的胶质细胞以小胶质细胞为主，可以呈弥漫性或局灶性增生。

<<< 第十四单元　动物病理剖检诊断技术 >>>

一、考试大纲

单元	细目	要点
动物病理剖检诊断技术	1. 概述	（1）病理剖检的意义及病理剖检诊断的依据　（2）动物死后的尸体变化　（3）剖检前的准备　（4）剖检的注意事项　（5）剖检的步骤　（6）剖检病变的描述　（7）剖检记录的整理分析和病理报告的撰写　（8）病理组织学材料的摘取和固定（包括固定液的配制）　（9）病理组织学材料的运送　（10）用于病原学检测的病料的采集及运送　（11）用于毒物检验材料的采集及运送　（12）剖检后动物尸体的消毒和无害化处理　（13）剖检人员的自身防护
	2. 动物病理剖检的方法	（1）马属动物的病理剖检方法　（2）反刍动物（牛、羊）的病理剖检方法　（3）单胃动物（猪、犬、猫、兔）的病理剖检方法　（4）家禽的病理剖检方法

二、重要知识点

（一）概述

1. 病理剖检　病理剖检指运用病理学知识检查尸体的病理变化、诊断疾病、研究疾病发生发展的规律。

2. 动物死后的尸体变化

（1）尸冷　指动物死后尸体温度逐渐降至外界环境温度。

（2）尸僵　指动物死后，肌肉收缩变硬。

（3）尸斑　动物死后心血管收缩，因地心引力作用导致倒卧侧皮肤出现坠积性淤血现象。

（4）自溶　动物死后在酶的作用下自体消化的过程。

（5）腐败　尸体在各种细菌作用下发生分解。

（6）尸臭　尸体在腐败过程产生的腐臭气味。

3. 剖检前的准备　场地选择；器械和药品；消毒液；个人防护。

4. 剖检的注意事项　调查病史；尸体运送；剖检时间。

5. 剖检的步骤　尸体登记；外部检查；内部检查。

6. 病理组织学材料的摘取和固定　病理组织学检验材料的采取；固定液通常采用10%福尔马林或95%的酒精；病料大小为1.5~3cm，厚0.5cm。

（二）动物病理剖检的方法

尸检体位：鸡——仰卧位，牛——左侧卧位，单胃动物（猪、犬、猫、兔）——背卧位（仰卧），羊——背卧位（仰卧）。

三、例题及解析

1. 鸡病理剖检时，通常令尸体处于（　　）。
   A. 右侧卧位　　　　　　　　B. 俯卧位　　　　　　　　C. 左侧卧位
   D. 仰卧位　　　　　　　　　E. 悬挂位

【解析】D。尸检体位：鸡——仰卧位，牛——左侧卧位，单胃动物（猪、犬、猫、兔）——背卧位，羊——背卧位（仰卧）。

2. 进行牛的尸体剖检时通常采用（　　）。
   A. 左侧卧位　　　　　　　　B. 背卧位　　　　　　　　C. 右侧卧位
   D. 腹卧位　　　　　　　　　E. 吊挂式

【解析】A。尸检体位：鸡——仰卧位，牛——左侧卧位，单胃动物（猪、犬、猫、兔）——背卧位，羊——背卧位（仰卧）。

3. 10％的福尔马林组织固定液中的甲醛含量是（　　）。
   A. 36％　　　　　　　　　　B. 10％　　　　　　　　　C. 7％
   D. 4％　　　　　　　　　　 E. 1％

【解析】D。福尔马林是40％的甲醛溶液，因此，10％福尔马林中含有4％甲醛。

4. 猪的尸体剖检，摘出空肠和回肠时应先（　　）。
   A. 在贲门部做双重结扎　　　　　　B. 在十二指肠起始部做双重结扎
   C. 在空肠的末端　　　　　　　　　D. 在空肠起始部和回肠末端分别做双重结扎
   E. 在盲肠起始部做双重结扎

【解析】D。将结肠盘向右侧牵引，盲肠拉向左侧，显露出回盲韧带与回肠。在离盲肠15cm处将回肠做二重结扎切断。然后握住回肠断端，用刀切离回肠、空肠上附着的肠系膜，直至十二指肠空肠曲，在空肠起始部做二重结扎并切断。

5. 最常用的组织固定液是（　　）。
   A. 10％福尔马林　　　　　　B. 20％酒精　　　　　　　C. 50％酒精
   D. 4％福尔马林　　　　　　 E. 80％酒精

【解析】A。病理组织固定时固定液为10％福尔马林或95％的酒精。

6. 在养殖场剖检取材时，如果无甲醛，可选用的固定液是（　　）。
   A. 10％福尔马林　　　　　　B. 20％酒精　　　　　　　C. 50％酒精
   D. 4％福尔马林　　　　　　 E. 80％酒精

【解析】E。无甲醛时选用70％～80％的酒精进行固定。

7. 动物死亡后，尸体组织在自身酶（如溶酶体酶）的作用下被消化，其中以胃、肠、胰腺出现的变化最为明显。该动物尸体变化类型属于（　　）。
   A. 尸冷　　　　　　　　　　B. 尸体自溶　　　　　　　C. 尸僵

D. 尸斑　　　　　　　　　　　　E. 尸体腐败

【解析】B。自溶指动物死后在酶的作用下自体消化的过程。

8. 动物死亡后，可见尸体倒卧侧的皮肤出现青紫色淤血区，后期发生溶血，该动物尸体变化类型属于（　　）。

A. 尸冷　　　　　　　　B. 尸体自溶　　　　　　　　C. 尸僵

D. 尸斑　　　　　　　　E. 尸体腐败

【解析】D。尸斑指动物死后心血管收缩，因地心引力作用导致倒卧侧皮肤出现坠积性淤血现象。

考点速记

1. 疾病经过分为潜伏期、前驱期、临床明显期、转归期共四个分期。

2. 临床明显期又称临床经过期、症状明显期，指疾病的特征性症状表现出来的阶段。

3. 动物疾病的转归有完全康复、不完全康复和死亡。

4. 疾病发生的一般规律有损伤与抗损伤贯穿于疾病发展的始终、因果转化、整体与局部的关系。

5. 脂肪变性是指细胞细胞质内出现脂滴。

6. 脂肪浸润是指脂肪细胞出现在不含有脂肪细胞的组织器官间质内，通常出现在心脏、胰腺、骨骼肌内。

7. 脂肪肝指肝内脂肪蓄积超过肝重量的5%或在组织学上肝细胞50%以上发生脂肪变性。

8. "槟榔肝"指肝淤血伴发肝脂肪变性。

9. 细胞内出现脂肪滴，HE染色时细胞质内出现大小不一的圆球状空泡，用苏丹Ⅲ染料可将其染成橘红，油红染色可染成橘红色，锇酸染色可呈黑色。

10. 转移性钙化是由于全身性的钙、磷代谢障碍，血钙和（或）血磷含量增高，钙盐沉着在机体多处健康组织中所致。沉着部位多见于肺脏、肾脏、胃黏膜和动脉管壁。

11. 胆色素代谢障碍时血浆胆红素浓度增高，将动物皮肤、黏膜、巩膜、浆膜、实质器官等染成黄色的病理现象称为黄疸，又称高胆红素血症。

12. 核黄疸是由于胆红素进入脑组织内与脂肪类物质结合。

13. 动物心力衰竭细胞是指心力衰竭时吞噬了红细胞的巨噬细胞，产生的色素颗粒是含铁血黄素。

14. 在普鲁士蓝染色的组织切片中，含铁血黄素颗粒呈蓝色。

15. 痛风为血液中尿酸浓度升高，并以尿酸盐的形式沉着在体内一些器官组织而引起的疾病，尿酸盐与嘌呤物质代谢有关。

16. HE染色切片中，痛风结节呈粉红色。

17. 血栓形成的条件为心血管内膜损伤、血流状态改变、血液性质改变（也可称为血液凝固性升高）。

18. 白色血栓由血小板、纤维蛋白和白细胞组成；混合血栓由血小板、白细胞、红细胞、纤维蛋白组成。

19. 贫血性梗死发生于**肾、心、脑**等致密组织。

20. 出血性梗死发生于**肺、肠**等疏松组织。

21. 休克早期微循环的特征是**少灌少流，灌少于流**。

22. **休克期**微循环的特征是**灌而少流，灌大于流**。

23. **休克晚期**微循环的特征是**不灌不流**。

24. 从静脉注入空气所形成的空气性栓子主要栓塞的器官是**肺脏**。

25. 全身性萎缩顺序为脂肪组织—肌肉组织—**肝、肾、脾、淋巴结、胃肠**等—**心、脑、肾上腺、垂体、甲状腺**等。

26. 结缔组织、小血管、淋巴造血组织、**表皮、肝细胞、某些腺上皮**等再生能力很强；**平滑肌、横纹肌、心肌**等再生能力较弱；**神经细胞**等无再生能力。

27. 肉芽组织为由新生的**毛细血管、成纤维细胞、炎性细胞浸润**组成的新生幼稚结缔组织。

28. 高渗性脱水主要特征为**血钠浓度和血浆渗透压均高于正常值**。

29. 由于机体呼吸功能发生障碍，CO_2 排出受阻或吸入过多而导致血液中 H_2CO_3 **原发性增高**，称为呼吸性酸中毒。

30. 低张性缺氧产生原因有**空气中氧分压低**（高原、高空、饲养密度过大等）、**外呼吸机能障碍**（鼻炎、气管炎、肺炎、有机磷中毒等）、**静脉血分流入动脉**（房室间隔缺损等）。

31. 亚硝酸盐中毒导致的高铁血红蛋白症血液呈**咖啡色或棕褐色**。

32. **一氧化碳中毒**血液呈**樱桃红色**。

33. **氰化物中毒**引起的缺氧血液呈**鲜红色**。

34. 对缺氧反应最敏感的器官是**大脑**。

35. 稽留热常见于**大叶性肺炎、犬瘟热**、猪瘟、猪丹毒、牛恶性卡他热、猪急性痢疾等。

36. 不定型热常见于慢性副伤寒、**流感**、支气管肺炎。

37. 应激可导致应激性**胃溃疡**。

38. 热休克蛋白为**应激环境**（尤其是环境高温）诱导细胞所生成的一组蛋白质。

39. 炎症临床症状主要表现：**红、肿、热、痛和功能障碍**。

40. 被称为"绒毛心"的炎症是心外膜的**纤维素性炎**。

41. 化脓性炎是以**中性粒细胞**大量渗出并伴有局部组织坏死，溶解和脓液形成的炎症。

42. 蜂窝织炎为疏松结缔组织的**弥漫性化脓性炎症**。

43. 炎症引起来的坏死或变异的白细胞（主要为中性粒细胞）即**脓细胞**。

44. 炎症时机体的变化有**发热、白细胞增多、单核巨噬细胞系统的增生和实质器官的病变**。

45. 急性炎症、化脓性炎症时通常**中性粒细胞**增多。

46. 过敏反应、寄生虫感染时通常**嗜酸性粒细胞**增多。

47. 慢性炎症、病毒感染时通常**淋巴细胞**增多。

48. **良性肿瘤**命名时通常是在来源组织名称后加一个"瘤"字。

49. 上皮组织起源的恶性肿瘤统称为"**癌**"。

50. **间叶组织起源**（上皮组织以外的结缔组织、肌肉组织、内皮组织、造血组织、脉管组织等）的恶性肿瘤统称为"肉瘤"。

51. **鳞状细胞癌**发生于复层鳞状上皮，镜检可见"**癌巢**""**癌珠**"。

52. 小叶性肺炎（支气管肺炎）为岛屿状黄白色病灶。

53. 大叶性肺炎（纤维素性肺炎）分为**充血水肿期**、**红色肝变期**、**灰色肝变期**、**消散期**。

54. 肾小球肾炎目前认为由**Ⅲ型超敏**反应所致的，是一种免疫性疾病。

55. 急性肾小球肾炎又称为"**大红肾**"或"**蚤咬肾**"。

56. 亚急性肾小球肾炎，俗称"**大白肾**"，切面浑浊。镜检可见"**新月体**"或"**环状体**"。

57. **慢性肾小球肾炎**称为"**颗粒性固缩肾**"或"**皱缩肾**"。

58. 肝硬化的后期组织学病变特点是**假小叶生成**和**纤维化**。

59. 发生急性猪丹毒时，脾脏的病变是**急性脾炎**。

60. 引起鸡小脑软化的病因是**维生素 E–硒缺乏**。

61. 支气管肺炎的始发病灶位于**细支气管**或**肺小叶**。

62. 急性肾功能不全时，钾钠代谢的特点是**高钾低钠血症**。

63. 采取病理组织学检验材料的固定液为**10%福尔马林**或**95%的酒精**。

64. 尸检体位：鸡——**仰卧位**，牛——**左侧卧位**，单胃动物（猪、犬、猫、兔）——**背卧位**，羊——**背卧位（仰卧）**。

高频题练习

1. 被称为"绒毛心"炎症是心外膜的（   ）。
   A. 化脓性炎　　　　　　　B. 出血性炎　　　　　　　C. 浆液性炎
   D. 卡他性炎　　　　　　　E. 纤维素性炎

2. 在休克发展的微循环凝血期，其微循环的特点是（   ）。
   A. 灌而少流　　　　　　　B. 灌而不流　　　　　　　C. 灌大于流
   D. 灌少于流　　　　　　　E. 不灌不流

3. "白斑肾"见于（   ）。
   A. 急性肾小球肾炎（大红肾）　　　　B. 膜性肾小球肾炎（大白肾）
   C. 亚急性肾小球肾炎　　　　　　　　D. 化脓性肾炎
   E. 间质性肾炎

第 4～5 题共用备选答案

　　A. 单核细胞　　　　　　**B. 淋巴细胞**　　　　　　**C. 中性粒细胞**

　　D. 嗜酸性粒细胞　　　　**E. 嗜碱性粒细胞**

---

4. 化脓灶内的炎性细胞是（   ）。

5. 寄生虫病灶内常见的炎性细胞是（   ）。

6. 动物发生转移性钙化时（   ）。
   A. 血磷不变　　　　　　　B. 血钙不变　　　　　　　C. 血钙升高

D. 血钙降低　　　　　　　　　　E. 血磷降低

7. 在应激原作用下，细胞表达明显增加的蛋白是(　　)。

    A. 角蛋白　　　　　　　　B. 热休克蛋白　　　　　　C. 纤维蛋白

    D. 白蛋白　　　　　　　　E. 胶原蛋白

8. 复层扁平上皮发生的恶性肿瘤称(　　)。

    A. 纤维肉瘤　　　　　　　B. 纤维瘤　　　　　　　　C. 乳头状瘤

    D. 鳞状细胞癌　　　　　　E. 癌肉瘤

9. 呼吸性酸中毒的特征是(　　)。

    A. 血浆 H_2CO_3 浓度原发性减少　　　　　　B. 血浆 H_2CO_3 浓度原发性升高

    C. 血浆 HCO_3^- 浓度原发性升高　　　　　　D. 血浆 HCO_3^- 浓度原发性减少

    E. 血浆 HCO_3^- 浓度不变

10. 应激时，动物发生的特征性病变是(　　)。

    A. 坏死性肝炎　　　　　　B. 胆囊炎　　　　　　　　C. 心肌炎

    D. 胃溃疡　　　　　　　　E. 脑炎

11. 黄疸时，造成皮肤和黏膜黄染的色素是(　　)。

    A. 含铁血黄素　　　　　　B. 黑色素　　　　　　　　C. 胆红素

    D. 血红素　　　　　　　　E. 脂褐素

12. 肉芽组织是一种幼稚结缔组织，其中富含(　　)。

    A. 炎性细胞和胶原纤维　　　　　　B. 新生毛细血管和成纤维细胞

    C. 网状纤维和胶原纤维　　　　　　D. 胶原纤维和纤维细胞

    E. 成纤维细胞和纤维细胞

13. 属于生物性致病因素的是(　　)。

    A. 烧伤　　　　　　　　　B. 芥子气　　　　　　　　C. 紫外线

    D. 化脓杆菌　　　　　　　E. 乙醚

14. 在普鲁士蓝染色的组织切片中，含铁血黄素颗粒呈(　　)。

    A. 黄色　　　　　　　　　B. 红色　　　　　　　　　C. 蓝色

    D. 绿色　　　　　　　　　E. 紫色

15. 局部皮肤动脉性充血的外观表现是(　　)。

    A. 色泽暗红，温度升高　　　　　　B. 色泽暗红，温度降低

    C. 色泽鲜红，温度降低　　　　　　D. 色泽鲜红，温度升高

    E. 色泽鲜红，温度不变

16. 从静脉注入空气所形成的空气性栓子主要栓塞的器官是(　　)。

    A. 大脑　　　　　　　　　B. 肺脏　　　　　　　　　C. 肾脏

    D. 肝脏　　　　　　　　　E. 脾脏

17. 球虫寄生肠道导致肠黏膜上皮细胞数量增多的病变是(　　)。

    A. 化生　　　　　　　　　B. 再生　　　　　　　　　C. 增生

    D. 真性肥大　　　　　　　E. 假性肥大

18. 德牧患犬，肝脏上有多个灰白色结节，存在腹水，心、肾、肺无明显变化，属于(　　)腹水。

    A. 心源性　　　　　　　　　B. 肾源性　　　　　　　　　C. 营养不良

    D. 肝源性　　　　　　　　　E. 肺源性

19. CO中毒性缺氧时，动物的黏膜呈现(　　　)。

    A. 苍白色　　　　　　　　　B. 暗红色　　　　　　　　　C. 樱桃红色

    D. 咖啡色　　　　　　　　　E. 青紫色

20. 病犬肠道有一分叶状肿块，与周围界限清晰；镜检见肿块组织结构与生长部位组织相似，瘤细胞排列成管状。该肿块可能是(　　　)。

    A. 乳头状瘤　　　　　　　　B. 腺瘤　　　　　　　　　　C. 腺癌

    D. 鳞状细胞癌　　　　　　　E. 纤维肉瘤

高频题参考答案

题号	1	2	3	4	5	6	7	8	9	10	11	12	13	14	15	16	17	18	19	20
答案	E	E	E	C	D	C	B	D	B	D	C	B	D	C	D	B	C	D	C	B

模拟题练习

1. 疾病发生的必不可少的条件是(　　　)。

    A. 疾病的原因　　　　　　　B. 疾病的诱因　　　　　　　C. 疾病的外因

    D. 疾病的社会条件　　　　　E. 疾病的自然条件

2. 临床上的"脑死亡"发生在以下哪个时期(　　　)。

    A. 机体死亡期　　　　　　　B. 濒死期　　　　　　　　　C. 临床死亡期

    D. 生物学死亡期　　　　　　E. 死亡期

3. 高渗性脱水时血浆渗透压(　　　)。

    A. 不变　　　　　　　　　　B. 降低　　　　　　　　　　C. 升高

    D. 弹性变化　　　　　　　　E. 变化无规律

4. 体温升高到一定程度后，高热持续数天不退且昼夜温差变动不超过1℃，称为(　　　)。

    A. 回归热　　　　　　　　　B. 间歇热　　　　　　　　　C. 稽留热

    D. 不定型热　　　　　　　　E. 消耗热

5. 休克的实质是(　　　)。

    A. 微循环血液灌流量不足　　B. 血压下降　　　　　　　　C. 少尿、无尿

    D. 心脏搏出无力　　　　　　E. 多器官淤血

6. 关于血栓形成的条件不恰当的是(　　　)。

    A. 心血管内膜损伤　　　　　B. 血液凝固性增高　　　　　C. 血流状态改变

    D. FDP的形成　　　　　　　E. 以上均不正确

7. 急性肾小球肾炎时因其眼观病变称为(　　　)。

    A. 大红肾　　　　　　　　　B. 大白肾　　　　　　　　　C. 皱缩肾

    D. 气球肾　　　　　　　　　E. 白斑肾

8. 干性坏疽常发生于（　　　）。
    A. 皮肤、四肢末端　　　　B. 脑　　　　　　　　C. 肺
    D. 肠　　　　　　　　　　E. 胃

9. 虎斑心见于（　　　）。
    A. 纤维素性心包炎　　　　B. 风湿性心肌炎　　　C. 心肌退行性变化
    D. 心肌脂肪变性　　　　　E. 化脓性心肌炎

10. 槟榔肝见于（　　　）。
    A. 颗粒变性　　　　　　　B. 脂肪变性　　　　　C. 纤维素样变性
    D. 维生素样变性　　　　　E. 透明变性

11. 从致病因素作用于机体到机体出现最初临床症状之间的阶段是（　　　）。
    A. 潜伏期　　　　　　　　B. 前驱期　　　　　　C. 临床经过期
    D. 转归期　　　　　　　　E. 终结期

12. 一氧化碳中毒血液呈（　　　）。
    A. 蓝紫色　　　　　　　　B. 樱桃红　　　　　　C. 酱油色
    D. 蓝绿色　　　　　　　　E. 绿色

13. 机械性致病因素属于（　　　）。
    A. 生物性致病因素　　　　B. 化学性致病因素　　C. 物理性致病因素
    D. 营养性致病因素　　　　E. 遗传因素

14. 以下哪个因素不属于外界致病因素（　　　）。
    A. 屏障功能　　　　　　　B. 乙醚　　　　　　　C. 紫外线
    D. 细菌　　　　　　　　　E. 寄生虫

15. 某一疾病的特异性症状表现出来的阶段为（　　　）。
    A. 潜伏期　　　　　　　　B. 前驱期　　　　　　C. 临床明显期
    D. 转归期　　　　　　　　E. 以上均不对

16. 以下哪种因素能够造成机体应激反应（　　　）。
    A. 运输　　　　　　　　　B. 饲养管理条件改变　C. 注射疫苗
    D. 心理因素　　　　　　　E. 以上都是

17. 休克Ⅲ期的血流特点为（　　　）。
    A. 不灌不流　　　　　　　　　　　B. 少灌少流，灌大于流
    C. 灌而少流，灌大于流　　　　　　D. 灌而少流，灌少于流
    E. 以上均不对

18. 发热时体温上升期的特点为（　　　）。
    A. 产热量大于散热量　　　　　　　B. 产热量等于散热量
    C. 产热量小于散热量　　　　　　　D. 产热量与散热量关系不确定
    E. 产热量与散热量无关系

19. 发热时间不定，体温变化无规律，体温曲线呈不规则变化，这种热型称为（　　　）。
    A. 稽留热　　　　　　　　B. 不定型热　　　　　C. 双向热
    D. 回归热　　　　　　　　E. 弛张热

20. 阻塞性黄疸时粪便变化为（　　　）。

A. 颜色加深，臭味增加　　　　　　　B. 颜色加深，臭味减少

C. 颜色变浅，臭味减少　　　　　　　D. 颜色变浅，臭味增加

E. 颜色、臭味无变化

21. 以下( )是不可复性损伤。

    A. 萎缩　　　　　　　　　　B. 脂肪变性　　　　　　　　C. 坏死

    D. 透明变性　　　　　　　　E. 细胞肿胀

22. 下列有关炎症的理解哪项不正确( )。

    A. 对机体损害的任何因素均可为致炎因子

    B. 血管反应是炎症的中心环节

    C. 部分炎症可采用抗生素抗炎

    D. 炎症对机体有利，又有潜在危害性

    E. 炎症对机体只有弊而无利

23. 起源于间叶组织的恶性肿瘤称为( )。

    A. 纤维瘤　　　　　　　　　B. 癌　　　　　　　　　　　C. 母细胞瘤

    D. 肉瘤　　　　　　　　　　E. 畸胎瘤

24. 不属于生物性致病因素的是( )。

    A. 霍乱弧菌　　　　　　　　B. 猪瘟病毒　　　　　　　　C. 蛇毒

    D. 弓形虫　　　　　　　　　E. 大肠杆菌

25. 患病动物的机体完全恢复健康，属于( )。

    A. 完全康复　　　　　　　　B. 完全痊愈　　　　　　　　C. 不完全康复

    D. 机化　　　　　　　　　　E. 钙化

26. 维生素 D 缺乏引起的佝偻病病因属于( )。

    A. 机械性因素　　　　　　　B. 生物性因素　　　　　　　C. 化学性因素

    D. 屏障功能　　　　　　　　E. 营养性因素

27. 细菌性肝炎可导致( )。

    A. 高胆红素血症　　　　　　B. 血钙浓度升高　　　　　　C. 尿酸盐沉着

    D. 磷酸镁沉着　　　　　　　E. 含铁血黄素沉着

28. 细胞内出现大小不一的水泡，细胞核淡染，多个水泡可出现融合，见于( )。

    A. 水泡变性　　　　　　　　B. 脂肪变性　　　　　　　　C. 纤维素变性

    D. 透明变性　　　　　　　　E. 淀粉样变性

29. 肝细胞细胞质内出现脂滴为( )。

    A. 脂肪浸润　　　　　　　　B. 脂肪变性　　　　　　　　C. 脂肪肝

    D. 脂肪组织变性　　　　　　E. 颗粒变性

30. 心肌细胞间出现脂肪组织，见于( )。

    A. 脂肪浸润　　　　　　　　B. 脂肪变性　　　　　　　　C. 脂肪肝

    D. 脂肪组织变性　　　　　　E. 颗粒变性

31. 肝细胞脂肪变性时，可采用( )进行染色，此时脂肪组织被染为橘红色。

    A. 锇酸　　　　　　　　　　B. 苏丹Ⅲ　　　　　　　　　C. 抗酸

    D. 普鲁士蓝　　　　　　　　E. 苏木精-伊红

32. 脂肪变性常发生于下列（　　）。
　　A. 肝、肾、心　　　　　　B. 肺、肾、心　　　　　　C. 脾、肾、心
　　D. 肝、脾、心　　　　　　E. 肝、肺、脾

33. 血管内皮受到损伤时，血浆蛋白渗入中膜并凝固成均匀的玻璃样物质，称为（　　）。
　　A. 脂肪变性　　　　　　　B. 透明变性　　　　　　　C. 纤维素样变性
　　D. 颗粒变性　　　　　　　E. 水泡样变

34. 淀粉样变性时出现的淀粉样物质为（　　）。
　　A. 淀粉　　　　　　　　　B. 纤维素　　　　　　　　C. 黏多糖蛋白质
　　D. 葡萄糖　　　　　　　　E. 免疫球蛋白

35. 以下（　　）为可逆性病理变化。
　　A. 干性坏疽　　　　　　　B. 凝固性坏死　　　　　　C. 液化性坏死
　　D. 气疽　　　　　　　　　E. 脂肪变性

36. 以下变化过程中，会出现凋亡小体的为（　　）。
　　A. 凝固性坏死　　　　　　B. 液化性坏死　　　　　　C. 坏疽
　　D. 细胞凋亡　　　　　　　E. 纤维素性坏死

37. 光镜下坏死的标志为（　　）。
　　A. 细胞质　　　　　　　　B. 细胞膜　　　　　　　　C. 细胞间质
　　D. 细胞核　　　　　　　　E. 细胞壁

38. 贫血性梗死常见于（　　）。
　　A. 肺　　　　　　　　　　B. 肠　　　　　　　　　　C. 胃
　　D. 脾　　　　　　　　　　E. 心

39. 出血性梗死常见于（　　）。
　　A. 肝　　　　　　　　　　B. 脑　　　　　　　　　　C. 骨骼肌
　　D. 脾　　　　　　　　　　E. 心

40. 干性坏疽常发生于（　　）。
　　A. 皮肤　　　　　　　　　B. 子宫　　　　　　　　　C. 胃
　　D. 肠　　　　　　　　　　E. 心

41. 湿性坏疽常见于下列哪些器官（　　）。
　　A. 肺、肠、子宫　　　　　B. 脾、淋巴结　　　　　　C. 心肌、骨骼肌
　　D. 肝、肾、心　　　　　　E. 皮肤、尾尖

42. 当坏死组织范围较大时，由坏死灶周围的肉芽组织逐渐生长将坏死组织溶解替代的过程称为（　　）。
　　A. 钙化　　　　　　　　　B. 腐离　　　　　　　　　C. 脱落
　　D. 包囊形成　　　　　　　E. 机化

43. 细胞肿胀的常见原因不包括（　　）。
　　A. 病原微生物感染　　　　B. 缺乏维生素　　　　　　C. 电离辐射
　　D. 机械性损伤　　　　　　E. 缺氧

44. 钙盐沉着在变性、坏死组织或病理产物中称为（　　）。

A. 营养不良性钙化   B. 转移性钙化   C. 痛风

D. 黄疸   E. 含铁血黄素沉着

45. 营养不良性钙化时钙化灶 HE 染色呈（   ）。

     A. 灰白色   B. 深蓝色   C. 黄色

     D. 棕色   E. 粉红色

46. 转移性钙化时钙盐沉着的部位多见于（   ）。

     A. 肺、肾脏、胃   B. 肺、肠、膀胱   C. 脑、肾、心

     D. 肾、心、胃   E. 脾、肺、胃

47. 胆色素代谢障碍时血浆胆红素浓度增高，将动物皮肤、黏膜、巩膜、浆膜、实质器官等染成黄色的病理现象称为（   ）。

     A. 钙化   B. 机化   C. 黄疸

     D. 痛风   E. 糖原沉着

48. 动物因附红细胞体感染而导致的黄疸属于（   ）。

     A. 肝性黄疸   B. 实质性黄疸   C. 阻塞性黄疸

     D. 肝后性黄疸   E. 溶血性黄疸

49. 由于血中非酯型胆红素增高，因其脂溶性而透过生物膜，与脑神经核的脂类结合，将神经核染成黄色称为（   ）。

     A. 肝性黄疸   B. 实质性黄疸   C. 核黄疸

     D. 肝后性黄疸   E. 溶血性黄疸

50. 动物发生营养不良性钙化时，机体血钙、血磷变化为（   ）。

     A. 血磷不变   B. 血磷升高   C. 血钙升高

     D. 血钙降低   E. 血磷降低

51. 机体有全身性渗出性出血倾向，表现为全身皮肤、黏膜、浆膜和各内脏器官等都可见出血点，称为（   ）。

     A. 出血性浸润   B. 出血性素质   C. 破裂性出血

     D. 积血   E. 溢血

52. 吐血或呕血为血液从（   ）排出体外。

     A. 呼吸系统   B. 消化道经口   C. 消化道经肛门

     D. 泌尿道经肾   E. 泌尿道经尿道口

53. 发生于（   ）等重要器官的出血量即使很少也会造成严重后果。

     A. 肾、心   B. 心、脑   C. 肺、肠

     D. 胃、心   E. 心、子宫

54. 在活体的心脏和血管内，血液发生凝固或血液中某些有形成分析出、黏集形成固体的过程，形成的固体称为（   ）。

     A. 机化   B. 包囊   C. 钙化

     D. 血栓   E. 结节

55. 混合血栓主要由（   ）组成。

     A. 红细胞   B. 血小板、白细胞、红细胞、纤维蛋白

     C. 纤维蛋白、白细胞   D. 红细胞、白细胞、纤维蛋白

E. 血小板、红细胞

56. 长骨骨折、严重脂肪组织挫伤时容易造成（　　　）。

A. 空气性栓塞　　　　　　　B. 血栓性栓塞　　　　　　　C. 脂肪性栓塞

D. 寄生虫性栓塞　　　　　　E. 细菌性栓塞

57. 微循环缺血期时血流特点为（　　　）。

A. 不灌不流　　　　　　　　　　　B. 少灌少流，灌少于流

C. 灌而少流，灌大于流　　　　　　D. 灌而少流，灌少于流

E. 以上均不对

58. 微循环淤血期时血流特点为（　　　）。

A. 不灌不流　　　　　　　　　　　B. 少灌少流，灌少于流

C. 灌而少流，灌大于流　　　　　　D. 灌而少流，灌少于流

E. 以上均不对

59. 休克时动物死亡的直接原因为（　　　）。

A. 急性肾功能衰竭　　　　　B. 急性肺衰竭　　　　　　　C. 消化系统功能障碍

D. 心功能衰竭　　　　　　　E. 脑功能衰竭

60. 白色梗死常发生于（　　　）。

A. 心脏　　　　　　　　　　B. 胃　　　　　　　　　　　C. 肠

D. 子宫　　　　　　　　　　E. 肺

61. 从静脉注入空气所形成的空气性栓子主要栓塞的器官是（　　　）。

A. 大脑　　　　　　　　　　B. 肺脏　　　　　　　　　　C. 肾脏

D. 肝脏　　　　　　　　　　E. 脾脏

62. 局部皮肤静脉性充血的外观表现是（　　　）。

A. 色泽暗红，温度升高　　　　　　B. 色泽暗红，温度降低

C. 色泽鲜红，温度降低　　　　　　D. 色泽鲜红，温度升高

E. 色泽鲜红，温度不变

63. 动物在生理情况下，（　　　）可发生生理机能减退、代谢降低，从而导致生理性萎缩。

A. 骨骼肌、心肌　　　　　　B. 脊髓、大脑　　　　　　　C. 肾脏、膀胱

D. 乳腺、性腺　　　　　　　E. 胸腺、心肌

64. 病理性萎缩时，（　　　）最后萎缩。

A. 骨骼肌、心肌　　　　　　B. 大脑、心脏　　　　　　　C. 肾脏、膀胱

D. 法氏囊、肾上腺　　　　　E. 脂肪组织

65. 动物因脑垂体肿瘤导致的肾上腺萎缩属于（　　　）。

A. 废用性萎缩　　　　　　　B. 神经性萎缩　　　　　　　C. 压迫性萎缩

D. 缺血性萎缩　　　　　　　E. 内分泌性萎缩

66. 动物器官发生萎缩时可见萎缩器官（　　　）。

A. 体积缩小，重量减轻　　　　　　B. 体积缩小，重量加重

C. 体积变大，重量减轻　　　　　　D. 体积变大，重量加重

E. 体积不变，重量减轻

67. 赛马因常年竞赛导致的心肌、骨骼肌细胞肥大属于(　　　)。
   A. 假性肥大　　　　　　　　B. 假性萎缩　　　　　　　C. 生理性肥大
   D. 增生　　　　　　　　　　E. 真性增生

68. 为适应环境变化，一种分化成熟的组织转化为同一胚层的另一种分化成熟组织的过程称为(　　　)。
   A. 机化　　　　　　　　　　B. 化生　　　　　　　　　C. 生机
   D. 钙化　　　　　　　　　　E. 物质沉积

69. 属于适应性反应的是(　　　)。
   A. 湿性坏疽　　　　　　　　B. 干性坏疽　　　　　　　C. 纤维素样变性
   D. 化生　　　　　　　　　　E. 细胞凋亡

70. 肉芽组织的功能不包括(　　　)。
   A. 抗感染及保护创面　　　　　　　　B. 机化或包裹血凝块、坏死组织及其他异物
   C. 填补伤口　　　　　　　　　　　　D. 填补其他组织缺损
   E. 再生组织

71. 再生能力较强的细胞是(　　　)。
   A. 平滑肌细胞　　　　　　　B. 神经细胞　　　　　　　C. 心肌细胞
   D. 肝细胞　　　　　　　　　E. 横纹肌细胞

72. 右心功能不全常引起(　　　)。
   A. 肾水肿　　　　　　　　　B. 肝水肿　　　　　　　　C. 脑水肿
   D. 全身性水肿　　　　　　　E. 肺水肿

73. 低渗性脱水的特点是(　　　)。
   A. 细胞外液容量减少，渗透压降低　　B. 细胞外液容量增加，渗透压降低
   C. 细胞外液容量减少，渗透压增高　　D. 细胞外液容量增加，渗透压升高
   E. 细胞外液容量减少，细胞内溶液量增加

74. 失水少于失钠可引起(　　　)。
   A. 等渗性脱水　　　　　　　B. 低渗性脱水　　　　　　C. 高渗性脱水
   D. 水中毒　　　　　　　　　E. 水肿

75. 机体酸碱失衡时主要调节方式不包括(　　　)。
   A. 血液缓冲对　　　　　　　B. 肾脏调节　　　　　　　C. 细胞的调节
   D. 肺呼吸代偿　　　　　　　E. 胃肠代偿

76. 代谢性碱中毒的特征是(　　　)。
   A. 血浆 H_2CO_3 浓度原发性减少　　　　B. 血浆 H_2CO_3 浓度原发性升高
   C. 血浆 HCO_3^- 浓度原发性升高　　　　D. 血浆 HCO_3^- 浓度原发性减少
   E. 血浆 HCO_3^- 浓度不变

77. 细胞外液容量增多、渗透压降低见于(　　　)。
   A. 等渗性脱水　　　　　　　B. 低渗性脱水　　　　　　C. 高渗性脱水
   D. 水中毒　　　　　　　　　E. 高钠血症

78. 细胞外液容量增多、渗透压上升见于(　　　)。
   A. 等渗性脱水　　　　　　　B. 低渗性脱水　　　　　　C. 高渗性脱水

D. 水中毒　　　　　　　　　　E. 高钠血症

79. 由于房室间隔缺损造成静脉血分流入动脉导致的缺氧类型为（　　）。

　　A. 低张性缺氧　　　　　　　B. 血液性缺氧　　　　　　　C. 循环性缺氧

　　D. 组织性缺氧　　　　　　　E. 中毒性缺氧

80. 由于血红蛋白减少或性质改变，血液携氧能力降低，动脉血氧含量降低或氧和血红蛋白结合的氧不易释出导致的供氧障碍性组织缺氧称为（　　）。

　　A. 乏氧性缺氧　　　　　　　B. 血液性缺氧　　　　　　　C. 循环性缺氧

　　D. 低动力性缺氧　　　　　　E. 中毒性缺氧

81. 因磺胺类药物导致的动物高铁血红蛋白症时血液呈（　　）。

　　A. 樱桃红　　　　　　　　　B. 普鲁士蓝　　　　　　　　C. 咖啡色

　　D. 白菜绿　　　　　　　　　E. 天空蓝

82. 一氧化碳中毒易引发机体（　　）。

　　A. 乏氧性缺氧　　　　　　　B. 低张性缺氧　　　　　　　C. 血液性缺氧

　　D. 循环性缺氧　　　　　　　E. 中毒性缺氧

83. 宠物误服砒霜会导致机体发生（　　）。

　　A. 乏氧性缺氧　　　　　　　B. 低张性缺氧　　　　　　　C. 低动力性缺氧

　　D. 中毒性缺氧　　　　　　　E. 循环性缺氧

84. 循环性缺氧时（　　）升高。

　　A. 血氧含量　　　　　　　　B. 血氧容量　　　　　　　　C. 动脉血氧饱和度

　　D. 动脉血氧分压　　　　　　E. 动静脉氧差

85. 组织性缺氧时（　　）降低。

　　A. 血氧含量　　　　　　　　B. 血氧容量　　　　　　　　C. 动脉血氧饱和度

　　D. 动脉血氧分压　　　　　　E. 动静脉氧差

86. 以下说法错误的是（　　）。

　　A. 缺氧早期：脑血管扩张、血流量增加

　　B. 短期缺氧：心率加快，心脏输出量增加

　　C. 长期缺氧：心脏长期负荷，心肌细胞坏死

　　D. 缺氧易引起机体代谢性碱中毒

　　E. 缺氧易引起机体酮尿症、酮血症

87. 氰化物中毒导致缺氧时，血液颜色为（　　）。

　　A. 黄色　　　　　　　　　　B. 鲜红色　　　　　　　　　C. 樱桃红色

　　D. 酱油色　　　　　　　　　E. 苍白色

88. 以下物质中，（　　）不属于内生性致热原。

　　A. IL-1　　　　　　　　　　B. IL-2　　　　　　　　　　C. IL-6

　　D. TNF　　　　　　　　　　E. IFN

89. 动物机体处于高热持续期时，产热量和散热量的关系为（　　）。

　　A. 产热量大于散热量　　　　　　　B. 产热量等于散热量

　　C. 产热量小于散热量　　　　　　　D. 产热量与散热量无明显关系

　　E. 产热量与散热量大小不确定

90. 动物机体处于体温下降期时，机体（　　）。
    A. 尿量增加，散热加快　　　　　　　　　B. 尿量减少，散热加快
    C. 皮肤干燥，出汗增加　　　　　　　　　D. 尿量减少，散热减慢
    E. 皮肤干燥，出汗减少

91. 体温最低时不会降至常温，昼夜温差变动超过1℃，该热型为（　　）。
    A. 稽留热　　　　　　　B. 不规则热　　　　　　　C. 回归热
    D. 双向热　　　　　　　E. 弛张热

92. 发热期与无热期有规律地交替，二者持续时间大致相等或无热期时间长，该热型为（　　）。
    A. 稽留热　　　　　　　B. 弛张热　　　　　　　C. 回归热
    D. 间歇热　　　　　　　E. 短时热

93. 布鲁氏菌感染易导致动物机体出现（　　）。
    A. 不定型热　　　　　　B. 双向热　　　　　　　C. 消耗热
    D. 波状热　　　　　　　E. 短时热

94. 关于发热的说法，错误的为（　　）。
    A. 发热是机体的防御适应反应
    B. 发热对机体既有利又有弊
    C. 发热可帮助机体抵抗感染，清除有害的因素
    D. 发热可增大组织消耗，增加器官负担致使器官受损
    E. 发热不会导致器官、组织功能障碍

95. 患小叶性肺炎动物热型通常为（　　）。
    A. 不定型热　　　　　　B. 稽留热　　　　　　　C. 弛张热
    D. 波状热　　　　　　　E. 短时热

96. 有关于应激，以下说法错误的为（　　）。
    A. 应激动员期发作迅速，持续时间短
    B. 应激动员期以交感-肾上腺髓质兴奋为主
    C. 应激抵抗期交感-肾上腺髓质兴奋持续升高
    D. 应激抵抗期，肾上腺皮质激素分泌增多
    E. 应激衰竭期皮质激素分泌持续增高

97. 应激时机体的神经内分泌反应有（　　）。
    A. 心跳降低　　　　　　B. 血压升高　　　　　　C. 肌肉松弛
    D. 代谢降低　　　　　　E. 交感-肾上腺髓质以神经抑制为主

98. 应激环境，尤其是环境高温诱导细胞所生成的一组蛋白质称为（　　）。
    A. C反应蛋白　　　　　B. 血清淀粉样蛋白　　　C. 结合珠蛋白
    D. 白蛋白　　　　　　　E. 热休克蛋白

99. 以下关于应激时机体的代谢和功能变化，描述错误的为（　　）。
    A. 蛋白质、脂肪、糖的代谢增加　　　　　B. 电解质、酸碱平衡紊乱
    C. 血小板聚集　　　　　　　　　　　　　D. 微循环缺血、血压降低
    E. 胃肠黏膜坏死、局部糜烂

100. 以下炎症局部的基本表现，描述最为准确的为（　　）。
    A. 红、肿、热、痛、功能障碍　B. 红、肿、热　　　　　C. 青紫、肿、痛
    D. 功能障碍　　　　　　　　　　E. 青紫、肿、热、痛、功能障碍

101. 炎症过程中，随着血管壁通透性的升高，血浆中各种成分相继渗出，最先渗出的蛋白质为（　　）。
    A. 白蛋白　　　　　　　　　B. 血红蛋白　　　　　　　C. β-球蛋白
    D. β-脂蛋白　　　　　　　　E. 纤维蛋白原

102. 炎症过程中，随着血管壁通透性的升高，血浆中各种成分相继渗出，（　　）最后渗出。
    A. 白蛋白　　　　　　　　　B. 血红蛋白　　　　　　　C. β-球蛋白
    D. β-脂蛋白　　　　　　　　E. 纤维蛋白原

103. 猪食盐中毒引起的炎症时，以（　　）渗出为主。
    A. 嗜碱性粒细胞　　　　　　B. 嗜酸性粒细胞　　　　　C. 中性粒细胞
    D. 肥大细胞　　　　　　　　E. 淋巴细胞

104. 以下细胞中，（　　）可参与Ⅰ型变态反应。
    A. 中性粒细胞　　　　　　　B. 组织细胞　　　　　　　C. 淋巴细胞
    D. 嗜碱性粒细胞　　　　　　E. 巨噬细胞

105. 动物机体出现Ⅳ型超敏反应时，以（　　）渗出为主。
    A. 嗜碱性粒细胞　　　　　　B. 嗜酸性粒细胞　　　　　C. 中性粒细胞
    D. 肥大细胞　　　　　　　　E. 淋巴细胞

106. 猪繁殖与呼吸综合征病毒感染导致的炎症中，以（　　）渗出为主。
    A. 中性粒细胞　　　　　　　B. 嗜酸性粒细胞　　　　　C. 淋巴细胞
    D. 嗜碱性粒细胞　　　　　　E. 巨噬细胞

107. 多核巨细胞及上皮样细胞可见于（　　）。
    A. 结核病　　　　　　　　　B. 大肠杆菌感染　　　　　C. 沙门氏菌感染
    D. 金黄色葡萄球菌感染　　　E. 霍乱弧菌感染

108. 以下炎症介质中，（　　）可引起血管扩张。
    A. 组织胺、IL-1　　　　　　B. 缓激肽、C3a　　　　　C. 组织胺、缓激肽
    D. IL-1、C3a　　　　　　　E. TNF、PGF2

109. 氧自由基作为炎症介质时，可导致（　　）。
    A. 血管扩张　　　　　　　　B. 趋化作用　　　　　　　C. 发热
    D. 致痛　　　　　　　　　　E. 组织损伤

110. PAF 作为炎症介质时，可导致（　　）。
    A. 血管扩张　　　　　　　　B. 血管通透性升高　　　　C. 趋化作用
    D. 发热　　　　　　　　　　E. 致痛

111. （　　）能够识别病原相关分子模式或者宿主来源的危险信号分子，辅助天然免疫系统发挥作用，还能调节 Caspase-1 依赖的形式编程性细胞死亡，诱导细胞在炎性和应激的病理条件下死亡。
    A. 炎症介质　　　　　　　　B. 溶酶体酶　　　　　　　C. 炎症小体

    D. 白细胞三烯   E. 血小板活化因子

112. (　　)常见于口蹄疫、牛恶性卡他热等动物疾病中。

    A. 心肌变质性炎   B. 肝变质性炎   C. 肾变质性炎

    D. 特异性增生性炎   E. 非特异性增生性炎

113. 脑变质性炎常见于(　　)。

    A. 禽霍乱、鸭病毒性肝炎   B. 猪弓形虫病、猪附红细胞体病

    C. 狂犬病、伪狂犬病   D. 乙型脑炎、鸡肾型传支

    E. 鸭病毒性肝炎、猪附红细胞体病

114. 脓液积聚在黏膜腔、浆膜腔内称为(　　)。

    A. 疖   B. 痈   C. 蜂窝织炎

    D. 积脓   E. 窦道

115. 炎症过程中细胞、组织在细菌和中性粒细胞释放的蛋白溶解酶的作用下发生液化坏死，加上血管的液体渗出，形成肉眼呈灰黄色或黄白色的浓稠状液体为(　　)。

    A. 脓性卡他   B. 积脓   C. 脓液

    D. 瘘管   E. 弥漫性化脓性组织炎症

116. 炭疽、猪瘟、禽流感、新城疫导致的炎症中，以大量红细胞出现于渗出物中为主要特征的炎症为(　　)。

    A. 固膜性炎   B. 化脓性炎   C. 出血性炎

    D. 卡他性炎   E. 浆液性炎

117. 牛创伤性网胃心包炎时，常见"绒毛心"，该病变是由于心外膜发生了(　　)。

    A. 化脓性炎   B. 纤维素性炎   C. 变质性炎

    D. 卡他性炎   E. 坏死性炎

118. 病因多为寒冷、变质饲料等温和刺激，只发生于黏膜的较轻的渗出性炎，其渗出液由浆液转变为黏液或黏脓性液的炎症称为(　　)。

    A. 浮膜性炎   B. 固膜性炎   C. 浆液性炎

    D. 卡他性炎   E. 变质性炎

119. 以形成肉芽肿为特征的慢性增生性炎症称为(　　)。

    A. 非特异性增生性炎   B. 特异性增生性炎   C. 肉芽肿变质性炎

    D. 肉芽肿增生性炎   E. 肉芽肿变质增生性炎

120. 大肠杆菌导致的化脓灶内的炎性细胞是(　　)。

    A. 嗜碱性粒细胞   B. 嗜酸性粒细胞   C. 中性粒细胞

    D. 肥大细胞   E. 淋巴细胞

121. 病原微生物侵入机体，所产生的毒素或毒性代谢产物被吸收进入血液使机体出现毒素中毒症状，但血培养检测不到细菌，称为(　　)。

    A. 菌血症   B. 毒血症   C. 败血症

    D. 脓毒败血症   E. 病毒血症

122. 病原微生物侵入机体，进入血液中大量生长繁殖并产生毒素，引起全身中毒症状和病理变化，并在皮下组织、软组织和肝、肾、肺、脑等组织器官形成栓塞性小脓肿，称为(　　)。

  A. 虫血症   B. 病毒血症   C. 败血症

  D. 脓毒败血症   E. 毒血症

123. 有关于败血症的病理变化，下列叙述错误的为(　　)。

  A. 患病动物皮肤、黏膜、胸膜等出现出血点

  B. 脾和淋巴结的萎缩

  C. 多器官系统功能异常

  D. 尸僵不全

  E. 血液凝固不良

124. 肿瘤的颜色取决于肿瘤组织的来源和间质血管的多少，其中血管瘤为(　　)。

  A. 红色或暗红色   B. 黄色或白色   C. 黑色或灰褐色

  D. 灰白色   E. 青紫色

125. 肿瘤的质地决定于肿瘤实质的来源和间质的多少，其中(　　)质地最硬。

  A. 骨瘤   B. 软骨瘤   C. 血管瘤

  D. 淋巴细胞瘤   E. 黏液瘤

126. 肿瘤的扩散方式不包括(　　)。

  A. 直接蔓延   B. 淋巴道转移   C. 血道转移

  D. 种植性转移   E. 脂肪性转移

127. 平滑肌组织的良性肿瘤称为(　　)。

  A. 纤维肉瘤   B. 纤维瘤   C. 平滑肌瘤

  D. 平滑肌肉瘤   E. 平滑肌癌

128. 来自造血组织的恶性肿瘤称为(　　)。

  A. 血管瘤   B. 血管肉瘤   C. 白血病

  D. 淋巴瘤   E. 淋巴肉瘤

129. 以下(　　)为来自上皮组织的恶性肿瘤，病理变化可见"癌巢""癌珠"。

  A. 脂肪瘤   B. 鳞状细胞癌   C. 组织胚胎瘤

  D. 畸胎瘤   E. 乳头状瘤

130. (　　)多发于四肢、躯干的皮下组织及身体其他富有脂肪组织的部位。

  A. 恶性黑色素瘤   B. 黑色素瘤   C. 脂肪瘤

  D. 神经细胞瘤   E. 血管瘤

131. 来源于上皮组织的恶性肿瘤称为(　　)。

  A. 肉瘤   B. 癌   C. 白血病

  D. 畸形瘤   E. 恶性混合瘤

132. 良性肿瘤的特征之一是(　　)。

  A. 异型性高   B. 生长快速   C. 边膜清晰

  D. 浸润性生长   E. 分裂核相常见

133. (　　)眼观可见肺有散在分布的岛屿状黄白色病灶，周围呈暗红色，切面有泡沫样物质流出。镜检可见细支气管上皮变性、坏死，管腔内有大量炎性细胞浸润。

  A. 纤维素性肺炎   B. 小叶性肺炎   C. 大叶性肺炎

  D. 肺气肿   E. 肺萎陷

134. 纤维素性肺炎在（　　）时，肺泡壁充血不明显，肺泡腔内有大量纤维素和白细胞，红细胞大部分已溶解。眼观肺灰黄色，肺胸膜变厚，粗糙不平。

    A. 充血水肿期　　　　　　　B. 红色肝变期　　　　　　　C. 灰色肝变期

    D. 消散期　　　　　　　　　E. 不分时期

135. （　　）发生于动物因各种原因误咽食物、呕吐物或药物等异物时，肺脏因腐败细菌侵入而发生组织坏死和腐败分解的炎症。

    A. 气胸　　　　　　　　　　B. 小叶性肺炎　　　　　　　C. 异物性肺炎

    D. 间质性肺炎　　　　　　　E. 寄生虫性肺炎

136. （　　）眼观可见"大红肾"或"蚤咬肾"。病理变化主要在肾小球毛细血管网和肾球囊内。

    A. 急性肾小球肾炎　　　　　B. 亚急性肾小球肾炎　　　　C. 慢性肾小球肾炎

    D. 间质性肾炎　　　　　　　F. 肾病

137. 镜检可见肾小囊上皮细胞增生形成"新月体"或"环状体"的肾脏疾病为（　　）。

    A. 急性肾小球肾炎　　　　　B. 亚急性肾小球肾炎　　　　C. 慢性肾小球肾炎

    D. 间质性肾炎　　　　　　　E. 肾病

138. 急性猪丹毒、急性马传贫等常引起（　　）。

    A. 急性炎性脾肿　　　　　　B. 坏死性脾炎　　　　　　　C. 化脓性脾炎

    D. 增生性脾炎　　　　　　　E. 慢性脾炎

139. 间质性肾炎发展到中期时，病灶逐渐扩大融合，形成大大小小的灰白色斑块，称为（　　）。

    A. 白斑肾　　　　　　　　　B. 大红肾　　　　　　　　　C. 大白肾

    D. 皱缩肾　　　　　　　　　E. 颗粒肾

140. 肝脏大量间质结缔组织增生可导致（　　）。

    A. 肝硬化　　　　　　　　　B. 肝脏出血、水肿　　　　　C. 肝脏炎性细胞浸润

    D. 肝细胞大量坏死　　　　　E. 肝脏功能上升

模拟题参考答案

题号	1	2	3	4	5	6	7	8	9	10	11	12	13	14	15	16	17	18	19	20
答案	A	D	C	C	A	D	A	A	D	B	A	B	C	A	C	E	A	A	B	D
题号	21	22	23	24	25	26	27	28	29	30	31	32	33	34	35	36	37	38	39	40
答案	C	E	D	C	A	E	A	A	B	A	B	A	B	C	E	D	D	D	E	A
题号	41	42	43	44	45	46	47	48	49	50	51	52	53	54	55	56	57	58	59	60
答案	A	E	B	A	B	A	C	E	A	B	B	B	D	B	C	B	C	B	A
题号	61	62	63	64	65	66	67	68	69	70	71	72	73	74	75	76	77	78	79	80

（续）

题号	1	2	3	4	5	6	7	8	9	10	11	12	13	14	15	16	17	18	19	20
答案	B	B	D	B	E	A	C	B	D	E	D	D	A	B	E	C	D	E	A	B
题号	81	82	83	84	85	86	87	88	89	90	91	92	93	94	95	96	97	98	99	100
答案	C	C	D	E	E	D	B	B	B	A	E	C	D	E	C	C	B	E	D	A
题号	101	102	103	104	105	106	107	108	109	110	111	112	113	114	115	116	117	118	119	120
答案	A	E	B	D	E	C	A	C	E	B	C	A	C	D	C	C	B	D	B	C
题号	121	122	123	124	125	126	127	128	129	130	131	132	133	134	135	136	137	138	139	140
答案	B	D	B	A	A	E	C	C	B	C	B	C	B	C	C	A	B	A	A	A

第六篇

兽医药理学

■ 备考指南

⧉ | 学科特点

1. 兽医药理学是一门的重要专业基础课程，也是一门衔接基础课和临床课的桥梁课。
2. 理论性很强，应用性同样也很强。
3. 知识面广，涉及药物作用机理、作用、应用、不良反应、注意事项、用法用量等。
4. 药物种类繁多，彼此之间联系性不密切，知识点琐碎。

⧉ | 学习方法

最核心的方法：输入与输出。输入：动物药理的学习就是反复记忆。输出：要注意理论联系实际。听懂是骗人的，看懂是骗人的，只有说出来才是自己的。

⧉ | 近五年分值分布

年份	章节														合计
	总论	抗微生物药	消毒防腐药	抗寄生虫药	外周神经系统药物	中枢神经系统药物	解热镇痛抗炎药物	消化系统药物	呼吸系统药物	血液循环系统药物	泌尿生殖系统药物	调节组织代谢药物	组胺受体阻断药物	解毒药	
2019	1	4	4	6	1	1	1	0	1	1	1	1	1	3	26
2020	2	3	0	3	1	0	1	1	0	1	1	1	0	1	15
2021	0	4	1	1	1	2	1	1	0	1	0	1	0	1	14
2022	1	4	1	1	1	0	1	0	1	0	1	0	2	0	13
2023	1	6	0	1	1	2	1	1	1	0	0	0	0	1	15
总计	5	21	6	12	6	4	4	4	2	4	2	4	4	5	83

<<< 第一单元　动物药理总论 >>>

一、考试大纲

单元	细目	要点
总论	1. 基本概念	（1）药物与毒物　（2）剂型与制剂　（3）处方药与非处方药
	2. 药代动力学	（1）药物转运的方式　（2）药物的吸收　（3）药物的分布　（4）药物的生物转化　（5）药物的排泄　（6）血药浓度-时间曲线（药时曲线下面积、峰浓度与达峰时间）　（7）主要药动学参数及其临床意义（消除半衰期、表观分布容积、体清除率、生物利用度、生物等效性、平均稳态血药浓度）
	3. 药效动力学	（1）药物作用的基本表现　（2）药物作用的方式　（3）药物作用的选择性　（4）药物的治疗作用与不良反应　（5）药物的相互作用　（6）药物的构效关系　（7）药物的量效关系　（8）药物的作用机理
	4. 影响药物作用的因素与合理用药	（1）影响药物作用的因素（药物方面、动物方面、饲养管理和环境因素）　（2）合理用药的基本原则
	5. 真假兽药辨别	（1）哪些情况是假兽药　（2）哪些情况是劣兽药

二、重要知识点

（一）基本概念

1. 动物药理学的概念与主要内容　动物药理学是研究药物与机体（包括病原体）相互作用规律的一门科学。主要包括两方面：

（1）研究药物对机体作用的规律，阐明药物防治疾病的原理，称为药效学。

（2）研究机体对药物的处置（吸收、分布、转化和排泄）过程中，药物浓度随时间变化的规律，称为药动学。

2. 药物与毒物　药物是指用于治疗、预防或诊断疾病的各种化学物质。毒物指对动物机体产生损害作用的化学物质。任何药物用量过大或用法不当，都会对机体产生毒害作用。因此，药物与毒物之间无绝对界限。

3. 兽药　用于预防、治疗和诊断动物疾病，或者有目的地调节动物生理机能的物质。

4. GMP与GSP　兽药GMP是指兽药生产质量管理规范，兽药GSP是指兽药经营质量管理规范。

5. 兽用处方药与非处方药　兽用处方药是指凭兽医处方笺方可购买和使用的兽药。兽用非处方药是指不需要兽医处方笺即可自行购买并按照说明书使用的兽药。兽用处方药目录由农业农村部制定并公布，兽用处方药目录以外的兽药为兽用非处方药（2014年开始实施兽药处方制度）。

记忆方法：所有的抗微生物药物、治疗用抗寄生虫药物、所有的中枢外周神经药物、激素类药物（糖皮质激素、生殖激素等）、抗过敏药、局部（乳管内注入）治疗用药、解毒药均为处方药。

（二）药物代谢动力学

药代动力学是研究机体对药物处理过程的科学，即研究药物在机体内吸收、分布、转化、代谢和排泄等过程中药物效应及血药浓度随时间变化的规律。

1. 药物跨膜转运方式 被动转运：简单扩散（绝大多数药物以此种方式转运），水、尿素等小分子水溶性物质主要通过滤过作用。除此还有主动转运（青霉素排泄）、易化扩散等。

2. 药物在生物体内的过程〔吸收、分布、生物转化（代谢）、排泄〕

（1）吸收 药物从用药部位经过细胞组成的屏障膜进入血液循环的过程称为吸收。

①口服给药：吸收部位主要在小肠。影响因素有：排空率、pH、胃肠道内容物的充盈度、药物的相互作用：Mg、Zn 等离子与四环素类、喹诺酮类发生螯合，可使药物失效；首过效应：内服药物从胃肠道吸收经门静脉系统进入肝脏，在肝药酶和胃肠道上皮酶的联合作用下进行首次代谢，使进入全身循环药量减少、药效降低现象称首过效应。

②静脉注射给药：直接将药物注入血管。

③肌内注射和皮下注射。

④呼吸道吸入给药：气体和挥发性药物（全麻药）直接进入肺泡，吸收迅速。

⑤经皮肤给药：脂溶性药物可通过皮肤进入血液。

（2）分布 药物从血液向组织、细胞间液和细胞内液转运的过程，叫做分布。影响因素：药物的理化性质、分子大小和脂溶度等；局部 pH 和药物离解度；毛细血管通透性；组织通透性；转运蛋白量；血流量和组织大小；血浆蛋白和组织结合；血脑屏障（许多大分子或极性高的药物不易透过血脑屏障而进入脑组织，只有脂溶性较高、未与血浆蛋白结合的非离子型药物才能通过，如磺胺药）；胎盘屏障。

（3）代谢 又称生物转化，是药物在体内的化学结构变化过程。药物在体内的转化方式最重要的有氧化、还原、分解及结合四种。

部位：主要在肝脏。其他如胃肠、肺、皮肤、肾。参与生物转化的酶主要是肝脏微粒体药物代谢酶系，最重要的是细胞色素 P450、混合功能氧化酶。

（4）排泄 已吸收入血的原型药物或其代谢产物通过机体排泄器官排出体外的过程。

①肾脏（主要排泄器官）：极性高的代谢产物（离子）、原形药（青霉素、链霉素）和酸性药物都易在碱性尿液中排出，可配合用碳酸氢钠。

②消化道：胆汁（肝肠循环：有些药物经胆汁排泄进入小肠，被重吸收，经门静脉又进入肝脏，会延缓药物的消除）。

③肺、皮肤等。

④影响排泄的因素：尿液 pH、病理因素、药物的理化性质等。

3. 药代动力学参数

（1）峰浓度与峰时 给药后达到的最高血药浓度称血药峰浓度（简称"峰浓度"）。达到峰浓度所需的时间称达峰时间（简称"峰时"），它取决于吸收速率和消除速率。峰浓度、峰时与药时曲线下面积是决定生物利用度和生物等效性的重要参数。

（2）药时曲线下面积（AUC）　反映到达全身循环的药物总量。

（3）表观分布容积（V_d）　是指药物在体内的分布达到动态平衡时，药物总量按血浆药物浓度分布所需的总容积，反映药物在体内的分布范围。V_d值的意义是反映药物在体内的分布情况。

（4）生物利用度　药物以一定的剂型从给药部位吸收进入全身循环的速率和程度。

（5）半衰期　是指体内药物浓度或药量下降一半所需的时间，常用 $T_{1/2}$ 表示。反映药物从体内消除快慢及制定给药间隔时间的重要依据；是预测连续多次给药时体内药物达到稳态浓度和停药后从体内消除时间的主要参数。

（6）消除率　是指在单位时间内机体通过各种消除过程（包括生物转化与排泄）消除药物的血浆容积。

（7）药物的生物半衰期　指血浆药物浓度下降一半所需要的时间。

（三）药效动力学

1. 药物作用的基本规律

（1）药物基本作用　①兴奋，机体机能活动加强；②抑制，机体机能活动减弱。

（2）局部作用与吸收作用　药物在用药局部产生的作用为局部作用；药物进入血液循环后产生的作用为吸收作用。

（3）直接作用与间接作用　药物吸收后对直接接触的器官产生的作用为直接作用。药物作用于机体通过神经反射、体液调节所产生的作用为间接作用。

（4）药物的选择作用　多数药物在适当剂量时，只对某些器官组织作用比较明显，而对其他器官组织作用不明显或无作用，称为药物的选择作用。药物的选择性高，副作用小；选择性低，副作用大。

2. 药物作用的效果

（1）治疗作用

①对因治疗：是针对病因治疗，用药是为清除病因，从根本上治愈疾病。

②对症治疗：是针对症状进行治疗，仅能控制或消除疾病的症状。

（2）临床实践中如何处理好对因治疗与对症治疗的关系　应根据病情辩证看待二者关系，并制定出合理的治疗方案。对因治疗是用药的根本，病情较轻等一般情况下应该考虑对因治疗。但对因治疗与对症治疗是相辅相成的。在临床实践中要灵活掌握，当病情较严重，甚至会危及生命时，应该考虑对症治疗。一旦症状缓解时，则应积极寻找病因，进行对因治疗，以巩固治疗效果，使疾病得到彻底治愈。临床实践中应遵循"急则治其标，缓则治其本，标本兼治"的治疗原则。

（3）不良反应

①副作用（可预测）：使用治疗剂量时出现的与治疗目的无关的作用。

②毒性反应：药物用量过大，或用药时间过长超过机体的耐受力，从而造成对机体明显损害的作用。包括急性毒性、慢性毒性、致畸胎、致癌、致突变。

③过敏反应（Ⅰ型变态反应）：指少数具有过敏质的个体，在应用某些药物时所产生与药物作用、性质完全无关的一种特殊反应，其本质是免疫反应。这种反应与剂量无关，反应性质各不相同，很难预测。

④继发性反应：是指药物治疗作用引起不良后果，又称二重感染（四环素类药物对反刍动物）。

⑤后遗效应：停药后残留药物引起的生物效应。

（4）药物作用机制（受体机制和非受体机制）。

（5）药物量效关系　无效量、极量、最小有效量、半数有效量、治疗指数等。

（四）影响药物作用的因素及合理用药

1. 药物方面的因素

（1）理化性质和化学结构（内因）、剂量、剂型。

（2）给药方案

①剂量和剂型。

②给药途径（静脉注射＞吸入＞肌内注射＞皮下注射＞口服＞经肛＞贴皮）。

③间隔时间和疗程。为了保持药物的血药浓度，发挥药物的作用，多次按一定的剂量和时间间隔应用同种药物，即重复用药。重复用药的时间与次数，根据药物在体内消除的速度和治疗需要而定。

（3）联合用药及药物的相互作用

①联合用药：临床上为了提高疗效或降低药物的不良反应，以及治疗不同的症状，常需同时或先后使用两种或两种以上的药物。

②联合用药结果：表现为协同作用（相加和增强）、拮抗作用和配伍禁忌（体外）。

A. 相加作用：联合用药后，药效为各药物的代数和，如青霉素与链霉素合用。

B. 协同作用：联合用药后，各药作用相似，药效增加的，如 TMP 与磺胺类药物合用。

C. 拮抗作用：联合用药后，各药作用相反，药效减弱或消失的。如阿托品能与 M -受体结合而拮抗毛果芸香碱的作用。但临床上，拮抗作用主要用于减轻或避免某一药物副作用的产生以及解除某一药物的毒性反应。

（4）配伍禁忌　联合用药后，产生物理、化学反应，使药物在外观或性质上发生变化，导致不能使用，或疗效降低甚至毒性增大的现象。包括物理性（分离、析出、潮解、液化）、化学性（沉淀、产气、变色、爆炸或燃烧）、药理性（协同作用、相加作用、颉颃作用）三类。

2. 动物方面的因素　种属差异、生理差异、个体差异和病理状态。

3. 饲养管理和环境因素。

4. 人为因素　使用淘汰药物；使用过期的药物；改变用药途径；使用器械不当。

5. 合理用药的基本原则

（1）明确诊断。

（2）严格掌握药物适应证和禁忌证。

（3）根据药物的特性选择剂型和给药途径。

（4）确定剂量、疗程，并根据病情变化随时调整剂量与疗程。

（5）科学的药物配伍，切忌"撒网疗法"。两种及以上药物联合治疗，考虑相互作用。

（五）真假兽药的辨别

1. 假兽药　以非兽药冒充兽药或者以他种兽药冒充此种兽药的；兽药所含成分的种类、名称与兽药国家标准不符合的。有下列情形之一，按照假兽药处理：

（1）国务院兽医行政管理部门规定禁止使用的。

（2）依照本条例规定应当经审查批准而未经审查批准即生产、进口的，或者应当经抽查检验、审查核对而未经抽查检验、审查核对即销售、进口的。

（3）变质的。

（4）被污染的。

（5）所标明的适应证或者功能主治超出规定范围的。

2. 劣兽药　有下列情形之一的，按劣兽药处理：

（1）成分含量不符合兽药国家标准或者不标明有效成分的。

（2）不标明或者更改有效期或者超过有效期的。

（3）不标明或者更改产品批号。

（4）其他不符合兽药国家标准，但不属于假兽药的。

三、例题及解析

1. 用治疗剂量时，出现与用药目的无关的不适反应是指药物的（　　　）。

　　A. 副作用　　　　　　　　　B. 变态反应　　　　　　　　C. 毒性作用

　　D. 继发性反应　　　　　　　E. 特异质反应

【解析】A。主要考查药物的不良反应中副作用的概念。不良反应包括副作用、毒性作用、变态（过敏）反应、继发性反应、后遗效应和特异质反应。其中，副作用是指药物在常用治疗剂量时产生的与治疗无关的作用或危害不大的不良反应。

2. 不属于假兽药的是（　　　）。

　　A. 以非兽药冒充兽药的

　　B. 不标明有效期的

　　C. 以他种兽药冒充此种兽药

　　D. 兽药所含成分的种类与兽药国家标准不符合

　　E. 兽药所含成分的名称与兽药国家标准不符合

【解析】B。主要考查假劣兽药的规定，根据危害程度可判断，危害大的为假兽药。选项中只有"不标明有效期的"为劣兽药，其他情形均为假兽药。

3. 反映药物进入全身循环程度的药动学参数是（　　　）。

　　A. 药时曲线下面积　　　　　B. 表观分布容积　　　　　　C. 生物利用度

　　D. 峰浓度　　　　　　　　　E. 达峰时间

【解析】C。主要考查药动学参数的概念。药时曲线下面积反映到达全身循环的药物总量。表观分布容积指药物在体内的分布达到动态平衡时，药物总量按血浆药物浓度在体内分布时所需的总容积，反映药物在体内的分布情况。生物利用度指药物以一定的剂量从给药部位吸收进入全身循环的速度和程度。药时曲线的最高点叫峰浓度，达到峰浓度的时间叫达峰时间。

4. 药物在畜禽组织中的浓度高于血浆浓度时显示(　　)。

  A. 药时曲线下面积   B. 表现分布容积大   C. 峰浓度高

  D. 生物利用度大   E. 消除半衰期长

  【解析】B。主要考查药动学参数的概念。表观分布容积指药物在体内的分布达到动态平衡时，药物总量按血浆药物浓度在体内分布时所需的总容积。

5. 8月龄，患大肠杆菌病，兽医采用肌内注射复方磺胺嘧啶钠注射液，剂量为每千克体重20mg磺胺嘧啶钠和4mg甲氧苄啶的用药方案，该联合用药最有可能发生的相互作用是(　　)。

  A. 配伍禁忌   B. 协同作用   C. 相加作用

  D. 拮抗作用   E. 无关作用

  【解析】B。主要考查药物的相互作用，磺胺药与抗菌增效剂合用的效应具有协同作用。

6. 猪，3月龄，患链球菌病并继发肺炎支原体感染，兽医采用肌内注射青霉素钠治疗（每千克体重3万U），并同时肌内注射盐酸土霉素（每千克体重15mg）的治疗方案，该联合用药最有可能发生的相互作用是(　　)。

  A. 配伍禁忌   B. 协同作用   C. 相加作用

  D. 拮抗作用   E. 无关作用

  【解析】D。主要考查药物的相互作用，青霉素类药物属于繁殖期杀菌剂，抗菌机制是抑制细菌细胞壁的合成。土霉素的作用机制是干扰细菌蛋白质的合成。在土霉素的作用下，细菌蛋白质合成迅速抑制，细菌停止生长繁殖，青霉素便不能发挥抑制细胞壁合成的作用，二者相互拮抗。

<<<　第二单元　化学合成抗菌药　>>>

一、考试大纲

单元	细目	要点
化学合成抗菌药	1. 概述	（1）化疗药、化疗三角、化疗指数、抗菌谱、抗菌活性、抗菌药后效应、耐药性 （2）抗菌药作用机理、耐药机理，抗菌药的合理使用
	2. 磺胺类药物	（1）分类、药动学、抗菌作用、作用机理、耐药性、不良反应、注意事项　（2）常用药物的作用与应用：磺胺噻唑（ST）、磺胺嘧啶（SD）、磺胺二甲嘧啶（SM₂）、磺胺甲噁唑（新诺明，SMZ）、磺胺对甲氧嘧啶（磺胺-5-甲氧嘧啶，SMD）、磺胺间甲氧嘧啶（磺胺-6-甲氧嘧啶）、磺胺喹噁啉（SQ）、磺胺脒（SG）、磺胺噻唑
	3. 抗菌增效剂	（1）抗菌作用、作用机理　（2）甲氧苄啶（TMP）、二甲氧苄啶（DVD）的应用、不良反应、注意事项
	4. 喹诺酮类药物	（1）药动学、抗菌作用、作用机理、耐药性、应用、不良反应、注意事项　（2）常用药物的作用与应用：氟甲喹、恩诺沙星、环丙沙星、达氟沙星、二氟沙星、沙拉沙星、马波沙星
	5. 喹噁啉类药物	乙酰甲喹（痢菌净）的抗菌作用与应用、不良反应、注意事项
	6. 硝基咪唑类药物	甲硝唑（灭滴灵）、地美硝唑（二甲硝唑）的抗菌作用与应用

二、重要知识点

（一）概述

1. 基本概念

（1）化疗 指用化学药物抑制或杀灭病原微生物（真菌、细菌、病毒）、寄生虫及恶性肿瘤，以消除或缓解由它们所引起的疾病。化学治疗所用的药物称为化疗药。化疗三角指的是药物、机体、病原体三者的相互关系。

（2）抗菌谱 指抗菌药物的抗菌范围。分为窄谱抗菌药和广谱抗菌药等。

（3）抗菌活性 指抗菌药物抑制或杀灭病原菌的能力。可用体外抑菌试验和体内实验治疗方法测定。其中，体外抑菌试验（测定 MIC 与 MBC）对临床用药具有重要参考意义。抑菌药，如磺胺、四环素、酰胺醇等；杀菌药，如 β-内酰胺类、氨基糖苷类、喹诺酮类等。

（4）治疗指数（LD_{50}/ED_{50}） 表示药物安全性。治疗指数愈大，表明药物毒性愈小，相对较安全，但并非绝对安全，如化疗指数高的青霉素可致过敏性休克。

（5）抗菌后效应（PAE） 指停药后，抗生素在机体内浓度低于最低抑菌浓度 MIC 或者被机体完全清除，细菌在一段时间内处于持续受抑制状态。PAE 以时间长短（小时）来表示。

（6）耐药性 是指病原菌与抗菌药多次接触后，对药物的敏感性逐渐降低，甚至消失，致使抗菌药对耐药病原菌的作用降低或无效。耐药性存在交叉耐药性现象，交叉耐药性包括完全交叉耐药性和部分交叉耐药性。

（7）细菌产生耐药性的机理 ①产生酶使药物失活；②改变膜的通透性；③改变作用靶位的结构；④改变代谢途径；⑤耐药性转移。

（8）抗生素作用机理

①抑制细菌细胞壁的合成：如青霉素、链霉素等。

②增加细菌胞的通透性：如制霉菌素等。

③抑制菌体蛋白质合成：如四环素、林可霉素。

④抑制细菌核酸的合成：如新霉素、灰霉素。

（9）休药期 指食品动物从停止用药到许可屠宰或其产品如食用性动物组织、蛋、奶等产品许可上市间隔时间。

2. 抗菌药的合理选用

（1）严格掌握适应证 正确诊断是药物选择的基础；条件许可时进行单药药敏及联合药敏试验；避免对无指征或指征不强地使用抗菌药物；对各种病毒性感染、真菌感染不宜用抗菌药物。

（2）掌握药动学特征，制定合理给药方案 给药方案包括药物品种，给药途径（危重病例以肌内注射、静注给药；消化道感染以内服为主，严重消化道感染同时并发败血症、菌血症应内服并配合注射给药）、剂量、给药间隔及疗程。

（3）避免耐药性的产生 严格掌握适应证，不滥用抗菌药物；严格掌握用药指征，剂量要够，疗程恰当；尽可能局部用药，杜绝不必要的预防应用；病因不明，不要轻易使用抗菌药物；耐药菌感染，应换用敏感药物或采取联合用药；尽量减少长期用药。

（4）减少药物的不良反应。

（5）抗菌药物的联合应用

①目的：发挥抗菌药物的协同作用，提高疗效；扩大抗菌谱；减少单一药物剂量，降低毒副作用；减少或延缓耐药性的产生。

②适应证：单一药物不能控制的严重混合感染（如败血症、脑膜炎、腹膜炎等）；病因不明的严重感染，用单一药物难于控制病情，可先采用联合用药，待确诊后，再调整用药方案（如败血症）；易产生耐药的细菌感染；抗菌药物不易渗入感染病灶部位时；针对毒性较大的药物，为了减少二重感染、减少药物的不良反应。

③使用结果：抗菌药物大致分为4大类：

Ⅰ类：繁殖期或速效杀菌剂，如青霉素类、β-内酰胺类。

Ⅱ类：静止期或慢效杀菌剂，如氨基糖苷类、多黏菌素。

Ⅲ类：速效抑菌剂，如四环素类、大环内酯类、氯霉素等。

Ⅳ类：慢效抑菌剂，如磺胺类。

使用结果：Ⅰ+Ⅱ→增强作用（青霉素+庆大霉素）；Ⅰ+Ⅲ→拮抗作用（青霉素+红霉素或青霉素+氯霉素）；Ⅰ+Ⅳ→相加作用（青霉素+磺胺）；Ⅲ+Ⅳ→相加作用（氯霉素+SD）；Ⅱ+Ⅳ→毒性增加（庆大霉素+磺胺）；Ⅱ+Ⅲ→相加或增强作用（庆大霉素+红霉素）。

（二）磺胺类药物

1. 磺胺类代表药

（1）肠道易吸收　氨苯磺胺（SN）、磺胺嘧啶（SD）、磺胺二甲嘧啶（SM_2）、磺胺甲噁唑（SMZ）（新诺明）、磺胺对甲氧嘧啶（SMD）、磺胺5-甲氧嘧啶、磺胺间甲氧嘧啶（SMM）、磺胺6-甲氧嘧啶。

（2）肠道难吸收　磺胺脒（SG）。

（3）外用　磺胺嘧啶银（SD-Ag）。

（4）抗菌增效剂　①甲氧苄啶（TMP）——三甲氧苄氨嘧啶；②二甲氧苄啶（DVD），动物专用——二甲氧苄氨嘧啶，敌菌净。

2. 磺胺类药物使用特点及注意事项

（1）广谱慢作用型抑菌药，性质稳定、使用方便，价格低，是养殖场重要的抗菌药之一。

（2）耐药性　细菌易产生耐药性，各磺胺药之间有不同程度的交叉耐药性。

（3）毒副作用　多为慢性中毒，损伤泌尿系统（结晶尿、血尿），消化系统紊乱（多发性肠炎），幼年动物免疫系统抑制，产蛋下降和破损、软壳增加。

（4）常与增效剂以5∶1比例配伍。

（5）使用注意事项

①严格掌握剂量和疗程，首次量加倍。

②充分饮水以增加尿量，宜与碳酸氢钠同服以碱化尿液。

③全身酸中毒、肝或肾功能不全、脱水、少尿的病畜和产蛋禽产蛋期禁用。

④因其呈碱性，不能与酸性药物合用。

3. 作用机理　磺胺类的化学结构与 PABA 的结构极为相似，能与 PABA 竞争二氢叶酸合成酶，抑制二氢叶酸的合成：进而影响了核酸合成，结果细菌生长繁殖被阻止。

（三）喹诺酮类

1. 作用机制　抑制细菌 DNA 螺旋酶，阻碍 DNA 合成而导致细菌死亡。酰胺醇类、利福霉素、利福平与之合用疗效降低。

2. 作用抗菌谱广，广谱杀菌抗菌药，对革兰氏阳性菌、阴性菌、铜绿假单胞菌、支原体、衣原体均敏感。

3. 应用

（1）对消化道、呼吸道、泌尿生殖道、骨、关节、皮肤软组织感染及支原体感染均有良效。

（2）恩诺沙星　对支原体特效；血药浓度大于 8 倍 MIC 时，药效最佳。

（3）环丙沙星　用于鸡大肠杆菌、传染性鼻炎等。

（4）达氟沙星　生物利用度高；用于牛巴氏杆菌、支原体等。

（5）二氟沙星　内服、肌内注射完全吸收；用于葡萄球菌、猪传染性胸膜炎等。

（6）沙拉沙星　内服生物利用低；肌内注射吸收快，利用度高；常用于猪、鸡大肠杆菌。

（7）马波沙星　用于敏感菌所致的牛、猪、犬、猫的呼吸道、消化道、泌尿道及皮肤等感染。对牛、羊乳腺炎及猪乳腺炎、子宫炎、无乳综合征亦有疗效。

其中二氟沙星、沙拉沙星、恩诺沙星（对支原体有特效）和达氟沙星为动物专用。

4. 不良反应　损害负重关节软骨组织，尤其对犬、马，禁用于幼龄动物和孕畜。

（四）其他类（喹噁啉类）

喹噁啉类包括：

（1）乙酰甲喹　又名痢菌净，为治疗猪密螺旋体痢疾的首选药物，对仔猪黄、白痢，禽大肠杆菌病效果好。

（2）喹乙醇　具促进蛋白同化作用，提高饲料转化率和增重，另对巴氏杆菌、大肠杆菌等有抑制，可用治疗禽霍乱、肠道感染和仔猪腹泻等。休药期长（35d）。

三、例题及解析

1. 给犬类服用磺胺类药物时，同时使用 $NaHCO_3$ 的目的是（　　）。

　　A. 增加抗菌作用　　　　B. 加快药物的吸收　　　　C. 加快药物的代谢

　　D. 防止结晶尿的形成　　E. 防止药物排泄过快

【解析】D。考查磺胺类药物应用注意事项。磺胺类药物用药期间应提供充足饮水，宜与等量的碳酸氢钠同服，以碱化尿液，加速排出，避免结晶尿损害肾脏。因此，给犬类服用磺胺类药物时，同时使用 $NaHCO_3$ 的目的是防止结晶尿的形成。

2. 甲硝唑适用于治疗（　　）。

A. 鸡球虫病   B. 皮肤真菌病   C. 厌氧菌感染

D. 猪支原体性肺炎   E. 猪放线杆菌性胸膜肺炎

【解析】C。考查甲硝唑的作用及应用。主要用于治疗牛和鸽毛滴虫病、犬贾第虫病、禽组织滴虫病等。此外，还可用于厌氧菌感染。

3. 犬，2月龄，为预防外科手术后的细菌感染，兽医在犬日粮中添加磺胺二甲嘧啶（每千克日粮 500mg）10d，根据药物的使用剂量、时间，最有可能发生的不良反应是(　　)。

A. 耳毒性   B. 结晶尿   C. 致突变

D. 免疫抑制   E. 软骨变性

【解析】B。考查磺胺类药物应用注意事项。磺胺类药物的慢性中毒的主要症状为：出现结晶尿、血尿和蛋白尿等。

4. 犬，2月龄，患细菌性腹泻，兽医在犬日粮中添加恩诺沙星（每千克日粮 200mg）10d，根据药物的使用剂量、时间，最有可能发生的不良反应是(　　)。

A. 耳毒性   B. 结晶尿   C. 致突变

D. 免疫抑制   E. 软骨变性

【解析】E。考查喹诺酮类药物（三代）的不良反应。不良反应包括：可使幼龄动物软骨发生变性，引起跛行疼痛。

5. 常与甲氧苄啶合用治疗猪链球菌病的药物是(　　)。

A. 磺胺二甲嘧啶   B. 磺胺喹恶啉   C. 地美硝唑

D. 青霉素   E. 头孢噻呋

【解析】A。磺胺二甲嘧啶对猪链球菌具有较强的抗菌作用，而甲氧苄啶与磺胺类合用，可从两个不同环节同时阻断叶酸代谢而起双重阻断作用。

6. 常与二甲氧苄啶合用治疗兔球虫病的药物是(　　)。

A. 磺胺二甲嘧啶   B. 磺胺喹恶啉   C. 地美硝唑

D. 青霉素   E. 头孢噻呋

【解析】B。磺胺喹恶啉为广泛应用的专供防治球虫病的磺胺药。与二甲氧苄啶合用抗球虫效果更佳。

<<< 第三单元　抗生素与抗真菌药　>>>

一、考试大纲

单元	细目	要点
抗生素与抗真菌药	1.β-内酰胺类	(1) 青霉素类的抗菌作用、作用机理、应用、不良反应、注意事项：青霉素（青霉素 G）、普鲁卡因青霉素、苄星青霉素、氨苄西林、阿莫西林、苯唑西林、氯唑西林 (2) 头孢菌素类的抗菌作用、应用、不良反应、注意事项：头孢噻呋（三代）、头孢氨苄（先锋霉素Ⅳ）、头孢喹肟（四代） (3) β-内酰胺酶抑制剂：克拉维酸

（续）

单元	细目	要点
抗生素与抗真菌药	2. 大环内酯类、截短侧耳素类及林可胺类	（1）大环内酯类的抗菌作用、作用机理、应用、不良反应、注意事项：红霉素、吉他霉素（北里霉素）、泰乐菌素、泰万菌素（乙酰异戊酰泰乐菌素）、替米考星、泰拉霉素　（2）截短侧耳素类的抗菌作用、应用、不良反应、注意事项——泰妙菌素（泰妙灵）、沃尼妙林　（3）林可胺类的抗菌作用、作用机理、应用、不良反应——林可霉素（洁霉素）
	3. 四环素类及酰胺醇类	（1）四环素类的抗菌作用、作用机理、应用、不良反应、注意事项——土霉素、四环素、多西环素（强力霉素）、金霉素　（2）酰胺醇类的药动学特点、抗菌作用、作用机理、应用、不良反应、注意事项——氟苯尼考（氟甲砜霉素）、甲砜霉素
	4. 多肽类	（1）黏菌素的抗菌作用、作用机理、应用、不良反应　（2）杆菌肽的抗菌作用、作用机理、应用　（3）恩拉霉素、维吉尼霉素、那西肽的抗菌作用、应用
	5. 多糖类及其他抗生素	阿维拉霉素、黄霉素、赛地卡霉素的抗菌作用及应用
	6. 抗真菌药	两性霉素D、制霉菌素、灰黄霉素、酮康唑、克霉唑的抗菌作用、应用、不良反应

二、重要知识点

（一）β-内酰胺类

1. 青霉素类

（1）天然青霉素　针对 G^+，杀菌力强、价廉、抗菌谱窄、易被胃酸和 β-内酰胺酶破坏、易发生过敏反应，毒性低、溶于水后易失效，要现配现用。代表药物：青霉素 G 钠、钾（不宜静脉注射，会损害心肌）、普鲁卡因青霉素。

（2）半合成青霉素　耐酸、耐酶和广谱。如氨苄西林、阿莫西林、苯唑西林、氯唑西林（对葡萄球菌有强烈的杀灭作用）。

（3）使用注意事项

①用青霉素类药物前必须详细询问有无青霉素类过敏史。

②过敏性休克一旦发生，必须就地抢救，立即给病畜注射肾上腺素，并给予肾上腺皮质激素等抗休克治疗。

③全身应用大剂量青霉素可引起肌肉痉挛、抽搐、昏迷等神经系统反应（青霉素脑病），此反应易出现于老年动物。

④青霉素钾盐不可快速静脉注射。

⑤在水中极不稳定（应现配现用），尤其在碱性溶液中易失活。

⑥与四环素、氯霉素、大环内酯类、磺胺药呈拮抗作用。

2. 头孢菌素类（又名先锋霉素类）

（1）特点　①可分为一至四代，具有杀菌力强、抗菌谱广、过敏反应小、对酸和 β-内酰胺酶稳定等优点。②主要治疗耐药金黄色葡萄球菌及某些革兰氏阴性杆菌等引起的消化道、呼吸道、泌尿生殖道感染和预防术后败血症等。③不良反应：过敏反应的发生率较低，但肾功能不全时易中毒。

（2）兽医临床上常用的代表药　医用和动物用：头孢氨苄、头孢赛曲、头孢曲松等。动物专用：头孢噻呋（三代）、头孢喹肟（四代）、头孢维星（三代）等。

（3）注意事项

①禁用于对任何一种头孢菌素类抗生素有过敏史的动物。用药前必须详细询问患畜先前有否对头孢菌素类、青霉素类或其他药物的过敏史。

②在用药过程中一旦发生过敏反应，须立即停药。如发生过敏性休克，须立即就地抢救并予以肾上腺素等相关治疗。

3. β-内酰胺酶抑制剂（碳青霉烯类）　特点：①广谱和强大的抗菌活性（G^-、G^+ 和厌氧菌），迅速杀菌和减少内毒素的释放；②高度稳定，对肠杆菌科细菌（肠杆菌）高度敏感，对碳青霉烯类耐药的肠杆菌极罕见；③接种动物反应极小，临床疗效肯定，安全性和耐受性良好。代表药：克拉维酸、舒巴坦钠。

（二）大环内酯类、截短侧耳素类及林可胺类

1. 大环内酯类

（1）特点　①抗菌谱与青霉素类似，主要针对 G^+，对某些螺旋体、衣原体、支原体及立克次氏体有良好效果，对产生 β-内酰胺酶的葡萄球菌和耐药金黄色葡萄球菌有一定的抗菌活性。②呈弱碱性，通常为抑菌药，高浓度时杀菌。

（2）红霉素和吉他霉素（人畜）。动物专用：替米考星、泰乐菌素、泰拉霉素、泰万菌素。国外：加米霉素、泰地罗星（兽用）；阿奇霉素（医用）。

（3）泰乐菌素可与铁、铜、铝等金属离子形成络合物而失效，为动物专用的抗生素，对支原体有较强的抑制作用。用于防治猪、禽支原体病，对敏感菌（胸膜肺炎放线杆菌、巴氏杆菌）并发的支原体感染尤为有效。泰乐菌素毒性较小。

（4）替米考星为半合成畜禽专用抗生素。广谱，对革兰氏阳性菌和部分革兰氏阴性菌、支原体、螺旋体等均有抑制作用，尤其对胸膜肺炎放线杆菌、巴氏杆菌及畜禽支原体具有比泰乐菌素更强的抗菌活性。适用于家畜肺炎、禽支原体病、家畜乳腺炎。该药较为安全，无致癌、致畸和胚胎毒性，但有可能产生心脏毒性和肾脏毒性；注射可致牛、猪死亡。

（5）泰万菌素是新一代的大环内酯类抗生素，是在泰乐菌素的基础上经生物发酵半合成而得到的一种大环内酯类禽畜专用抗生素。泰万菌素对许多革兰氏阳性菌及某些革兰氏阴性菌有抗菌活性，包括支原体、弧菌、螺旋体，主要对鸡败血支原体、猪流行性肺炎、猪赤痢等有独特疗效。不良反应同泰乐菌素。

（6）泰拉菌素是动物专用广谱抗菌药。对一些革兰氏阳性菌和革兰氏阴性菌有抗菌活性，尤其对牛和猪呼吸系统疾病病原菌敏感，如胸膜肺炎放线杆菌、溶血性巴斯德菌、出血败血性巴氏杆菌、睡眠嗜组织菌、肺炎支原体、副猪嗜血杆菌等。不可与其他大环内酯类或林可胺类同用；泌乳牛禁用。

2. 截短侧耳素类　主要由侧耳菌产生的一种主要对 G^+ 和支原体有活性的抗菌药。

（1）泰妙菌素（支原净）

①作用与应用：动物专用抗生素。主要抗革兰氏阳性菌，对金黄色葡萄球菌、链球菌、

支原体、猪胸膜肺炎放线杆菌、猪密螺旋体痢疾等有较强的抑制作用。对革兰氏阴性菌尤其是肠道菌作用较弱。主要用于防治鸡慢性呼吸道病、猪支原体肺炎、放线菌性胸膜肺炎和密螺旋体性痢疾等。

②不良反应：禁止与聚醚类抗生素配伍用，能引起聚醚类药物中毒，使鸡生长迟缓、运动失调、麻痹瘫痪，直至死亡。

（2）沃尼妙林

①作用与应用：动物专用抗生素。主要用于防治猪、牛、羊及家禽的支原体病和革兰氏阳性菌感染，也用于猪增生性肠炎。

②不良反应：可影响莫能菌素、盐霉素等离子载体类抗生素的代谢，联合应用时可出现生长缓慢、运动失调、麻痹瘫痪等不良反应。

3. 林可胺类

（1）林可霉素应用范围　①G^+的各种感染，特别是耐青霉素、红霉素类过敏。②禽慢性呼吸道病、猪喘气病、鸡厌氧杆菌感染的坏死性肠炎。③猪钩端螺旋体，弓形虫病，犬、猫放线菌病。

临床常用：利高霉素——林可霉素与大观霉素按1：2比例配成。

（2）克林霉素　内服吸收比林可霉素好，抗菌效力比林可霉素强4～8倍。

（三）氨基糖苷类

1. 药物特点

（1）均是碱性，与酸形成盐，易溶于水，性质稳定，碱性溶液中作用增强，酸性环境中不稳定。

（2）内服吸收少，作为肠道感染用药。

（3）对G^-和金黄色葡萄球菌敏感，对厌氧菌无效。

（4）损害脑神经、肾毒性（可逆）、耳毒性（不可逆）。

（5）大部分以原形从尿中排出，适用于泌尿道感染。

（6）易产生耐药性。

2. 代表药物

（1）链霉素　极易产生耐药性。耳毒性最常见（前庭损害为主），其次为肌毒性过敏性休克，亦有肾毒性。

（2）卡那霉素　对支原体有效。革兰氏阴性杆菌（对铜绿假单胞菌无效）、耐药金黄色葡萄球菌所致感染；肌内注射对呼吸道感染较佳。

（3）庆大霉素　抗菌谱广，抗菌作用强。对多数需氧螺杆菌均有较强作用，是治疗G^-杆菌感染的首选药。此外，对支原体、结核杆菌亦有作用。

（4）新霉素　对肾损害最大。内服给药后很少吸收，主要用于治疗畜禽的肠道感染；子宫或乳管内注入，治疗奶牛、母猪的子宫内膜炎和乳腺炎；局部外用（0.5％溶液或软膏），治疗皮肤、黏膜化脓性感染。

（5）大观霉素　适用于畜禽细菌性疾病和支原体感染，本品常与林可霉素合用，以增强疗效。如阿米卡星。

（6）安普霉素　兽医专用，能明显促进增重和提高饲料转化率。

（四）四环素类及酰胺醇类

1. 四环素类 天然：土霉素、四环素、金霉素；半合成：多西环素（又名强力霉素）。特点：

（1）对 G^+、G^-、螺旋体、立克次氏体、支原体、衣原体、原虫（球虫）等有抑制作用。

（2）抗菌活性一般为米诺环素＞多西环素＞金霉素＞四环素＞土霉素。

（3）胃肠道中镁、钙、铝、铁、锌等多价离子与药物形成螯合物，影响药物吸收。忌与碱性溶液及含氯量多的自来水混合。

（4）除土霉素外，均不宜肌内注射，静脉注射时勿漏出血管外，注射速度应缓慢。成年反刍动物、马属动物和兔不宜口服，马注射本品可发生胃肠炎，慎用。

（5）长期大剂量使用，可诱发二重感染。

（6）多西环素（强力霉素、脱氧土霉素）临床用于治疗畜禽的支原体病、大肠杆菌病、沙门氏菌病、巴氏杆菌病和鹦鹉热等。毒性最小，但给马属动物静脉注射致死已有多起报道。无二重感染不良反应。

2. 酰胺醇类

（1）甲砜霉素 又称甲砜氯霉素、硫霉素，不产生再生障碍性贫血，但抑制血细胞的生成。

（2）氟苯尼考 动物专用，无上述毒性，但有胚胎毒性，妊娠动物禁用。对猪胸膜肺炎放线杆菌的最小抑菌浓度为 $0.2\sim1.56\ \mu g/mL$。常用于呼吸道疾病的治疗。

以上三种药物存在完全交叉耐药性。

（五）多肽类及其他

（1）多黏菌素 B/E：对 G^-、铜绿假单胞菌有强大杀菌作用。

（2）杆菌肽锌盐、维吉尼霉素（弗吉尼亚霉素）、恩拉霉素、那西肽均已禁用作促生长剂。

阿维拉霉素：预防由产气荚膜梭菌引起的肉鸡坏死性肠炎；辅助控制由大肠杆菌引起的断奶仔猪腹泻。

（六）抗真菌药、抗病毒药

1. 抗真菌药的使用 真菌感染可分为浅表真菌感染和深部真菌感染两类，浅表感染是由癣菌侵犯皮肤、毛发、趾甲等体表部位造成的，发病率高，危害性较小。深部真菌感染是由念珠菌和隐球菌侵犯内脏器官及深部组织造成的，发病率低，危害性大。

（1）两性霉素 B 广谱抗真菌，深部真菌感染首选药。

（2）制霉菌素 局部外用治疗皮肤、黏膜浅表真菌感染。

（3）灰黄霉素 主要用于各种皮肤癣病的治疗。

（4）酮康唑 有效治疗深部、皮下及浅表真菌感染。伊曲康唑有类似作用。

（5）克霉唑 局部用药治疗各种浅部真菌感染。

（6）特比萘芬 皮肤抗真菌首选药物。适用于浅表真菌引起的皮肤、指甲感染。不良反应是胃肠道症状（胀满感、食欲降低、消化不良、恶心、轻微腹痛、腹泻），轻微的皮肤反应（皮疹、荨麻疹），骨骼肌反应（关节痛、肌痛）。

2. 抗病毒药　目前尚未有对病毒作用可靠、疗效确实的药物，尤其对食品动物，若大量使用可能导致病毒产生耐药性，使人类病毒病失去药物，因此兽医临床不主张使用抗病毒药物。

常用的代表药物有：干扰素、单抗、聚肌胞（干扰素诱导剂）、血清。目前黄芪多糖、中草药（如双黄连等）常用于病毒性疾病治疗。

三、例题及解析

1. 青霉素类抗生素的抗菌作用机制是抑制细菌(　　)。
   A. 叶酸的合成　　　　　　B. 蛋白质的合成　　　　　　C. 细胞壁的合成
   D. 细胞膜的合成　　　　　E. DNA 回旋酶的合成

【解析】C。考查青霉素类的作用机制。青霉素类能与细菌细胞膜上的青霉素结合蛋白结合，引起细胞壁缺损，从而使细菌死亡。

2. 头孢噻呋适用于治疗(　　)。
   A. 鸡球虫病　　　　　　　B. 皮肤真菌病　　　　　　　C. 厌氧菌感染
   D. 猪支原体性肺炎　　　　E. 猪放线杆菌性胸膜肺炎

【解析】E。考查头孢噻呋的作用与应用。头孢噻呋具有广谱杀菌作用，对革兰氏阳性菌、革兰氏阴性菌均有效。敏感菌主要有多杀性巴氏杆菌、溶血性巴氏杆菌、胸膜肺炎放线杆菌、沙门氏菌、大肠杆菌、链球菌和葡萄球菌等。

3. 四环素类药物的抗菌作用机制是抑制(　　)。
   A. 细菌叶酸的合成　　　　B. 细菌蛋白质的合成　　　　C. 细菌细胞壁的合成
   D. 细菌细胞膜的通透性　　E. 细菌 DNA 回旋酶的合成

【解析】B。考查四环素类抗菌作用机制，主要是抑制细菌蛋白质的合成。

4. 属于食品动物禁用的药物是(　　)。
   A. 硫酸链霉素　　　　　　B. 硫酸卡那霉素　　　　　　C. 土霉素
   D. 氯霉素　　　　　　　　E. 恩拉霉素

【解析】D。考查酰胺醇类抗生素的应用。氯霉素属广谱抑菌性抗生素，其不良反应主要是抑制骨髓造血机能，引起再生障碍性贫血。

5. 治疗耐青霉素金黄色葡萄球菌引起的奶牛乳房炎时，用于乳房注入的药物应是(　　)。
   A. 泰万菌素　　　　　　　B. 苯唑西林　　　　　　　　C. 黏菌素
   D. 氨苄青霉素　　　　　　E. 灰黄霉素

【解析】B。考查苯唑西林的作用与应用。苯唑西林，为半合成的耐酸、耐 β-内酰胺酶青霉素。对耐青霉素的金黄色葡萄球菌有效，主要用于对青霉素耐药的金黄色葡萄球菌感染，如败血症、肺炎、乳腺炎和烧伤创面感染等。

6. 可用于治疗犊牛、马属动物皮肤真菌病的药物是(　　)。
   A. 泰万菌素　　　　　　　B. 苯唑西林　　　　　　　　C. 黏菌素

D. 氨苄青霉素　　　　　　　E. 灰黄霉素

【解析】E。考查抗真菌药的应用。灰黄霉素系内服的抑制真菌药，对各种皮肤真菌（小孢子、表皮癣菌和毛发癣菌）有强大的抑菌作用。其他选项中药物均不是抗真菌药。

7. 犬，15 月龄，初步诊断为感染性皮炎，用恩诺沙星肌内注射治疗 3d，疗效差，经实验室确诊为表皮癣菌感染，应改用的治疗药物是(　　　)。

A. 红霉素　　　　　　　　B. 土霉素　　　　　　　　C. 酮康唑
D. 左旋咪唑　　　　　　　E. 庆大霉素

【解析】C。考查抗真菌药的应用。酮康唑为广谱抗真菌药，对全身及浅表真菌均有抗菌活性。

<<< 第四单元　消毒防腐药 >>>

一、考试大纲

单元	细目	要点
消毒防腐药	1. 分类	(1) 环境消毒药　(2) 皮肤、黏膜消毒防腐药　(3) 影响消毒效果的因素及使用注意事项
	2. 常用的消毒防腐药的作用与应用	(1) 酚类（苯酚、复合酚、甲酚）　(2) 醛类（甲醛、戊二醛）　(3) 醇类（乙醇）　(4) 卤素类（氯制剂、碘制剂）　(5) 季铵盐类［苯扎溴铵（新洁尔灭）、癸甲溴铵、醋酸氯己定］　(6) 氧化剂（过氧化氢、高锰酸钾）(7) 酸类（过氧乙酸）　(8) 碱类（氢氧化钠）　(9) 染料类（甲紫）(10) 其他（松馏油、鱼石脂软膏）

二、重要知识点

（一）影响消毒药药效的因素

(1) 药物浓度和作用时间。
(2) 消毒剂温度和被消毒物品的温、湿度。
(3) 环境中的有机物含量。
(4) 环境中酸碱度（pH）。
(5) 微生物的敏感性。
(6) 消毒药物的拮抗作用。

（二）用于环境、用具、器材的消毒药

1. 能杀灭芽孢的药物　甲醛、氢氧化钠、优氯净和 0.3% 过氧乙酸（"非典"曾用过）等。

2. 其他药　煤酚皂、漂白粉等。

（三）主要用于皮肤、黏膜的消毒药

代表药：75％的酒精、2％～4％硼酸、5％碘酒、3％过氧化氢、0.1％高锰酸钾等。

（四）常用消毒药的使用

1. 苯酚　2％～5％溶液用于用具、器械和环境消毒，不能用于皮肤消毒。

2. 复合酚　配成2％～5％溶液常用于畜禽舍、笼具、场地运输工具及排泄物的消毒。

3. 甲酚　5％溶液对芽孢无效，对病毒作用较弱。

4. 甲醛　内服用于制酵；10％溶液用于防腐；40％甲醛与高锰酸钾按2∶1用于熏蒸消毒。

5. 戊二醛　2％溶液用于手术器械（内窥镜首选）、橡胶、塑料制品消毒。

6. 乙醇　75％溶液用于皮肤、体温计、注射针头和小件医疗器械的消毒。

7. 含氯石灰　5％～20％混悬液用于畜舍消毒。

8. 三氯异氰尿酸钠　0.16％溶液用于场地消毒；0.04％用于用具消毒，0.4mg/L、30min饮水消毒。

9. 碘酊　2％用于皮肤消毒；5％用于腱鞘炎；10％为皮肤刺激。

10. 碘伏　奶牛乳头浸泡0.5％～1％溶液；5％溶液适用于皮肤消毒，0.1％溶液也用于黏膜、创口的冲洗消毒。5％溶液用于化脓性皮炎、皮肤真菌感染、小面积轻度烧烫伤。

11. 新洁尔灭　0.01％用于创面消毒；0.1％用于皮肤、手术器械消毒；禁与肥皂配合使用。

12. 过氧化氢　3％溶液用于皮肤化脓创、瘘管的清洗。

13. 高锰酸钾　杀菌、除臭、氧化；0.1％用于洗胃；0.2％用于创口。

14. 过氧乙酸　0.1％用于皮肤癣菌；0.5％可杀灭芽孢；1～3g/m³熏蒸；1∶500用于浸泡。

15. 氢氧化钠　2％热溶液用于消毒；50％溶液用于腐蚀动物新生角。

16. 甲紫溶液　2％溶液用于创面消毒；1％溶液用于烧伤的治疗。

17. 松馏油　用于蹄叉腐烂。

18. 鱼石脂软膏　用于慢性关节炎、蜂窝织炎；促进肉芽生长。

三、例题及解析

1. 猪场带猪消毒最常用的消毒药是（　　　）。
　　A. 0.1％高锰酸钾溶液　　　B. 0.1％氢氧化钠溶液　　　C. 0.3％食盐溶液
　　D. 0.5％过氧乙酸溶液　　　E. 0.3％福尔马林溶液

【解析】D。考查消毒防腐药的作用与应用。过氧乙酸为强氧化剂，有很强的杀菌能力，能杀灭细菌、芽孢、真菌和病毒。带猪消毒最常用消毒药是0.5％过氧乙酸溶液。

2. 适用于熏蒸的消毒药是（　　　）。
　　A. 复合酚　　　　　　B. 过氧化氢　　　　　　C. 苯扎溴铵
　　D. 二氯异氰脲酸　　　E. 甲醛溶液

【解析】E。考查福尔马林的应用。主要用于厩舍、仓库、孵化室、皮毛、衣物、器具等的熏蒸消毒。

3. 使用苯扎溴铵（新洁尔灭）溶液浸泡器械消毒时，时间应不少于(　　)。

A. 2min B. 5min C. 10min

D. 30min E. 60min

【解析】D。考查新洁尔灭浸泡器械的时间。常用于刀片、剪刀、缝针的消毒，浸泡时间为 30min。

4. 常用于犬术前或注射药物前皮肤消毒的碘酊浓度是(　　)。

A. 1% B. 2% C. 3%

D. 4% E. 5%

【解析】B。碘具有强大的杀菌作用，也可杀灭细菌芽孢、真菌、病毒和原虫。2%碘酊用于术前、注射前的皮肤消毒和皮肤的浅表破损、创面消毒。

<<< 第五单元　抗寄生虫药 >>>

一、考试大纲

单元	细目	要点
抗寄生虫药	1. 抗蠕虫药物	（1）分类——抗线虫药、抗绦虫药、抗吸虫药、抗血吸虫药　（2）哌嗪、乙胺嗪、阿苯达唑、芬苯达唑（硫苯咪唑）、奥芬达唑、氟苯达唑、噻苯达唑、非班太尔、左旋咪唑（左咪唑）、噻嘧啶、精制敌百虫、蝇毒磷、伊维菌素、阿维菌素、多拉菌素、氯硝柳胺（灭绦灵）、硝氯酚、碘醚柳胺、三氯苯达唑、硫双二氯酚、吡喹酮、硝碘酚腈、赛拉菌素、米尔贝肟、莫昔克丁的药理作用、应用、注意事项
	2. 抗原虫药物	（1）分类　（2）抗球虫药——地克珠利、托曲珠利、莫能菌素、盐霉素、甲基盐霉素（那拉菌素）、马度米星（马杜霉素）、拉沙洛西、海南霉素、二硝托胺、尼卡巴嗪、氨丙啉、乙氧酰胺苯甲酯、氯苯胍、氯羟吡啶、常山酮、癸氧喹酯、磺胺喹噁啉、磺胺氯吡嗪钠的药理作用、应用、注意事项　（3）抗锥虫药、抗梨形虫药——三氮脒（贝尼尔）、喹嘧胺、青蒿琥酯、硫酸喹啉脲（阿卡普林）的药理作用、应用、注意事项
	3. 杀虫药	二嗪农、巴胺磷、蝇毒磷、马拉硫磷、敌敌畏、辛硫磷、氰戊菊酯、溴氰菊酯、双甲脒

二、重要知识点

（一）抗蠕虫药物

抗寄生虫药指能杀灭或驱除体内外寄生虫的药物。根据其作用的对象和特点，分为抗蠕虫药、抗原虫药和杀虫药。

1. 理想抗寄生虫药的条件 安全、广谱、高效；具有适于群体给药的理化特性；价格低廉；可在畜牧生产上大规模应用；无残留。

抗蠕虫药分驱线虫药、驱绦虫药、驱吸虫药和抗血吸虫药。

2. 驱线虫药 见表 6-5-1

表 6-5-1 驱线虫药

药名	作用与用途
美贝霉素肟	专用于犬。对内寄生虫（线虫）和外寄生虫（犬蠕形螨）均有高效。但长毛牧羊犬对本品仍与伊维菌素同样敏感，必要时可以 1mg/kg 量的氢化泼尼松预防
莫西菌素	一种目前广泛用于兽医临床的广谱、高效、新型大环内酯类驱虫抗生素
左旋咪唑	广谱、高效、低毒、使用方便。对畜禽的多数胃肠道线虫有效，如对猪、鸡蛔虫，牛、羊血矛线虫、食道口线虫等都有较好的治疗作用
丙硫苯咪唑（阿苯达唑）	是国内目前使用较广泛的高效、广谱、低毒的新型驱虫药，对畜禽线虫、绦虫、吸虫均有驱除作用，对猪、牛、羊的囊尾蚴，猪肾虫亦有一定疗效。
复方非班太尔	成分：吡喹酮、双羟萘酸噻嘧啶、非班太尔，用于犬体内线虫、绦虫的混合感染
伊维菌素	为广谱、高效、低毒的驱虫药。对畜禽体内多数线虫均产生良好的驱除效果，亦对畜禽体外寄生虫如皮蝇、鼻蝇各期幼虫以及疥螨、痒螨、虱等有良效
多拉菌素	为新型、广谱抗寄生虫药，对胃肠道线虫、肺线虫、螨、蜱和伤口蛆等均有高效，用于治疗家畜线虫病和螨病等体外寄生虫病，主要适用于牛和猪

3. 驱绦虫药 见表 6-5-2。

表 6-5-2 驱绦虫药

药名	作用与用途
吡喹酮	是一种广谱、高效、低毒的较理想药物，是当前治疗血吸虫病的首选药物，对多种绦虫的成虫及幼虫也有良好的作用
氯硝柳胺	对多种绦虫均有很高疗效。主要用于畜禽、宠物绦虫病的防治
硫双二氯酚	有广谱驱绦虫和驱吸虫作用

4. 驱吸虫药 硝氯酚是驱除牛、羊、猪姜片吸虫理想药，有高效、低毒、用量小、使用方便等特点。

（二）抗原虫药

包括抗球虫药、抗锥虫药、抗梨形虫药。

1. 抗球虫药 赛杜霉素、拉沙里菌素、马杜霉素、地克珠利、常山酮（速丹）、尼卡巴嗪、氯苯胍等抗球虫效果较好。禽类在 15～45 日龄易感，需提前做好预防工作（表 6-5-3）。

表6-5-3 抗球虫药

药名	作用特点
球痢灵	对鸡、火鸡球虫有效,对寄生在小肠,危害大的毒害艾美耳球虫效果最好。其活性峰期在感染第三天。治疗量毒性小而安全,无需休药期,一般不易产生耐药性
氨丙啉	对鸡盲肠柔嫩艾美耳球虫、小肠型艾美耳球虫作用最强。不易产生耐药性
氯苯胍	对鸡多种球虫和鸭、兔的大多数球虫病均有良好的防治效果。其活性峰期在感染第二天。毒性较小
氯羟吡啶	对鸡9种艾美耳球虫有良好效果,尤其对柔嫩艾美耳球虫作用最强。其活性峰期在感染第一天。球虫对本品易产生耐药性。本品对兔球虫亦有一定的防治效果
尼卡巴嗪	可预防和控制鸡盲肠、毒害、巨型、堆型、布氏等艾美耳球虫。其活性峰期在感染第四天
莫能菌素	对鸡多种艾美耳球虫有抑制作用,有广谱抗球虫作用,不易产生耐药性等优点。作用峰期于感染后第二天,效果最好
盐霉素	本品通过杀灭或显著延迟球虫成熟而起作用,主要用于杀灭鸡球虫

2. 抗锥虫药 常用药物有萘磺苯酰脲、氯化氮氨菲啶、喹嘧胺等。

3. 抗梨形虫药 常用药物有三氮脒(血虫净、贝尼尔)、双脒苯脲、硫酸喹啉脲等。三氮脒主要用于马、牛、羊梨形虫病、锥虫病的治疗,预防作用较差。

(三)杀虫药

具有杀灭体外寄生虫作用的药物称为杀虫药。一般而言,杀虫药对动物都有一定的毒性,即使在规定的剂量范围内也会出现不同程度的不良反应。常用的杀虫药包括拟除虫菊酯类(溴氰菊酯、氰戊菊酯)、有机磷化合物(敌敌畏、精制马拉硫磷溶液、二嗪农溶液、蝇毒磷、甲基吡啶磷)和其他杀虫药(双甲脒溶液、环丙氨嗪)三类。

双甲脒乳化溶液是一种新合成的接触性广谱杀虫剂,对各种螨、蜱、虱、蝇等均有效,兽医临床上主要用于杀螨,也用于杀灭蜱、虱等体外寄生虫。用法:配成$0.025\% \sim 0.05\%$的乳液,药浴、喷淋、涂擦动物体表。

非泼罗尼主要用于杀灭犬、猫体表跳蚤、蜱和其他体表害虫,但是易造成严重的环境污染,所以欧美许多国家已禁用。

三、例题及解析

1. 具有抗球虫作用的药物是( )。
   A. 伊维菌素　　　　　　　B. 多西环素　　　　　　　C. 莫能菌素
   D. 大观霉素　　　　　　　E. 泰乐菌素

【解析】C。考查抗球虫药莫能菌素的作用与应用。

2. 治疗犬蠕形螨病的首选药物是( )。
   A. 吡喹酮　　　　　　　　B. 三氮脒　　　　　　　　C. 伊维菌素
   D. 左旋咪唑　　　　　　　E. 氯硝柳胺

【解析】C。考查杀虫药伊维菌素的作用与应用。对犬、猫的肠道线虫,耳螨、疥螨,犬的蠕形螨等均有驱杀作用。

3. 防治禽皮刺螨病的药物是(　　)。

    A. 氨丙啉　　　　　　　　B. 吡喹酮　　　　　　　　C. 地克珠利

    D. 阿苯达唑　　　　　　　E. 溴氰菊酯

【解析】E。考查杀虫药拟除虫菊酯的作用与应用。具有杀灭各种昆虫的作用，具有高效、速效，对人、畜毒性低，性质稳定，残效期较长等特点。兽医临诊使用的有氰戊菊酯、溴氰菊酯、氟氰胺菊酯和氟氯苯氰菊酯等。

4. 犬，4月龄，生长缓慢、呕吐、腹泻、贫血，经粪便检查确诊为蛔虫和复孔绦虫混合感染，最佳的治疗药物是(　　)。

    A. 吡喹酮　　　　　　　　B. 阿苯达唑　　　　　　　C. 伊维菌素

    D. 地克珠利　　　　　　　E. 三氯苯达唑

【解析】B。考查阿苯达唑的应用。对胃肠道线虫、肺线虫、肝片吸虫和绦虫等都有效。

<<< 第六单元　外周神经系统药物 >>>

一、考试大纲

单元	细目	要点
外周神经系统药物	1. 胆碱受体激动药	药理作用、应用、不良反应、注意事项——氨甲酰胆碱、氨甲酰甲胆碱、毛果芸香碱
	2. 抗胆碱酯酶药	新斯的明的药理作用、应用、注意事项
	3. 胆碱受体阻断药	药理作用、应用、不良反应、注意事项——阿托品、东莨菪碱
	4. 肾上腺素受体激动药	药理作用、应用、注意事项——去甲肾上腺素、肾上腺素、异丙肾上腺素
	5. 肾上腺素受体阻断药	药理作用、应用、注意事项—酚妥拉明、普萘洛尔（心得安）
	6. 局部麻醉药	（1）局麻作用、作用机理及局麻方法　（2）局麻药的药理作用、应用、注意事项——普鲁卡因、利多卡因、丁卡因

二、重要知识点

（一）传出神经药物分类

见表6-6-1。

表6-6-1　传出神经药物分类

分类	作用受体	药物	应用
拟胆碱药	M、N受体	氨甲酰胆碱、新斯的明	肌无力、促进胃肠蠕动
	M受体	毛果芸香碱	促进胃肠蠕动、缩瞳
抗胆碱药	M受体	阿托品、东莨菪碱	解痉、解毒、散瞳、制止腺体分泌

（续）

分类	作用受体	药物	应用
抗胆碱药	N₂ 受体	琥珀胆碱	肌肉松弛
拟肾上腺素药	a	去甲肾上腺素	休克
	B	异丙肾上腺素	平喘、休克
	a B	肾上腺素	心搏骤停、过敏反应等
	a B	麻黄碱	平喘
抗肾上腺素药	a 抑制	酚妥拉明	血管舒张、休克
	B 抑制	普萘洛尔	抗心律失常

（二）胆碱受体激动药与抗胆碱酯酶药

1. 氨甲酰胆碱　临床上主要用于瘤胃积食、前胃弛缓、肠臌气、大肠便秘及子宫弛缓、胎衣不下、子宫蓄脓等。禁止用于老龄、瘦弱、妊娠、心肺疾患的动物，以及顽固性便秘、肠梗阻患畜。不可肌内注射或静脉注射。发生中毒时可用阿托品解救。

2. 氨甲酰甲胆碱　皮下注射，主要用于瘤胃积食、胀气，胃肠弛缓，食欲不振，营养不良，多发性神经炎，也用于膀胱积尿、胎衣不下和子宫蓄脓等。肠道完全阻塞，创伤性网胃炎及孕畜禁用，过量中毒时可用阿托品解救。

3. 毛果芸香碱　能直接作用于 M 受体。临床上全身用药主要用于不全梗阻性便秘、肠道弛缓、前胃弛缓、手术后肠麻痹、猪食道梗塞等；1‰～3‰溶液与散瞳药交替点眼用于治疗虹膜炎或青光眼，并可防止虹膜与晶状体粘连。禁用于完全梗阻性便秘、心力衰竭和呼吸道疾病患畜，以及妊娠母畜。过量发生中毒时可用阿托品解救。

4. 新斯的明　为抗胆碱酯酶药。主要用于马肠道弛缓、便秘；牛前胃弛缓、子宫复位不全、胎衣不下、尿潴留；为竞争性骨骼肌松弛药，可治疗重症肌无力。不良反应与注意事项：过量中毒时可用阿托品解救，也可静脉注射硫酸镁直接抑制骨骼肌的兴奋性；腹膜炎、肠道或尿道机械性阻塞患畜及妊娠动物禁用；癫痫、哮喘动物慎用。

（三）胆碱受体阻断药

1. 阿托品　应用于：

（1）解除平滑肌痉挛所致的绞痛，如马疝痛解痉药；对胆绞痛及肾绞痛的作用差。

（2）麻醉前给药　用于抑制腺体分泌；也可用于严重的盗汗及流涎等。

（3）滴眼　扩瞳，用于眼内部检查。

（4）解毒　有机磷中毒、拟胆碱药过量所产生的毒害作用的解毒剂，也可用于锑制剂治疗血吸虫时所产生的心脏毒性反应。

（5）抗虫毒性休克　大剂量阿托品可解除血管痉挛、舒张外周血管，改善微循环，增加回心血量，升高血压。

（6）窦性心律不齐、心室颤抖、房室不全阻滞等。

2. 东莨菪碱　中枢镇静及抑制腺体分泌作用，散瞳作用较阿托品强，对平滑肌的解痉作用及心血管作用较阿托品稍弱。主要用于麻醉前给药和有机磷酸酯中毒的解救。

（四）肾上腺素受体激动药与阻断药

1. 去甲肾上腺素　皮下或肌内注射因局部血管剧烈收缩使吸收减慢，且易形成组织坏死；静脉注射在体内迅速破坏，维持时间较短。一般采用静脉滴注，维持有效血药浓度。严防药液外漏。用于休克（神经源性休克、药源性休克）的治疗；上消化道出血：局部作用使黏膜血管收缩。注意事项：不能长期或大剂量使用，以免血管强烈收缩，血管痉挛、微循环的血流灌注不足，使休克恶化。

2. 肾上腺素　对 β 受体的作用强于对 α 受体的作用。

（1）强心　直接作用于心脏的 β1 受体，增强心肌收缩力，心率加快、传导加快、心输出量增加，心兴奋性提高；作用强大，能使停止跳动的心脏起搏，心肌耗氧量（代谢增强）大大增加（使冠状血管扩张），用药时需要补充能量，作用不能持久。

（2）血管　皮肤、黏膜、内脏血管 α 受体占优势，出现明显的收缩作用；骨骼肌血管以 β2 受体为主，故血管舒张。

（3）血压　先可使血压急剧升高，后因骨骼肌血管舒张而使其下降。

（4）平滑肌　瞳孔开大肌收缩（α 受体），散瞳；对支气管、胃肠道平滑肌（β2 受体）起舒张作用，在支气管痉挛时作用更明显；对子宫平滑肌的作用与动物种属及生理状态有关。因有抗组胺作用使支气管、胃肠道平滑肌舒张；抑制肥大细胞释放组胺，降低血管通透性，减轻呼吸道黏膜水肿。

（5）代谢　促进糖和脂肪的分解，血糖浓度升高，脂肪酸浓度升高，体温升高。应用：①骤停的心脏起搏：如溺水、麻醉和手术过程中的意外，药物中毒、传染病和心脏传导阻滞所致的心搏骤停等。②与局麻药配伍及局部止血：用局麻药时，使用肾上腺素可延缓局麻药吸收，延长麻醉时间，常采用皮下注射；鼻黏膜或齿龈出血可用浸有 0.1% 盐酸肾上腺素的棉花或纱布填塞止血。③平喘。④抗过敏。

3. 麻黄碱应用　①平喘：松弛支气管平滑肌，扩张支气管通道；预防和轻症的治疗。②局部黏膜炎症：减轻充血，消除肿胀。

4. 普萘洛尔（心得安）　竞争受体。治疗心律失常，如犬心脏早搏。

（五）局部麻醉药

1. 概念　对局部组织产生麻醉作用。是一类局部应用于神经末梢或神经干周围的药物，它们能暂时、完全和可逆性地阻断神经冲动的产生和传导，在意识清醒的条件下，使局部痛觉暂时消失。

2. 局部麻醉方式

（1）表面麻醉　选用表面穿透力强的药物喷洒在黏膜表面，使黏膜下感觉神经末梢产生麻醉，适用于眼、耳、鼻、咽喉及尿道手术。丁卡因（1%～2%）、利多卡因（2%～4%）、可卡因（4%～10%）。

（2）浸润麻醉　选用毒性小的药物注射于术野皮下或深部组织，使神经末梢受药物浸润而产生局麻作用。用于浅表手术。如普鲁卡因、利多卡因。是应用最广泛的一种方法。

（3）传导麻醉　将局麻药注入神经干、神经丛（臂丛、颈丛）、神经节周围而阻滞冲动传导，使其支配的区域失去感觉。四肢及口腔手术，用量少，麻醉区域广。普鲁卡因、利多卡因,如牛椎旁麻醉、牛乳房麻醉(麻醉3～5腰椎神经)。

(4)**硬膜外腔麻醉** 将药物注入椎骨管壁与硬膜间的硬膜外腔,以阻滞由硬膜外腔穿出椎间孔的脊神经,从而引起后躯丧失感觉和运动麻痹。

(5)**封闭疗法** 患急性炎症如脓肿、蜂窝织炎等时,将局麻药注射到患部周围或与患部有关的神经通路,使其浸润周围神经末梢,改善组织的神经营养功能以减轻疼痛。

(6)**配合麻醉** 全麻药、局麻药配合使用,减少用量,使用更安全。

3. 常用局麻药

(1)**普鲁卡因** 第一个合成的局麻药,毒性较小,应用最广(并不适用于各种局麻方法),水溶液不稳定。穿透力差(亲脂性低),故只作注射用药;一般不用于表面麻醉(用于除表面麻醉外的各种麻醉)。临床上主要用于浸润麻醉(0.25%～2%)、传导麻醉(2%～4%)、硬膜外麻醉(1%～2%)和腰椎麻醉(2%～5%)。

(2)**丁卡因** 局麻作用和毒性比普鲁卡因强10倍,穿透力强、起效慢,维持时间长、毒性大,属长效局麻药。

(3)**利多卡因** 作用快,持续时间长,组织穿透力强,可阻滞大神经干的运动纤维,轻度扩血管作用,可用于各种麻醉方法,表面麻醉(2%～4%)、浸润麻醉(0.5%～1%)、传导麻醉(1%～2%)、硬膜外麻醉(1%～2%)和腰椎麻醉(2%),可静脉注射治疗心律失常。

三、例题及解析

1. 肾上腺素适合于治疗动物的( )。
   A. 心律失常 B. 心搏骤停 C. 急性心力衰竭
   D. 慢性心力衰竭 E. 充血性心力衰竭

【解析】B。肾上腺素常用于动物心搏骤停的急救,如麻醉过度、一氧化碳中毒和溺水等。

2. 适用于表面麻醉的药物是( )。
   A. 丁卡因 B. 咖啡因 C. 戊巴比妥
   D. 普鲁卡因 E. 硫喷妥钠

【解析】A。考查常见局部麻醉药的应用。丁卡因作用及毒性均比普鲁卡因强10倍,亲脂性高,穿透力强,易进入神经,也易被吸收入血,最常用作表面麻醉。普鲁卡因不易穿透黏膜,只作注射用药。

3. 能被阿托品阻断的受体是( )。
   A. α受体 B. β受体 C. M受体
   D. N受体 E. N_2受体

【解析】C。阿托品是M型受体特异性阻断剂。

4. 阿托品的药理作用不包括( )。
   A. 松弛平滑肌 B. 抑制腺体分泌 C. 中枢兴奋
   D. 扩张外周血管 E. 抑制胆碱酯酶活性

【解析】E。阿托品药理作用包括松弛平滑肌、抑制腺体分泌、大剂量时扩张外周血管和兴奋中枢。

<<<　第七单元　中枢神经系统药物　>>>

一、考试大纲

单元	细目	要点
中枢神经系统药物	1. 中枢兴奋药	药理作用、作用机理、应用、不良反应、注意事项——咖啡因、尼可刹米、戊四氮、士的宁
	2. 镇静催眠药	药理作用、作用机理、应用、不良反应、注意事项——地西泮（安定）、氯丙嗪
	3. 抗惊厥药	（1）硫酸镁注射液的药理作用、应用、注意事项　（2）苯巴比妥的药理作用、应用、不良反应、注意事项
	4. 麻醉性镇痛药	（1）吗啡的药理作用　（2）哌替啶（度冷丁）的药理作用、应用、不良反应、注意事项
	5. 全身麻醉药	（1）诱导麻醉药的药理作用、应用、不良反应、注意事项——丙泊酚（异丙酚）、硫喷妥钠　（2）吸入麻醉药的药理作用、应用、不良反应、注意事项——麻醉乙醚、氟烷、异氟醚（异氟烷）、七氟烷　（3）非吸入麻醉药（戊巴比妥、异戊巴比妥、氯胺酮）的药理作用、应用、不良反应、注意事项
	6. 化学保定药	（1）α2 肾上腺素能受体激动剂的药理作用、应用、不良反应、注意事项——赛拉嗪（隆朋）、赛拉唑（静松灵）　（2）骨骼肌松弛药的药理作用、应用、不良反应、注意事项——琥珀胆碱

二、重要知识点

（一）中枢兴奋药

1. 大脑兴奋药　能提高大脑皮质神经细胞的兴奋性，促进脑细胞代谢，改善大脑机能，代表药物为咖啡因类，包括咖啡因、茶碱等。

咖啡因（安钠咖）：主要用于全麻苏醒过程，解救中枢抑制药和毒物的中毒，也用于多种疾病引起的呼吸和循环衰竭。咖啡因与溴化物合用，可调节大脑皮层活动，恢复大脑皮层抑制与兴奋过程的平衡。安钠咖与高渗葡萄糖、氯化钙配合静脉注射有缓解水肿的作用。

2. 延髓兴奋药　可兴奋延髓呼吸中枢。如尼可刹米、回苏灵、多沙普仑等。

尼可刹米主要用于解救药物中毒或疾病所致的中枢性呼吸抑制或加速麻醉动物的苏醒，常做肌内注射给药，紧急时可静脉注射。

3. 脊髓兴奋药　可选择性兴奋脊髓的药物，此类药物小剂量可提高脊髓反射兴奋性，大剂量可导致强制性惊厥。如士的宁。

（二）镇静催眠、抗惊厥药

1. 镇静药 使 CNS 产生轻度的抑制作用，减弱机能活动，从而缓和激动，消除躁动、不安，恢复安静的一类药物。按结构分类：

①吩噻嗪类：代表药为氯丙嗪、乙酰丙嗪。

②苯二氮卓类：安定（地西泮）。

③溴化物类：NaBr、KBr。目前用得较多的是：右美托咪啶、乙酰丙嗪（可以降低犬、猫对氟烷和异氟烷的需要量，出现明显的心动过缓和低血压，需慎用）、氟哌啶（与芬太尼配伍，产生神经安定和镇痛作用）。

2. 氯丙嗪（冬眠灵）药理应用 ①镇静；②麻醉前给药，配合其他药物使用；③抗应激反应；④止吐（防晕车船）、止咳（治频咳）。注意：若氯丙嗪用量过大可引起血压降低，禁用肾上腺素解救，可选用去甲肾上腺素。

3. 抗惊厥药 指能对抗或缓解中枢神经过度兴奋症状，消除或缓解全身骨骼肌不自主强烈收缩的一类药物。常用的有 $MgSO_4$、巴比妥类、水合氯醛、地西泮。

4. 地西泮（安定） 主要具有镇静、安定、肌肉松弛和抗惊厥作用。用于各种动物镇静、保定、癫痫发作，基础麻醉及术前给药。如治疗犬癫痫、破伤风及士的宁中毒、防止水貂等野生动物攻击、牛和猪麻醉前给药等。

5. 硫酸镁注射液 缓解破伤风、癫痫及中枢兴奋药中毒引起的惊厥；用于治疗膈肌、胆管痉挛。不良反应与注意事项：静脉注射量过大或给药过速时，可致呼吸中枢麻痹，血压剧降而立即死亡。

6. 苯巴比妥 抗惊厥作用、镇静、催眠作用。本品与解热镇痛药合用，可增强其镇痛作用。临床上多用于缓解脑炎、破伤风、高热等疾病引起的中枢兴奋症状及惊厥；解救中枢兴奋药中毒；与解热镇痛药配伍应用等，还可用作犬、猫的镇静药。

（三）麻醉性镇痛药

1. 吗啡

（1）作用与应用 三镇一抑制（镇静和镇痛：镇痛强大，对各种疼痛有效；镇咳：延髓咳嗽中枢；抑制呼吸）；应用于剧痛和犬的麻醉前给药，与中枢抑制类药物有协同作用。

（2）注意事项 长期用药会成瘾；不宜用于产科阵痛；胃扩张、肠阻塞及臌胀者禁用。幼龄动物慎用或不用；副作用：嗜睡、眩晕、恶心、呕吐、呼吸抑制、排尿困难等。

2. 度冷丁 人工合成的镇痛药。主要用作猫镇静性镇痛，马的痉挛性疝痛的止痛，犬、猫的麻醉前给药。

（四）全身麻醉药与化学保定药

1. 丙泊酚 短效静脉麻醉药，发挥镇静催眠作用。起效快，作用时间短，苏醒迅速。适用于诱导麻醉和全身麻醉的维持。

2. 硫喷妥钠 超短时间作用的巴比妥类药物。静脉注射后迅速产生麻醉作用。主要用于各种动物的诱导麻醉和基础麻醉。单独应用仅适用于小手术的全身麻醉。此外，还用于对抗中枢兴奋药中毒、破伤风以及脑炎引起的惊厥。

3. 异氟烷 麻醉诱导快，苏醒快，麻醉的深度能迅速调整，安全范围大（约为氟烷的 2 倍）。对肝功能的损害是吸入麻醉药中最小的。是肾疾患动物维持麻醉的良好选择。

4. 氯胺酮 起效快，作用时间短。肌肉僵直和强制性昏厥是分离麻醉药的特有现象。应用：本品分离麻醉作用的种属差异大。依据动物的不同，本品可用作麻醉前给药、诱导麻醉药、维持麻醉药或制动药。

5. 赛拉唑（静松灵） 有安定、镇痛和中枢性肌肉松弛作用。与等量乙二胺四乙酸（EDTA）合用能增强镇痛作用，更适用于马属动物。兽医临床主要用于配合局部麻醉药或全麻药进行各种手术，以达到骨骼肌的松弛。

6. 赛拉嗪（隆朋） 有明显的镇静、镇痛和肌肉松弛作用。本品对牛（特别是黄牛）敏感。应用：

（1）兽医临床多以小剂量用于牛、马等多种动物以及野生动物的化学保定，使兴奋、骚动、不易控制的动物保定，便于诊疗，长途运输，伤口拆线，换药及进行子宫复位，食管切开，穿鼻等小手术。

（2）大剂量或配合局部麻醉药，用于去角、锯茸、去势、腹腔手术等。

（3）与水合氯醛、硫喷妥钠或戊巴比妥钠等全身麻醉药合用，可减少全麻药的用量和增强麻醉效果。

7. 琥珀胆碱 超短时去极化型的肌肉松弛性化学保定药。肌内注射产生肌肉松弛，能促使唾液腺和支气管腺的分泌，用药前宜先注射少量阿托品，以防呼吸道堵塞。应用：广泛用于野生动物的化学保定，养鹿场、动物园用于梅花鹿、马鹿的锯茸，以及各种动物的捕捉、驯养、运输及疾病诊治等方面；也用于配合麻醉，增加骨骼肌松弛性。

三、例题及解析

1. 临床上常用的吸入性麻醉药是（　　）。
　　A. 丙泊酚　　　　　　　　B. 异氟醚　　　　　　　　C. 水合氯醛
　　D. 硫喷妥钠　　　　　　　E. 普鲁卡因

【解析】B。考查异氟醚（异氟烷）为常用的吸入麻醉药。

2. 咖啡因的药理作用不包括（　　）。
　　A. 扩张血管　　　　　　　B. 抑制呼吸　　　　　　　C. 松弛平滑肌
　　D. 增强心肌收缩力　　　　E. 兴奋中枢神经系统

【解析】B。考查咖啡因的药理作用。有兴奋中枢神经系统、兴奋心肌和松弛平滑肌等作用，能直接作用于心脏和血管，使心肌收缩力增强，心率加快，使冠状血管、肾血管、肺血管和皮肤血管扩张。咖啡因对支气管平滑肌有舒张作用，不抑制呼吸。

3. 对犬进行诱导麻醉时，首选的药物是（　　）。
　　A. 硫喷妥钠　　　　　　　B. 戊巴比妥钠　　　　　　C. 氨胺酮
　　D. 异氟烷　　　　　　　　E. 水合氯醛

【解析】A。考点考查硫喷妥钠的药理作用。主要用于各种动物的诱导麻醉和基础麻醉。

4. 治疗牛的后躯麻痹时，应选用的中枢兴奋药是（　　）。
　　A. 咖啡因　　　　　　　　B. 戊四氮　　　　　　　　C. 士的宁

D. 尼可刹米 　　　　　　　E. 安钠咖

【解析】C。士的宁为脊髓兴奋药，用于脊髓性麻痹不全如后躯麻痹的治疗。

5. 地西泮（安定）不具有的药理作用是(　　　)。

A. 镇静 　　　　　　　B. 催眠 　　　　　　　C. 收缩肌肉

D. 抗惊厥 　　　　　　E. 抗癫痫

【解析】C。地西泮（安定）为长效苯二氮卓类药物，具有镇静、催眠、抗惊厥、抗癫痫及中枢性肌肉松弛作用。

<<< 第八单元　解热镇痛抗炎药物 >>>

一、考试大纲

单元	细目	要点
解热镇痛抗炎药	1. 解热镇痛药	药理作用、应用、不良反应、注意事项——阿司匹林（乙酰水杨酸）、卡巴匹林钙、对乙酰氨基酚（扑热息痛）、安乃近、安替比林、氨基比林、萘普生、氟尼新葡甲胺、美洛昔康、替泊沙林、卡洛芬、托芬那酸、维他昔布
	2. 糖皮质激素类药物	（1）糖皮质激素类药物的种类、药理作用及作用机理、应用、不良反应、注意事项　（2）氢化可的松、泼尼松、氟轻松、地塞米松、倍他米松的作用与应用

二、重要知识点

（一）解热镇痛药

1. 解热镇痛抗炎药　是一类具有退热和减轻局部慢性钝痛的药物，共同的作用机制是抑制环氧酶（COX），干扰体内前列腺素（PG）的生物合成，而产生作用。兼有抗炎和抗风湿作用。

2. 阿司匹林　临床用于发热、风湿症和神经、肌肉、关节疼痛及痛风症的治疗。

不良反应与注意事项：

（1）连续长期使用时若发生出血倾向，可用维生素 K 防治。

（2）对消化道有刺激作用，剂量较大时，易致食欲不振、恶心、呕吐乃至消化道出血，故不宜空腹投药；胃炎、胃溃疡患畜慎用。与碳酸钙同服可减少对胃的刺激性。

（3）治疗痛风时，可并服等量的碳酸氢钠，以防尿酸在肾小管内沉积。

（4）本品为酚类衍生物，对猫毒性较大。

3. 对乙酰氨基酚（扑热息痛）　用作中小动物的解热镇痛药。不良反应与注意事项：猫禁用本品，因给药后易引起严重的毒性反应。肝、肾功能不全患畜或幼畜慎用。

4. 安乃近　临床常用于解热、镇痛、抗风湿。也常用于肠痉挛及肠臌气等。

不良反应与注意事项：

（1）长期应用，可引起粒细胞减少，应经常检查白细胞数。

（2）不能与氯丙嗪合用，以防引起体温剧降。

（3）不能与巴比妥类及保泰松合用，因其相互作用影响微粒体酶。

（4）可抑制凝血酶原的形成，加重出血倾向。

5. 安替比林　用于感冒、发热，由于毒性大而不单独用，制成复方制剂。不良反应：皮疹、虚脱，安替比林可引起严重白细胞减少，尤其是粒细胞减少。

6. 氨基比林　用作动物的解热镇痛和抗风湿，治疗肌肉痛、关节痛和神经痛。本品是多种复方制剂的组成成分。长期连续用药，可能引起颗粒细胞减少症。

7. 萘普生　解除软组织炎症的疼痛及跛行、关节炎。

8. 美洛昔康　抗炎镇痛药物，用于关节炎的消肿止痛、神经痛、手术后疼痛、外伤性疼痛和运动性疼痛。还可用于扭伤、软组织挫伤等疼痛的缓解。

9. 氟尼辛葡甲胺　属兽用类抗炎镇痛药。常用于缓解马的内脏绞痛、肌肉与骨骼紊乱引起的疼痛及抗炎治疗；牛的各种疾病感染引起的急性炎症的控制，如蹄叶炎、关节炎、呼吸系统疾病等。

10. 替泊沙林　仅用于犬。临床用于减轻并控制狗的由于肌肉、骨骼病产生的疼痛及炎症。如犬手术止痛、脊椎损伤、髋关节发育不良、急慢性关节炎等。

11. 卡巴匹林钙　解热镇痛和抗炎作用。临床应用：解热、镇痛、消炎；保肝护肾，增强免疫，清除内毒素。主要用于猪无名高热、非典型性猪瘟、附红细胞体病、弓形虫病、胸膜肺炎、副嗜血杆菌病、链球菌病、大肠杆菌病等。可用于所有食品动物，可饮水可混饲，使用非常方便。不得与糖皮质激素、水杨酸类解热镇痛药合用。

12. 卡洛芬　具有强的消炎、镇痛、解热作用。作用明显较阿司匹林、保泰松、对乙酰氨基酚、布洛芬强，吸收快、副作用小。用于类风湿性关节炎、骨关节炎、急性痛风及其他风湿病。也可用于手术后或外伤引起的急性疼痛。

13. 托芬那酸（痛立定）　具有抗炎、镇痛及解热作用，用于减轻犬和猫的炎症与疼痛，禁用于脱水、低血容量或低血压的动物，或那些有胃肠道疾病或凝血问题的动物。禁用于妊娠动物或小于 6 周龄的动物，在猫禁止肌内注射。

14. 维他昔布　良好的镇痛抗炎药，用于治疗犬围手术期及临床手术等引起的炎症和疼痛。对患有胃肠道出血、血液病或其他出血性疾病的犬禁用。

（二）糖皮质激素类药物

1. 概述　由皮质的束状带细胞分泌，主要影响糖的代谢，具有良好抗炎、抗过敏，抗毒素、抗休克（四抗）等作用。代表药（天然）：可的松、氢化可的松；人工合成：地塞米松、倍他米松、氟地塞米松。根据生物半衰期分为：短效：氢化可的松、可的松、泼尼松、泼尼松龙；中效：去炎松；长效：地塞米松、氟地塞米松、倍他米松。

2. 药理作用

（1）抗炎　对各种炎症（感染、非感染性）及炎症的不同时期都有很强的抑制作用。早期：其抗炎作用，抑制炎症部位血管扩张，降低其通透性，减少渗出水肿、白细胞浸润和吞噬反应，从而缓解局部的红肿热痛。后期：可抑制毛细血管、成纤维细胞的增长，从而减轻和预防粘连及疤痕的形成（可延缓创口的愈合），延缓肉芽组织的生成。

（2）抗免疫　一方面治疗和控制过敏性疾病的临床症状，另一方面可抑制过敏反应引起的病变，是临床上常用的免疫抑制剂之一。

（3）抗毒素　对抗内毒素对机体的损伤，保护动物度过生命危险期；对严重的中毒性感染有良好的退热效果。

（4）抗休克　稳定生物膜，减少溶酶释放，降低体内血管活性物和心肌抑制因子的释放。

（5）对代谢影响　促进糖、蛋白质和脂肪三大物质代谢。

3. 糖皮质激素应用

（1）母畜代谢病　多见于反刍动物，牛酮血病、羊妊娠毒血症，通过糖异生作用，升高血糖，降低酮体。

（2）严重的感染性疾病　一般感染性疾病不用，只有在危及生命，在应用足量有效抗菌药物的前提下，具有很好的辅助作用。特别是发展为毒血症时，使用皮质激素更为重要。

（3）急性局部组织感染　用于多种炎症，如关节炎、腱鞘炎等；眼、耳科，各种眼炎以及皮炎、湿疹、外耳炎等病症。

（4）皮肤过敏性疾病　对皮肤非特异性或变态反应疾病，可缓解和改善临床症状，但不能根治，停药后往往复发。

（5）引产　大剂量使用，牛、羊、猪48h内可分娩；使用范围：牛胎儿过大，产前乳腺水肿，妊娠毒血症等。

（6）休克　地塞米松、倍他米松、氢化可的松、强的松龙，产生有利影响，有助病畜度过危险期。

（7）严重的高热不退或高热难退（地塞米松＋解热镇痛药）。

4. 不良反应与注意事项

（1）不良反应　若突然停药，会引起停药综合征，停药后立即复发，甚至比治疗前更恶化。表现为发热（体温升高），精神沉郁，食欲不振；代谢紊乱；诱发新的感染（二重感染）或加重感染。

（2）注意事项

①单一感染不用，用于严重的混合感染。禁用于病毒性感染和缺乏有效抗菌药物治疗的细菌感染。本药对病原无抑制作用，且抑制炎症和免疫反应，降低机体防御功能。

②应足量短时用药，且逐渐减量，缓慢停药，不可突然停药，以免复发或出现肾上腺皮质机能不足症状。

③免疫前后不用。

④孕畜应慎用或禁用（相关禁忌很多），妊娠期特别是早期，可能影响胎儿发育，甚至畸胎，妊娠后期大剂量会引起流产。

三、例题及解析

1. 抗生素治疗动物严重感染时，辅助应用糖皮质激素类药物的目的是(　　　)。

    A. 增强机体的免疫机能　　　　　　　　B. 增强抗生素的抗菌作用

    C. 延长抗生素的作用时间　　　　　　　D. 控制机体过度的炎症

    E. 颉顽抗生素的某些副作用

【解析】D。考查糖皮质激素类药物的药理作用。抗生素治疗动物严重感染时，辅助应用糖皮质激素类药物的目的是增强抗炎作用，控制机体的过度炎症。

2. 氟尼新葡甲胺的药理作用不包括（　　）。

　　A. 解热　　　　　　　　　B. 镇静　　　　　　　　　C. 抗炎

　　D. 镇痛　　　　　　　　　E. 抗风湿

【解析】B。考查解热镇痛抗炎药。氟尼新葡甲胺是动物专用的解热镇痛抗炎药，具有镇痛、解热、抗炎和抗风湿作用，但无镇静作用。

3. 具有较强解热作用的药物是（　　）。

　　A. 替泊沙林　　　　　　　B. 安乃近　　　　　　　　C. 保泰松

　　D. 氢化可的松　　　　　　E. 地塞米松

【解析】B。安乃近解热作用较显著。

4. 地塞米松的药理作用不包括（　　）。

　　A. 抗毒素　　　　　　　　B. 抗菌　　　　　　　　　C. 抗过敏

　　D. 抗休克　　　　　　　　E. 抗炎

【解析】B。糖皮质激素类的药理作用有抗炎、抗过敏、抗毒素和抗休克。

5. 安乃近的主要不良反应是（　　）。

　　A. 组织缺氧　　　　　　　B. 贫血　　　　　　　　　C. 胃肠溃疡

　　D. 黄疸　　　　　　　　　E. 粒细胞减少

【解析】E。考查安乃近的不良反应，会造成粒细胞减少。

<<< 第九单元　消化系统药物 >>>

一、考试大纲

单元	细目	要点
消化系统药物	1. 健胃药与助消化药	人工矿泉盐、胃蛋白酶、稀盐酸、干酵母、乳酶生药理作用、应用、注意事项
	2. 瘤胃兴奋药	浓氯化钠注射液的药理作用、应用、注意事项
	3. 制酵药与消沫药	芳香氨醋、乳酸、鱼石脂、二甲硅油的药理作用、应用、注意事项
	4. 泻药与止泻药	硫酸钠、硫酸镁、液状石蜡、蓖麻油、药用炭、白陶土、铋制剂药理作用与应用

二、重要知识点

（一）健胃药与助消化药

1. 健胃药

（1）苦味健胃药　龙胆、马钱子、大黄。具有强烈的苦味，其苦味刺激舌的味觉感受器,可反射性地兴奋食物中枢,加强唾液和胃液的分泌,从而提高食欲,促进消化。大黄小剂量健胃,中剂量收敛、止泻,大剂量泻下。

(2)芳香性健胃药 陈皮、桂皮、豆蔻、姜、蒜。能增加消化液的分泌、促进胃肠蠕动,增进食欲;还有轻度抑制胃肠内细菌的作用,因而兼有健胃、祛风和制酵功能。

(3)盐类健胃药 主要有氯化钠、碳酸氢钠、人工盐等。内服少量盐类,通过渗透压作用,可轻度刺激消化道黏膜,反射性引起胃肠蠕动增强,消化液分泌增加,食欲增进,促进消化。

2. 助消化药 饲料在体内消化主要依靠胃液、胰液、胆汁等来完成,但胃肠机能减弱,消化液分泌不足时会出现消化障碍。该类药一般为消化液中主要成分,如稀盐酸、胃蛋白酶、胰液、淀粉酶等,临床常与健胃药配合使用,可提高食欲,从而恢复正常消化机能。

代表药:稀盐酸、稀醋酸、乳酸、胃蛋白酶、胰酶、乳酶生、干酵母。

(二)瘤胃兴奋药

1. 瘤胃兴奋药 促进瘤胃平滑肌收缩,加强瘤胃运动,促进反刍动作,消除瘤胃积食与胃胀。代表药:10%氯化钠注射液、氨甲酰胆碱、毛果芸香碱、新斯的明等。

2. 10%氯化钠 静脉推注用于前胃弛缓、瘤胃积食,马胃扩张和便秘、疝等。

(三)制酵药与消沫药

1. 制酵药 制止胃肠内容物异常发酵的药物。鱼石脂:具有较弱的抑菌作用和温和刺激作用。内服:抑菌、制酵、防腐、祛风作用,促进胃肠蠕动,可用于瘤胃臌胀、前胃弛缓、急性胃扩张。外服:局部消炎作用,可促进肉芽新生,常配成软膏制剂,用于慢性皮炎、蜂窝织炎等。注意:内服用前用等量乙醇溶解,加水稀释成2%~5%的溶液内服;禁与酸性药物如盐酸、乳酸等混合使用。

2. 消沫药 二甲硅油、松节油、各种植物油均能降低表面张力。

二甲硅油:临床主要用于治疗反刍动物的瘤胃臌胀,特别是泡沫性胀气等。

松节油:临床主要用于治疗反刍动物的瘤胃臌胀,特别是泡沫性臌气等。外用作为皮肤刺激药;治疗蹄叉腐烂病。

(四)泻药与止泻药

1. 泻药 能促进肠管蠕动,增加肠内容积或润滑肠腔、软化粪便,促进排粪的一类药物。

(1)容积性泻药(盐类) Na_2SO_4 和 $MgSO_4$。在用盐类泻药前后,宜多饮水或补液,提高致泻效果。小剂量内服可健胃,用于消化不良,常配合其他健胃药使用。大剂量用于大肠便秘,排除肠内毒物、毒素,或驱虫药辅助用药。

(2)润滑性泻药(油类) 液体石蜡、植物油、动物油。应用:肠炎病畜、孕畜便秘(泻下作用较温和)、小肠阻塞,在孕畜和肠炎家畜均可使用。注意:虽温和,但不宜反复使用,以免影响消化及阻碍脂类维生素及钙、磷的吸收,不能用于其排除毒物,许多毒物易溶于油而使吸收。

(3)刺激性泻药(植物性) 常用大黄、蓖麻油。内服进入肠道能分解出刺激性有效成分，产生化学刺激作用，促使肠管蠕动，引发下泻。能加强子宫平滑肌收缩，使孕畜流产。

2. 止泻药

（1）保护性止泻药　凝固蛋白形成保护层，主要用于急性胃肠炎、非细菌性腹泻。代表药有鞣酸、鞣酸蛋白、碱式硝酸铋、碳酸铋。鞣酸蛋白临床主要用于非细菌性腹泻和急性肠炎等。

（2）吸附性止泻药　用于肠炎、腹泻和动物中毒，吸附时为可逆过程，需及时排出。常用：药用炭。

（3）抗菌性止泻药　磺胺脒、氟苯尼考、喹诺酮类、黄连素和庆大霉素等。

三、例题及解析

1. 松节油内服可用于（　　　）。

    A. 止泻　　　　　　　　　　B. 镇吐　　　　　　　　　　C. 中和胃酸

    D. 止酵健胃　　　　　　　　E. 解胃肠痉挛

【解析】D。考查消沫药的使用。松节油内服用于止酵健胃。

2. 具有增加肠内容积、软化粪便、加速粪便排泄作用的药物是（　　　）。

    A. 稀盐酸　　　　　　　　　B. 硫酸钠　　　　　　　　　C. 鱼石脂

    D. 铋制剂　　　　　　　　　E. 鞣酸蛋白

【解析】B。考查容积性泻药硫酸钠的应用。能扩大肠管容积，软化粪便，并刺激肠壁、增强其蠕动，产生泻下作用。

3. 禁与碱性药物配伍使用的药物是（　　　）。

    A. 人工盐　　　　　　　　　B. 胰淀粉酶　　　　　　　　C. 胃蛋白酶

    D. 胰脂肪酶　　　　　　　　E. 胰蛋白酶

【解析】C。考查胃蛋白酶中的酸性环境。

<<< 第十单元　呼吸系统药物 >>>

一、考试大纲

单元	细目	要点
呼吸系统药物	1. 平喘药	氨茶碱的药理作用、作用机理、应用、注意事项
	2. 祛痰、镇咳药	氯化铵、碘化钾、碳酸铵的药理作用、应用、注意事项

二、重要知识点

（一）平喘药

氨茶碱：对支气管平滑肌的松弛作用是最强的，可使支气管扩张，对痉挛状态的支气管效果显著。用于：支气管哮喘和急性心功能不全和心力衰竭的哮喘（心源性哮喘）。

（二）祛痰药、镇咳药

1. 祛痰药 ①氯化铵，支气管炎症初期，特别是对黏膜干燥，痰液黏稠而不易咳出的病例；②碘化钾，用于慢性或亚急性支气管炎，不能用于急性。

2. 镇咳药 选择性抑制延脑咳嗽中枢。

代表药：

①喷托维林：咳必清具有选择性抑制咳嗽中枢作用，常与祛痰药用于治疗剧烈性干咳的急性呼吸道炎症。

②可待因：多用于无痰、剧痛性咳嗽及胸膜炎等疾患引起的干咳。

③甘草：有镇咳、祛痰、解毒作用，适用于一般性咳嗽。

三、例题及解析

1. 通过松弛支气管平滑肌产生平喘作用的药物是（ ）。
   A. 氨茶碱   B. 氯化铵   C. 碘化钾
   D. 可待因   E. 喷托维林

【解析】A。考查平喘药氨茶碱的药理作用。

2. 兽医临床上氨茶碱主要用于（ ）。
   A. 平喘   B. 抗过敏   C. 导泻
   D. 镇痛   E. 抗炎

【解析】A。考查氨茶碱对支气管平滑肌有较强松弛作用，用于支气管哮喘。

3. 动物支气管感染初期，对症治疗应选择具有祛痰作用的药物是（ ）。
   A. 麻黄碱   B. 可待因   C. 氨茶碱
   D. 氯化铵   E. 异丙肾上腺素

【解析】D。考查祛痰药代表药及应用。氯化铵可刺激胃黏膜迷走神经，反射性引起支气管腺体分泌增加，稀释痰液易于咳出。

<<< 第十一单元　血液循环系统药物 >>>

一、考试大纲

单元	细目	要点
血液循环系统药物	1. 治疗充血性心力衰竭药物	（1）强心苷类药理作用 （2）洋地黄毒苷的应用、注意事项 （3）地高辛、毒毛花苷 K 的应用、注意事项

（续）

单元	细目	要点
血液循环系统药物	2. 抗凝血药与促凝血药	（1）肝素的药理作用、作用机理、应用、不良反应、注意事项；枸橼酸钠的药理作用与应用 （2）维生素 K、酚磺乙胺（止血敏）、安络血的药理作用、应用、注意事项
	3. 抗贫血药	（1）硫酸亚铁、右旋糖酐铁的药理作用、应用、注意事项 （2）叶酸、维生素 VB$_{12}$的药理作用、应用、注意事项

二、重要知识点

（一）强心苷

1. 强心苷类 加强心肌收缩力，改善心脏功能的药物。用于治疗心功能不全。药物：洋地黄（叶粉）、洋地黄毒苷、毒毛花苷 K、西地兰、地高辛。

2. 洋地黄 为慢作用药物。对心脏具有高度选择作用，治疗剂量能明显地加强衰竭心脏的收缩力（即正性肌力作用），使心肌收缩快，降低心肌耗氧量，减慢心率（负性心律）和房室传导速率。继发性利尿，使慢性心功能不全时的各种临床表现（如呼吸困难及浮肿等）得以减轻或消失。中毒剂量则因抑制心脏的传导系统和兴奋异位节律点而发生各种心律失常的中毒症状。主用于治疗马、牛、犬等充血性心力衰竭、心房纤维性颤动和室上性心动过速等。

3. 毒毛花苷 K 为快作用药物。主用于充血性心力衰竭。

4. 地高辛 为快作用药物。适用于治疗各种原因所致的慢性心功能不全、阵发性室上性心动过速、心房颤动和扑动等。

5. 抗心律失常 奎尼丁、普鲁卡因胺。

（二）抗凝血药与促凝血药

1. 抗凝血药 肝素应用于采血化验，输血，抗血栓；2.5％枸橼酸钠、草酸钠用于体外抗凝；双香豆素用于口服术后抗血栓。

肝素钠：内服无效，须注射给药。临床应用：马和小动物的弥散性血管内凝血的治疗；各种急性血栓性疾病，如手术后血栓的形成、血栓性静脉炎等；输血及检查血液时体外血液样品的抗凝；各种原因引起的血管内凝血。

2. 促凝血药

（1）局部止血药物 云南白药、田七（三七）、吸收性明胶海绵、0.1％盐酸肾上腺素溶液、5％明矾溶液、5％～10％鞣酸溶液等。

（2）全身性止血药 安络血适用于毛细血管损伤或通透性增加的出血，如鼻出血、紫癜等。也可用于产后出血、内脏出血、血尿等，止血敏用于防治各种出血性疾病，维生素 K 用于毛细血管性及实质性出血，6-氨基己酸。

（3）酚磺乙胺（止血敏） 适用各种出血，如内脏出血、鼻出血及术前预防出血和术后止血。

（4）维生素 K

①用于畜禽维生素 K 缺乏性出血症。

②防治因内服广谱抗菌药引起的继发性维生素 K 缺乏性出血症。

③治疗胃肠炎、肝炎、阻塞性黄疸等导致的维生素 K 缺乏和低凝血酶原症。

④解救杀鼠药"敌鼠钠"中毒，宜用大剂量。

（三）抗贫血药

1. 硫酸亚铁　用于缺铁性贫血，如慢性失血、营养不良、孕畜及哺乳期仔猪等缺铁性贫血。

2. 右旋糖酐铁　本品注射液适用于重症缺铁性贫血或不宜内服铁剂的缺铁性贫血。兽医临床常用于仔猪缺铁性贫血（1 日龄和 7 日龄各用一次）。

3. 叶酸　用于叶酸缺乏所致贫血（巨红细胞性贫血）。常与维生素 B_{12} 合用。

4. 维生素 B_{12}　主要用于贫血，幼畜生长迟缓等。

三、例题及解析

1. 用于治疗动物充血性心力衰竭的药物是（　　）。

 A. 樟脑   B. 咖啡   C. 氨茶碱

 D. 肾上腺素   E. 洋地黄毒苷

【解析】E。考查洋地黄毒苷药理作用与应用。主要用于慢性充血性心力衰竭。

2. 强心苷类药物不具有的药理作用是（　　）。

 A. 正性肌力   B. 负性心率   C. 收缩血管

 D. 继发性利尿   E. 心肌耗氧减少

【解析】C。考查强心苷的药理作用。具有正性心肌肌力、负性心率和房室传导、继发性利尿作用，心肌耗氧量减少。

3. 用于治疗动物慢性心功能不全的慢作用强心苷类药物是（　　）。

 A. 洋地黄毒苷   B. 咖啡因   C. 地高辛

 D. 氨茶碱   E. 毒毛花苷

【解析】A。洋地黄毒苷为慢作用强心苷类药物，而地高辛和毒毛花苷 K 属于快作用类强心苷类药物。

4. 治疗仔猪缺铁性贫血的药物是（　　）。

 A. 叶酸   B. 维生素 K   C. 维生素 B_{12}

 D. 酚磺乙胺   E. 右旋糖酐铁

【解析】E。考查右旋糖酐铁适用于重症缺铁性贫血或不宜内服铁制剂的缺铁性贫血。

5. 动物采血时，血样抗凝应选用的药物是（　　）。

 A. 酚磺乙胺   B. 维生素 K   C. 枸橼酸钠

 D. 安络血   E. 叶酸

【解析】C。考查抗凝血药的使用。

<<< 第十二单元 泌尿生殖系统药物 >>>

一、考试大纲

单元	细目	要点
泌尿生殖系统药物	1. 利尿药与脱水药	（1）利尿药的药理作用、应用、不良反应、注意事项——呋塞米（速尿）、氢氯噻嗪 （2）脱水药的药理作用、应用、注意事项——甘露醇、山梨醇
	2. 生殖系统药物	缩宫素（催产素）、麦角新碱、垂体后叶素、丙酸睾酮、苯丙酸诺龙、雌二醇、黄体酮（孕酮）、绒促性素（绒膜激素）、血促性素、促黄体释放激素、前列腺素、氯前列醇、烯丙孕素的药理作用、应用、注意事项

二、重要知识点

（一）利尿药与脱水药

1. 利尿药 主要用于治疗各种水肿或腹水，促进体内毒物和尿道上部结石的排出。

（1）高效利尿药 作用于髓袢升支的皮质部和髓质部。

呋塞米（速尿）：用于治疗各原因引起的全身水肿及其他利尿药无效的严重病例，还用于药物中毒时加速药物的排出，亦可促进尿道上部结石的排出；预防急性肾功能衰竭。不良反应与注意事项：

①大量用药可出现低血钾、低血氯及脱水，应补钾或与保钾性利尿药配伍或交替使用。

②应避免与具有耳毒性、肾毒性的氨基糖苷类抗生素合用。

③应避免与头孢菌素类抗生素合用，以免增加后者对肝脏的毒性。

（2）中效利尿药 仅作用于皮质部。

氢氯噻嗪：适用于心、肺及肾小管性各种水肿，还可用于促进毒物由肾脏排出。不良反应与注意事项：利尿时宜与氯化钾合用，以免产生低血钾。与强心药合用时，也应补充氯化钾。高效与中效利尿药有类似醛固酮作用：保钠排钾，引起低血钾。

（3）低效利尿药 有拮抗醛固酮作用，能保钾排钠，代表药：螺内酯（安体舒通）、氨苯蝶啶。

2. 脱水药 主要用于消除肺水肿、脑水肿，抑制房水生成，降低眼内压及治疗急性肾功能不全等。代表药：20％甘露醇（治疗脑水肿的首选药，禁止与氯化钠合用）、25％山梨醇、高渗葡萄糖。

（二）生殖系统药物

1. 雌激素 苯甲酸雌二醇，临床上作催情药，用于卵巢机能正常而发情不明显的家畜；治疗子宫内膜炎、子宫蓄脓、胎衣不下，死胎等；应用于催产素促进母畜分娩，预先注射本品，能提高催产素的效果；治疗老年犬或去势犬的尿失禁、母畜性器官发育不全。

2. 孕激素　黄体酮，临床上作保胎药，用于预防和治疗流产，与维生素 E 同用效果更好。应用：①安胎药：习惯性流产，先兆性流产，治疗因黄体分泌不足引起的流产；②应用于母畜同期发情，促进品种改良，人工授精；③应用于诱导分泌，与雌激素合用，可促使乳腺发育。

3. 雄激素　丙酸睾酮、苯丙酸诺龙、去氢甲基睾丸素。临床上主要用于种公畜因雄激素分泌不足所致的性欲缺乏、隐睾症；去势役畜使役力早衰；治疗乳腺囊肿，抑制泌乳。临床应用：①三合激素：苯甲酸雌二醇、黄体酮、丙酸睾酮；②公畜诱情；③精液抹在母畜身上。

4. 促性腺激素　主要用于促进母畜发情，促进排卵；提高受孕率，治疗不孕症等。代表药：绒毛膜促性腺激素、黄体生成素、孕马血清。

5. 子宫收缩药　能选择性地兴奋子宫平滑肌，引起子宫收缩的药物。临床上常用于催产，排除胎衣、死胎，产后子宫复原或治疗产后子宫出血。

（1）缩宫素　产前产后都可用。小剂量，产前子宫收缩无力时催产，用于产后出血、胎衣不下、子宫复旧不全；大剂量，产后 24h 内使用。注意：子宫颈尚未开放，骨盆过狭，以及产道阻碍时忌用于催产。

（2）麦角新碱　产后用，不宜用于催产、引产，否则会使胎儿窒息、子宫破裂。

（3）前列腺素　用于同期发情、同期分娩；治疗持久性黄体、诱导分娩和排死胎等。

（4）氯前列醇　用于诱导母畜同期发情，治疗母牛持久黄体、黄体囊肿和卵泡囊肿等疾病；亦用于妊娠猪、羊同期分娩，以及治疗产后子宫复原不全、胎衣不下；也可作为子宫内膜炎和子宫蓄脓的辅助治疗。

三、例题及解析

1. 促进动物正常生产时应选用（　　）。

　　A. 乙酰胆碱　　　　　　　　B. 麦角新碱　　　　　　　　C. 缩宫素

　　D. 孕酮　　　　　　　　　　E. 甲基睾丸素

【解析】 C。考查子宫收缩药催产素的应用。但麦角新碱兴奋全子宫，使子宫颈也收缩，不用于催产。

2. 奶牛产后 65d 内未见明显的发情表现，直肠检查卵巢上有一小的黄体遗迹，但无卵泡发育，卵巢的质地和形状无明显变化。治疗该病最适宜药物是（　　）。

　　A. 黄体酮　　　　　　　　　B. 丙酸睾酮　　　　　　　　C. 地塞米松

　　D. 前列腺素　　　　　　　　E. 促卵泡素

【解析】 D。考查前列腺素的应用（引产和持久黄体的治疗）。

3. 母猪，产后 2d 体温升高，食欲下降，从阴门流出灰褐色液体，内含胎衣碎片，治疗应选择的药物组合是（　　）。

　　A. 抗生素、雌激素与催产素　　B. 人工盐与前列腺素　　　C. 抗生素与孕酮

　　D. 孕酮与催产素　　　　　　　E. 雌二醇与孕酮

【解析】 A。考查流产的治疗思路和药物。

4. 甘露醇的最佳适应证是（　　　）。

    A. 肺水肿　　　　　　　　　B. 脑水肿　　　　　　　　　C. 肝性水肿

    D. 乳房水肿　　　　　　　　E. 肾性水肿

【解析】B。考查甘露醇属于高渗性脱水剂，可以用于预防急性肾功能衰竭，降低眼内压和颅内压，辅助治疗脑水肿脑炎，促进某些毒物排出。

5. 能引起低血钾症的药物是（　　　）。

    A. 高渗葡萄糖　　　　　　　B. 甘露醇　　　　　　　　　C. 氢氯噻嗪

    D. 氨茶碱　　　　　　　　　E. 螺内酯

【解析】C。考查噻嗪类属于中效利尿药：主要作用于髓袢升支皮质部，抑制氯化钠的重吸收，增加尿量。大量或长期用药可引起低血钾症。

<<<　第十三和十四单元　调节新陈代谢药物和　>>>
组胺受体阻断药

一、考试大纲

单元	细目	要点
调节新陈代谢药物	1. 维生素	维生素 A、维生素 D、维生素 E、维生素 B 族、维生素 C 的药理作用与应用
	2. 矿物质	钙、磷制剂，亚硒酸钠的药理作用、应用、注意事项
组胺受体阻断药	1. H_1 受体阻断药	药理作用、应用、不良反应及注意事项——苯海拉明、异丙嗪、马来酸氯苯那敏（扑尔敏）
	2. H_2 受体阻断药	药理作用特点及应用——西咪替丁（甲氰咪胍）

二、重要知识点

（一）维生素与矿物质

1. 维生素

（1）维生素 A　用于防治维生素 A 缺乏症，如皮肤硬化症、干眼病、夜盲症、角膜软化症、母畜流产、公畜生殖力下降、幼畜生长发育不良。

（2）维生素 D　用于防治佝偻病和骨软化症等；可用于妊娠和泌乳期母畜，以促进钙、磷吸收。

（3）维生素 E　抗氧化、抗衰老，治疗白肌病，预防流产。

（4）维生素 B_1　临床上主要用于防治维生素 B_1 缺乏症；作为牛酮血病、神经炎、心肌炎辅助治疗药。给动物大量输入葡萄糖时，可适当补充维生 B_1 以促进糖代谢。

（5）维生素 B_2　用于防治维生素 B_2 缺乏症，如脂溢性皮炎、胃肠机能紊乱、口角溃烂、舌炎等。

（6）维生素 C 可促进抗体形成，增强白细胞吞噬功能，中和、破坏细菌内毒素，增强肝细胞抵抗力和肝解毒能力，提高机体抵抗力。临床常作为急性或慢性传染病、热性病、慢性消耗性疾病、中毒、慢性出血、高铁血红蛋白症及各种贫血的辅助治疗，也用于风湿病、关节炎、骨折与创伤愈合不良及过敏性疾病等的辅助治疗。

2. Ca/P 是构成牙齿和骨组织的主要元素，体内 99% 的 Ca 和 80% 以上的 P 存在于骨骼、牙齿中，并不断与血液、体液中的 Ca/P 进行代谢，维持动态平衡。临床可用于：①治疗过敏性疾病，如荨麻疹；②促进骨骼和牙齿的钙化；③治疗乳牛的产后瘫痪；④解救 $MgSO_4$ 中毒；⑤满足妊娠动物、泌乳动物、产蛋家禽和成长幼畜需要；⑥治疗马过多出虚汗。

（二）组胺受体阻断药

1. H_1 受体阻断药

（1）苯海拉明 具有抗组胺 H_1 受体的作用，对中枢神经有较强的抑制作用，还有阿扎品样作用。适用皮肤黏膜的过敏性疾病，如荨麻疹、枯草热、过敏性鼻炎等。还可用于预防晕船、晕车。

（2）异丙嗪 阻断 H_1 受体。适用皮肤黏膜的过敏性疾病，如荨麻疹、枯草热、过敏性鼻炎等。还可用于预防晕船、晕车、晕飞机等晕动病。

（3）马来酸氯苯那敏（扑尔敏） 阻断 H_1 受体。主要用于鼻炎、皮肤黏膜过敏及缓解流泪、打喷嚏、流涕等感冒症状。

以上药物对中枢有抑制作用，从而产生镇静、催眠作用。抗过敏强度：扑尔敏＞异丙嗪＞苯海拉明；抗晕车、晕船，抗呕吐。中枢抑制：异丙嗪＞苯海拉明＞扑尔敏（即马来酸氯苯那敏）。

2. H_2 受体阻断药 能抑制胃酸分泌。治疗胃炎、肠炎、胃、皱胃、十二指肠溃疡，应激或药物引起的糜烂性胃炎。有西咪替丁、雷尼替丁、法莫替丁。

三、例题及解析

1. 对动物钙、磷代谢及幼畜骨骼生长有重要影响的药物是（　　）。
　　A. 维生素 A　　　　　　　　B. 维生素 B_1　　　　　　　C. 维生素 C
　　D. 维生素 D　　　　　　　　E. 维生素 E

【解析】D。维生素 D 主要促进钙、磷在小肠内正常吸收，促进骨骼的正常发育。

2. 用于治疗犬干眼病的药物是（　　）。
　　A. 维生素 A　　　　　　　　B. 维生素 D　　　　　　　　C. 维生素 K
　　D. 维生素 C　　　　　　　　E. 维生素 E

【解析】A。维生素 A 缺乏引起干眼病。

3. 属于抗过敏的兽用处方药是（　　）。
　　A. 盐酸异丙嗪注射液　　　　B. 盐酸异丙嗪片　　　　　　C. 盐酸氯丙嗪片
　　D. 盐酸氯丙嗪注射液　　　　E. 盐酸林可霉素注射液

【解析】A。只有盐酸异丙嗪注射液为兽用抗过敏处方药。

4. H₁ 受体阻断药治疗荨麻疹，主要影响哪种组织（　　）。

A. 胃肠平滑肌　　　　　　B. 皮肤血管　　　　　　C. 胃壁细胞

D. 中枢神经　　　　　　　E. 支气管平滑肌

【解析】B。H₁ 受体阻断药治疗荨麻疹是阻断 H₁ 受体，抑制皮肤毛细血管通透性从而缓解症状。

5. 苯海拉明和异丙嗪的镇静催眠作用，主要是通过抑制何种组织而起作用（　　）。

A. 胃肠平滑肌　　　　　　B. 皮肤血管　　　　　　C. 胃壁细胞

D. 中枢神经　　　　　　　E. 支气管平滑肌

【解析】D。考查苯海拉明和异丙嗪均可阻断 H₁ 受体，有明显的抗过敏作用。但两者均有对中枢神经系统的抑制作用，表现为镇静、催眠。

<<< 第十五单元　解毒药 >>>

一、考试大纲

单元	细目	要点
解毒药	1. 金属络合剂	二巯丙醇、二巯丙磺钠的药理作用、应用、不良反应及注意事项
	2. 胆碱酯酶复活剂	解磷定（碘解磷定）、氯磷定的药理作用、应用、不良反应及注意事项
	3. 高铁血红蛋白还原剂	亚甲蓝（美蓝）的药理作用、应用、不良反应及注意事项
	4. 氰化物解毒剂	亚硝酸钠、硫代硫酸钠的药理作用、应用、不良反应及注意事项
	5. 氟中毒解毒剂	乙酰胺（解氟灵）的药理作用、应用、不良反应及注意事项

二、重要知识点

1. 二巯丙醇　主要用于解救砷中毒，对汞和金中毒也有效。

2. 碘解磷定　用于解救有机磷中毒。对轻度有机磷中毒，可单独应用本品或并用阿托品以控制中毒症状；中度或重度中毒时，则必须并用阿托品，以有效地解除由胆碱酯酶引起的强烈的毒蕈碱样作用的中毒症状。

3. 亚甲蓝　又名美蓝，用于亚硝酸盐中毒解救（症状包括严重的呼吸困难，呼吸脉搏加快，四肢、耳及可视黏膜发绀。神经症状为角弓反张、瞳孔放大、倒地昏迷，四肢呈游泳状划动。消化机能紊乱，流涎、呕吐、口吐白沫。尸体腹部膨胀，口、鼻呈蓝紫色，血液呈紫黑色，酱油状，不凝固。）

4. 氰化物的中毒解救　亚硝酸钠、硫代硫酸钠。

5. 其他解毒剂　乙酰胺（解氟灵）主要用于有机氟中毒的解救。

三、例题及解析

1. 有机磷杀虫剂抑制胆碱酯酶的作用为(　　)。
    A. 竞争性结合　　　　　　B. 不可逆抑制　　　　　　C. 可逆性抑制
    D. 非竞争性结合　　　　　E. 反竞争性抑制

【解析】B。考查有机磷与胆碱酯酶结合后，使胆碱酯酶的构象改变失去其水解乙酰胆碱的活性，这个过程属于不可逆抑制。

2. 解磷定用于解救动物严重有机磷中毒时，必须联合应用的药物是(　　)。
    A. 亚甲蓝　　　　　　　　B. 阿托品　　　　　　　　C. 亚硝酸钠
    D. 氨甲酰胆碱　　　　　　E. 毛果芸香碱

【解析】B。阿托品能解除有机磷中毒症状，有助于体内磷酰化胆碱酯酶的复活，严重中毒时与胆碱酯酶复活剂联合应用，具有协同作用，所以临床上治疗有机磷中毒时，必须及时、足量地给予阿托品。

3. 可用乙酰胺解救的动物中毒病是(　　)。
    A. 有机氟中毒　　　　　　B. 亚硝酸盐中毒　　　　　C. 有机磷中毒
    D. 有机砷中毒　　　　　　E. 氰化物中毒

【解析】A。考查氟中毒的解救。乙酰胺又称为解氟灵，为有机氟杀虫药、杀鼠药等中毒的解毒剂。

4. 解毒药中，不属于兽用处方药的是(　　)。
    A. 氯磷定注射液　　　　　B. 二巯丙磺注射液　　　　C. 二巯丙醇注射液
    D. 亚甲蓝注射液　　　　　E. 亚硝酸钠注射液

【解析】B。氯磷定是有机磷化合物中毒的解毒剂；亚甲蓝是亚硝酸盐中毒的解毒剂；亚硝酸钠是氰化物中毒的解毒剂；二巯丙醇和巯丙磺钠是金属络合剂；用于金属中毒。二巯丙磺不是金属络合剂。

5. 乙酰胺解毒机理是阻止氟乙酰胺转化成(　　)。
    A. 乙酸　　　　　　　　　B. 乙酰胺　　　　　　　　C. 氟乙酸
    D. 氟乙酸钠　　　　　　　E. 氟离子

【解析】C。考查乙酰胺的解毒机理。

考点速记

1. **假兽药**：①以非兽药冒充兽药或者以他种兽药冒充此种兽药的；②兽药所含成分的种类、名称与兽药国家标准不符合的。有下列情形之一的，按照假兽药处理：①国务院兽医行政管理部门规定禁止使用的；②依照本条例规定应当经审查批准而未经审查批准即生产、进口的，或者依照本条例规定应当经抽查检验、审查核对而未经抽查检验、审查核对即销售、进口的；③变质的；④被污染的；⑤所标明的适应证或者功能主治超过规定范围的。

2. **劣兽药**：①成分含量不符合兽药国家标准或者不标明有效成分的；②不标明或者更改有效期或者超过有效期的；③不标明或者更改产品批号的；④其他不符合兽药国家标准，

但不属于假兽药的。

3. 首过效应发生在内服给药后。

4. 副作用指用治疗剂量时，出现与用药目的无关的不良反应。

5. 给犬内服磺胺类药物时，同时使用 $NaHCO_3$ 的目的是防止结晶尿的形成。

6. 耐药性是多次用药后指病原体对药物的敏感性降低或消失。

7. 药物在畜禽组织中的浓度高于血浆浓度时显示表观分布容积大。

8. 解救动物的砷中毒常用二巯丙醇。

9. 有机氟中毒时可用乙酰胺解救。

10. 硫代硫酸钠可与亚硝酸盐联合应用来解救动物氰化物中毒。

11. 治疗犬脑部细菌感染，应该首选能透过血脑屏障的药物磺胺嘧啶。

12. 甲硝唑常用于厌氧菌感染和组织滴虫病。

13. 酰胺醇类、泰乐菌素、四环素类药物可通过抑制细菌蛋白质的合成进行抗菌。

14. 解救动物的亚硝酸盐中毒可用亚甲蓝；解救动物的氰化物中毒可用亚硝酸钠。

15. 青霉素类抗生素的抗菌作用机理是抑制细菌细胞壁的合成。

16. 苯海拉明、氯苯那敏抗过敏作用的机理是阻断 H_1 受体；西咪替丁、雷尼替丁是阻断 H_2 受体；阿托品、东莨菪碱是阻断 M 受体。

17. 解磷定可配合阿托品用于解救动物严重有机磷中毒。

18. 林可霉素与大观霉素合用能产生协同作用；青霉素和链霉素合用产生相加作用。

19. 庆大霉素、链霉素、阿米卡星、卡那霉素等氨基糖苷类药物长期使用，引起耳毒性和肾毒性。

20. 40％甲醛溶液与高锰酸钾，常用于熏蒸消毒；可用于饮水消毒的药物是含氯石灰；常用于犬术前或注射药物前皮肤消毒的碘酊浓度是 2％；用于犬手术皮肤消毒的乙醇最佳浓度是 75％；治疗蹄叉腐烂病时，局部用药起防腐、溶解角质、止痒、刺激肉芽生长的药物是松馏油；对奶牛乳头浸泡消毒时，聚维酮碘合适的浓度是1％。

21. 能用于预防鸡球虫病又能用作肉牛促生长的抗球虫药是莫能菌素；通过干扰球虫细胞内钠、钾离子的正常浸透而产生杀虫作用的抗球虫药是莫能菌素；治疗放牧黄牛牛皮蝇蛆感染的药物是马拉硫磷。

22. 肾上腺素适合于治疗动物的心搏骤停；为了延长局部麻醉药的作用时间，宜配伍使用的药物是肾上腺素。

23. 临床上常用的吸入性麻醉药是异氟醚（异氟烷）；能作为骨骼肌松弛药使用的药物是琥珀胆碱；对创伤、手术等引起的剧烈疼痛有良好镇痛效果的药物是哌替啶（度冷丁）；对犬进行诱导麻醉时，首选的药物是硫喷妥钠、丙泊酚、依托咪酯等；治疗牛的后躯麻痹时，应选用的中枢兴奋药是士的宁；内服无抗惊厥作用、静脉注射有抗惊厥作用的药物是硫酸镁。

24. 抗生素治疗动物严重感染时，辅助应用糖皮质激素类药物的目的是控制机体过度的炎症反应。

25. 动物专用的解热镇痛抗炎药是氟尼新葡甲胺；猫禁用的解热镇痛抗炎药物是对乙酰氨基酚(扑热息痛)；解热镇痛抗炎药的抗炎作用机理是抑制环氧化酶；安乃近的主要不良反应是粒细胞减少；控制犬肌肉、骨骼病所致的疼痛和炎症，且仅用于犬的解热镇痛药是替泊沙林。

26. 松节油内服可用于**止酵健胃**;具有增加肠内容积、软化粪便、加速粪便排泄作用的药物是**硫酸钠**。

27. 动物支气管感染初期,对症治疗应选择具有祛痰作用的药物是**氯化铵**;通过松弛支气管平滑肌产生平喘作用的药物是**氨茶碱**;氨茶碱平喘的作用机理是**抑制磷酸二酯酶**。

28. 治疗仔猪缺铁性贫血的药物是**右旋糖酐铁**;动物采血时,血样**抗凝**应选用的药物是**枸橼酸钠**;用于治疗动物充血性心力衰竭的药物是**洋地黄毒苷**。

29. 能增强心肌收缩力,并使心率减慢的药物是**洋地黄毒苷**;用于治疗动物慢性心功能不全的慢作用强心苷类药物是**洋地黄毒苷**。

30. 后备母猪,10 月龄,未见发情,应选用的催情药物是**雌二醇**;应避免与呋塞米合用的抗生素是**庆大霉素**;成年公犬,因雄性激素缺乏出现**隐睾症**,应选用的治疗药物是**丙酸睾酮**;**甘露醇**的最佳适应证是**脑水肿**;兽医临床诊断中用于慢性消耗性疾病的恢复期,也可以用于某些贫血性疾病辅助治疗的药物是**苯丙酸诺龙**;能引起**低血钾症**的药物是**氢氯噻嗪**。

31. 用于防治动物骨软症的药物是**维生素 D**;对动物钙、磷代谢及幼畜骨骼生长有重要影响的药物是**维生素 D**;亚硒酸钠用于防治仔猪的**白肌病**;用于治疗犬干眼病的药物是**维生素 A**。

高频题练习

1. 抗生素治疗动物严重感染时,辅助应用糖皮质激素类药物的目的是( )。
   A. 增强机体的免疫机能 　　　　　B. 增强抗生素的抗菌作用
   C. 延长抗生素的作用时间 　　　　D. 控制机体过度的炎症反应
   E. 抑制抗生素的副作用

2. 洋地黄适合于治疗动物的( )。
   A. 心律失常 　　　　　B. 充血性心力衰竭 　　　　C. 急性心力衰竭
   D. 慢性心力衰竭 　　　E. 心搏骤停

3. 四环素类药物的抗菌作用机制是抑制( )。
   A. 细菌叶酸的合成 　　　B. 细菌蛋白质的合成 　　　C. 细菌细胞壁的合成
   D. 细菌细胞膜的通透性 　E. 细菌 DNA 回旋酶的合成

4. 用治疗剂量时,出现与用药目的无关的不适反应是指药物的( )。
   A. 副作用 　　　　　B. 变态反应 　　　　C. 毒性作用
   D. 继发性反应 　　　E. 特异质反应

5. 肾上腺素适合于治疗动物的( )。
   A. 心律失常 　　　　　B. 心搏骤停 　　　　　C. 急性心力衰竭
   D. 慢性心力衰竭 　　　E. 充血性心力衰竭

6. 临床上常用的吸入性麻醉药是( )。
   A. 丙泊酚 　　　　　B. 异氟醚 　　　　　C. 水合氯醛
   D. 硫喷妥钠 　　　　E. 普鲁卡因

7. 具有抗球虫作用的药物是( )。

A. 伊维菌素　　　　　　　　B. 多西环素　　　　　　　　C. 莫能菌素

D. 大观霉素　　　　　　　　E. 泰乐菌素

8. 甲硝唑适用于治疗（　　）。

A. 鸡球虫病　　　　　　　　B. 皮肤真菌病　　　　　　　C. 厌氧菌感染

D. 猪支原体性肺炎　　　　　E. 猪放线杆菌胸膜肺炎

9. 治疗犬蠕形螨病的首选药物是（　　）。

A. 吡喹酮　　　　　　　　　B. 三氮脒　　　　　　　　　C. 伊维菌素

D. 左旋咪唑　　　　　　　　E. 氯硝柳胺

10. 属于劣兽药的是（　　）。

A. 以非兽药冒充兽药　　　　　　　　B. 以其他兽药冒充此兽药

C. 含成分名称与国家标准不符　　　　D. 所含成分种类与国家标准不符

E. 所含成分含量与兽药国家标准不符合

11. 兽药内包装标签应注明的事项不包括（　　）。

A. 有效期　　　　　　　　　B. 兽药名称　　　　　　　　C. 生产批号

D. 含量/规格　　　　　　　　E. 销售企业信息

12. 具有增加肠内容积、软化粪便、加速粪便排泄作用的药物是（　　）。

A 稀盐酸　　　　　　　　　D. 硫酸钠　　　　　　　　　C. 鱼石脂

D. 铋制剂　　　　　　　　　E. 鞣酸蛋白

13. 用于治疗动物充血性心力衰竭的药物是（　　）。

A. 樟脑　　　　　　　　　　B. 咖啡因　　　　　　　　　C. 氨茶碱

D. 肾上腺素　　　　　　　　E. 洋地黄毒苷

14. 治疗耕牛血吸虫病有特效的药物是（　　）。

A. 阿苯达唑　　　　　　　　B. 左旋咪唑　　　　　　　　C. 吡喹酮

D. 伊维菌素　　　　　　　　E. 环丙氨嗪

15. 犬，4月龄，生长缓慢、呕吐、腹泻、贫血，经粪便检查确诊为蛔虫和复孔绦虫混合感染，最佳的治疗药物是（　　）。

A. 吡喹酮　　　　　　　　　B. 阿苯达唑　　　　　　　　C. 伊维菌素

D. 地克珠利　　　　　　　　E. 三氯苯达唑

16. 某猪群，部分3～4月龄育肥猪出现消瘦、顽固性腹泻，用抗生素治疗效果不佳，剖检死亡猪在结肠壁上见到大量结节，肠腔内检获长为8～11mm的线状虫体。治疗该病可选用的药物是（　　）。

A. 三氮脒　　　　　　　　　B. 吡喹酮　　　　　　　　　C. 左旋咪唑

D. 地克珠利　　　　　　　　E. 拉沙里菌素

17. 治疗仔猪缺铁性贫血的药物是（　　）。

A. 叶酸　　　　　　　　　　B. 维生素 K　　　　　　　　C. 维生素 B_{12}

D. 酚磺乙胺　　　　　　　　E. 右旋糖酐铁

18. 亚甲蓝适用于解救动物的（　　）。

A. 铜中毒　　　　　　　　　B. 氰化物中毒　　　　　　　C. 有机氟中毒

D. 有机磷中毒　　　　　　　E. 亚硝酸盐中毒

19. 治疗犬脑部细菌感染应该首选(   )。

    A. 新霉素内服　　　　　　B. 庆大霉素内服　　　　　　C. 磺胺氯丙嗪内服

    D. 磺胺嘧啶内服　　　　　　E. 磺胺二甲嘧啶内服

20. 奶牛出现瘤胃迟缓,用氨甲酰胆碱 200mg 皮下注射,10min 后出现不安,唾液分泌过多,诊断为氨甲酰胆碱中毒,有效的解毒药是(   )。

    A. 阿托品　　　　　　　　B. 亚甲蓝　　　　　　　　C. 解磷定

    D. 新斯的明　　　　　　　E. 毛果芸香碱

21. 阿托品不适用于(   )。

    A. 麻醉前给药　　　　　　B. 有机磷农药中毒解救　　　C. 治疗虹膜炎

    D. 治疗瘤胃弛缓　　　　　E. 治疗马疝痛

22. 安乃近的主要不良反应是(   )。

    A. 组织缺氧　　　　　　　B. 贫血　　　　　　　　　C. 胃肠溃疡

    D. 黄疸　　　　　　　　　E. 粒细胞减少

23. 犬,6 月龄,头部出现圆形脱毛区且逐渐扩大,患部伍氏灯检查有强荧光,治疗药物(   )。

    A. 氧氟沙星　　　　　　　B. 伊维菌素　　　　　　　C. 特比萘芬

    D. 黏杆菌素　　　　　　　E. 红霉素

24. 不属于假兽药的是(   )。

    A. 以非兽药冒充兽药　　　　　　　B. 不标明有效期的

    C. 以他种兽药冒充此种兽药　　　　D. 兽药所含成分种类与国家标准不符合

    E. 兽药所含成分的名称与兽药国家标准不符合

25. 对犬进行诱导麻醉时,首选的药物是(   )。

    A. 硫喷妥钠　　　　　　　B. 戊巴比妥钠　　　　　　C. 氯胺酮

    D. 异氟烷　　　　　　　　E. 水合氯醛

26. 兽医临床上氨茶碱主要用于(   )。

    A. 平喘　　　　　　　　　B. 抗过敏　　　　　　　　C. 导泻

    D. 镇痛　　　　　　　　　E. 抗炎

27. 犬阴茎肿瘤手术治疗后,常配合注射的植物类抗癌药物是(   )。

    A. 马利兰　　　　　　　　B. 环磷酰胺　　　　　　　C. 氨甲蝶呤

    D. 长春新碱　　　　　　　E. 6-巯基嘌呤

28. 不属于兽用原料药标签必须注明的内容的是(   )。

    A. 兽药名称　　　　　　　B. 兽用标识　　　　　　　C. 生产批号

    D. 有效期　　　　　　　　E. 生产企业信息

29. 用于防治动物骨软症的药物是(   )。

    A. 维生素 A　　　　　　　B. 维生素 D　　　　　　　C. 维生素 K

    D. 维生素 C　　　　　　　E. 维生素 E

30. 犬,眼、唇、耳等无毛处出现界限明显的红斑,毛囊发炎化脓,皮脂溢出,取患部皮屑镜检,见细长圆柱状虫体,体前段有 4 对足,粗短,口器小。治疗该病宜选用的药物是(   )。

    A. 阿苯达唑   B. 伊维菌素   C. 吡喹酮

    D. 拉沙菌素   E. 三氮脒

31. 母猪，3.5 岁，体格偏瘦。妊娠 114d 时分娩，产出 8 个胎儿后努责微弱，40min 后仍不见胎儿产出。B 超检查可见子宫后部有多头活胎。首选的助产药物是（　　）。

    A. 前列腺素   B. 雌激素   C. 催产素

    D. 麦角新碱   E. 葡萄糖酸钙

32. 肾上腺素的药理作用不包括（　　）。

    A. 增加胃肠蠕动   B. 扩张冠状动脉   C. 扩张支气管

    D. 增强心肌收缩力   E. 扩张骨骼肌血管

33. 长期注射可引起听力下降的药物是（　　）。

    A. 林可霉素   B. 头孢噻呋   C. 庆大霉素

    D. 甲砜霉素   E. 金霉素

34. 畜禽舍熏蒸消毒时，需与高锰酸钾合用的药物是（　　）。

    A. 聚维酮碘   B. 二氯异氰尿酸钠   C. 环氧乙烷

    D. 过氧乙酸   E. 福尔马林

35. 为了延长局部麻醉药的作用时间，宜配伍使用的药物是（　　）。

    A. 肾上腺素   B. 普萘洛尔   C. 酚妥拉明

    D. 氨甲酰胆碱   E. 阿托品

36. 具有解热作用的药物是（　　）。

    A. 地西泮   B. 麻黄碱   C. 安乃近

    D. 氟前列醇   E. 氨茶碱

37. 强心苷的药理作用是（　　）。

    A. 正性肌力和平喘   B. 负性心率和平喘   C. 正性肌力和利尿

    D. 正性心率和利尿   E. 利尿和平喘

38. 为了纠正氢氯噻嗪常见的不良反应，应补充（　　）。

    A. 钙   B. 磷   C. 钾

    D. 铁   E. 钠

高频题参考答案

题号	1	2	3	4	5	6	7	8	9	10	11	12	13	14	15	16	17	18	19
答案	D	B	B	A	A	B	C	C	C	E	E	B	E	C	B	C	E	E	D
题号	20	21	22	23	24	25	26	27	28	29	30	31	32	33	34	35	36	37	38
答案	A	D	E	C	B	A	A	D	B	B	B	C	A	C	E	A	C	C	C

模拟题练习

1. 药效学是研究（　　）。

A. 药物的疗效   B. 药物在体内的变化过程

C. 药物对机体的作用规律   D. 影响药效的因素

E. 药物的作用规律

2. 以下对药理学概念的叙述哪一项是正确的( )。

A. 是研究药物与机体间相互作用规律及其原理的科学

B. 药理学又名药物治疗学

C. 临床药理学的简称

D. 阐明机体对药物的作用

E. 研究药物代谢的科学

3. 药理学研究的中心内容是( )。

A. 药物的作用、用途和不良反应   B. 药物的作用及原理

C. 药物的不良反应和给药方法   D. 药物的用途、用量和给药方法

E. 药效学、药动学及影响药物作用的因素

4. 作用选择性低的药物，在治疗量时往往呈现( )。

A. 毒性较大   B. 副作用较多   C. 过敏反应较剧烈

D. 容易成瘾   E. 以上都不对

5. 肌内注射阿托品治疗肠绞痛时，引起的口干属于( )。

A. 治疗作用   B. 后遗效应   C. 变态反应

D. 毒性反应   E. 副作用

6. 药物的常用量是指( )。

A. 最小有效量到最大中毒量之间   B. 最小有效量到最小中毒量之间

C. 治疗量   D. 最小有效量到最小致死量之间

E. 以上均不是

7. 药物的不良反应不包括( )。

A. 抑制作用   B. 副作用   C. 毒性反应

D. 变态反应   E. 致畸作用

8. 药物在体内的生物转化是指( )。

A. 药物的活化   B. 药物的灭活

C. 药物化学结构的变化   D. 药物的消除

E. 药物的吸收

9. 促进药物生物转化的主要酶系统是( )。

A. 单胺氧化酶   B. 细胞色素 P450   C. 辅酶Ⅱ

D. 葡萄糖醛酸转移酶   E. 水解酶

10. 某药半衰期为 4h，静脉注射后约经多长时间血药浓度可降至初始浓度 5% 以下( )。

A. 8h   B. 12h   C. 20h

D. 24h   E. 48h

11. 决定药物每天用药次数的主要因素是( )。

A. 作用强弱   B. 吸收快慢   C. 体内分布速度

D. 体内转化速度　　　　　E. 体内消除速度

12. 需要维持药物有效血浓度时，正确的恒量给药的间隔时间是（　　）。

A. 每4h给药1次　　　　　B. 每6h给药1次　　　　　C. 每8h给药1次

D. 每12h给药1次　　　　　E. 据药物的半衰期确定

13. 对肝功能不良患者应用药物时，应着重考虑患者的（　　）。

A. 对药物转运能力　　　　B. 对药物吸收能力　　　　C. 对药物排泄能力

D. 对药物转化能力　　　　E. 以上都不对

14. 副作用是（　　）。

A. 一种治疗作用　　　　　B. 不可预见作用　　　　　C. 可避免的作用

D. 与剂量无关的作用　　　E. 剂量过大产生的作用

15. 大部分药物在体内转运的方式为（　　）。

A. 简单扩散　　　　　　　B. 主动转运　　　　　　　C. 胞饮

D. 易化扩散　　　　　　　E. 离子对转运

16. 能产生首过效应的给药途径是（　　）。

A. 静脉注射　　　　　　　B. 肌内注射　　　　　　　C. 皮下注射

D. 内服给药　　　　　　　E. 气雾给药

17. 两种及两种以上药物联合应用在体内不可能产生（　　）。

A. 拮抗作用　　　　　　　B. 相加作用　　　　　　　C. 配伍禁忌

D. 协同作用　　　　　　　E. 竞争作用

18. 简单扩散的特点不包括（　　）。

A. 消耗能量　　　　　　　B. 无饱和性　　　　　　　C. 无竞争抑制现象

D. 顺浓度梯度　　　　　　E. 不消耗能量

19. 药物在体内发生的化学结构变化称之为（　　）。

A. 吸收　　　　　　　　　B. 分布　　　　　　　　　C. 排泄

D. 生物转化　　　　　　　E. 转运

20. 药物作用的基本表现为（　　）。

A. 局部作用与全身作用　　　　　　B. 兴奋作用与抑制作用

C. 直接作用与间接作用　　　　　　D. 治疗作用与不良反应

E. 原发作用与继发作用

21. 反映药物到达全身循环总量的药动学参数是（　　）。

A. 药时曲线下面积　　　　B. 表观分布容积　　　　　C. 生物利用度

D. 峰浓度　　　　　　　　E. 达峰时间

22. 抑制细菌细胞壁的合成药物是（　　）。

A. 四环素　　　　　　　　B. 多黏菌素　　　　　　　C. 青霉素

D. 红霉素　　　　　　　　E. 磺胺嘧啶

23. 影响细菌细胞膜通透性的药物是（　　）。

A. 两性霉素　　　　　　　B. 磺胺　　　　　　　　　C. 头孢菌素

D. 红霉素　　　　　　　　E. 利福霉素

24. 抑制细菌脱氧核糖核酸合成的药物是（　　）。

A. 青霉素 G   B. 磺胺甲噁唑   C. 头孢拉定

D. 环丙沙星   E. 灰黄霉素

25. 影响细菌蛋白质合成的药物是( )。

     A. 阿莫西林   B. 红霉素   C. 多黏霉素

     D. 氨苄西林   E. 头孢唑啉

26. 细菌对抗菌药物产生的耐药机制不包括( )。

     A. 产生水解酶   B. 产生灭活酶   C. 原始靶位结构改变

     D. 细胞膜通透性改变   E. 改变代谢途径

27. 喹诺酮类药物的抗菌机制( )。

     A. 抑制脱氧核糖核酸回旋酶   B. 抑制细胞壁   C. 抑制蛋白质的合成

     D. 影响叶酸代谢   E. 影响 RNA 的合成

28. 对青霉素耐药的金黄色葡萄球菌感染可改用( )。

     A. 普鲁卡因青霉素   B. 氨苄西林   C. 氯唑西林

     D. 阿莫西林   E. 苄星青霉素

29. 治疗敏感革兰氏阳性菌感染的一般首选药物是( )。

     A. 林可霉素   B. 青霉素   C. 红霉素

     D. 头孢氨苄   E. 庆大霉素

30. 可内服治疗敏感菌所致全身感染的药物是( )。

     A. 青霉素   B. 硫酸新霉素   C. 硫酸黏菌素

     D. 阿莫西林   E. 磺胺脒

31. 氨基糖苷类的主要不良反应是( )。

     A. 耳毒性和肾毒性   B. 二重感染和肾毒性

     C. 急性毒性和抑制软骨发育   D. 再生障碍性贫血

     E. 过敏反应

32. 对猪胸膜肺炎放线菌感染无治疗价值的药物是( )。

     A. 头孢噻呋   B. 氟苯尼考   C. 土霉素

     D. 庆大霉素   E. 泰妙菌素

33. 对畜禽支原体感染均有治疗价值的药物是( )。

     A. 阿莫西林、黏菌素、土霉素   B. 泰乐菌素、泰妙菌素、恩诺沙星

     C. 庆大霉素、多西环素、头孢喹肟   D. 替米考星、土霉素、盐霉素

     E. 制霉菌素、林可霉素、沙拉沙星

34. 治疗敏感大肠杆菌所致肠道感染且内服不易吸收的药物是( )。

     A. 氟苯尼考   B. 黏菌素   C. 地西泮

     D. 阿莫西林   E. 多西环素

35. 可用于治疗厌氧菌感染的药物是( )。

     A. 庆大霉素   B. 甲硝唑   C. 环丙沙星

     D. 黏菌素   E. 链霉素

36. 属于不合理配伍的是( )。

     A. 青霉素＋链霉素   B. 大观霉素＋林可霉素

C. 磺胺喹噁啉＋TMP　　　　　　　　　D. 黏菌素＋杆菌肽

E. 泰妙菌素＋莫能菌素

37. 氯霉素禁用于食品动物是因为（　　）。

A. 人摄入含氯霉素残留的食品可能会发生严重过敏反应

B. 对食品动物毒性大

C. 人摄入含氯霉素残留食品可能会发生再生障碍性贫血

D. 对食品动物造血系统有明显抑制

E. 有致畸作用

38. 庆大霉素属于（　　）。

A. 繁殖期杀菌剂　　　　　　B. 静止期杀菌剂　　　　　　C. 快效抑菌剂

D. 中效抑菌剂　　　　　　　E. 慢效抑菌剂

39. 内服土霉素后易引起二重感染或消化机能障碍的动物是（　　）。

A. 牛　　　　　　　　　　　B. 猪　　　　　　　　　　　C. 家禽

D. 犬　　　　　　　　　　　E. 猫

40. 对原虫（球虫病、阿米巴原虫病）有效的抗生素是（　　）。

A. 青霉素　　　　　　　　　B. 土霉素　　　　　　　　　C. 庆大霉素

D. 黏菌素　　　　　　　　　E. 红霉素

41. 治疗雏禽曲霉菌病的首选药为（　　）。

A. 青霉素 G　　　　　　　　B. 链霉素　　　　　　　　　C. 四环素类

D. 泰乐菌素　　　　　　　　E. 制霉菌素

42. 抗生素粉针剂稀释后常温下放置最易失效的是（　　）。

A. 青霉素 G　　　　　　　　B. 头孢噻肟　　　　　　　　C. 泰乐菌素

D. 卡那霉素　　　　　　　　E. 多西环素

43. 猪，3 月龄，出现体温升高、呼吸严重困难，鼻、耳、四肢或全身皮肤发绀，心脏衰竭等症状，经实验室确诊为猪传染性胸膜肺炎，可选择的最佳治疗药物为（　　）。

A. 青霉素 G　　　　　　　　B. 链霉素　　　　　　　　　C. 磺胺间甲氧嘧啶

D. 甲硝唑　　　　　　　　　E. 氟苯尼考

44. 磺胺类药物的作用机制（　　）。

A. 抑制二氢叶酸合成酶　　　　　　　B. 抑制二氢叶酸还原酶

C. 抑制脱氧核糖核酸回旋酶　　　　　D. 抑制四氢叶酸还原酶

E. 抑制四氢叶酸合成酶

45. 抗铜绿假单胞菌感染的广谱青霉素类药物是（　　）。

A. 头孢氨苄　　　　　　　　B. 青霉素 G　　　　　　　　C. 氨苄西林

D. 羧苄西林　　　　　　　　E. 双氯西林

46. 临床治疗暴发型流行性脑脊髓膜炎的首选药是（　　）。

A. 头孢氨苄　　　　　　　　B. 磺胺嘧啶　　　　　　　　C. 头孢拉定

D. 青霉素 G　　　　　　　　E. 复方新诺明

47. 对青霉素敏感的细菌不包括（　　）。

A. 溶血性链球菌　　　　　　B. 草绿色链球菌　　　　　　C. 肺炎球菌

D. 沙门氏菌   E. 炭疽杆菌

48. 大环内酯类药物不包括(　　)。
     A. 红霉素   B. 罗红霉素   C. 阿奇霉素
     D. 麦迪霉素   E. 维吉尼霉素

49. 氨基糖苷类药物不包括(　　)。
     A. 林可霉素   B. 链霉素   C. 庆大霉素
     D. 妥布霉素   E. 阿米卡星

50. 氨基糖苷类抗生素主要的不良反应不包括(　　)。
     A. 耳毒性   B. 肾毒性   C. 肝毒性
     D. 过敏   E. 神经肌肉接头阻滞

51. 用作消毒病毒污染环境最好的药物是(　　)。
     A. 复合酚   B. 来苏儿   C. 氢氧化钠（烧碱）
     D. 高锰酸钾   E. 新洁尔灭

52. 可用作动物体表皮肤、黏膜消毒的药物是(　　)。
     A. 甲醛   B. 氢氧化钠   C. 聚维酮碘
     D. 苯酚   E. 过氧乙酸

53. 可用于养鸡场饮水消毒的药物是(　　)。
     A. 戊二醛   B. 新洁尔灭   C. 复合酚
     D. 含氯石灰   E. 过氧化氢

54. 一般来说，药物浓度越高，消毒效果越好。但不遵循这一规律而有最佳效果的是(　　)。
     A. 来苏儿   B. 乙醇   C. 高锰酸钾
     D. 生石灰   E. 过氧化氢

55. 硬水中 Ca^{2+} 和 Mg^{2+} 过高，不会明显降低其抗菌效力的消毒防腐药是(　　)。
     A. 新洁尔灭   B. 乙醇   C. 碘附
     D. 氯己定   E. 癸甲溴铵

56. 下列各选项中，与其他选项作用机制不同的消毒防腐药是(　　)。
     A. 苯酚   B. 甲醛   C. 乙醇
     D. 漂白粉   E. 氢氧化钠

57. 对影响消毒防腐药的因素描述错误的是(　　)。
     A. 病毒对碱类很敏感，对酚类的抵抗力强
     B. 乙醇作为皮肤消毒药时，浓度不宜超过75%
     C. 消毒药的抗菌效果随着环境温度的升高而增强
     D. 含氯消毒剂作用的最佳 pH 为 7.5～8.5
     E. 水质硬度过高会降低季铵盐类的抗菌效力

58. 猪场环境消毒常用的消毒药是(　　)。
     A. 高锰酸钾溶液   B. 生石灰   C. 新洁尔灭
     D. 醋酸   E. 过氧化氢

59. 不能用于手术器械浸泡消毒的消毒药是(　　)。

　　A. 75％乙醇　　　　　　　　B. 0.1％洗必泰溶液　　　　　C. 0.1％新洁尔灭溶液

　　D. 0.2％过氧乙酸　　　　　　E. 5％～10％甲酚皂溶液

60. 可用于皮肤消毒的是(　　)。

　　A. 0.1％新洁尔灭　　　　　　B. 0.1％氢氧化钠　　　　　　C. 0.3％福尔马林

　　D. 3％过氧乙酸　　　　　　　E. 10％碘酊

61. 对犬曼氏迭宫绦虫病具治疗作用的药物是(　　)。

　　A. 盐霉素　　　　　　　　　　B. 吡喹酮　　　　　　　　　　C. 左旋咪唑

　　D. 伊维菌素　　　　　　　　　E. 敌百虫

62. 对伊维菌素的有关描述，错误的是(　　)。

　　A. 对线虫和节肢动物有极佳疗效，但对吸虫、绦虫及原虫无效

　　B. 柯利犬对本品敏感，忌用

　　C. 注射剂仅限于皮下注射，因肌内、静脉注射易引起中毒反应

　　D. 对虾、鱼及水生生物有剧毒，临诊用药时不得污染水体

　　E. 可用于治疗犬恶丝虫成虫病

63. 应控制饲料中维生素 B_1 的含量，从而达到良好抗球虫目的的药物是(　　)。

　　A. 氨丙啉　　　　　　　　　　B. 尼卡巴嗪　　　　　　　　　C. 球痢灵

　　D. 地克珠利　　　　　　　　　F 黄能菌素

64. 对莫能菌素的有关描述，错误的是(　　)。

　　A. 可用于预防鸡球虫病

　　B. 不可与泰乐菌素、泰妙菌素灵、竹桃霉素等合用，否则有中毒危险

　　C. 作用峰期是在球虫生活周期的最初 2d

　　D. 肉鸡及产蛋鸡均可应用

　　E. 马属动物禁用

65. 下述各选项中，两药均可用于控制犬蠕形螨的药物是(　　)。

　　A. 伊维菌素、双甲脒　　　　　　　B. 多拉菌素、那拉菌素

　　C. 非泼罗尼、溴氰菊酯　　　　　　D. 敌百虫、环丙氨嗪

　　E. 吡喹酮、阿苯达唑

66. 下列药物中对猪弓形虫有效的是(　　)。

　　A. 球痢灵　　　　　　　　　　B. 氨丙啉　　　　　　　　　　C. 磺胺间甲氧嘧啶

　　D. 马杜霉素　　　　　　　　　E. 伊维菌素

67. 上述驱虫药物中，对线虫、吸虫、绦虫都有驱除作用的是(　　)。

　　A. 左旋咪唑　　　　　　　　　B. 阿苯达唑　　　　　　　　　C. 伊维菌素

　　D. 硫双二氯酚　　　　　　　　E. 吡喹酮

68. 下列药物能杀灭线虫的是(　　)。

　　A. 左旋咪唑　　　　　　　　　B. 阿苯达唑　　　　　　　　　C. 伊维菌素

　　D. 硫双二氯酚　　　　　　　　E. 吡喹酮

69. 某猪群病猪出现剧痒、皮肤损伤、脱毛、结痂、增厚乃至龟裂以及消瘦等症状，确诊为疥螨病。治疗该病可用(　　)。

　　A. 吡喹酮　　　　　　　　　　B. 盐霉素　　　　　　　　　　C. 阿苯达唑

D. 左旋咪唑　　　　　　　　　　E. 阿维菌素

70. 池塘边自由采食水葫芦、菱角的散养猪中，部分猪发病，主要表现为腹胀、腹痛、下痢、消瘦、贫血。经诊断，可能感染布氏姜片吸虫，如对病猪进行治疗，可选择的药物是（　　）。

A. 四环素　　　　　　　　B. 土霉素　　　　　　　　C. 吡喹酮

D. 伊维菌素　　　　　　　E. 左旋咪唑

71. 某猪群，部分3～4月龄育肥猪出现消瘦、顽固性腹泻，用抗生素治疗效果不佳，确诊为食道口线虫病，治疗该病可选用的药物是（　　）。

A. 三氮脒　　　　　　　　B. 吡喹酮　　　　　　　　C. 左旋咪唑

D. 地克珠利　　　　　　　E. 拉沙里菌素

72. 阿托品的临床应用不包括（　　）。

A. 有机磷中毒的解救　　　B. 镇静　　　　　　　　　C. 散瞳

D. 麻醉前给药　　　　　　E. 解除胃肠平滑肌痉挛

73. 去甲肾上腺素能神经兴奋不可引起（　　）。

A. 心收缩力增强　　　　　B. 支气管舒张　　　　　　C. 皮肤黏膜血管收缩

D. 脂肪、糖原分解　　　　E. 瞳孔收缩

74. 胆碱能神经兴奋不可引起（　　）。

A. 心收缩力减弱　　　　　B. 骨骼肌收缩　　　　　　C. 支气管、胃肠道收缩

D. 腺体分泌增多　　　　　E. 瞳孔放大

75. 临床上普鲁卡因不用于（　　）。

A. 硬膜外麻醉　　　　　　B. 表面麻醉　　　　　　　C. 传导麻醉

D. 浸润麻醉　　　　　　　E. 封闭疗法

76. 乙酰胆碱作用的主要消除方式是（　　）。

A. 被单胺氧化酶所破坏　　B. 被磷酸二酯酶破坏　　　C. 被胆碱酯酶破坏

D. 被氧位甲基转移酶破坏　E. 被神经末梢再摄取

77. 新斯的明拟胆碱作用的机制是（　　）。

A. 直接兴奋 M 受体　　　　B. 直接兴奋 N_1 受体　　　C. 抑制胆碱酯酶活性

D. 促进胆碱酯酶的活性　　E. 促进乙酰胆碱的释放

78. 新斯的明最强的作用是（　　）。

A. 膀胱逼尿肌兴奋　　　　B. 心脏抑制　　　　　　　C. 腺体分泌增加

D. 骨骼肌兴奋　　　　　　E. 胃肠平滑肌兴奋

79. 肾上腺素的临床应用不适合于（　　）。

A. 与局部麻醉药配伍　　　B. 心搏骤停的抢救　　　　C. 过敏性休克

D. 急性心力衰竭　　　　　E. 局部止血

80. 有机磷酸酯类中毒者反复大剂量注射阿托品后，原中毒症状缓解或消失，但又出现兴奋、心悸、瞳孔扩大、视近物模糊、排尿困难等症状，此时应采用（　　）。

A. 山莨菪碱对抗新出现的症状　　　　　B. 毛果芸香碱对抗新出现的症状

C. 东莨菪以缓解新出现症状　　　　　　D. 继续应用阿托品可缓解新出现症

E. 持久抑制胆碱酯酶

81. 常用的局部麻醉方法不包括( )。
    A. 硬膜外麻醉　　　　　B. 表面麻醉　　　　　C. 传导麻醉
    D. 复合麻醉　　　　　　E. 浸润麻醉

82. 新斯的明的临床应用不包括( )。
    A. 重症肌无力　　　　　B. 胃肠完全性阻塞　　C. 牛前胃弛缓
    D. 胎衣不下　　　　　　E. 尿潴留

83. 阿托品的药理作用不包括( )。
    A. 松弛胃肠平滑肌　　　B. 散瞳　　　　　　　C. 促进腺体分泌
    D. 改善微循环　　　　　E. 抑制腺体分泌

84. 局部麻醉药的作用机制是( )。
    A. 阻断 Na^+ 通道　　　B. 阻断 K^+ 通道　　C. 阻断 Ca^{2+} 通道
    D. 促进 Na^+ 通道开放　E. 促进 K^+ 通道开放

85. 溺水、麻醉意外引起的心搏骤停应选用( )。
    A. 去甲肾上腺素　　　　B. 肾上腺素　　　　　C. 麻黄碱
    D. 多巴胺　　　　　　　E. 咖啡因

86. 微量肾上腺素与局部麻药配伍目的主要是 ( )。
    A. 防止过敏性休克　　　　　　B. 中枢镇静作用
    C. 局部血管收缩，止血　　　　D. 延长局麻药作用时间及止血
    E. 中枢镇静作用和防止吸收中毒

87. 普鲁卡因浸润麻醉时通常在其药液中加入适量( )。
    A. 麻黄碱　　　　　　　B. 阿托品　　　　　　C. 肾上腺素
    D. 去甲肾上腺素　　　　E. 巴比妥

88. 兽医临床上最常用的浸润麻醉药是( )。
    A. 普鲁卡因　　　　　　B. 水合氯醛　　　　　C. 丁卡因
    D. 利多卡因　　　　　　E. 可卡因

89. 治疗重症肌无力，应首选 ( )。
    A. 毛果芸香碱　　　　　B. 阿托品　　　　　　C. 琥珀胆碱
    D. 毒扁豆碱　　　　　　E. 新斯的明

90. 阿托品显著解除平滑肌痉挛是( )。
    A. 支气管平滑肌　　　　B. 胆管平滑肌　　　　C. 胃肠平滑肌
    D. 子宫平滑肌　　　　　E. 膀胱平滑肌

91. 东莨菪碱与阿托品的作用相比较，前者最显著的差异是( )。
    A. 抑制腺体分泌　　　　B. 松弛胃肠平滑肌　　C. 松弛支气管平滑肌
    D. 中枢抑制作用　　　　E. 扩瞳、升高眼压

92. 溺水、麻醉意外引起的心搏骤停应选用( )。
    A. 去甲肾上腺素　　　　B. 肾上腺素　　　　　C. 麻黄碱
    D. 多巴胺　　　　　　　E. 地高辛

93. 氯丙嗪的药理作用不包括( )。
    A. 镇静　　　　　　　　B. 镇痛　　　　　　　C. 催眠

　　D. 降温　　　　　　　　　　E. 镇吐

94. 巴比妥类药物的药理作用不包括（　　　）。

　　A. 镇静、催眠　　　　　　B. 抗惊厥、抗癫痫　　　　C. 中枢性肌肉松弛

　　D. 静脉麻醉　　　　　　　E. 麻醉前给药

95. 苯二氮卓类的药理作用不包括（　　　）。

　　A. 抗焦虑　　　　　　　　B. 镇静　　　　　　　　　C. 抗惊厥、抗癫痫

　　D. 中枢性肌肉松弛作用　　E. 催眠

96. 对惊厥治疗无效的药物是（　　　）。

　　A. 苯巴比妥　　　　　　　B. 地西泮　　　　　　　　C. 氯硝西泮

　　D. 口服硫酸镁　　　　　　E. 注射硫酸镁

97. 地西泮不可用于（　　　）。

　　A. 麻醉前给药　　　　　　B. 诱导麻醉　　　　　　　C. 焦虑性失眠

　　D. 高热惊厥　　　　　　　E. 癫痫持续状态

98. 具有镇静、镇痛和肌肉松弛作用的药物是（　　　）。

　　A. 琥珀胆碱　　　　　　　B. 水合氯醛　　　　　　　C. 赛拉唑

　　D. 硫喷妥钠　　　　　　　E. 氯丙嗪

99. 咖啡因的药理作用不包括（　　　）。

　　A. 强心作用　　　　　　　B. 中枢兴奋作用　　　　　C. 中枢镇静作用

　　D. 松弛平滑肌作用　　　　E. 增强心肌收缩力

100. 具有镇静、镇痛和肌肉松弛作用的化学保定药是（　　　）。

　　A. 琥珀胆碱　　　　　　　B. 水合氯醛　　　　　　　C. 硫喷妥钠

　　D. 赛拉唑　　　　　　　　E. 戊巴比妥钠

101. 可作为肌肉松弛保定药的是（　　　）。

　　A. 琥珀胆碱　　　　　　　B. 水合氯醛　　　　　　　C. 硫喷妥钠

　　D. 氯胺酮　　　　　　　　E. 戊巴比妥钠

102. 糖皮质激素类药物的药理作用不包括（　　　）。

　　A. 抗休克　　　　　　　　B. 抗过敏　　　　　　　　C. 抗炎

　　D. 抗风湿　　　　　　　　E. 抗毒素

103. 地塞米松不适宜应用于（　　　）。

　　A. 奶牛的酮血症　　　　　　　　　　　B. 1周前接种猪瘟疫苗的猪肺炎病

　　C. 猪的引产　　　　　　　　　　　　　D. 羊妊娠毒血症

　　E. 与青霉素配伍用于猪肺炎病

104. 阿司匹林的药理作用不包括（　　　）。

　　A. 解热　　　　　　　　　B. 抗过敏　　　　　　　　C. 抗炎

　　D. 抗风湿　　　　　　　　E. 抗痛风

105. 安乃近最显著的药理作用是（　　　）。

　　A. 解热　　　　　　　　　B. 镇痛　　　　　　　　　C. 抗炎

　　D. 抗风湿　　　　　　　　E. 抗痛风

106. 糖皮质激素类药物的不良反应不包括（　　　）。

　　A. 骨质疏松　　　　　　　B. 停药反应　　　　　　　C. 低钾血症

　　D. 幼年动物生长抑制　　　E. 饮欲减少

107. 关于糖皮质激素类药物应用的注意事项，错误的是（　　　）。

　　A. 是治标而不是治本

　　B. 不用于骨折治疗期

　　C. 可用于病毒感染

　　D. 治疗感染性疾病时，应同时使用有效的抗菌药

　　E. 应用于非感染性疾病，症状改善并基本控制后应逐渐减量停药

108. 解热镇痛消炎药作用机制是（　　　）。

　　A. 抑制前列腺素合成与释放　　　B. 增加前列腺素的合成与释放

　　C. 抑制一氧化氮合成酶　　　　　D. 激活环氧化酶

　　E. 增强血栓合成酶活性

109. 乙酰水杨酸的不良反应不包括（　　　）。

　　A. 消化道出血　　　　　　　B. 其代谢物能氧化血红蛋白使之失去携氧能力

　　C. 胃肠道有刺激作用　　　　D. 可引起胃肠溃疡

　　E. 食欲不振、恶心、呕吐

110. 关于对乙酰氨基酚描述不正确的是（　　　）。

　　A. 可引起消化道出血　　　　B. 其代谢物能氧化血红蛋白使之失去携氧能力

　　C. 对猫有严重的毒性反应　　D. 主要作为中小动物的解热镇痛药

　　E. 无抗炎抗风湿作用

111. 糖皮质激素可单独用于治疗（　　　）。

　　A. 细菌性乳腺炎　　　　　　B. 严重感染性疾病　　　　　C. 骨折愈合期

　　D. 牛酮血症　　　　　　　　E. 疫苗接种期间皮肤病的治疗

112. 糖皮质激素可用于（　　　）。

　　A. 疫苗接种期　　　　　　　B. 严重感染性疾病，但必须与足量抗菌药联合使用

　　C. 骨折愈合期　　　　　　　D. 缺乏有效抗菌药物治疗的感染

　　E. 以上均不是

113. 糖皮质激素用于慢性炎症的目的在于（　　　）。

　　A. 具有强大抗炎作用，促进炎症消散

　　B. 抑制肉芽组织生长，防止粘连和疤痕

　　C. 促进炎症区的血管收缩，降低其通透性

　　D. 稳定溶酶体膜，减少蛋白水解酶的释放

　　E. 抑制花生四烯酸释放，使炎症介质 PG 合成减少

114. 糖皮质激素用于严重感染的目的在于（　　　）。

　　A. 利用其强大的抗炎作用，缓解症状，使病人度过危险期

　　B. 有抗菌和抗毒素作用

　　C. 具有中和抗毒作用，提高机体对毒素的耐受力

　　D. 由于加强心肌收缩力，帮助病人度过危险期

　　E. 消除危害机体的炎症和过敏反应

115. 糖皮质激素诱发和加重感染的主要原因是（　　）。

　　A. 用量不足，无法控制症状而造成

　　B. 抑制炎症反应和免疫反应，降低机体的防御能力

　　C. 促使许多病原微生物繁殖所致

　　D. 病人对激素不敏感而未反映出相应的疗效

　　E. 抑制促肾上腺皮质激素的释放

116. 糖皮质激素和抗生素合用治疗严重感染的目的是（　　）。

　　A. 增强机体防御能力　　　　　　　　B. 增强抗生素的抗菌作用

　　C. 拮抗抗生素的某些不良反应　　　　D. 增强机体应激性

　　E. 用激素缓解症状，度过危险期，用抗生素控制感染

117. 有关糖皮质激素抗炎作用错误的描述是（　　）。

　　A. 有退热作用　　　　　　　　　　　B. 能提高机体对内毒素的耐受力

　　C. 缓解毒血症　　　　　　　　　　　D. 缓解机体对内毒素的反应

　　E. 能中和内毒素

118. 糖皮质激素药理作用叙述错误的是（　　）。

　　A. 对各种刺激所致炎症有强大的特异性抑制作用

　　B. 对免疫反应的许多环节有抑制作用

　　C. 有刺激骨髓作用

　　D. 超大剂量有抗休克作用

　　E. 能缓和机体对细菌内毒素的反应

119. 糖皮质激素类药物临床应用描述错误的是（　　）。

　　A. 可作为辅助治疗，用于严重细菌性感

　　B. 因无抗病毒作用，故病毒性疾病禁用

　　C. 可用于感染中毒性休克时的辅助治疗

　　D. 可用于自身免疫性疾病的综合治疗

　　E. 可用于某些血液病的治疗

120. 解热镇痛抗炎药的解热作用机制为（　　）。

　　A. 抑制外周 PG 合成　　　　　　　　B. 抑制中枢 PG 合成

　　C. 抑制中枢 IL-1 合成　　　　　　　D. 抑制外周 IL-1 合成

　　E. 以上都不是

121. 下列对布洛芬的叙述不正确的是（　　）。

　　A. 具有解热作用　　　　　　　　　　B. 具有抗炎作用

　　C. 抗血小板聚集　　　　　　　　　　D. 胃肠道反应严重

　　E. 用于治疗风湿性关节炎

122. H_1 受体阻断药对哪种病最有效（　　）。

　　A. 支气管哮喘　　　　B. 皮肤黏膜过敏症状　　　　C. 血清病高热

　　D. 过敏性休克　　　　E. 过敏性紫癜

123. 对苯海拉明，哪一项是错误的（　　）。

　　A. 可用于失眠的患者　　　　　　　　B. 可用于治疗荨麻疹

C. 是 H_1 受体阻断药　　　　　　　D. 可治疗胃和十二指肠溃疡

E. 可治疗过敏性鼻炎

124. H_1 受体阻断药对下列哪种与变态反应有关的疾病最有效（　　）。

A. 过敏性休克　　　　　　B. 支气管哮喘　　　　　　C. 过敏性皮疹

D. 风湿热　　　　　　　　E. 过敏性结肠炎

125. 作用于 H_1 受体，可用于各种过敏性疾病的是（　　）。

A. 氯丙嗪　　　　　　　　B. 异丙嗪　　　　　　　　C. 西咪替丁

D. 雷尼替丁　　　　　　　E. 肾上腺素

126. 对 H_2 受体有高度的选择性，主要用于治疗胃炎、胃及十二指肠溃疡的药物是（　　）。

A. 苯海拉明　　　　　　　B. 异丙嗪　　　　　　　　C. 马来酸氯苯那敏

D. 雷尼替丁　　　　　　　E. 阿斯咪唑

127. H_1 受体阻断药最常用于下列何种变态反应（　　）。

A. 过敏性休克　　　　　　B. 支气管哮喘　　　　　　C. 荨麻疹

D. 过敏性鼻炎　　　　　　E. 药物性皮疹

128. 下列哪项不是 H 受体兴奋的效应（　　）。

A. 毛细血管通透性增加　　B. 血管扩张　　　　　　　C. 支气管平滑肌收缩

D. 胃肠道平滑肌收缩　　　E. 胃酸分泌过多

129. 苯海拉明的抗过敏作用机制是（　　）。

A. 抑制组胺释放　　　　　　　　　　B. 阻断 H 受体，降低毛细血管通透性

C. 抑制组胺合成　　　　　　　　　　D. 加速组胺的代谢

E. 阻断 H_2 受体，抑制胃酸分泌

130. 硫酸镁作为抗惊厥药使用，适宜的给药方式是（　　）。

A. 灌服　　　　　　　　　B. 口服　　　　　　　　　C. 饮水

D. 静脉注射　　　　　　　E. 皮下注射

131. 容积性泻药不适宜用于（　　）。

A. 大肠便秘　　　　　　　B. 小肠便秘　　　　　　　C. 配合驱虫药使用

D. 排除肠内毒物　　　　　E. 排除毒素

132. 小猫过多食用肉食引起消化不良，已用胃蛋白酶帮助消化，还可选何种药物加强消化（　　）。

A. 胰酶　　　　　　　　　B. 稀盐酸　　　　　　　　C. 乳酶生

D. 抗酸药　　　　　　　　E. 碳酸氢钠

133. 用于加快肠道毒物排泄的药物可选用（　　）。

A. 硫酸钠溶液　　　　　　B. 硫酸镁注射液　　　　　C. 碳酸钠溶液

D. 硫酸钠注射液　　　　　E. 硫酸铁溶液

134. 较大剂量硫酸镁胃肠道给药，产生的药理作用是（　　）。

A. 镇静作用　　　　　　　B. 肌肉松弛作用　　　　　C. 抗惊厥作用

D. 泻下作用　　　　　　　E. 健胃作用

135. 苦味健胃药适宜的给药方式是（　　）。

  A. 灌胃   B. 外用   C. 肌内注射

  D. 皮下注射   E. 经口给药

136. 无兴奋反刍作用的药物是( )。

  A. 氨甲酰甲胆碱   B. 新斯的明   C. 浓氯化钠注射液

  D. 氯化钠注射液   E. 氨甲酰胆碱

137. 二甲硅油是( )。

  A. 泻药   B. 消沫药   C. 制酵药

  D. 健胃药   E. 助消化药

138. 奶牛反刍活动减弱,可选用( )。

  A. 鱼石脂   B. 二甲硅油   C. 浓氯化钠注射液

  D. 硫酸钠   E. 乳酶生

139. 某牛被诊断为泡沫性臌气病时,可选用( )。

  A. 鱼石脂   B. 二甲硅油   C. 浓氯化钠注射液

  D. 硫酸钠   E. 乳酶生

140. 小猪食料过多消化不良时,可选用( )。

  A. 鱼石脂   B. 二甲硅油   C. 浓氯化钠注射液

  D. 硫酸钠   E. 乳酶生

141. 下列叙述不正确的是( )。

  A. 祛痰药常与镇咳药合用,用于有痰液的咳嗽

  B. 祛痰药可以使痰液变稀或溶解,使痰易咳出

  C. 祛痰药促使痰液排出,可以减少呼吸道黏膜的刺激性,具有间接的镇咳、平喘
   作用

  D. 祛痰药可使支气管腺体分泌增加

  E. 祛痰药有弱的防腐消毒作用,可减轻痰液恶臭

142. 关于氨茶碱描述不正确的是( )。

  A. 有继发利尿作用   B. 可使支气管平滑肌组织中 cAMP/cGMP 比值升高

  C. 抑制磷酸化酶   D. 抑制磷酸二酯酶

  E. 对支气管平滑肌有强松弛作用

143. 碘化钾的应用不包括( )。

  A. 祛痰   B. 防治碘缺乏症   C. 镇咳

  D. 慢性支气管炎的治疗   E. 可与喷托维林联合应用

144. 强心苷类药物的药理作用不包括( )。

  A. 利尿作用   B. 加强心肌收缩力   C. 减慢心率

  D. 加快心率   E. 减慢房室传导

145. 肉鸡生长中因维生素添加不足出现出血性倾向,可用于治疗的药物是( )。

  A. 维生素 A   B. 维生素 K   C. 维生素 D

  D. 止血芳酸   E. 止血敏

146. 仔猪出生后易出现贫血症状,可内服用于预防的药物是( )。

  A. 维生素 A   B. 维生素 K   C. 右旋糖酐铁

　　D. 维生素 B_{12}　　　　　　　E. 硫酸亚铁

147. 强心苷加强心肌收缩力是通过（　　　）。
　　A. 阻断心迷走神经　　　　B. 兴奋 β 受体　　　　C. 直接作用于心肌
　　D. 交感神经递质释放　　　E. 抑制心迷走神经递质释放

148. 强心苷主要用于治疗（　　　）。
　　A. 充血性心力衰竭　　　　B. 完全性心脏传导阻滞　　　C. 心室纤维颤动
　　D. 心包炎　　　　　　　　E. 二尖瓣重度狭窄

149. 强心苷最大的缺点是（　　　）。
　　A. 肝损伤　　　　　　　　B. 肾损伤　　　　　　　　C. 给药不便
　　D. 安全范围小　　　　　　E. 有胃肠道反应

150. 叶酸可用于治疗下例哪种疾病（　　　）。
　　A. 缺铁性贫血　　　　　　B. 巨幼红细胞性贫血　　　C. 再生障碍性贫血
　　D. 脑出血　　　　　　　　E. 高血压

151. 体内、体外均有抗凝作用的药物是（　　　）。
　　A. 尿激酶　　　　　　　　B. 华法林　　　　　　　　C. 肝素
　　D. 双香豆素　　　　　　　E. 链激酶

152. 噻嗪类利尿药的作用部位是（　　　）。
　　A. 近曲小管　　　　　　　　　　　B. 髓袢升支粗段髓质部
　　C. 髓袢升支粗段皮质部及远曲小管近段　　D. 远曲小管
　　E. 集合管

153. 主要作用在肾髓袢升支粗段的髓质部和皮质部的利尿药是（　　　）。
　　A. 甘露醇　　　　　　　　B. 氢氯噻嗪　　　　　　　C. 呋塞米
　　D. 乙酰唑胺　　　　　　　E. 螺内酯

154. 不属于呋塞米适应证的是（　　　）。
　　A. 充血性心力衰竭　　　　B. 急性肺水肿　　　　　　C. 低血钙症
　　D. 肾性水肿　　　　　　　E. 急性肾功能衰竭

155. 为奶牛的人工授精做准备，可用于同期发情的药物是（　　　）。
　　A. 雌二醇　　　　　　　　B. 麦角新碱　　　　　　　C. 缩宫素
　　D. 血促性素　　　　　　　E. 甲基睾丸素

156. 兽医临诊用于治疗持久黄体和催产或引产的药物是（　　　）。
　　A. 前列腺素 F2a　　　　　B. 催产素　　　　　　　　C. 垂体后叶素
　　D. 雌二醇　　　　　　　　E. 孕酮

157. 缩宫素对子宫平滑肌的作用表现为（　　　）。
　　A. 直接兴奋子宫平滑肌　　　　　　B. 与体内性激素水平有关
　　C. 对子宫平滑肌的收缩性质与剂量无关　D. 对不同时期妊娠子宫的收缩作用无差异
　　E. 以上都不对

158. 母猪产后子宫出血，可选择（　　　）。
　　A. 绒促性素　　　　　　　B. 促黄体素释放激素　　　C. 前列腺素 F2α
　　D. 雌二醇　　　　　　　　E. 孕酮

159. 促进动物正常生产时应选用( )。
    A. 乙酰胆碱　　　　　　B. 麦角新碱　　　　　　C. 缩宫素
    D. 孕酮　　　　　　　　E. 甲基睾丸素

160. 不宜用于催产的药物是( )。
    A. 缩宫素　　　　　　　B. 氯前列醇　　　　　　C. 麦角新碱
    D. 垂体后叶素　　　　　E. 催产素

模拟题参考答案

题号	1	2	3	4	5	6	7	8	9	10	11	12	13	14	15	16	17	18	19	20
答案	C	A	E	B	E	C	A	C	B	C	E	E	D	C	A	D	C	A	D	B
题号	21	22	23	24	25	26	27	28	29	30	31	32	33	34	35	36	37	38	39	40
答案	A	C	A	D	B	B	A	C	B	D	A	D	B	B	B	E	C	B	A	B
题号	41	42	43	44	45	46	47	48	49	50	51	52	53	54	55	56	57	58	59	60
答案	E	A	E	A	D	E	D	E	A	A	C	C	D	B	B	D	D	B	D	A
题号	61	62	63	64	65	66	67	68	69	70	71	72	73	74	75	76	77	78	79	80
答案	B	E	A	D	A	C	B	A	E	C	C	B	E	E	B	C	C	D	D	B
题号	81	82	83	84	85	86	87	88	89	90	91	92	93	94	95	96	97	98	99	100
答案	D	B	C	A	B	D	C	A	E	C	D	B	B	C	D	D	B	C	C	D
题号	101	102	103	104	105	106	107	108	109	110	111	112	113	114	115	116	117	118	119	120
答案	A	D	B	B	A	E	C	A	B	A	D	B	B	A	B	E	E	A	B	B
题号	121	122	123	124	125	126	127	128	129	130	131	132	133	134	135	136	137	138	139	140
答案	D	B	B	C	B	D	C	E	A	D	B	B	A	D	E	D	B	C	B	E
题号	141	142	143	144	145	146	147	148	149	150	151	152	153	154	155	156	157	158	159	160
答案	E	C	C	D	B	E	C	A	D	C	C	C	C	D	A	A	C	C	C	C

参 考 文 献

鲍恩东，2000. 动物病理学 [M]. 北京：中国农业科学技术出版社.

陈怀涛，2006. 兽医病理解剖学 [M]. 3版. 北京：中国农业出版社.

陈守良，等，2010. 动物生理学 [M]. 3版. 北京：北京大学出版社.

陈万芳，2000. 家畜病理生理学 [M]. 2版. 北京：中国农业出版社.

陈杖榴，2017. 兽医药理学 [M]. 北京：中国农业出版社.

董常生，2001. 家畜解剖学 [M]. 3版. 北京：中国农业出版社.

姜八一，2014. 动物病理 [M]. 北京：中国农业出版社.

金天明，等，2012. 动物生理学实验教程 [M]. 北京：清华大学出版社.

马仲华，2003. 家畜解剖学及组织胚胎学 [M]. 3版. 北京：中国农业出版社.

彭克美，2009. 畜禽解剖学 [M]. 2版. 北京：高等教育出版社.

邱深本，2016. 动物药理 [M]. 北京：化学工业出版社.

山东省畜牧兽医学校，2002. 家畜解剖生理 [M]. 3版. 北京：中国农业出版社.

王镜岩，朱圣庚，徐长法，等，2002. 生物化学 [M]. 3版. 北京：高等教育出版社.

杨巨雄，杨焕民，等，2011. 动物生理学 [M]. 北京：高等教育出版社.

杨秀平，肖向红，等，2009. 动物生理学 [M]. 北京：高等教育出版社.

於敏，周铁忠，董亚青，等，2019. 动物病理 [M]. 4版. 北京：中国农业出版社.

张才乔，等，2014. 动物生理学实验 [M]. 北京：科学出版社.

赵德明，2005. 兽医病理学 [M]. 2版. 北京：中国农业大学出版社.

周杰，等，2018. 动物生理学 [M]. 北京：中国农业大学出版社.

周其虎，2001. 畜禽解剖生理 [M]. 北京：中国农业出版社.

周其虎，2008. 动物解剖生理 [M]. 3版. 北京：中国农业出版社.

邹思湘，李庆章，等，2012. 动物生物化学 [M]. 5版. 北京：中国农业出版社.

参 考 文 献

图书在版编目（CIP）数据

执业兽医资格考试（兽医全科类）基础科目高效复习考点与精练 / 王唯薇主编. -- 北京：中国农业出版社，2024. 5. --（执业兽医资格考试指导用书）. -- ISBN 978 7 109-32054-3

Ⅰ. S85

中国国家版本馆 CIP 数据核字第 20247UV227 号

中国农业出版社出版

地址：北京市朝阳区麦子店街 18 号楼

邮编：100125

责任编辑：周锦玉　肖　邦

版式设计：杨　婧　　责任校对：吴丽婷

印刷：中农印务有限公司

版次：2024 年 5 月第 1 版

印次：2024 年 5 月北京第 1 次印刷

发行：新华书店北京发行所

开本：787mm×1092mm　1/16

印张：25.25

字数：624 千字

定价：78.00 元